国家出版基金项目
NATIONAL PUBLICATION FOUNDATION

"十三五"国家重点出版物出版规划项目

软物质前沿科学丛书

复杂系统的涌现动力学——从同步到集体输运(下册)

Emergence Dynamics in Complex Systems: From Synchronization to Collective Transport Volume II

郑志刚　著

科学出版社
龍門書局

北京

内 容 简 介

由大量单元组成的复杂系统会产生丰富多彩的自组织与集体行为，近几年成为多交叉领域长盛不衰的研究热点。复杂系统的一个重要特征是涌现，即在整体层面会呈现出各种各样个体所不具备的行为。本书以复杂系统中普遍存在的同步与非平衡输运等涌现行为为切入点，以非线性动力学、统计物理学、序参量动力学理论等为理论工具，重点剖析了相振子、混沌振子及其复杂网络的同步、时空随机共振、时空斑图与非线性波、集体定向输运及低维体系热传导与热器件等现象，并探讨了这些看似不同的现象之间的内在机制、共性和联系。

本书分上下册，上册包括第 1~4 章，下册包括第 5~7 章。

本书系统反映了近年来复杂系统的涌现与合作动力学研究进展，可供从事非线性科学、复杂性科学、统计物理等领域研究的工作者、理工科大学教师、大学高年级学生和研究生阅读，对交叉领域的有关研究人员也有一定的参考价值。

图书在版编目(CIP)数据

复杂系统的涌现动力学：从同步到集体输运. 下册/郑志刚著. —北京：龙门书局，2019. 6

(软物质前沿科学丛书)

“十三五”国家重点出版物出版规划项目　国家出版基金项目

ISBN 978-7-5088-5597-4

Ⅰ. ①复…　Ⅱ. ①郑…　Ⅲ. ①输运过程-系统动态学　Ⅳ. ①O482.2

中国版本图书馆 CIP 数据核字(2019) 第 108859 号

责任编辑：刘凤娟　孔晓慧／责任校对：杨　然
责任印制：赵　博／封面设计：无极书装

科学出版社
龍門書局 出版

北京东黄城根北街 16 号
邮政编码：100717
http://www.sciencep.com

北京建宏印刷有限公司印刷

科学出版社发行　各地新华书店经销

*

2019 年 6 月第 一 版　开本：720 × 1000 1/16
2025 年 4 月第六次印刷　印张：19 1/4　插页：4
字数：385 000

定价：149.00 元

(如有印装质量问题，我社负责调换)

丛 书 序

社会文明的进步、历史的断代，通常以人类掌握的技术工具材料来刻画，如远古的石器时代、商周的青铜器时代、在冶炼青铜的基础上逐渐掌握了冶炼铁的技术之后的铁器时代，这些时代的名称反映人类最初学会使用的主要是硬物质。同样的，20 世纪的物理学家一开始也是致力于研究硬物质，像金属、半导体以及陶瓷，掌握这些材料使大规模集成电路技术成为可能，并开创了信息时代。进入 21 世纪，人们自然要问，什么材料代表当今时代的特征？什么是物理学最有发展前途的新研究领域？

1991 年，诺贝尔物理学奖得主德热纳最先给出回答：这个领域就是其得奖演讲的题目 ——“软物质”。以《欧洲物理杂志》B 分册的划分，它也被称为软凝聚态物质，所辖学科依次为液晶、聚合物、双亲分子、生物膜、胶体、黏胶及颗粒等。

2004 年，以 1977 年诺贝尔物理学奖得主，固体物理学家 P. W. 安德森为首的 80 余位著名物理学家曾以 “关联物质新领域” 为题召开研讨会，将凝聚态物理分为硬物质物理与软物质物理，认为软物质 (包括生物体系) 面临新的问题和挑战，需要发展新的物理学。

2005 年，*Science* 期刊提出了 125 个世界性科学前沿问题，其中 13 个直接与软物质交叉学科有关。“自组织的发展程度” 更是被列入前 25 个最重要的世界性课题中的第 18 位，“玻璃化转变和玻璃的本质” 也被认为是最具有挑战性的基础物理问题以及当今凝聚态物理的一个重大研究前沿。

进入 21 世纪，软物质在国外受到高度重视，如 2015 年，爱丁堡大学软物质学者 Michael Cates 教授被选为剑桥大学卢卡斯讲座教授。大家知道，这个讲座是时代研究热门领域方向标，牛顿、霍金都任过这个最著名的讲座教授。发达国家多数大学的物理系和研究机构已纷纷建立软物质物理的研究方向。

虽然在软物质早期历史上，享誉世界的大科学家如爱因斯坦、朗缪尔、弗洛里等都做出过开创性贡献，荣获诺贝尔物理学奖或化学奖，但软物质物理学发展更为迅猛还是自德热纳 1991 年正式命名 “软物质” 以来，软物质物理不仅大大拓展了物理学的研究对象，还对物理学基础研究、尤其是与非平衡现象 (如生命现象) 密切相关的物理学提出了重大挑战。软物质泛指处于固体和理想流体之间的复杂的凝聚态物质，主要共同点是其基本单元之间的相互作用比较弱 (约为室温热能量级)，因而易受温度影响、熵效应显著，且易形成有序结构。因此具有显著热波动、多个亚稳状态、介观尺度自组装结构，熵驱动的顺序无序相变，宏观的灵活性等特征。**简单地说，这些体系都体现了“小刺激，大反应”和强非线性的特性**。这些特性并非仅仅由纳观组织或原子或分子的水平结构决定，更多是由介观多级自组构结构决定。处于这种状态的常见物质体系包括胶体、液晶、高分子及超分子、泡沫、乳液、凝胶、颗粒物质、玻璃、生物体系等。软物质不仅广泛存在于自然界，而且由于其丰富、奇特的物理学性质，在人类的生活和生产活动中也得到广泛应用，常见的有液晶、柔性电子、塑料、橡胶、颜料、墨水、牙膏、清洁剂、护肤品、食品添加剂等。由于其巨大的实用性以及迷人的物理性质，软物质自 19 世纪中后期进入科学家视野以来，就不断吸引着来自物理、化学、力学、生物学、材料科学、医学、数学等不同学科领域的大批研究者。近二十年来更是快速发展成为一个高度交叉的庞大的研究方向，在基础科学和实际应用方面都有重大意义。

为推动我国软物质研究，为国民经济做出应有贡献，在国家自然科学基金委员会中国科学院学科发展战略研究合作项目“软凝聚态物理学的若干前沿问题”(2013.7—2015.6) 资助下，本丛书主编组织了我国高校与研究院所上百位分布在数学、物理、化学、生命科学、力学领域的长期从事软物质研究的科技工作者，参与本项目的研究工作。在充分调研的基础上，通过多次召开软物质科研论坛与研讨会，完成了一份 80 万字的研究报告，全面系统地展现了软凝聚态物理学的发展历史、国内外研究现状，凝练出该交叉学科的重要研究方向，为我国科技管理部门部署软物质物理研究提供一份既翔实又前瞻的路线图。

作为战略报告的推广成果，参加本项目的部分专家在《物理学报》出版了软凝聚态物理学术专辑，共计 30 篇综述。同时，本项目还受到科学出版社关注，双方达成了“软物质前沿科学丛书”的出版计划。这将是国内第一套系统总结该领域理论、实验和方法的专业丛书，对从事相关领域的研究人员将起到重要参考作用。因此，项目与科学出版社商讨了合作事项，成立了丛书编委会，并对丛书做了初步部署。编委会邀请了 30 多位不同背景的软物质领域的国内外专家共同完成这一系列专著。这部丛书将为读者提供软物质研究从基础到前沿的各个领域的最新进展，涵盖软物质研究的主要方面，包括理论建模、先进的探测和加工技术等。

由于我们对于软物质这一发展中的交叉科学了解不很全面，不可能做到计划的“一劳永逸”，缺乏组织出版一个进行时学科的丛书的实践经验，为此，我们要特别感谢科学出版社编辑钱俊，他对我们咨询项目启动到完成全过程进行了全程跟踪，并参加本丛书的编辑指导与帮助工作，从而有望使本丛书的缺点与不当处尽量减少。同时，我们欢迎更多相关同行撰写著作加入本丛书，为推动软物质科学在国内的发展做出贡献。

主　编　　欧阳钟灿
执行主编　　刘向阳
2017 年 8 月

前　　言

如果可以把一个复杂系统比作一个生命有机体，那么科学家的使命就是去感受其生命的脉动，倾听其生命的呼吸，探索其生命的规律和机制。

我们生活在一个五彩斑斓的世界，这个世界里充斥着大量由各种不同个体组成的系统，而这些系统会表现出形形色色的集体行为。例如，我们可以用肉眼直接看到很多生物群体的有趣行为，如鸟群变化多端的集体飞行 (flocking)，鱼群在水中复杂的集体游动 (swarming)，大量蚂蚁组成的蚁群忙碌而有序的各种集体活动，热带地区夜晚大量萤火虫的集体闪光等。人作为特殊的个体也依据不同属性组成了诸如家庭、家族、民族、党派、社团组织、俱乐部、军队、学校、工厂、公司、联盟乃至国家等各种不同群体，进而产生出大量的社会群体行为。由人及其所使用的各种设施如交通、通信工具等形成的都市则如同一个放大了的生命体，在其中可以找到供应全身血液的心脏、呼吸的肺等，大到乃至整个地球，我们都可以感受到其作为有机复杂系统的脉搏和呼吸。

即使在我们肉眼和通常感官无法直接感知的世界里，也在发生着大量的故事。当我们通过显微镜去观察一个极小尺度的生物体时，可以看到那里也是一片忙忙碌碌如繁华都市的景象，基因们在忙着制造合成蛋白质、有效组织调控生命体的各种生理活动，分子马达则在忙着输送营养物质、转化和提供能量，心肌细胞在忙着协调心脏舒缩泵出血液，各种神经元有的在忙着感知外部各种信息，有的则忙着传送信息，处于脑部的神经元则忙着处理信息并发送各种指令，生物体内的各种细胞、组织和器官都 24 小时不休息地辛勤工作，通过它们在不同层面的生理活动让生物体处于生命活性的状态。即使是遥远的天体、星系和宇宙也表现出复杂的演化行为，尽管我们可以通过天文望远镜乃至 FAST (500m 口径球面射电望远镜，Five-hundred-meter Aperture Spherical Radio Telescope) 这样的巨型仪器设备进行大量观测，取得海量数据与信息，人类对宇宙及其命运的认识也还处于婴儿时代。

我们可以将上述所涉及的各种系统称为复杂系统。什么是复杂系统呢？要完全准确地给其下一个定义是不容易的，就不同学科来说，对于什么是复杂性的理解有所不同。实际上，系统复杂性的来源是多方面的，有的结构复杂，有的动力学复杂等，并且复杂并不简单取决于组成系统单元的数目多寡、相互作用是否具有复杂的形式等 [1-5]。当然，人们对于复杂性有一些比较直观的感受，例如，对一个系统知道开头但不知道结果，了解部分却无法知道整体，知道规则却无法预知结果，等等，这些往往都是系统复杂性的直接表现。

物理学家往往具有探索未知、大胆提出问题和假设的勇气。我们知道，物理学的研究对象是宇宙万物。何为宇宙？古人曰，“四方上下谓之宇，古往今来谓之宙。”宇即代表空间，宙即代表时间，而物理学是研究时间与空间基本规律的科学。由此可知，从极小到极大的各种尺度都是物理学家的研究对象，当然包括自然科学与人文社会科学的各种研究对象。于是我们可以看到，物理学家的足迹遍布物理学及其他各个学科领域。近些年很多交叉学科的发展大都与物理学家的介入和勇敢探索息息相关。物理学一方面在不同时空尺度探索积累了大量的结果，为探索各种复杂信息发明了各种各样的实验工具和平台，还提出了一系列物理思想和方法。例如，统计物理学最早发端于对热力学的微观诠释，而如今统计物理方法已在物理学其他方向、化学、生物学、经济学和社会科学等诸多领域和不同层次发挥着重要作用[2]。

系统是自然界和人类社会中一切事物存在的基本方式，各种各样的系统组成了我们所处的世界。一个系统由相互关联和相互作用的多个元素 (或子系统) 所组成，具有特定功能。现代科学在从基本粒子到宇宙的不同时空尺度上研究各类具体系统的结构与功能关系，逐渐形成了自然科学与社会科学的各门具体科学 [1]。尽管如此，不同时空尺度之间的关系和过渡更体现了我们这个世界的复杂性。鉴于此，复杂系统的研究业已成为 21 世纪科学研究的中心。正如著名物理学家史蒂芬·霍金在世纪之交时所预言的：“ 21 世纪将是复杂性的世纪。” 21 世纪开始的若干年来，世界科学的发展越来越证实了这个预言。

尽管物理学家是最早、最彻底进入复杂系统研究的一群人，但显然他们对复杂系统研究有着更高、更广泛的诉求。诸多学科及其理解大尺度跨越的需要直接催生了一门目前看起来最交叉的学科 —— 系统科学 [1,3]。过去几百年间，各门不同学科针对客观世界不同时空尺度范围的具体对象进行了大量关于结构与功能关系的研究，用各自学科的基本概念和专门术语积累了丰富知识，使得不同系统之间相互借鉴甚至从中提取共性的系统规律成为可能，也促进了一般系统论 [6]、协同学 [7,8]、耗散结构论 [9,10]、突变理论 [11]、超循环论 [12]、混沌理论 [5]、控制论 [13]、复杂适应系统 [14]、复杂巨系统的综合集成方法 [1] 等理论体系的发展。

系统科学的研究对象是“系统”自身，其目的是探索各类系统的结构、环境与功能的**普适关系**以及演化与调控的**一般规律**。因为系统具有多层次性，所以如何阐述在每一个层次的一般规律及其层次之间的过渡规律是系统科学作为一门学科的重要使命，而后者是系统科学最重要的任务 [15]。在每一个层次当中，人们都会或已经建立起相应的学科来做非常详尽具体的阐述，而层次之间的过渡作为一个极其重要的课题则是这些学科的软肋。从这一点来看，系统科学既不同于物理学、生物学等具体的自然科学学科，又不同于数学这样可以完全抽象的纯粹方法论，而是具有鲜活的自然科学学科背景和诠释方法论生动图景的、介于这些层次之间的科学与方法论学科。

系统科学的核心是**系统论**。在历史上，物理学传统的**还原论**思想尽管已经做出了重要贡献，但复杂系统问题的分析与理解不能只停留在还原论层面上。与还原论相对应的是**整体论**，即需要将复杂系统作为一个整体来加以研究。但是，整体论的使用应以还原论的结果为基础才不至于空洞。因此我们需要注意的是，整体论绝不意味着还原论的无用。一个典型的案例就是近年来复杂网络理论的发展 [16-22]。按照复杂网络的观点，任何一个复杂系统都可以看成是大量个体通过相互作用组成的一个整体，进一步的抽象可以将相互作用简化为拓扑连边，一个系统就可以由个体抽象成的点和由相互作用抽象成的边组成。这正是还原论的威力，它将一个原本纠缠不清的系统以网络的形式清晰展示出来，而还原论还进一步揭示了网络中点元素的基本结构，例如，原子、分子乃至基本粒子结构、神经元结构、基因、蛋白质结构等，单元间相互作用如原子、分子之间的相互作用形式也是靠还原论来给出。因此，还原论是整体论的基础，没有还原论的整体论就是空中楼阁、无本之木。还原论仍将继续是推动人类文明进步的基石。鉴于此，对复杂世界正确的认识应当是整体与还原的有机结合，系统论由此应运而生，它“是还原论与整体论的辩证统一”(钱学森语)。正是这种统一，使系统论超越还原论成为可能。这就需要一方面整体指导下的还原与还原基础上的综合相结合，具体体现为“自上而下”与“自下而上”相结合；另一方面机制分析与功能模拟相结合，系统认知与系统调控相结合。

系统的结构与环境共同决定了系统的功能，在系统环境和物理、信息等系统结构的作用下，系统会出现时间与空间的演化，不同时空尺度和层次结构一般对应不同的模式和功能。系统的功能一般不能还原为其不同组分自身功能的简单相加，这种 1+1 不等于 2 的结果称为**涌现 (emergence)**。简言之，系统功能是系统结构与动力学相结合的涌现。功能的一种直接表现就是集体动力学，它是复杂系统的简单呈现形式。

本书的主题是复杂系统的动力学行为。复杂系统在不同层次上的集体行为无处不在，从一个到另一个层面的过渡形式就是以群体行为为表现形式的涌现行为。复杂系统的行为特别是集体行为实际上是一个老问题，人们对复杂系统的研究已经有很长历史。

复杂系统涌现会表现出一些典型的时间与空间行为，它包括整体简单且平庸的如随时间不变的行为和在空间均匀或简单分布的结构、整体简单且非平庸的如随时间周期变化的行为、在空间周期往复的结构或整体复杂的如随时间变化混乱或随机的行为，空间分布呈现混乱的结构等。在诸多的这些涌现行为中，时间的整体非平衡动态行为在很多情况下是非平庸且可分析的系统行为，其中最简单的动态就是周期振荡，而最简单的协同行为就是同步 [15]。本书的原则是复杂系统行为的可分析性与可操作性。因而，振荡与同步正是本书的重点。

复杂系统集体行为的出现意味着有序的涌现，在状态空间意味着系统自由度和维度的降低，而对于状态变量而言则意味着可以用更少的状态变量来对集体行为加以描述。例如，在物理上，一个哈密顿力学系统从不可积到可积性的转变意味着越来越多运动积分或守恒量的产生，以此作为约束将运动限制在越来越低维的空间中。再比如，热力学系统相变的发生往往意味着对称破缺的产生和序参量的出现 [23-25]。本书重点研究耦合振子系统的同步行为，我们会看到类似的涌现行为，即耦合振荡的系统会发生从部分同步到完全同步的转变。这些有序行为的出现都意味着高维复杂系统动态行为的低维化，因而从理论上来说通过各种方法和手段对原有的高维 (大自由度) 系统进行有效降维 (投影、约化) 是研究复杂系统最重要的任务之一。复杂系统可降维性或近似可降维性常见的有以下几种情形：

(1) **系统的对称性**。例如，哈密顿系统的对称性带来了不变积分 (守恒量)，与此同时，系统出现低维动力学。在流体力学中存在的碰撞不变量如能量、动量、角动量、粒子数等导致了以 Navier-Stokes 方程为代表的流体力学方程 [26]。再比如，我们在本书将讨论的耦合相振子系统对称性将会带来以数学上的 Möbius 变换为原型的 Watanabe-Strogatz (WS) 变换，可以将原有的 N 振子方程精确约化到三维方程。

(2) **时间/空间尺度的分离以及快慢变量的出现**。例如，守恒量或不变量的存在 (或近似守恒) 导致慢变量的出现；当我们改变系统的参量使得系统到达某个即将发生转变的临界点时，系统中的少数模式会处于临界稳定到不稳定的转变点，这些模式会成长为慢模，相比于均为快模的其他模式，这些慢模将会对系统的转变起着主导和支配的作用，这就是著名物理学家 Haken 提出的支配原理 [7,8]。再比如，在布朗运动中，由于布朗粒子的运动弛豫时间远长于周围热源粒子的碰撞弛豫时间，因此物理学家 Langevin 写下了集确定性运动 (慢模) 和随机噪声 (快模) 于一身的随机微分方程 (后人称为 Langevin 方程)，为布朗运动及其相关的物理、化学、生物等大量具有随机特征的现象研究提供了重要理论出发点 [27,28]。

数学家和物理学家发明了一整套的方法和工具来处理上述的可降维问题。例如，对称性就导致了变换不变性，科学家们建立了不变变换理论、不变群、不变流形和子空间理论。由于对称性多种多样，因而寻找系统的各种对称性和不变流形就成为很重要的任务。物理学家很早就利用数学变换即采用不同坐标系来处理多体问题。以简谐链的集体振动问题为例，从每一个原子来看，它都与其他原子具有相互作用，单独了解其运动似乎并不简单。但如果引入集体坐标，则从集体模式空间来看，系统的运动由一个个相对独立的集体模 (称为简正模式) 所组成，每一个简正模式都是所有原子参与集体运动的结果，而一般运动由这些集体模式叠加而成。

物理上经常把这些集体模式称为准粒子。量子力学中的表象理论就是为处理多体和复杂问题而生的方法。

另外一个典型的例子就是同步问题。对于具有大量耦合振子的系统来说，每一个振子与其他振子都有相互作用，在耦合强度较大的时候，单个振子的动力学是无法直接剥离出来的。但如果采用另一套集体坐标，即引入各阶序参量，则可以发现在序参量空间中存在一个低维不变子空间即同步流形空间，WS 变换是一种对某些系统找到该空间的精确方法，而 Ott-Antonsen (OA) 拟设则是一种对更多系统来说实用而近似很好的方法，通过这个方法可以将问题从原来 N 个振子的高维空间降维到二维序参量空间。因此，本书所涉及的同步和部分同步、OA 流形理论、序参量理论、中心流形定理、支配原理及其作为具体应用的绝热消去和时间平均法都是处理复杂系统集体行为有力的方法和工具。约化是统计物理的重要组成部分，它可将感兴趣的系统从整体中剥离出来，投影算符理论经过多年的发展已成为重要的约化手段 [26,28]。

本书所讨论的内容集中于与复杂系统特别是耦合非线性系统涌现行为有关的最近几十年来的进展。相比于早期非线性动力学聚焦于少自由度系统的解剖麻雀式的分析，对大自由度非线性系统的动力学研究是非线性科学发展到一定阶段的必然要求。20 世纪 70 年代以来，人们对于少自由度非线性系统的混沌动力学和复杂行为研究已经很深入，在大多数方面已经较为清楚，因而对大自由度系统的研究就显得尤为必要。计算机技术近年来飞速发展，超级计算机的计算和交互速度为高维复杂系统的行为研究提供了客观条件。人们关于复杂系统的集体和涌现行为研究取得了突破性进展，揭示了一系列与直观印象看似矛盾的现象。本书将介绍复杂系统一些典型的集体涌现行为，包括同步、集体振荡、时空随机共振、时空斑图与非线性波、集体定向输运和低维热导等。

本书分为七个章节，并根据内容分为上、下两册。上册为第 1–4 章。集中讨论复杂系统的同步动力学，下册包括第 5–7 章，将集中研究在噪声作用下复杂系统的涌现动力学。具体地，本书做如下安排。

第 1 章作为基础，我们介绍非线性动力系统的基本知识，如动力系统理论及稳定性、分岔、哈密顿系统与耗散系统的混沌等。复杂系统的另一面是统计，因此本章还介绍动力学与统计的关系、复杂系统的随机动力学刻画等。这些知识是后面许多讨论的准备，也可以单独作为了解非线性动力学知识的学习内容。

第 2 章到第 4 章利用三章的篇幅集中研究复杂系统的同步涌现动力学。同步是复杂系统基本和典型的涌现行为，对其做细致的分析也很自然。第 2 章先系统介绍相互作用极限环振子的同步问题。这一问题的讨论既可以从微观的相互作用振子同步进程来刻画，也可以采用统计物理学的约化方法。本章通过微观同步动力学的讨论展示复杂系统从部分同步到整体同步的进程，为统计物理和宏观刻画同步提供了理论基础。在统计物理和宏观刻画方面，Kuramoto 早期的自洽方程方法及其近期的 OA 拟设和 WS 变换、系综序参量等方法是有力的手段，本书将做详尽介绍。有了序参量理论，近年来得到密切关注的发生于非局域耦合振子系统的奇异态等问题就可以得到比较好的理论分析和理解。相信这一部分的讨论对有关的研究者具有一定的借鉴作用。

第 3 章集中讨论耦合混沌振子的同步。相比于耦合极限环振子系统，混沌系统的同步有着更为丰富、复杂的内容。该问题的研究兴起于 20 世纪 90 年代初，早期对混沌系统同步问题的研究与混沌运动的控制和应用问题密切相关，但之后人们聚焦于混沌同步作为一类基本物理现象来开展系统研究，发现了更为丰富的内容，包括完全同步、广义同步、相同步、滞后同步、测度同步等不同类型和层次的混沌同步。这些在本章都将有较为详细的论述。更为复杂的耦合时空非线性系统的同步问题也是本章阐述的内容。

1998 年开始的复杂网络理论研究指出了相互作用拓扑结构的重要性，它对网络上的动力学涌现也有着巨大影响。为此，在第 4 章中，集中对复杂网络上的同步动力学进行探讨，阐述同步动力学与复杂网络结构关系的问题。首先简要地对复杂网络的结构与统计描述、基本网络模型及其特征等网络拓扑理论进行讨论，并介绍复杂网络同步分析的主稳定函数方法及其在小世界网络和无标度网络等典型网络上同步的应用。网络拓扑的对称特征会导致部分同步，我们还将发展部分同步的主稳定函数理论，并将其应用于多层网络的同步。网络相振子的同步有一些比较独特别的行为，如多集团/单集团同步、爆炸式同步等。单集团同步可以大大优化相振子网络的同步性，本章将对这种机制进行深入探讨。爆炸式同步的分析可以借助于星形网络相振子的同步分析来加以理解，而星形网络相振子系统可以用序参量动力学精确地讨论。

噪声对复杂系统涌现行为的影响是一个很重要的问题。噪声的介入影响着物质、能量与信息在系统内部、空间的传输与转移，我们在本书下部的第 5–7 章集中从几个不同角度对其进行阐述。第 5 章将主要探讨时空非线性系统的随机共振、相干共振、集体振荡、非线性波等问题。噪声对时空系统的合作行为有重要的作用。通常噪声对有序会产生破坏作用，因此系统有序和无序的竞争会表现出复杂的行为。值得注意的是，随机力并不总是起着消极的作用，在非线性系统的分岔点附近，通过非线性与随机力的作用，无序的能量可能会转化为有序的动力，从而促进系统新序的建立。近年来讨论的噪声诱导相变、随机共振、相干共振、分子马达运动等就是典型的噪声对非线性系统行为起着正面作用的例子。可激发介质由于单元的可激发性而表现出很多与众不同的行为，如非线性波的传播和集体振荡问题。噪声在波的传播与时空斑图形成中会起重要作用。非振荡单元在一定网络耦合下会自发出现集体振荡，它密切联系着可激发网络和基因调控网络等与生物系统相关的背景，因而也是本章研究的重点。

第 6 章和第 7 章集中讨论复杂系统在空间的非平衡输运问题。输运过程一直是统计物理中最基本的研究课题之一，时空系统的集体输运行为则是一个非常有意义的问题。对非线性动力学与非平衡输运关系的研究近几十年一直受到物理学家的密切关注。这涉及时空尺度竞争、非线性和涨落/噪声等几个重要因素，这些因素的相互影响会导致复杂系统很多新奇的涌现行为。在第 6 章中，以 Frenkel-Kontorova(FK) 模型为典型描写时空尺度竞争的系统，研究其在无噪声情况下的集体动力学行为。尺度竞争是时空非线性系统很多行为的重要机制，尺度竞争有两种不同的类型：时间域的频率竞争和空间域的波矢竞争，由此导致一系列非线性时间、空间结构调制与相干现象及复杂的输运行为。本章从 FK 系统的基态研究出发，讨论有关基态的一系列概念及其 Aubry 公度–非公度相变。FK 系统在各种驱动下的动力学近年来被广泛结合晶体位错、电荷密度波、纳米表面摩擦学、Josephson 结阵列和阶梯的电压–电流特性等具体问题开展研究，本章为此将对 FK 链的时空动力学现象进行详尽探讨，这些结果具有一般性和代表性。同时，本章的一些讨论也为第 7 章做良好的铺垫和准备。

第 7 章集中以 FK 模型及其相关的耦合链作为基本模型研究复杂系统在噪声或涨落环境下的集体非平衡定向输运和低维体系热导及调控问题。近年来对分子马达 (棘轮) 问题的探讨受到生物、物理、化学等各领域的关注。这种物质输运现象与分子马达生化过程、能量转化与利用、肌肉组织收缩、营养物质输运、蛋白质合成等生物细胞内的输运过程有着密切的关系。其基本思想还被应用到颗粒与软物质的分离技术、光学分子马达等当中。本章着重从物理的角度对复杂系统定向输运进行讨论。阐述复杂系统各种时空对称破缺所导致的棘轮效应，这是本章的第一个主题。另外一个主题是能量的定向输运即热传导问题，它是典型的非平衡统计热力学问题。近年来人们发现，低维体系的热导率不仅与材料性质有关，而且还可能是系统尺寸的函数，这种反常的热导率现象引起了人们的极大兴趣。另一方面，低维和纳米材料的热输运调控为热的应用开辟了蹊径。我们将对低维的热传导行为及其调控进行系统阐述，试图从微观动力学角度对宏观热传导的机制及其应用进行探讨。热传导微观机制的研究也为实现能量输运与热传导过程的调控提供了必要的理论基础。以 2002 年 Terraneo 等通过引入缺陷成功控制热流而开辟热输运调控的新方向为起点，人们提出了热二极管、热三极管、热逻辑门等热调控器件的基本机制，并已在实验研究方面取得了进展。热流棘轮效应则与物质输运的棘轮效应很好对应又有所不同，在本章也将做详细的讨论。

总之，本书以复杂系统的涌现动力学为主线，对其在各方面的不同表现展开阐述。这样做很重要的动机是试图将各个不同领域和方向关于复杂系统的涌现行为的研究串联起来，使得读者对该领域有一个较为全面的了解。本书不拟对复杂系统的涌现动力学更为普适和一般的规律及其理论体系化，一方面复杂系统的复杂性很重要的表现就在于其涌现行为的多面性，就像一头大象，它是由头、身体和四肢等具有不同功能的不同部分构成，只谈任何一个部分都有偏颇。目前的科学家相比盲人而言还是要强得多，一方面科学家可以将“大象”的各个组成部分通过还原论剖析清楚，连盲人摸不到的内脏和组织都可以研究清楚；另一方面对于“活体”大象这些不同组成的部分如何协同工作已经掌握大量信息，就如同本书所展示的涌现动力学方方面面一样，而更多的普适性及其相互关系乃至于完全从科学上克隆和重构“活体”复杂系统的努力还在路上。这也是前言开篇第一句话试图传递的信息。

本书部分内容基于 2004 年作者的专著《耦合非线性系统的时空动力学与合作行为》[15]，但该书出版后很快售罄，很多同行作为课题组研究生的入门书购入，人手一本，而之后更多的同行已经买不到此书。考虑到该领域仍然是研究的热点，且近十几年已有飞跃式的新发展，作者深感有必要再次就本人对该领域的理解写成专著与同行交流。应科学出版社之邀，作者在原书基础上对内容进行了大规模调整和补充，并增加了大量最新的研究成果。客观来说，本书花费了三年时间，其工作量等同于出版一本新书。尽管如此，作者还是怀着惶恐之心，真诚接受该领域内外专家和读者的鼓励和批评。

本书的完成离不开作者多年来的科研与教学工作及其与诸多同事、研究生的讨论合作。首先感谢我的导师胡岗教授和北京师范大学统计物理学科，我自 1992 年攻读硕士研究生开始就系统学习了非平衡统计物理，并研读系统科学相关文章和书籍，这些已经成为我学术血管中流淌的血液。我与胡先生在非线性动力学与统计物理学方面 20 多年的密切合作使得我们共同完成了一批该方面的研究工作，共同撰写了两部专著，也积淀了我们的珍贵友谊。感谢北京师范大学 20 多年间所有的师兄、师姐、师弟和师妹，感谢我在北京师范大学课题组时所有的研究生和博士后，我 2000 年之后大量的研究成果都是课题组师生相互合作或讨论的结果，其中相当部分的内容来自于他们的博士甚至硕士学位论文。正是多年来的不断合作，教学相长，才使得本书的一些科研成果逐渐沉淀成可以写入教科书的内容。

感谢早期学术之路上无私提携我的杨展如教授，他的积极推荐使我在博士毕业的前一年就有机会以博士后身份赴香港浸会大学独立开展研究。感谢已故的休斯敦大学教授、香港浸会大学物理系前系主任、非线性研究中心主任胡斑比先生，自 1996 年开始多次访问香港，胡斑比先生无私地支持我开展工作，容忍我早期作为一个学术毛头小伙探索的弯路，并在 2002 年积极推荐我获得 Croucher Fellow。胡斑比先生 2015 年底的猝然离世令我黯然神伤，感叹没有珍惜最后的几年多见见面。感谢在香港浸会大学非线性研究中心期间汤雷翰、李保文、赵鸿、刘杰、周济林、周昌松、刘宗华、杨磊等各位挚友的长期学术支持与合作，我们的友谊日久弥深。感谢加州理工学院 Michael Cross 教授的邀请，在阳光明媚的帕萨迪纳访问合作的一年以及之后他访问北京的半年非常愉快并有收获。感谢新加坡国立大学 Choi-Heng Lai 教授邀请访问非线性研究中心。

感谢郝柏林院士 1992 年非线性科学暑期学校对我的启蒙。2018 年 3 月上旬，正值春回大地之际，惊悉郝先生突然辞世，心中无限怀念。20 多年中多次聆听先生教诲，受益匪浅。感谢郑伟谋、刘寄星教授在我学术初创时期的大力帮助、建议和支持，感谢“973”计划 (国家重点基础研究发展计划)“非线性科学中的若干前沿问题”项目首席科学家孙义燧院士和王炜教授近十年的学术支持，感谢陈式刚、于渌、葛墨林、欧阳钟灿、龙桂鲁、孙昌璞、欧阳颀、胡进锟、汪秉宏、何大韧、来颖诚、方锦清、陈关荣等教授的学术支持和研讨。还有众多的前辈与朋友，可以写出一个长长的名单，恕不能一一列出，在此一并致谢。感谢北京师范大学物理系和系统科学学院的前辈同事。

感谢多年来科技部、国家自然科学基金委员会、教育部、北京师范大学、华侨大学等多方科研项目的支持，感谢华侨大学信息科学与工程学院领导和同事的支持、鼓励，以及华侨大学人事处、科研处等在我初期开展工作的积极协调。作者 2015 年底加盟华侨大学以来成立了非平衡与复杂系统研究团队和系统科学研究所，感谢团队和研究所的所有同事的学术讨论。感谢福建省政府、泉州市政府和厦门市政府在福建省“百人计划”“闽江学者计划”“桐江学者计划”、高层次领军人才计划、重点人才、科技计划项目等方面的支持。

感谢科学出版社刘凤娟编辑、钱俊编辑和已离开科学出版社的鲁永芳编辑，本书的相关资助申报、书稿撰写和修改过程都得益于他们的大力帮助。

感谢所有的亲人在过去岁月里的支持、相伴和给予我的真挚的爱。虽然世事变迁，我却一如既往地钟爱于我的研究。本书献给我的亲人们。

作 者

2018 年 1 月 16 日于厦门集美杏林湖畔

目　录

(下　册)

(上　册)

第5章　时空随机共振与波传播

对耦合非线性系统同步行为的研究表明，系统可以通过单元间的相互作用而形成宏观层次的有序与合作效应 [15]。这是大量振子之间自组织、相互协调的结果。一方面，振子的同步行为可以直接表现出来，并可以在实际中观察到，如锁相、共振阶梯、同步振荡等都是同步行为的直接体现 [173,174]。另一方面，更多的由同步所引发的自组织和有序现象在实际情况中往往不会直接表现出来，而是会通过某种具体现象被观察到，并以单个振子无法表现的方式进行。这些各种各样的涌现行为需要更深入的分析才能真正了解宏观有序及其与同步行为之间的联系 [184,185]。

非线性系统除了个体间相互作用外，往往还受到各种外界涨落因素的影响，这些涨落表现为随机力 (噪声)[89,90]。随机力的介入通常会破坏系统的有序，系统的有序和无序的竞争会表现出复杂的行为。值得注意的是，随机力并不总是起着消极的作用。在非线性系统的分岔点附近，通过非线性与随机力的作用，无序的能量可能会转化为有序的动力，从而促进系统新序的建立。近年来讨论的噪声诱导相变、随机共振、相干共振、分子马达运动等一系列现象就是典型的噪声对非线性系统正面作用的例子 [106,108-110]。我们在本章将主要探讨多自由度或时空非线性系统的随机共振与相干共振问题。我们可以看到，通过噪声与系统耦合作用的巧妙配合，系统会产生比单个振子系统随机共振更强的效应。我们还将讨论由典型的阈值系统构成的介质 —— 可激发介质中的波传播问题。噪声在波的传播与时空斑图形成中也会起重要作用。

5.1　阵列加强的随机共振与时空同步

5.1.1　阵列加强随机共振

我们已在第 1 章中对随机共振现象进行了简单介绍。从信号处理等应用的角度来看，提高输出信号的信噪比是非常必要的。这种需求在生物个体对环境信号的识别中具有直接现实的意义。人们曾经考察过一些陆地夜行动物和海洋动物对周围猎物或威胁的识别过程，发现它们都有一些特别的神经生理结构，这些结构是由大量感应细胞组成的，在夜晚的弱光中或海水的噪声环境中，这些感应细胞会通过某种机制将远处的物体或动物影像加强识别。在探测或军事领域，对弱信号的探测识别也可以类似于动物的这种优化方式来达到。而这些应用与背景都与随机共振及其集体加强的随机共振效应密切相关。

近年来，研究者们系统研究了线性和非线性耦合的随机共振系统，发现随机共振可以通过耦合得到加强 [517,518]。1995 年，Lindner 等通过研究局域线性耦合的非线性振子发现，大量相互耦合振子形成的阵列可以大大提高系统的随机共振效应 (array-enhanced stochastic resonance, AESR)[519]。这样我们不仅可以通过调节噪声强度，还可以通过调节耦合来使系统的信噪比达到优化并得到加强 [520-523]，从而为实际应用提供重要的理论依据。

研究随机共振一个最常用的模型是如下的过阻尼周期驱动双稳系统：

$$\dot{x} = kx - k'x^3 + F\cos\Omega t + \xi(t) \tag{5.1.1}$$

其中 k, k' 均大于零，系统的势场

$$V(x) = -kx^2/2 + k'x^4/4 \tag{5.1.2}$$

为典型的双稳势。从具体物理背景来说，势阱可以代表具体系统中的稳态，双稳势意味着系统有两种稳态。$\xi(t)$ 是强度为 $2D$ 的高斯白噪声，

$$\langle\xi(t)\rangle = 0, \quad \langle\xi(t)\xi(t')\rangle = 2D\delta(t-t') \tag{5.1.3}$$

F, Ω 分别代表周期驱动力的振幅与频率。在噪声与周期驱动下，系统会在双稳态之间跃迁，在一定噪声下系统会发生随机共振。第 1 章对这一系统随机共振问题的研究已经做了介绍。下面考虑许多同样的子系统通过线性近邻耦合连接成一个阵列：

$$\dot{x}_n = kx_n - k'x_n^3 + F\cos\Omega t + \varepsilon(x_{n-1} - x_n) + \varepsilon(x_{n+1} - x_n) + \xi_n(t) \tag{5.1.4}$$

$\xi_n(t)$ 为时间、空间均无关联的噪声：

$$\langle\xi_n(t)\rangle = 0, \quad \langle\xi_n(t)\xi_m(t')\rangle = 2D\delta_{n,m}\delta(t-t') \tag{5.1.5}$$

在实际应用中噪声 $\xi_n(t)$ 是有一定带宽限制的，通常它在一个很大的截止频率 f_N 之内谱强度为 $2D$，而在此之外为 0。下面用噪声功率

$$\sigma^2 = 2Df_N \tag{5.1.6}$$

来刻画噪声。描写随机共振一个重要的量为信噪比 (SNR)，即

$$\mathrm{SNR} = \log_{10}[(\text{信号总功率} - \text{噪声功率})/\text{增益}]/\text{噪声功率} \tag{5.1.7}$$

注意这里的信号功率应减去背景噪声的功率。在实际计算中，SNR 可有不同的定义和算法，但这都不会影响定性结果。

图 5-1 给出了信噪比随噪声强度的变化情况。图中画出的是 $N=9$ 时中间振子的 SNR 曲线。可以看到，信噪比曲线和噪声强度的关系总是有一个峰值。当 $\varepsilon \neq 0$ 时，随 ε 的增加，可以看到 SNR 曲线整体向大噪声方向移动，并可以看到 SNR 曲线的峰值先上升，而在很大的 ε 时又会下降。SNR 曲线向大噪声方向移动的原因很容易理解：当耦合增加时，由于振子间的作用，噪声越来越难以将振子由一个势阱驱动到另一个势阱。图中的这组曲线说明，适当大小的耦合既可以使整个链上的振子出现相干运动 (不至于被噪声破坏)，又可以合理地利用噪声能量使系统输出信号的信噪比增加。

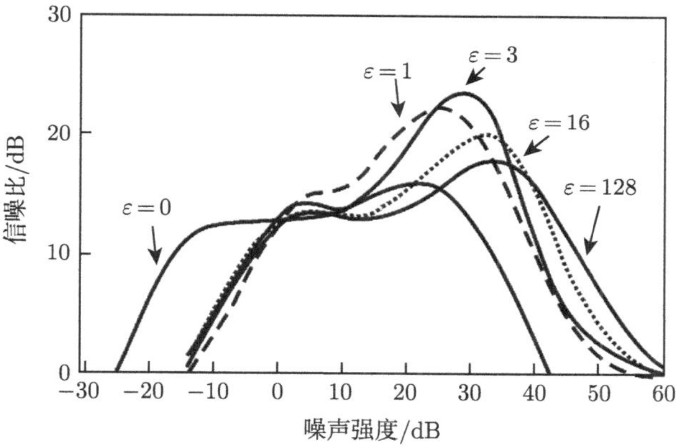

图 5-1 耦合系统在不同耦合强度下信噪比 SNR 随噪声强度的变化情况【改编自文献 [519]】
实际计算中参数为振子数 $N=9, k=2.1078, k'=1.4706, F=1.3039, f=\Omega/(2\pi)=0.116$

为更清楚显示这一行为，图 5-2 中给出了信噪比峰值 SNR_m 与耦合强度 ε 的变化关系。图中 $N=1$(单个振子) 的曲线是一条水平线也给出来，目的是方便对比。当振子个数 N 增加时，可以看到当粒子数较少时，SNR_m 与 ε 都有一个共振峰。当 $\varepsilon \to 0$ 与 $\varepsilon \to \infty$ 时，这些曲线都趋于 $N=1$ 的 SNR_m 值。共振峰的高度随着 N 的增加而增加，因此阵列加强的随机共振不仅可以调节耦合强度，还可以通过增加阵列的尺寸来达到最佳效果。这一加强效应充分说明，通过振子间的耦合不仅可以压制噪声，形成有序，还可以合理利用噪声。当然，耦合与随机力之间需要一个适当的匹配。否则，太弱的耦合不能使振子之间形成相干的跃迁，噪声使各振子仍处于 “各自为政” 的状态；反之，如果耦合太强，所有振子都被束缚在一起，噪声的作用被完全压制下去，整个阵列的行为又如同单个振子。这两个极限都会使阵列的整体输出效果下降。从图 5-2 中我们通过 SNR_m 与 ε 的共振关系可清楚地看到。

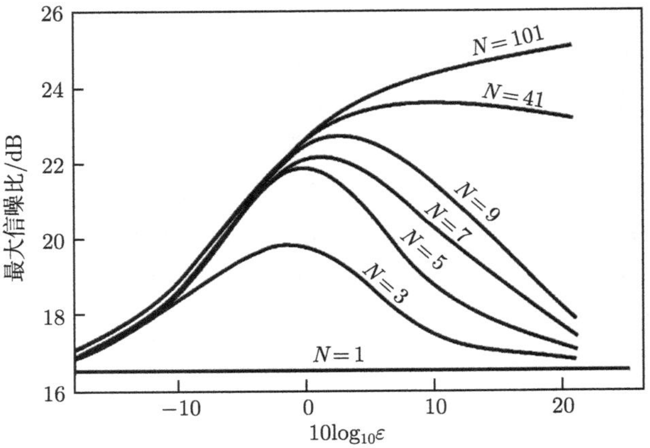

图 5-2　阵列中不同振子数情况下信噪比峰值 SNR_m 与耦合强度 ε 的变化关系

5.1.2　相干随机共振与时空同步

显然，前面所看到的相干随机共振由于振子间的相互作用而获得优化。所以这种效应是阵列集体动力学的结果。图 5-3 给出了 $N=101$ 个振子在 $\varepsilon=1/4$(小耦合)(第一行图) 和 $\varepsilon=16$(大耦合)(第三行图) 时由小到大改变噪声 (自左向右) 的时空演化图。每一个小图的横轴为振子数 N，纵轴为时间，图中的黑白两种区域分别表示双稳势的左右两个势阱。初始时振子所处的位置随机给定。图 5-3 的第二行图给出 $\varepsilon=1/4$ 与 16 的 SNR 曲线。对 $\varepsilon=1/4$ 的情形，可以看到当噪声改变时，振子的翻转逐渐一致，但由于耦合较弱，只是部分振子可以同步翻转，在 SNR 曲线的峰值处，可以看到对应的时空同步达到最佳 (≈20dB)，继续增加噪声就会逐渐破坏振子之间的同步性，可看到振子出现混乱随机的翻转。当 $\varepsilon=16$ 时，较弱的噪声很难使得振子发生翻转，强耦合使振子大部分时间处于各自的阱内。噪声增加使得振子可以克服耦合而翻转，而耦合又反过来使得这些翻转同步进行。在 SNR 曲线的峰值处 (≈30dB) 可以看到非常有序的时空演化，表现为所有振子都同步地在阱间跃迁。通过这两种情形的分析，我们可以清楚地看到，系统最佳时空随机共振实际上就对应于系统的时空同步。这一时空同步是系统有序 (耦合) 与无序 (噪声) 竞争协调的结果。

可以定义如下的占有数 n_0 来定量刻画上述振子的同步性：

$$n_0=(N_L+N_R)/(2N) \tag{5.1.8}$$

其中 N_L 为当左边势阱降低时在左边势阱内的振子数，N_R 为当右边势阱降低时在右边势阱内的振子数。由于势阱降低有利于振子在势阱内的驻留，因此 $N_{L,R}$ 都反映出同步振子的个数。n_0 则反映了系统的同步程度。

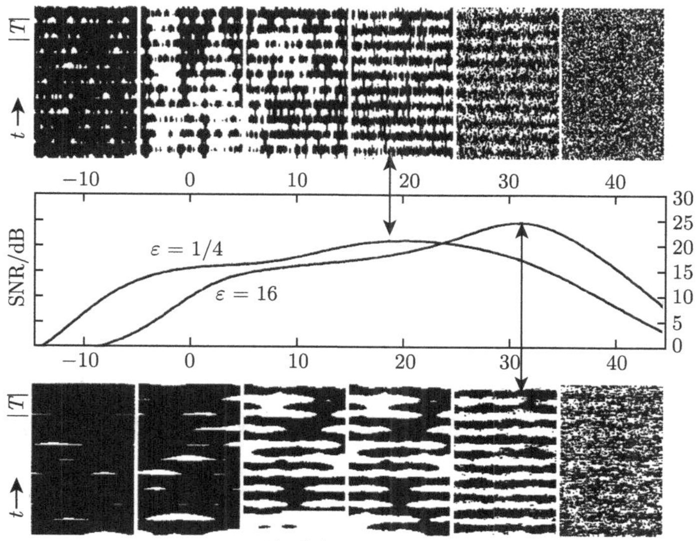

图 5-3 $N=101$ 个振子的阵列在不同噪声强度 (由小到大改变) 时的时空演化图

当噪声较小时，所有振子都会处于各自的阱中，此时 $n_0 \approx 50\%$。当噪声过大时，振子又会不相干地翻转，此时 n_0 也大约为 50%。另外系统没有耦合时，n_0 会始终处于 50%的水平，振子各自为战。但当考虑耦合时，在时空同步点，所有振子会同步地来回翻转，此时 $n_0 \approx 100\%$。通常 n_0 处于 50%~100%的区间，n_0 越大，说明系统的时空同步性越强。图 5-4 给出了 $\varepsilon=1$ 时 $N=101$ 个振子的占有数随噪声变化情况。正如预期，n_0 曲线有最大值，它对应于系统最优时空同步。对比 SNR 曲线 (方块线)，可以看到二者的峰位完全相同，这证实了前面的推断。

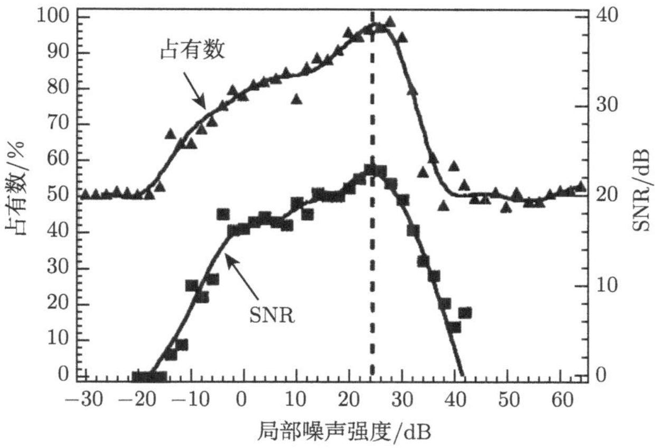

图 5-4 $\varepsilon=1$ 时 $N=101$ 个振子的占有数随噪声变化情况【改编自文献 [519]】

5.1.3 时空随机共振与 ϕ^4 成核理论

上述时空随机共振现象揭示了非线性系统与噪声之间的竞争与协调。Lindner 等考察了 SNR 最优噪声强度 D_m、最优耦合强度 ε_m 与系统阵列尺寸 N 之间的关系 [523,524]。总结有关数值结果，大致有以下三点结论：

(1) SNR 在 (D,ε) 平面上具有唯一的最大值，最大值 SNR_m 位于 (D_m,ε_m)。

(2) SNR 与 $D(\varepsilon>0)$ 关系曲线的峰位总是高于无耦合 $\varepsilon=0$ 时的峰位。

(3) SNR_m 对应的 (D_m,ε_m) 处，系统有最佳的时空同步。当 $N\to\infty$ 时，

$$\mathrm{SNR}_m \to \text{常数},\quad D_m\propto N,\quad \varepsilon_m\propto N^2 \tag{5.1.9}$$

Marchesoni 等在 Lindner 等的上述工作后不久利用 ϕ^4 的扭结–反扭结成核理论作出解释，并得到了式 (5.1.9) 的标度律 [525]。实际上，当 $N\to\infty$ 时，方程 (5.1.4) 可以在空间连续化：

$$\phi_n(t)\to\phi(n\Delta x,t),\quad \Delta x=1/N \tag{5.1.10}$$

此处振子状态用 ϕ 而不用 x 表示，这里用 x 代表位形空间位置坐标。由此可以得到过阻尼的 ϕ^4 模型：

$$\phi_t=k\phi-k'\phi^3+\varepsilon_n\phi_{xx}+F\cos\Omega t+\xi(x,t) \tag{5.1.11}$$

这里系统的空间坐标 $x\in[0,1]$，噪声时空无关联在连续化极限下表示为

$$\langle\xi(x,t)\xi(x',t')\rangle=2D_N\delta(t-t')\delta(x-x') \tag{5.1.12}$$

另外

$$\phi_t=\partial\phi/\partial t,\quad \phi_{xx}=\partial^2\phi/\partial x^2 \tag{5.1.13}$$

$$D_N=D/N,\quad \varepsilon_N=\varepsilon/N^2 \tag{5.1.14}$$

下面采用均匀 von Neumann 条件：

$$\phi_x(0,t)=\phi_x(1,t)=0 \tag{5.1.15}$$

上面的 ϕ^4 模型 (5.1.11) 既有延展解 (声子解) 又有局域解 (孤立子解)[526,527]。孤立子解可由运动的扭结解 ϕ_+ 和反扭结解 ϕ_-

$$\phi_\pm=\tanh\left[\pm\frac{1}{2d}\frac{x-X_\pm(+)}{\sqrt{1-\dot{X}_\pm^2(+)/C_0^2}}\right] \tag{5.1.16}$$

的线性叠加构成。这种构成在 $\phi_\pm$ 中心 X_+ 与 X_- 之间间距远大于孤立子尺寸

$$d=C_0/\omega_0$$

且 $d \ll 1$ 时有效。此处

$$\omega_0 = \sqrt{2k}, \quad C_0 = \sqrt{\varepsilon_N}$$

在没有周期力 ($F = 0$) 而只有噪声时，上述方程可以很好地解释 ϕ^4 理论的热化过程。在热涨落 D_N 下，平衡态的扭结 (反扭结) 密度为

$$n_{\pm} = n_0 = \frac{1}{d}\sqrt{\frac{3E_0}{2\pi D_N}}\mathrm{e}^{-\frac{E_0}{D_N}} \tag{5.1.17}$$

其中

$$E_0 = 2A\omega_0 C_0/3$$

为静态能，$A = k/k'$，

$$M_0 = E_0/C_0^2$$

为扭结 $\phi_{\pm}$ 的质量。系统的噪声 $\xi(x,t)$ 和周期力

$$F(t) = F\cos \Omega t$$

会导致扭结 (反扭结) 的平移运动，此时 $\phi_{\pm}$ 的形状不变，但其质心 $X_{\pm}$ 在等效做随机运动：

$$\dot{X}_{\pm} = \mp\frac{2F_A}{M_0}\cos \Omega t + \eta(t) \tag{5.1.18}$$

其中 $F_A = F\sqrt{A}$，$\eta(t)$ 为高斯白噪声：

$$\langle \eta(t)\rangle = 0, \quad \langle \eta(t)\eta(t')\rangle = \frac{2D_N}{M_0}\delta(t-t') \tag{5.1.19}$$

上面周期力符号相反是由于周期力驱动 $\phi_{\pm}$ 向反向运动。

在没有外力时，振子在双稳态 $\phi = \pm 1$ 之间的翻转由热噪声造成，因而扭结 (反扭结) 都是热化的、随机的，此时扭结–反扭结对成核具有较大尺寸的可能性很小。外力的加入则有利于这种成核过程的出现 (同步翻转)。因此扭结–反扭结对成核的尺寸是很关键的。一个大的具有长度 $2R \gg d$ 的核 $\phi_N(x,R)$ 可以用下面位于 $\pm R$ 的扭结–反扭结线性叠加而成：

$$\phi_N(x,R) = \phi_+(x+R,0) + \phi_-(x-R,0) + 1 \tag{5.1.20}$$

有外力时，临界核的长度可以计算出来：

$$2R(F) = -d\ln\left(\frac{F_A d}{12E_0}\right) = -d\ln\left(\frac{F}{24\sqrt{3}F_c}\right), \quad F_c = \frac{2}{3}\sqrt{\frac{k^3}{3k'}} \tag{5.1.21}$$

当 $2R(F)$ 为整个链长度的 1/2 时，就认为系统达到了时空同步。对单位长度的连续情况：

$$2R_m = \frac{1}{2} \tag{5.1.22}$$

由此可以得到

$$(\varepsilon_N)_m = \frac{\varepsilon_m}{N^2} = \frac{\omega_0^2}{16\ln^2\left(\dfrac{F}{24\sqrt{6}F_c}\right)} \tag{5.1.23}$$

SNR 也可以计算出来。对应于链最大同步的 D_m 也可以计算出来：

$$(D_N)_m = \frac{D_m}{N} = \frac{8}{15}\omega_0 A\sqrt{\frac{\varepsilon_m}{N^2}}\left(1 - \frac{F}{4\sqrt{6}F_c} + \cdots\right) \tag{5.1.24}$$

可以看出 D_m, ε_m 和 N 的标度律与数值结果一致。这里我们略去以上结果的详细推导过程，有兴趣的读者可以参见 Marchesoni 等的文献 [525]。

5.1.4　时空随机共振的实验验证

Lindner 等理论和数值研究了 AESR 的现象和机制后，1996 年 Hunt 小组在耦合的二极管谐振器实验中实现了这种耦合增强的随机共振 [528-530]。他们用一系列扩散耦合连在一起的二极管谐振器，通过观察 SNR 与耦合强度、振子数、噪声强度的关系，不仅看到了 AESR 现象，还证实了 Marchesoni 等提出的 ϕ^4 扭结–反扭结成核理论。

二极管谐振器是研究双稳系统非常理想的实验器件，其动力学可以随参数的改变通过一系列倍周期分岔进入混沌运动。在实验中，Hunt 等用耦合电阻 R_c 将多至 32 个二极管谐振器对称地耦合在一起，其中耦合强度

$$\varepsilon \propto R_c^{-1} \tag{5.1.25}$$

进行随机共振实验中，可将谐振器的参数选在稳定的动力学周期 2 区，对应的两个相给出系统的双稳性。然后对系统加上周期驱动，就会引起系统的状态在两个相之间跳跃。噪声发生器产生的无序信号也加到系统上，这样，整个耦合的二极管谐振器阵列就处于周期力和噪声的驱动之下，可以很好地模拟前面的双稳模型。

系统的周期驱动是用一个频率为 70kHz 的主驱动和一个频率为 35.1kHz 的次驱动产生的 100Hz 的拍频。每一个格点上的噪声源都是独立加上的，它们都是用放大一个 PN 结二极管的电流产生的散粒噪声得到的，这个噪声的功率谱一直到 100kHz 都是平的，可以很好地模拟白噪声。在测量时抽取中间谐振器的电流进行分析、计算功率谱。信噪比 SNR 可以用测量 100Hz 附近的功率减去背景噪声得到。实验中的功率谱取 20 次测量的平均。

图 5-5(a) 给出了阵列中间振子的最大信噪比 SNR_m 在不同阻尼 R_c(耦合强度) 下的情况。阻尼越大，通过电阻的电流越小，反映出谐振器之间的耦合越弱。可以很

清楚地看到，阻尼很大时 (耦合近乎为零，近似对应于无耦合的情况)，$\mathrm{SNR}_m \approx$29dB；阻尼减小 (耦合增加) 时，最大信噪比明显增加，其对应的噪声强度也增加，SNR_m 在阻尼为 100kΩ 时达到最大值，然后继续增加耦合时，SNR_m 开始减小。

图 5-5(b) 给出了 SNR_m 的增益随耦合强度的变化，这里的增益是指 SNR_m 减去单个振子的 SNR 最大值。对于不同的 N，我们均可看到共振峰，说明适当的耦合强度可以提高输出信号的效果。这些曲线在趋势上与 Lindner 等的数值结果完全一致，因而充分证明了他们的结论。另外，Hunt 等还测量了占有数与噪声强度的关系，其结果表明，AESR 的最佳 SNR 对应于系统的最优时空同步跃迁。

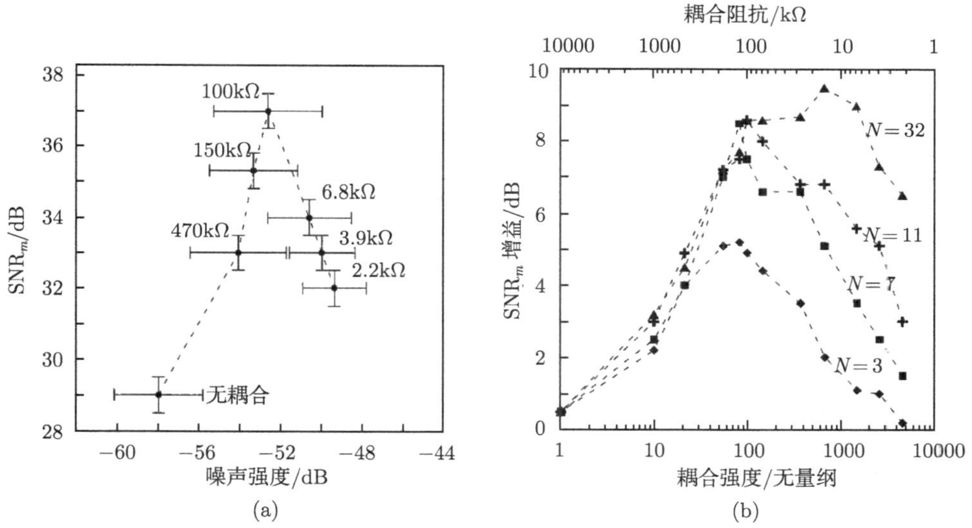

图 5-5 (a) 阵列中间振子的最大信噪比 SNR_m 在不同阻尼 R_c 下的情况；(b) SNR_m 的增益随耦合强度的变化【改编自文献 [528]】

对于 Marchesoni 等的 ϕ^4 扭结–反扭结成核理论，Hunt 等的实验也作了证实。Marchesoni 等猜想 ϕ^4 链在两个稳定的均匀态之间的转换是通过扭结–反扭结对的成核来实现的，临界核的形成从能量角度来说比所有振子的完全一致的跳跃更实惠、更有效。图 5-6 给出了实验的观察结果。每个图中都是用 32 个谐振器模拟的不同耦合 R_c^{-1} 下阵列在不同时刻的空间分布情况。可以看到，当耦合很小 (图 5-6(a)) 时，链在阱间的跃迁非常稀有，核的宽度只是整个链的一小部分。当耦合强度过大时 (图 5-6(c))，扭结–反扭结对已经延伸到系统的边界之外了。在图 5-6(b)，核的宽度 (扭结与反扭结中心之间的距离) 约为系统尺寸的 1/2，此时 SNR 比图 5-6(a) 与 (c) 的要高得多。这从侧面说明了成核理论解释的合理性。

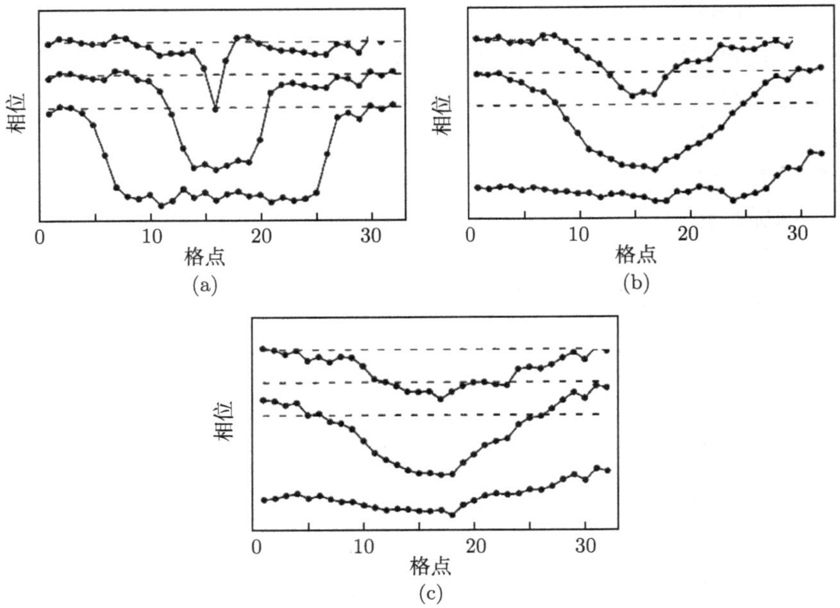

图 5-6　不同耦合 R_c^{-1} 下阵列在不同时刻的空间分布情况【改编自文献 [530]】

5.1.5　Swift-Hohenberg 系统中的时空随机共振

通过对耦合双稳系统随机共振的讨论，可以看到随机力与系统耦合之间的协作效应。实际上，随机力在时空系统斑图的形成与转换中起着重要的作用，它不只是简单地破坏有序的斑图，在一些情况下它还可以促进斑图的形成。这些噪声正面作用的共同特点都是非线性系统处于分岔点附近，或其本身就是一个阈值系统。随机共振的双稳系统亦是如此，随机共振的发生是在系统发生 Hopf 分岔之前。本小节我们以 Swift-Hohenberg (SH) 方程为例来讨论这种在分岔临界点附近的集体效应 [531]。

Swift-Hohenberg 方程被用来描述 Rayleigh-Bénard 对流在对流不稳定点附近的行为 [532,533]：

$$\partial\psi/\partial t = h(t)\psi - q(1+\nabla^2)^2\psi - g\psi^3 + \xi(\boldsymbol{r},t) \tag{5.1.26}$$

其中 ∇^2 为 Laplace 算子。系统的控制参量

$$h(t) = -\kappa + \alpha\sin\omega_0 t \tag{5.1.27}$$

其中 κ, α, ω_0 为常数，反映了外加周期力的调制作用，包括直流与交流调制两部分。在流体对流中，它可以由对流系统上下的温差引起。g, q 是系统的特征参量。$\xi(\boldsymbol{r},t)$

为时空无关联的白噪声：

$$\langle\xi(\boldsymbol{r},t)\rangle=0,\quad \langle\xi(\boldsymbol{r},t)\xi(\boldsymbol{r}',t')\rangle=2D\delta(\boldsymbol{r}-\boldsymbol{r}')\delta(t-t') \tag{5.1.28}$$

为描述系统的时间演化，可以考虑下面的对流热流：

$$J(t)=C\int\psi^2(\boldsymbol{r},t)\mathrm{d}\boldsymbol{r} \tag{5.1.29}$$

C 为与系统特征有关的常数。J 可以作为系统由均匀态向结构态转变的序参量。另外还可以引入时间平均的结构因子来描述系统的空间有序：

$$S(k)=\left\langle\hat{\psi}_k\hat{\psi}_{-k}\right\rangle \tag{5.1.30}$$

其中 $\hat{\psi}_k$ 是场 $\psi(\boldsymbol{r},t)$ 的空间傅里叶变换的 k 分量，$\langle\cdot\rangle$ 为时间和噪声系综平均。当 $S(k)$ 出现一个尖峰时，就说明系统出现了有序的空间结构。

我们关心当 SH 系统有噪声驱动时的动力学。$D=0$ 时，在长时间 $t\to\infty$ 极限下，$\psi(\boldsymbol{r},t)\to 0$。当 D 很小时，$\psi(\boldsymbol{r},t)$ 也很小，SH 方程中的非线性不起关键作用，此时我们可考虑线性方程。简单分析可知：$\psi\propto\sqrt{D}$，且 $J(t)$ 的信噪比 SNR 为

$$\mathrm{SNR}=\omega_0 f_1(\gamma) \tag{5.1.31}$$

此处 f 为与 κ/ω_0，α/ω_0，q/ω_0 有关的无量纲函数，γ 表示这些参数的集合。可以发现，SNR 不依赖于噪声强度 D 的变化，但输出噪声与信号都与 D^2 成正比。另外，结构因子与 D 成正比：

$$S(k)\propto D \tag{5.1.32}$$

所以当 $D\ll 1$ 时，SNR 来自于噪声 D 的贡献修正应与略去的非线性项有关。为此，可把 SH 方程重新写成下面的形式：

$$\frac{\partial\psi}{\partial t}=[-(\kappa+g\psi^2)+\alpha\sin\omega_0 t-q(1+\nabla^2)^2]\psi+\xi(\boldsymbol{r},t) \tag{5.1.33}$$

由于 $\psi\propto\sqrt{D}$，因此一级近似 $\kappa+g\psi^2$ 可用有效参量

$$\tilde{\kappa}=\kappa+g\omega_0^{-1}f_2(\gamma)D \tag{5.1.34}$$

来取代，这里 $f_2>0$ 为无量纲函数。这样上面方程又成为线性化的，只是上面结果中的 κ 用有效量 $\tilde{\kappa}$ 取代即可。把上面的 SNR 在 κ 附近以小量 $g\omega_0^{-1}f_2(\gamma)D$ 展开，到一阶项可以得到

$$\mathrm{SNR}\approx\omega_0 f_1(\gamma)+\frac{\partial f_1}{\partial\kappa}g\omega_0^{-1}f_2(\gamma)D \tag{5.1.35}$$

它给出了由于非线性的一级修正结果。如果 f_1 是 κ 的单调上升函数，$\partial f_1/\partial\kappa > 0$，则修正结果表明 SNR 随 D 的增加而增加。对很大的 D，我们知道 SNR 随 D 的增加而下降，因此 SNR 必然在某一 D 有一峰值，表明系统可以出现随机共振行为。图 5-7(a) 给出了空间一维 SH 线性系统的 SNR 与 κ 的关系。可以看到 SNR 在 $\kappa_{\max}$ 处有一极大值。因此，当 $\kappa < \kappa_{\max}$ 时，SNR 就会随 D 的增加而增大；当 $\kappa > \kappa_{\max}$ 时，SNR 就随 D 增加而下降。图 5-7(b) 和 (c) 分别给出了当 $\kappa < \kappa_{\max}$ 和 $\kappa > \kappa_{\max}$ 时 SNR 增量

$$\Delta\text{SNR} = \text{SNR}(D) - \text{SNR}(D = 0)$$

与 D 的关系，可以看到前者增加，后者下降，与 D 的线性关系也与式 (5.1.35) 一致。

上述结果具有一定的普遍性。图 5-7(d) 给出了方程 (5.1.26) 中右边的非线性项换成形式为 $g\psi|\psi|$ 时的结果。可以看到 ΔSNR 在小噪声区域仍然是随着噪声强度增加而增加的，只是随噪声强度的增长关系不是线性的而是 $\sqrt{D}$。

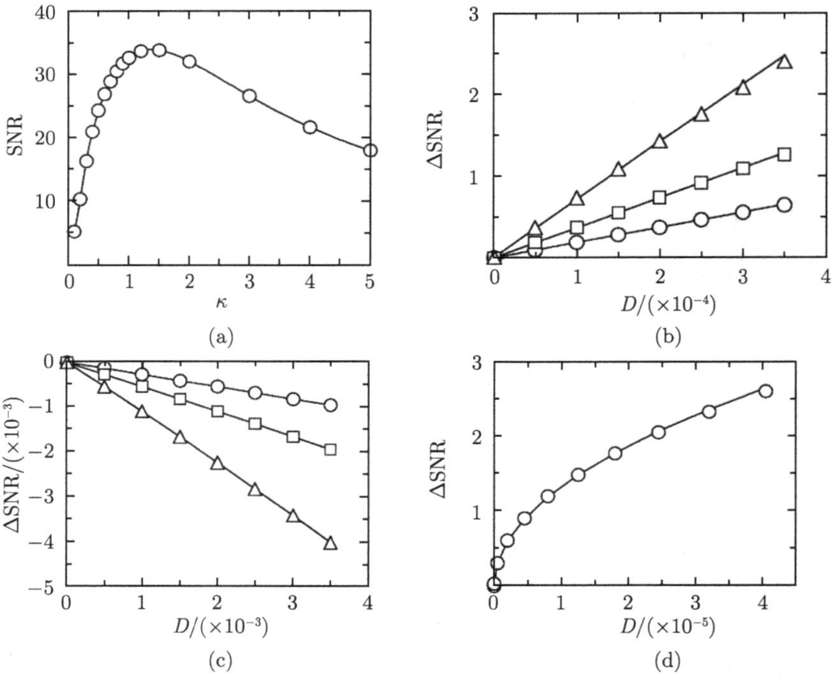

图 5-7　(a) 空间一维 SH 线性系统的 SNR 与 κ 的关系；(b), (c) 当 $\kappa < \kappa_{\max}$ 和 $\kappa > \kappa_{\max}$ 时 SNR 增量与 D 的关系；(d) 方程 (5.1.26) 中右边的非线性项换成形式为 $g\psi|\psi|$ 时 SNR 增量与 D 的关系【改编自文献 [531]】

参数取 $\alpha = 1, q = 1, \omega_0/(2\pi) = 0.195, g = 1$

图 5-8(a) 给出了系统 $J(t)$ 的 SNR 随噪声强度的变化，可以看到显著的随机共振峰。这说明系统存在时空随机共振现象。那么，这种随机共振行为与系统的时空动力学有什么联系呢？在前面的讨论中，我们看到耦合双稳系统的最优 SNR 恰好对应于系统的最佳时空同步。这一点在 SH 系统中也可以类似地观察到，不同的是 SH 系统中对应于空间结构的有序。空间有序的描述可用结构因子 $S(k)$ 来刻画，它对应于 $S(k)$ 在某一 k 附近的尖峰。峰越尖锐，说明空间有序性越强。峰的尖锐程度可用下面的量表示：

$$Q = S_{\max}(k)/\mathrm{Var}[S(k)] \tag{5.1.36}$$

其中 $S_{\max}(k)$ 为峰的高度，

$$\mathrm{Var}\left[S\left(k\right)\right] = \sqrt{\langle S^2(k)\rangle\langle S(k)\rangle^2}$$

为峰的宽度 (发散程度)。显然 Q 越大说明峰越尖锐。图 5-8(b) 画出了与图 5-8(a) 参数相同时 Q 与 D 的关系，可以看到二者变化趋势完全一致，在最大 SNR 的地方对应于空间的最佳有序及对周期力 $h(t)$ 的相干响应。图 5-9 给出了与图 5-8(a) 相同参数下空间一维系统在不同噪声强度的时空演化。当 $D = 0.5\times10^{-15}$ 时，系统既没有规则的时间结构也没有空间结构；当 $D = 0.5\times10^{-4}$ 和 $D = 0.5\times10^{-2}$ 时，噪声的影响很小，可以看到相干的时空结构，系统在空间的时间演化与周期力 $h(t)$ 达到很好的同步，说明适当的噪声既可以激发诱导有序，也可以维持这种有序。但过大的噪声如 $D = 0.5$ 的情况就会破坏已经达到的同步。

对空间二维系统的讨论也有类似的结果。特别的，时空随机共振会大大促进系统斑图结构的形成。图 5-10 给出了二维 SH 系统在不同噪声强度 D 的空间斑图。可以看到 $D = 0.025$ 时系统具有有序的斑图结构，而很强的噪声会破坏这种有序斑图。

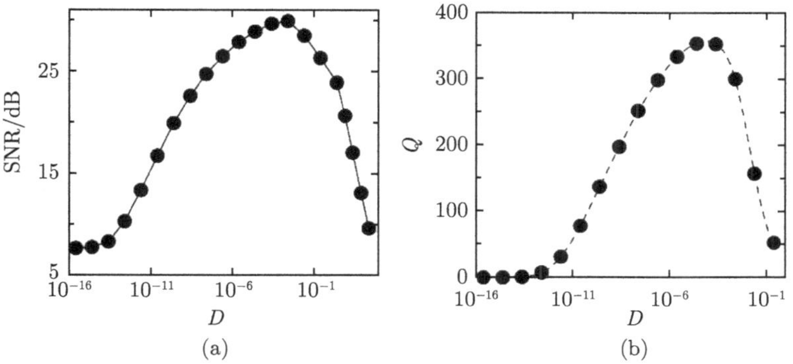

图 5-8 (a) 系统 $J(t)$ 的 SNR 随噪声强度的变化；(b) 与图 (a) 参数相同时 Q 与 D 的关系

【改编自文献 [531]】

参数为 $\alpha = 1, q = 1, \omega_0/(2\pi) = 0.024, g = 1, \kappa = 0.1$

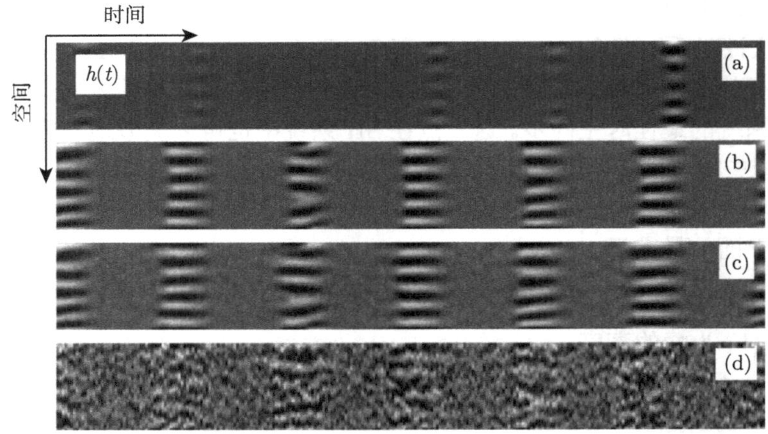

图 5-9 与图 5-8(a) 相同参数下空间一维系统在不同噪声强度的时空演化【改编自文献 [531]】

灰度以 $h(t)$ 的演化为参照。(a)～(d) 分别对应于 $D = 0.5 \times 10^{-15}, 0.5\times10^{-4}, 0.5\times10^{-2}, 0.5$

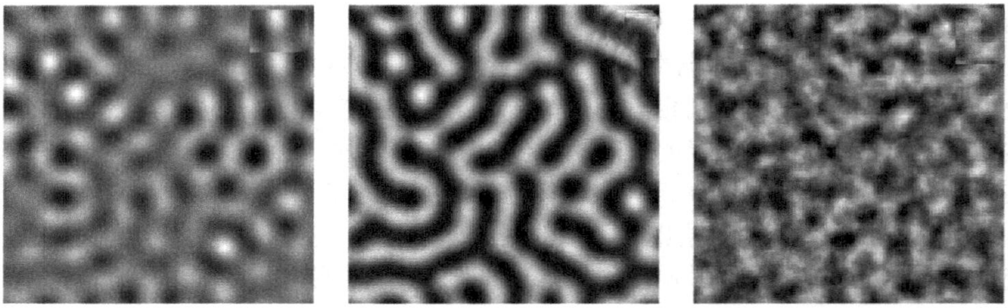

(a) (b) (c)

图 5-10 二维 SH 系统在不同噪声强度 D 的空间斑图【改编自文献 [531]】

(a) $D = 0.25 \times 10^{-10}$，(b) $D = 0.025$，(c) $D = 2.5$。参数取

$\alpha = 1, q = 1, \omega_0/(2\pi) = 0.12, g = 1, \kappa = 0.1$。上图均为 $h(t) = 0.82$ 时的频闪空间分布斑图

以上讨论表明，噪声在斑图形成方面并不总起着破坏作用。特别是当系统处于临界阈值附近时，噪声的能量可被利用来促进斑图的生成 [34,35,387]。噪声对非线性系统时间和空间有序形成的作用研究至今仍方兴未艾，后面还将结合相关问题进一步介绍。

5.1.6 全局耦合系统中的时空随机共振效应

全局耦合有时为理论处理带来一定的便利。这在第 2 章讨论同步的 Kuramoto 模型研究中得到了集中体现。全局耦合双稳系统对应的高自由度系统随机共振的研究注重的是大量相同的均匀耦合随机双稳系统在周期驱动下的情形 [534-536]。Jung

等研究了下面的系统 [537]：

$$\dot{x}_n = x_x - x_n^3 + \frac{1}{N}\sum_{m=1}^{N} g(x_m - x_n) + A\cos \Omega t + \xi_n(t) \tag{5.1.37}$$

其中 g 为耦合系数，$\xi_n(t)$ 为时间、空间均无关联的高斯白噪声 (5.1.5)。在无周期调制即 $A=0$ 时，系统 (5.1.37) 曾被用来研究噪声诱导的非平衡相变问题。Shiino 通过 H 定理和线性响应理论证实了这类系统中存在叉式分岔并分析了其临界行为 [535]。他发现这个叉式分岔所对应的非平衡相变与铁磁相变类似，导致了系统自发对称性破缺。

当 $A \neq 0$ 时，Wiesenfeld[536] 与 Jung 等 [537] 考虑了耦合随机系统在周期调制下 $(A \neq 0)$ 的动力学行为，阐述了该系统存在的协作效应和自发有序相变。研究发现，随着噪声强度 D 的改变系统会呈现出自发的有序相变，在平均场近似下这类相变可以通过进行理论分析得到平均场近似的 Langevin 方程。此方程所对应的 Fokker-Planck 方程的定态解稳定性和分支随噪声强度 D 的变化而变化。$D < D_c$ 时，系统存在一个平均磁化强度 $m = \langle x \rangle = 0$ 的稳定解 (这里 $\langle \cdot \rangle$ 代表粒子数和系综统计平均)；当 $D > D_c$ 时，$m = 0$ 的解失稳，系统出现两个对称性破缺的稳定解 $m \neq 0$。也就是说，在临界点，系统经历了非平衡二级相变。若假定序参量 m 对周期调制的响应可以用双态形式描述，则在平均场近似下，功率谱放大率在 $D = D_c = g$ 处会出现一个由耦合导致的极大峰。这个峰说明了双稳系统可以通过耦合出现集体随机共振行为 [538,539]。

胡岗等研究了下面由两列不同单元构成的全局耦合连续系统 [540]：

$$\dot{x}_i = a_1 x_i - b_1 x_i^3 + \mu_1 Z(t) + A_1 \cos(\Omega t + \gamma_1) + \Gamma_i(t) \tag{5.1.38a}$$

$$\dot{y}_j = a_2 y_j - b_2 y_j^3 + \mu_2 Z(t) + A_2 \cos(\Omega t + \gamma_2) + \Delta_j(t) \tag{5.1.38b}$$

Γ_i, Δ_j 为相互间无关联且各自时空不相关的高斯白噪声，强度分别为 D_1, D_2。这里所有参数 $a_{1,2}, b_{1,2}, \mu_{1,2}$ 都大于零，

$$Z(t) = \left(\sum_{i=1}^{L} h_i x_i + \sum_{j=1}^{L} s_j y_j\right) \Big/ L \tag{5.1.39}$$

即 x_i 为 $h_i > 0$ 的单元 (激活子, activator)，y_j 为 $s_j < 0$ 的单元 (抑制子, inhibitor)，两种机制相互的竞争在实际中有很多例子。实际讨论中可不失一般性设 $h_i = -s_j = 1$。此时 $Z(t)$ 可以写成

$$Z(t) = X(t) - Y(t) \tag{5.1.40}$$

$$X(t)=\frac{1}{L}\sum_{i=1}^{L}x_i,\quad Y(t)=\frac{1}{L}\sum_{i=1}^{L}y_i \tag{5.1.41}$$

模型 (5.1.38) 可以在前一个模型 (5.1.37) 的基础上进行理论分析。当无周期调制 $A_1=A_2=0$ 时，理论分析表明在热力学极限和双态近似下，可以把上面的 $2L$ 自由度耦合方程简化为两个耦合的常微分方程。研究发现系统存在三种不同的相：① 无序相，$X=Y=Z=0$；② 有序的双稳相，X,Y,Z 均不为零；③ 相干振荡相。

图 5-11 给出了在 $\beta=\mu_2/\mu_1$ 与 $D_1=D_2=D$ 构成的平面上的相图，$a_1=a_2=1.0$，$b_1=b_2=1.0$，图中 1，2，3 分别对应于前面的三种相。双稳相是从无序相态经二级叉型分岔涌现出的定态解，相干振荡相是无序相态由 Hopf 分岔而生成的整体极限环解。在这三种相态中，噪声诱发的相干振荡态会表现出随机共振，表明系统的集体运动与协作效应。

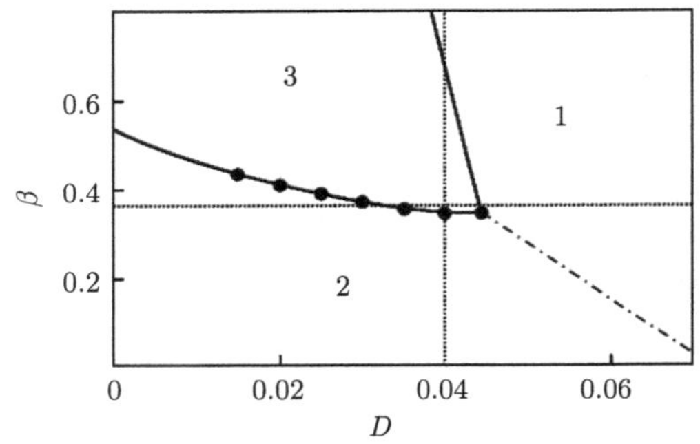

图 5-11　在 $\beta=\mu_2/\mu_1$ 与 $D_1=D_2=D$ 构成的平面上的相图【改编自文献 [540]】

对于 $A_1A_2\neq 0$ 的情况在线性响应下的研究结果揭示出信号放大率 η_1 与周期力频率 Ω 的复杂依赖性。图 5-12 给出了 η_1 与 Ω 在不同噪声强度 $D_1=D_2=D$

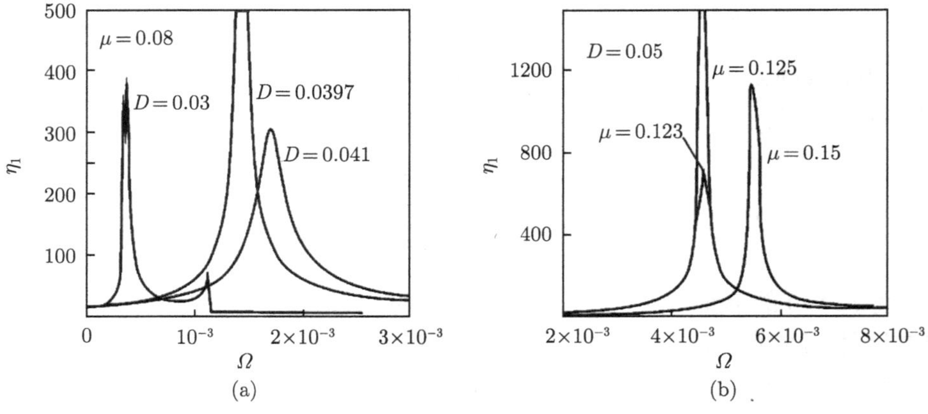

图 5-12　η_1 与 Ω 在不同噪声强度 D 与 μ 下的关系【改编自文献 [540]】

与 $a_1\mu_1/b_1=a_2\mu_2/b_2=\mu$ 下的关系。可以看到 η_1 对 Ω 的关系很敏感。η_1 总有一个很尖的峰。特别的，当 D 趋于产生相干振荡的临界值时，η_1 出现发散。这说明系统的时空随机共振与 Hopf 分岔导致的同步振荡有密切的关系。

5.1.7 双随机共振

Zaikin 等研究了如下的最近邻耦合振子系统 [541]：

$$\dot{x}_i=f(x_i)+g(x_i)\xi_i(t)+\frac{D}{2d}\sum_j(x_j-x_i)+\eta_i(t)+A\cos(\omega t+\phi) \tag{5.1.42}$$

其中 $i=1,2,\cdots,L^d$，d 为格点维数，求和为最近邻 $2d$ 个振子，D 为耦合强度。$\xi_i(t),\eta_i(t)$ 均为时空无关联的白噪声：

$$\langle\xi_i(t)\rangle=0,\quad\langle\xi_i(t)\xi_j(t')\rangle=\sigma_\xi^2\delta_{i,j}\delta(t-t') \tag{5.1.43}$$

$$\langle\eta_i(t)\rangle=0,\quad\langle\eta_i(t)\eta_j(t')\rangle=\sigma_\eta^2\delta_{i,j}\delta(t-t') \tag{5.1.44}$$

所有振子都受到同一个周期力的驱动。显然方程 (5.1.42) 中的 $\xi_i(t)$ 项为乘性噪声项，而 $\eta_i(t)$ 为加性噪声。方程 (5.1.42) 中的函数取如下形式：

$$f(x)=-x(1+x^2)^2,\quad g(x)=1+x^2 \tag{5.1.45}$$

当 $A=0$ 时，耦合系统被用来研究噪声诱导相变，它可以用标准的平均场理论解析求解，其基本思想是以全局耦合项取代上面的近邻耦合项，建立相应的 Fokker-Planck 方程 [542,543]。其定态分布 $W_{st}(x,m)$ 可解析求解，其中 m 为平均场序参量：

$$m=\left(\sum_i x_i\right)/L^d \tag{5.1.46}$$

它可以自洽地求出：

$$m=\int_{-\infty}^{\infty}xW_{st}(x,m)\mathrm{d}x \tag{5.1.47}$$

该自洽方程有两种解：无序解 $m=0$ 与有序解 $m\neq0$。在有序相，系统有对称的两个态 $m_1=-m_2\neq0$，系统根据初始条件趋近于其中某一个态，这是一个双稳态。

当 $A\neq0$ 时，由于上面的噪声诱导相变引起了系统的双稳有序相，因此周期力会引起系统在 m_1 和 m_2 态之间的跃迁。这种情况又非常类似于单粒子的随机共振系统，不同的是这里是耦合系统在做整体跃迁。图 5-13 给出了 $m(t)$ 在不同参数下的演化，周期力的演化作为参考线也画上去。当 $\sigma_\eta^2=0.01$ 时，我们只能看到在 m_1 和 m_2 态之间很稀疏的跃迁；当 $\sigma_\eta^2=1.05$ 时，可看到 $m(t)$ 与周期力表现出很好的同步性；对于大的噪声 $\eta_i(t)(\sigma_\eta^2=5.0)$，$m(t)$ 与周期力的同步性又被破坏，耦合又导致双态之间跃迁被压制，$m(t)$ 呈现小幅的快速随机振荡。图 5-14 中的信噪

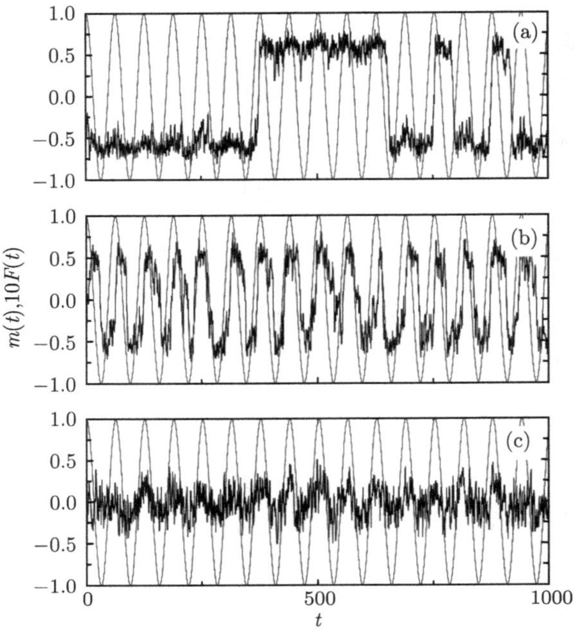

图 5-13 $m(t)$ 在不同参数下的演化【改编自文献 [541]】

实线为外力 $F(t)$ 的演化，图中为便于显示，取 10 倍振幅。(a)~(c) 分别对应于 $\sigma_\eta^2 = 0.01, 1.05, 5.0$。其他参数取 $A = 0.1$，$\omega = 0.1, D = 20, \sigma_\xi^2 = 3$

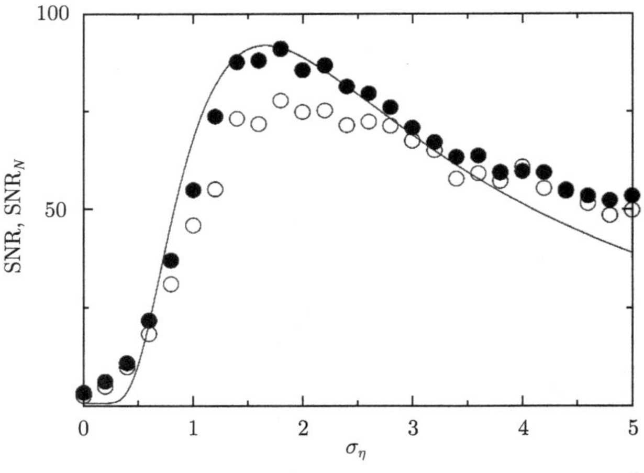

图 5-14 信噪比与 σ_η 的关系【改编自文献 [541]】

图的黑点 ● 为输出信号的 SNR，空心点 ○ 为双态近似的结果，实线为理论曲线

比与 σ_η 的关系表现出很好的峰值行为，说明系统可以出现随机共振。这种现象是噪声诱导相变与随机共振两种行为的复合，因此被称为**双随机共振** (double stochastic resonance, DSR)。

关于时空随机共振还有很多其他方面的探讨，如在小世界网络中的随机共振 [544]、有时间延迟耦合振子系统的随机共振 [545]、随机共振的控制 [546] 等，这里不再一一介绍，有兴趣的读者可参阅相关综述 [110] 和最新的文献 [547]。

5.2 可激发介质的时空动力学与波

本节我们集中研究一类特殊的动力学系统 —— 可激发系统，它的典型性质就是系统的响应与外界的刺激密切相关，对于小的刺激它可以不作出反应，但对于大的刺激就会出现较大的、全局性的响应。我们把这类系统统称为**阈值系统** (threshold system)[15,387]。阈值系统在物理、化学特别是生物学中大量存在，比较典型的是与神经活动相关的动力学问题 [548]。在下面对神经元的讨论中我们可以看到，单个神经元表现出典型的阈值–发放行为，在受到外加驱动时会表现出丰富的动力学行为。大量阈值系统耦合在一起形成介质，信号在介质中的传播会呈现各种各样的非线性波行为。螺旋波是一类近年来受到广泛关注的非线性波行为，在二维可激发介质中也会被观察到。作为阈值系统和可激发动力学系统在实际中最有代表性的实例，生命个体中的神经系统相关行为近年来得到大量研究，它所涉及的课题与研究层次之多是少有的，有着无可置疑的重要基础与应用研究价值。下面作为背景知识，我们先来介绍一下神经系统。

5.2.1 神经系统

神经系统是由大量神经元构成的复杂系统，它能够分析、编码、整合生物体各部分的信息，并进而协调个体的行为。对自我意识的探究使得历史上很多不同领域的科学家都投身到神经系统的研究中。脑是脊椎动物和大部分无脊椎动物神经系统的中心，成为神经科学的研究焦点 [548]。对脑结构和功能的探索是备受关注同时也极具挑战的研究领域。早期神经科学研究主要采用还原论的方法，即从基础的分子原子层次开始，将研究对象划分为不同的层次：分子 → 细胞 → 系统 → 行为 → 认知，每从一个层次到新的层次，问题的复杂性就不断增加。

神经元是神经系统结构和功能的基本单元，神经系统内还存在大量的神经胶质细胞。就目前所知，神经胶质细胞的主要任务是支持神经元。神经科学的主要研究是围绕神经元进行的，人们对单个神经元以及突触的结构与生理特征已有较清楚的认识，但是对于大量神经元集群行为与功能涌现的理解尚有很大研究空间。单个神经元的电生理过程具有强烈的非线性，在外界刺激下能够表现出丰富的动力学行为，这些行为可以通过非线性动力学的理论和方法建模并加以研究。脑组织包括大量神经元与突触连接，对信息的处理是通过神经元集群来实现的。人们对脑切片的定量分析发现，人类大脑皮层网络大约有 8.3×10^9 个神经元节点、6.7×10^{13} 个连接。计算神经科学家利用非线性动力学和复杂网络理论与方法研究神经系统，尝试说明系统功能与生理结构之间的关联。复杂的神经系统被抽象成由大量神经元节点通过不同数目、不同类型的突触构成的错综复杂的边连接而成的网络，即神经网络。

典型的神经元由胞体 (soma)、轴突 (axon) 和树突 (dendrite) 构成 (图 5-15)。胞体是神经元细胞的主体部分，它承担着细胞主要代谢和信息整合功能。胞体由细胞膜、细胞质和细胞核构成，与一般的非神经元细胞相同。细胞膜可以调节神经元与外界环境的物质交换。由于细胞膜具有选择透过性，K^+, Na^+, Ca^+ 等各种离子无法自由通过，这一特点对神经元的电发放功能起到重要作用。轴突和树突是神经元胞体向外延伸的突起。树突呈树枝状，具有多分支结构, 向外生长的同时不断变细，长度相对较短, 有些树突表面上分布着许多刺状的细小突起，称为树突棘。神经元可以在树突棘与其他神经元存在机能连接，接收由其他神经元发来的冲动。神经元可以有一个或多个树突，但是通常只有一个轴突。一般情况下轴突从胞体向外延伸，胞体延伸出轴突的部位称为轴丘，神经元的动作电位在轴丘产生。轴突的直径分布较广，长度可短至几微米，也可长达 1m。轴突被髓鞘包裹，粗细较为均匀，分支较少。分支一般在远离胞体处，与轴突主支垂直。轴突的无髓鞘末端呈纽扣形状膨大，称为轴突终末或终末拍 (terminal button)，它一般含有线粒体和泡囊，可将神经冲动传至其他神经元或者效应器。

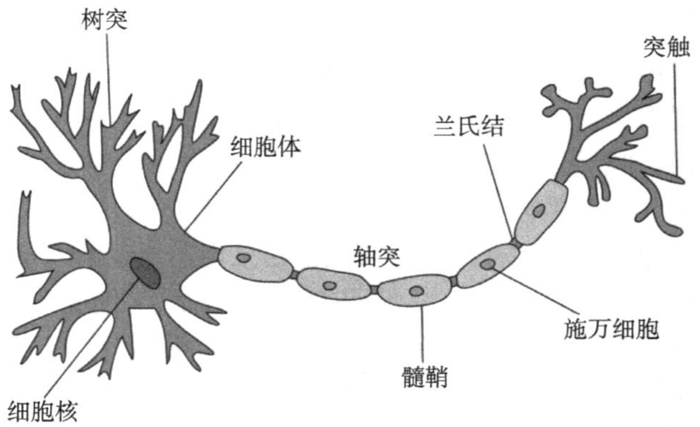

图 5-15　神经元示意图

下面来简单讨论一下神经元的动力学。神经元的形状和大小多种多样，突起的数目和长度也各不相同。神经元是典型的阈值动力学单元，它可以由称为树突的部分接收外来的刺激，然后以动作电位的方式通过轴突将信号传播到很远的地方。刺激是通过释放位于神经元轴突与受激树突之间突触内称为“神经递质”(neurotransmitter) 的化学物质而发生的。这些化学物质蕴藏在靠近轴突尽头的小泡囊中。当动作电位达到轴突尽头时，钙离子就穿过膜进入小泡囊，引起神经递质释放到突触上。在通过突触的间隙扩散后，神经递质附着于受激细胞的膜之上，引起去极化过程。通常认为去极化是以量子化的方式进行的，每一个小泡囊的贡献都是差不多的。去极化的量子化称为兴奋性突触后电位。这些兴奋性突触后电位源源不断地从不同树突传来并且累加，当总的去极化到达一定阈值时，动作电位就产生了。神经元以脉冲的形式放电，然后神经元就进入一个不应期 (恢复期)。

神经元动力学中一个重要概念是**动作电位** (action potential)，如图 5-16 所示。一个神经元在没有受到刺激时，细胞膜内外会存在电势差，一般情况下是考察膜内电势相对于膜外电势的大小，称为**膜电位** (membrane potential)。神经元在没有受到刺激时的膜电位称为**静息电位**，它是由细胞内外的离子分布不平衡造成的，这种不平衡的产生主要有两个因素，一是细胞膜具有的选择透过性造成对不同离子的通透性不同，二是细胞内存在离子泵，以此维持细胞内外的离子浓度差。静息电位一般为负值，这种电势内低外高的状态称为**极化** (polarization)。当神经元受到外界刺激时，膜电位会发生调整，膜内电势增高，膜外电势降低，这使得膜电位的负值变小，对应于**去极化** (depolarization)。可激发细胞 (excitable cell) 在受到足够强的电流刺激时，膜电位会迅速去极化，细胞膜两侧电势会有一个短暂的反转，即膜内电势高于膜外电势，持续时间小于 1ms，这一变化过程就称为**神经冲动** (impulse) 或动作电位。

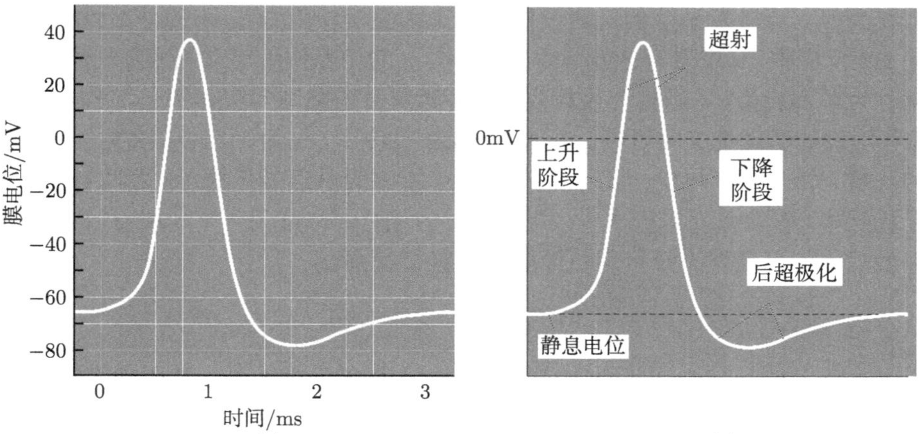

图 5-16 (a) 示波器上显示的动作电位；(b) 一个动作电位周期内的阶段分解

一个动作电位周期内的动力学过程如图 5-16 所示，其中图 5-16(b) 给出了周期内不同阶段的详细分解。动作电位只有在外界电流刺激大于一定阈值时才能发生，且动作电位大小与刺激强度无关。当刺激小于阈值时，膜电位会小幅增加，但很快衰减。动作电位包括**峰波** (spike) 及峰波过后膜电位低于静息电位的后超极化。神经元处于峰电位时，刺激强度多大都无法使其再次兴奋，称为**绝对不应期** (absolute refractory period)；在后超极化状态，则需要更大强度刺激才可能使膜电位跨过阈值，称为**相对不应期** (relative refractory period)。不应期的存在对神经元的功能有重要影响，它使得神经冲动因而可以单向传播，限制神经元可兴奋的最高频率，并使得突触上先后两个动作电位不发生叠加。

5.2.2　可激发介质

当许多可激发单元通过耦合连在一起时，就会形成可激发介质。大量神经元耦合在一起形成的神经系统就是这样。可激发介质本身就包含丰富的时空动力学，特别是行波动力学 [34,35,387]。我们首先从单个可激发系统的建模开始。

1. 可激发系统

有许多模型可以描述可激发系统，它们大都与神经生物学、化学反应等一些具体背景有关，例如，FitzHugh-Nagumo(FHN) 方程 [549,550]、Hodgkin-Huxley 方程 [551]、Field-Noyes 模型 [552,553]、Belousov-Zhabotinsky(BZ) 化学反应方程 [554-556]。这些来自不同物理背景的系统有着与上一节神经元动力学非常相似的机制。

可激发系统的建模一般只需要少数几个变量即可很好刻画，最简单的只需要快慢两个变量。多数模型都是基于两变量系统。以快变量 $u(t)$ 和慢变量 $v(t)$ 组成的系统为例。可激发系统的可激发性本质上来自于快变量 $u(t)$ 的非线性效应 (例如在 BZ 反应中，u 表现为自催化效应)，u 与 v 的相互作用使系统恢复到休眠态，u 通常称为**触发变量**，v 则称为**恢复变量**。可激发系统有许多实际例子，它们的 u 与 v 都有明确的物理意义和机制。例如，在 BZ 反应中，u 为 $HBrO_2$ 浓度，v 为催化剂的还原态浓度；在神经、肌肉组织 (如心肌) 中的电信号传播，u 为膜电位，v 为离子传导率 [387]。

最简单的可激发系统可用下面的双变量方程描述：

$$\varepsilon\frac{\mathrm{d}u}{\mathrm{d}t}=f(u,v),\quad \frac{\mathrm{d}v}{\mathrm{d}t}=g(u,v) \tag{5.2.1}$$

其中 u,v 为系统相空间的状态变量。$0<\varepsilon\ll 1$ 这个小量使得 u,v 的动力学有不同的时间尺度，从而区分为快、慢变量。作为一个可激发系统，它具有以下特征：

(1) 系统在相空间中有一个全局吸引的不动点或定态。

(2) 系统的相空间存在两个区域 D 和 A，不动点处于 D 区。所有从 D 区域中出发的轨道都会在态变量没有大变化的情况下回到不动点，而从 A 区出发的轨道则会引起系统变量大的变化 (当然也要回到不动点)，我们称前者的响应为**亚阈值的** (subthreshold)，后者的响应为**超阈值的** (superthreshold)[35]。

下面对动力学方程 (5.2.1) 进行初步分析。考虑最简单的情况，按照可激发系统上述的特征要求，方程 (5.2.1) 的动力学在 (u, v) 平面上的图形可由图 5-17 给出，其中定态由

$$du/dt = 0, \quad dv/dt = 0 \tag{5.2.2}$$

确定，因而可以得到零线 (nullcline) 方程为

$$g(u, v) = 0, \quad f(u, v) = 0 \tag{5.2.3}$$

两条零线的交点给出系统的定态。$g(u, v) = 0$ 为一直线，$f(u, v) = 0$ 为一个反 N 形曲线。根据参数的不同，例如改变直线斜率，不同的斜率下，$f(u, v) = 0$ 曲线可与 $g(u, v) = 0$ 曲线有一个或三个 (其中两个稳定) 交点，即系统可能为单稳态或双稳态。可激发动力学的讨论主要在单稳态 (设为 P) 的基础上进行。

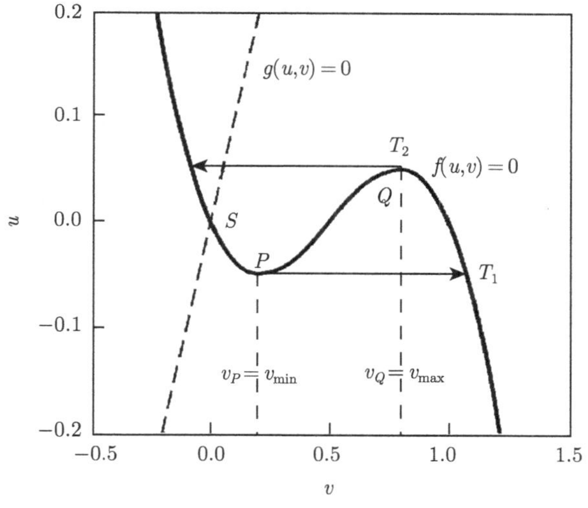

图 5-17 可激发系统在 (u, v) 平面上的动力学示意图

我们关心如图 5-17 所示的唯一定态解 S 的情况。对 S 作线性稳定性分析很容易知道它是渐近稳定的。一个小的扰动不会使 u, v 发生大的变化 (D 区)，系统会迅速回到定态 S。曲线 $f(u, v) = 0$ 可以分成三段 (其中两段有负的斜率，一段正斜率切线，而正斜率段在双稳情形与零线 $g(u, v) = 0$ 交点不稳定)，在可激发情形 $g(u, v) = 0$ 曲线仅在一段与 $f(u, v) = 0$ 相交。另一段负斜率的分支虽然与 $g = 0$ 无交点，但它也会起到重要作用，另一方面，由于 $\varepsilon \ll 1$，因而 u, v 之间时间尺度上存在巨大差异，系统对于大于 P 点的扰动是不稳定的，当系统超过 (u_P, v_P) 阈值，

对于 $v > v_{\min} = v_P$，由于变量 u 的动力学时间尺度远小于 v 的动力学时间尺度，系统会被很快激发到远离定态解 S 的区域，如图 5-17 的右箭头所示 (A 区，即另一个切线斜率小于零的分支)，然后慢慢沿 $f(u,v)=0$ 运动到 $v=v_{\max}=v_Q$ 后失稳 (中间一支不稳定)，这使得状态迅速跳到 $f(u,v)=0$ 的稳定分支，如图 5-17 的左箭头所示，最后弛豫到平衡位置 S。

系统可激发性的一个重要量度是小量 ε。当 ε 不是足够小时，系统变量 (u,v) 的时间尺度无法有效分离，稳定点为一稳定焦点，不存在可激发性。从上面的分析可以看出，一个可激发系统是由三个态描述的：休眠态，受激态和恢复态。

FitzHugh-Nagumo 模型可以用来描述神经元的放电过程，其作用函数为

$$f(u,v)=u(a-u)(u-1)-v,\quad g(u,v)=u-dv-b \tag{5.2.4}$$

其中 a,d,b 为系统参量。图 5-18(a) 给出了当 $b=0.0, a=0.5, d=1.0$ 时的 v 变量响应情况，可以看到小扰动时系统迅速弛豫回系统的定态，它是 $f(u,v)=g(u,v)=0$ 的交点 S。图 5-18(b) 给出了由大扰动引起的系统放电脉冲行为，可以看到，在扰动越过 P 点后系统产生大的脉冲放电，然后弛豫回系统的定点 (静息态)。

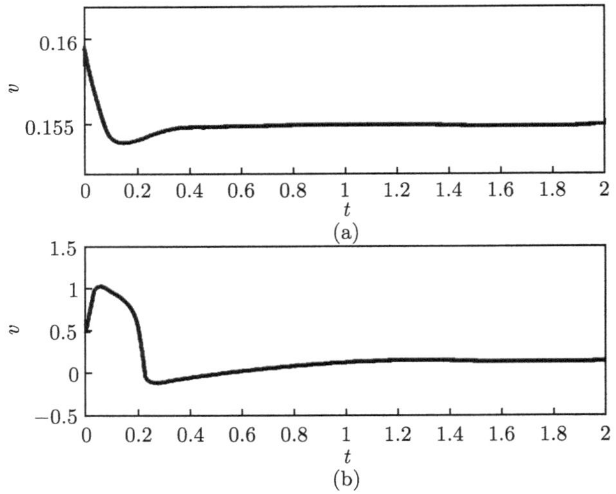

图 5-18　(a) FitzHugh-Nagumo 系统演化到定态；(b) 由大扰动引起的系统放电脉冲行为

下面简单分析 FitzHugh-Nagumo 系统 (5.2.4) 的动力学。设 FitzHugh-Nagumo 系统的定态 S 为 (u_0,v_0)，在其附近的线性稳定性分析可得到下面的雅可比矩阵：

$$\boldsymbol{J}=\begin{pmatrix} A\varepsilon^{-1} & -\varepsilon^{-1} \\ 1 & -1 \end{pmatrix} \tag{5.2.5}$$

其中

$$A = -3u_0^2 + 2(1+a)u_0 - a$$

系统存在分岔点 b_c，当 $b < b_c$ 时，定态 (u_0, v_0) 稳定；$b > b_c$ 时，系统发生 Hopf 分岔，定态失稳，系统为极限环解。对 $\varepsilon = 0.005$，$d = 1$ 的情形，b_c 为

$$b_c = \frac{1+a}{3} - \frac{c}{60} - \left(\frac{1+a}{3} - \frac{c}{60}\right)\left(\frac{1-2a}{3} - \frac{c}{60}\right)\left(\frac{2-a}{3} + \frac{c}{60}\right) \tag{5.2.6}$$

其中

$$c = 10\sqrt{3 - 4a + 4a^2}$$

当 $a = 0.5$ 时，$b_c \approx 0.2623$。当 $b < b_c$ 时，虽然系统的定态 (u_0, v_0) 是稳定的，但系统是可激发的。b 越接近 b_c，系统就越容易被激发。

另一个讨论比较多的可激发动力学模型来自于化学中的 BZ 反应。在无量纲后，反应可由下面的三变量耦合微分方程给出：

$$\begin{cases} \dfrac{\mathrm{d}u}{\mathrm{d}t} = \dfrac{1}{\varepsilon}(qw - uw + u - u^2) \\ \dfrac{\mathrm{d}w}{\mathrm{d}t} = \dfrac{1}{\delta}(\varphi - qw - uw + fv) \\ \dfrac{\mathrm{d}v}{\mathrm{d}t} = u - v \end{cases} \tag{5.2.7}$$

其中 u, v, w 分别代表 $HBrO_2$，Br^- 与催化剂的无量纲浓度。这个方程组描述了在有光照情况下光敏 BZ 反应中主要化学成分均匀浓度的时间演化 (即不涉及空间扩散效应问题)。参数 φ 是考虑到由照射产生的溴化物。光的强度控制 Br^- 的光化学产量，它是 BZ 反应中自催化的抑制剂。参数 ε, δ 描述三个变量的时间尺度。当 $\delta \ll \varepsilon \ll 1$ 时，w 变量是最快的变量，在绝热条件下可消去，这样就得到

$$\begin{cases} \dfrac{\mathrm{d}u}{\mathrm{d}t} = \dfrac{1}{\varepsilon}\left[\dfrac{q-u}{q+u}(fv + \varphi) + u - u^2\right] \\ \dfrac{\mathrm{d}v}{\mathrm{d}t} = u - v \end{cases} \tag{5.2.8}$$

因此这里

$$f(u,v) = \left[\frac{q-u}{q+u}(fv + \varphi) + u - u^2\right], \quad g(u,v) = u - v \tag{5.2.9}$$

我们同样可以用零线 $f(u,v) = g(u,v) = 0$ 定出系统的定态。图 5-19 给出了 $f = 1.0$ 和不同 φ 时零线 $f(u,v) = 0$ 与 $g(u,v) = 0$ 的交点。当 $0 < \varphi < 4q$ 时，两条线相交于不稳定分支上，此时 BZ 反应具有振荡解 (无稳定解)，如图 5-19(a) 所示。当 $\varphi > 4q$ 时，焦点位于稳定分支上，如图 5-19(b) 和 (c) 所示，其特点与前面讨论的情况相似，因此 BZ 反应系统是可激发的。

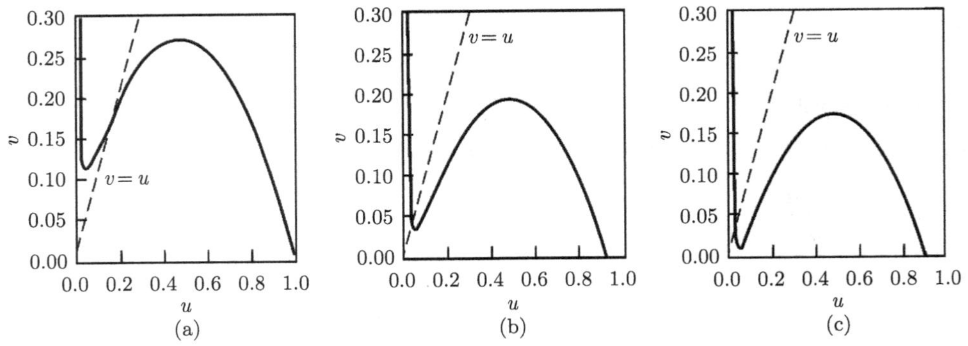

图 5-19　BZ 反应在 $f=1.0$ 和不同 φ 时 $f(u,v)=0$ 与 $g(u,v)=0$ 的交点

根据可激发系统的特点，我们还可以构造更为简单的离散三态系统模型，即系统可以只包含休眠态、受激态和恢复态三个基本状态。系统的状态可由输入变量 $v(t)$ 决定。当 $v(t)$ 超过某一阈值时，系统就会经历一个“放电”过程，即由休眠态跳至受激态，经过一段恢复时间后系统最后回到休眠态。模型的构造可以是离散时间的。这种构造在实际模拟时会节省大量的运行计算时间和容量。

2. 可激发介质

当考虑空间延展的可激发系统时，由许多可激发单元组成的介质就成为**可激发介质**(excitable media)[557-561]，在空间的每一点系统都是可激发的。例如，对于两变量系统，可激发介质可由以下的反应–扩散方程描述：

$$\left\{\begin{array}{l}\dfrac{\partial u}{\partial t}=\dfrac{1}{\varepsilon}f(u,v)+D_u\nabla^2 u\\[2ex]\dfrac{\partial v}{\partial t}=g(u,v)+D_v\nabla^2 v\end{array}\right. \tag{5.2.10}$$

方程右边为扩散项，D_u, D_v 分别为 u,v 空间变量在空间中的扩散系数。∇^2 为 Laplace 算子对空间一维情况，

$$\nabla^2=\partial^2/\partial x^2$$

对二维情况，

$$\nabla^2=\partial^2/\partial x^2+\partial^2/\partial y^2$$

我们甚至可以考虑更为实际的空间三维情况。下面讨论均限于空间一维和二维情况。如果将空间离散化，上面的扩散项就成为扩散型耦合。

由于空间的耦合作用，对可激发介质空间一点的扰动会通过耦合而沿着介质传播，能否传播则取决于系统的可激发程度。如果对空间一点的扰动能传遍整个介质，我们则称此介质为**超可激发**的 (superexcitable)；如果对空间的一点扰动不会

在整个介质中传播，而是在有限距离和时间内衰减掉，则称此介质为**亚可激发**介质 (subexcitable media)。因此扰动在亚可激发介质中是不能稳定传播的。

一个空间均匀分布的由可激发单元所组成的反应扩散系统可出现行波。假设我们对空间的一部分单元进行扰动，使其状态激发到阈值之上，则这些单元与相邻未被激发单元之间会形成巨大差异。由于扩散耦合，局域激发产生的脉冲将会扩散到相邻区域，并将相邻区域的单元状态也拖到阈值之上，则它们也被激发。这种多米诺效应就形成了一个波峰。在波峰的背后，被激发区会逐渐弛豫到休眠态，而这个波峰将会通过扩散耦合传至更远的介质区域。从整体上来看，系统表现为一个孤立波从激发源向外移动。如果激发源处的振荡是周期性的，则系统表现为一连串的行波，其运动速度由激发强度和扩散系数决定。

5.2.3 一维可激发介质中的行波

下面我们先在一维空间中讨论行波的规律。将式 (5.2.10) 重新改写一下，我们可得到下面的反应扩散方程:

$$\begin{cases} \varepsilon\dfrac{\partial u}{\partial t} = f(u,v) + \varepsilon^2\nabla^2 u \\ \dfrac{\partial v}{\partial t} = g(u,v) + \varepsilon\delta\nabla^2 v \end{cases} \tag{5.2.11a}$$

其中

$$\delta = D_v/D_u \tag{5.2.11b}$$

如果介质中有行波，则可引入单一变量 $z = x - ct$，其中 c 为行波波速。令

$$u(x,t) = u(z), \quad v(x,t) = v(z) \tag{5.2.11c}$$

这样我们就可以把上述方程变换到运动坐标系中，方程 (5.2.11) 成为 z 的常微分方程:

$$\begin{cases} \varepsilon^2\dfrac{\mathrm{d}^2 u}{\mathrm{d}z^2} + \varepsilon c\dfrac{\mathrm{d}u}{\mathrm{d}z} + f(u,v) = 0 \\ \varepsilon\delta\dfrac{\mathrm{d}^2 v}{\mathrm{d}z^2} + c\dfrac{\mathrm{d}v}{\mathrm{d}z} + g(u,v) = 0 \end{cases} \tag{5.2.12}$$

由于 $\varepsilon \ll 1$，我们可以以 ε 为展开小量求上述方程的近似解。下面求方程的一级近似解。先令 $\varepsilon = 0$，则 u 的方程变为 $f(u,v) = 0$。从图 5-17 的 $f(u,v) = 0$ 曲线特征可以看出，当 $v \in [v_{\min}, v_{\max}]$ 时，$f(u,v) = 0$ 有两个稳定分支，设其解为 $u = h_{\pm}(v)$。不失一般性，设 $h_+ > h_-$，处于 $h_{\pm}$ 之间的第三个解分支不稳定，因此不考虑。下面考虑这样的情况，动力学系统的解为

$$u = \begin{cases} h_+(v), & z < 0 \\ h_-(v), & z > 0 \end{cases} \tag{5.2.13}$$

注意, $h_\pm$ 两个分支之间是间断的，因此上面的解在 $z=0$ 时变得不连续了。但实际系统的解在 $z=0$ 附近应该是连续的，问题是我们忽略了方程中 ε 的项。所以，我们必须进一步考虑 $u=h_\pm(v)$ 之间的边界层宽度为 $O(\varepsilon)$ 的区域。可引入重新标度的坐标系

$$\xi = z/\varepsilon$$

以考虑边界层附近的情况。此时上述方程化为

$$\begin{aligned}&\frac{\mathrm{d}^2u}{\mathrm{d}\xi^2}+c\frac{\mathrm{d}u}{\mathrm{d}\xi}+f(u,v)=0\\&\delta\frac{\mathrm{d}^2v}{\mathrm{d}\xi^2}+c\frac{\mathrm{d}v}{\mathrm{d}\xi}+\varepsilon g(u,v)=0\end{aligned}\tag{5.2.14}$$

第二个方程的 ε 项可以不予考虑。另外要求 v 对所有 ξ 有界，则第二式有唯一解：

$$v=v_0=\text{常数},\quad v_0\in[v_{\min},v_{\max}]\tag{5.2.15}$$

将其代入第一式，系统的一级近似解满足下面的方程及边界条件 (边界层连续性的要求)

$$\begin{cases}\dfrac{\mathrm{d}^2u}{\mathrm{d}\xi^2}+c\dfrac{\mathrm{d}u}{\mathrm{d}\xi}+f(u,v_0)=0\\ u(-\infty)=h_+(v_0),\quad u(+\infty)=h_-(v_0)\end{cases}\tag{5.2.16}$$

上述方程为波速的本征值问题，其中波速 c 由 v_0 决定。此方程有一个触发的波前解，其波速

$$c=c(v_0)\tag{5.2.17}$$

是 v_0 的单调减函数。若存在 v_c 使得

$$\int_{h_-(v_c)}^{h_+(v_c)} f(u,v_c)\mathrm{d}u=0\tag{5.2.18}$$

则系统存在 $c(v_c)=0$ 的状态。由于 $c=c(v)$ 是减函数，因此当 $v\in(v_{\min},v_c)$ 时，$c>0$；$v\in(v_c,v_{\max})$ 时，$c<0$。即对于 $v\in(v_{\min},v_c)$ 的情况，系统会形成向上跳的波峰 $(c>0)$，波峰通过后系统的局域状态由 $u=h_-(v)$ 跳到 $u=h_+(v)$，而 $v\in(v_c,v_{\max})$ 的情况则刚好相反，因此可以看到，变量 v 控制着行波的速度与方向。

设 (u_s,v_s) 是可激发系统的均匀态解，即

$$f(u_s,v_s)=g(u_s,v_s)=0$$

由图 5-17 可知, 此解必落在 $u=h_-(v)$ 的解分支上。此时 v_0 对应于均匀定态解 v_s，故

$$c=c(v_s) \tag{5.2.19}$$

即孤立波的波速由系统中不动点 v_s 决定。

当系统中有一个周期为 T 的激发性持续扰动源时，行波可以不断产生并传播，其波速不仅与 v_s 有关，还与扰动源周期 T 有关，即

$$c=c(v_s,T) \tag{5.2.20}$$

当系统在周期源激发下产生行波时，第一激发波的波速与孤立波一样，即 $c=c(v_s)$。当 T 比介质的局域弛豫时间要长时，后续的激发波也会类似。但当 T 小于介质弛豫时间时，第二激发波就会在局域系统弛豫回 (u_s,v_s) 之前到达，进而造成新的扰动。设第二激发波波速 $v=v_2$，显然 $v_2>v_s$，由于 $c(v)$ 的单调减特征，$c(v_2)<c(v_s)$。这样系统就会自发调节到一个时空周期稳定态，此时波峰与波背的恢复变量为 v_f,v_b，它们满足

$$|c(v_f)|=|c(v_b)| \tag{5.2.21}$$

因此 c 为 v_f 与 T 的函数。T 可表为

$$T=T_++T_- \tag{5.2.22}$$

的函数，其中

$$T_+=\int_{v_f}^{v_b}\frac{\mathrm{d}v}{g(h_+(v),v)},\quad T_-=\int_{v_b}^{v_f}\frac{\mathrm{d}v}{g(h_-(v),v)} \tag{5.2.23}$$

这样可以通过消去 v_f 而得到 c 与 T 的关系，即**色散关系** (dispersion relation)。这个色散关系可由坐标变换

$$\phi=kx-\omega t \tag{5.2.24}$$

代入方程 (5.2.12) 中计算得到，这里 k 是行波的波数 $\omega=2\pi/T$。将 ϕ 代入方程 (5.2.12)，可以得到

$$\varepsilon^2k^2\frac{\mathrm{d}^2u}{\mathrm{d}\phi^2}+\varepsilon\omega\frac{\mathrm{d}u}{\mathrm{d}\phi}+f(u,v)=0 \tag{5.2.25a}$$

$$\varepsilon^2k^2\frac{\mathrm{d}^2v}{\mathrm{d}\phi^2}+\varepsilon\omega\frac{\mathrm{d}v}{\mathrm{d}\phi}+\varepsilon g(u,v)=0 \tag{5.2.25b}$$

由此可以求出 u,v 对 ϕ 的 2π 周期解。在此解的限制下，系统的 k 与 ω 需满足一定限制，可定出 k 与 ω 的关系，由此也可得到 $c=c(T)$。

对于一维介质来说，当它处于可激发区时，它本身能传播行波。但是当一维系统空间边界条件是开放的时候，就需要存在一段持续的振动源才能不断有行波

运动传播到另一端。Glass 等研究表明 [558]，当一维系统首尾相连成为一个闭合环 (loop) 时，系统就不再需要这样的振荡源存在。只要在环上任何一处制造一个非均匀扰动，则可以通过环的闭合特征提供一种重入 (reentry) 机制，使环上产生持续行波。下面我们以扩散耦合 FitzHugh-Nagumo 振子系统为例来产生一维行波。系统的动力学方程可以写为

$$\begin{cases} \varepsilon \dot{u}_n = u_n(a-u_n)(u_n-1) - v_n + D(u_{n+1} - 2u_n + u_{n-1}) \\ \dot{v}_n = u_n - dv_n - b, \quad n = 1,2,3,\cdots,N \end{cases} \tag{5.2.26}$$

计算中参数取 $\varepsilon = 0.05, d = 1.0, a = 0.5, b = 0.25 < b_c, D = 1.0, N = 100$，并采用周期边界条件

$$(u_{n+N}, v_{n+N}) = (u_n, v_n)$$

图 5-20 给出了系统的时空演化。为避免由于式 (5.2.26) 中双向耦合在开始阶段带来的大扰动的双向传播，我们先断开 $n=1$ 和 $n=N$ 的振子耦合，在 $n=1$ 的振子上制造一个大的扰动，该扰动就会按 $1 \to 2 \to 3 \to \cdots$ 方向传播。然后让系统短时间自由演化后在波前到达 $n=N$ 之前恢复断开的耦合，就可以得到持续的单向行波解。周期边界条件的选取很重要，在此情况下可以看到对于一维的环状可激发介质来说，不需要持续的波源即可产生自持续振荡。我们将在后面的讨论中继续展示环状拓扑对于可激发介质网络自持续振荡的重要意义。

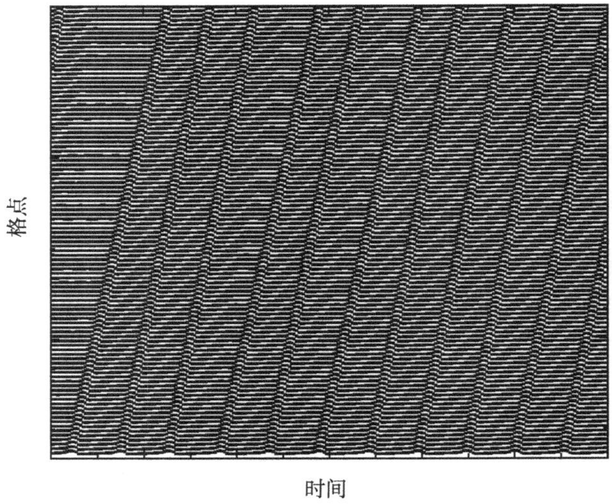

图 5-20　扩散耦合的 FitzHugh-Nagnmo 振子系统的时空演化

5.2.4　斑图动力学简述

斑图 (pattern) 是一个系统在时间或空间上具有某种规律性的非均匀宏观有序

结构，它普遍存在于自然界中 [34,35,387]。从热力学角度观察，自然界的斑图可分为两类：一类为在热力学平衡态条件下产生的斑图，如有机聚合物中自组织形成的斑图、无机化学中的各种晶体结构；另一类是远离热力学平衡态条件下产生的斑图，如动物皮毛表面的花纹、水面上的波浪和天上的条状云等。人们对于平衡态斑图结构的形成机制已经有了比较系统和深入的认识，这类斑图可以运用平衡态热力学及统计物理原理进行解释。根据平衡态热力学规律，在给定的温度与压强时，系统总是会自发地向 Gibbs 自由能最小的方向演化，形成某些空间有序结构。

当非线性系统远离平衡态时，原有的热力学分支在一定情况下失稳，系统在非平衡态下自组织会形成新的非平衡结构，这些结构通常在时间行为或空间行为 (或二者兼有) 上表现出来，这些时空的非平衡结构称为**耗散结构**。由于非线性系统的高度非线性和大尺度，对耗散结构的研究至今仍是许多学科的热点，仍有相当多的未解决问题。

迄今为止，人们所探索的非平衡斑图结构主要有两大类：一类是时间上稳定、空间上不均匀的结构，称为 **Turing 斑图**；另一类则是在时间和空间上都不均匀的结构，称为**行波**。

目前人们所说的斑图动力学一般是指非平衡条件下的自组织耗散结构，揭示出时空系统出现的种种非平衡空间结构。它是一门横向学科，其内容涉及物理、化学、生物、生态等多个学科，目的在于探索不同系统中共同存在的具有普遍性的斑图形成的基本规律。简单回顾一下其发展历史本身就是一种享受，就如同非线性动力学和混沌研究一样，我们可以看到百川归大海式的发展范式。

对时空系统斑图的形成及其动力学行为的实验与理论研究，最早可以追溯到 20 世纪初对流体力学中热对流现象的研究。1900 年，法国科学家 Bénard 首次实验研究了介于两块平行导热板之间的流体，在引力场和热梯度的共同作用下，观察到自组织形成的时空有序斑图。之后，Rayleigh 从理论上推导出了该系统的斑图形成的条件以及动力学失稳机制。流体力学之后的很多发现揭示了更多的流体斑图动力学行为。从分子层次来看，这种行为的产生是大量分子自组织与协作涌现的结果。

无独有偶，人们在研究非平衡化学反应的过程中也发现了一些有悖于当时传统化学热力学理论和预言的结果。早在 1921 年，Bray 就报道了在 I_2-HIO_3 催化剂的条件下，H_2O_2 的催化分解会呈现出明显的振荡现象。1959 年，苏联生物化学家 Belousov[554] 报道了在铈离子催化作用下柠檬酸被溴酸氧化反应中也呈现出化学振荡现象，发现均匀的溶液时而呈无色 (Ce^{3+})，时而呈淡黄色 (Ce^{4+})，且具有精确的变化周期。由于当时绝大多数人认为这样一种周期振荡的化学现象违背了热力学第二定律，因此该发现依然没有受到足够重视，甚至认为有问题。1970 年，Zhabotinsky 改进了 Belousov 的实验工作 [555]，在另外一些有机酸 (如丙二酸)

的溴酸氧化反应中更为清晰地观察到了周期性的化学振荡现象，在加入有机染料指示剂的条件下，反应物溶液的颜色周期性变化变得更加容易观察。之后人们把所有上述能出现化学振荡的反应称为 **Belousov-Zhabotinsky 反应**，简称 BZ 反应。

但是在很长的一段时间内，流体系统中观察到的斑图和化学振荡只被看成是孤立现象，人们并没有想到流体系统中的斑图和其他行为如化学振荡有什么共性及内在联系。而且在当时，大多数的化学家认为化学反应的振荡现象是一种假象，与热力学原理和经典化学动力学的预言相违背。

1952 年，被后人称为计算机理论之父的英国著名科学家 Alan Turing 为解释某些生物表面的斑纹 (如斑马、猎豹、热带鱼及海螺等体表的花纹) 以及生物发育过程中各种器官的分化问题而提出了时间静态、空间周期的 Turing 斑图理论 [562]。

20 世纪 70 年代初，Zaikin 与 Zhabotinsky 首次报道了在 BZ 反应实验中的化学波现象，发现许多同心的靶波从各自的区域冒出并向外传播，并观察到了螺旋波 [555]。Winfree 将这一发现介绍给西方科学界。自此，斑图动力学开始真正作为一门学科吸引人们的广泛兴趣，并得到了迅速发展。1972 年，Winfree 进一步改进配方，独立发现了螺旋波的形成。之后 Winfree 讨论了螺旋波的 “漫游”(meandering) 现象 [556]。

经过多年的研究，人们已经逐渐认识了时空系统中斑图的动力学行为及规律，而且不仅仅局限于化学反应过程中，相关研究已经开拓到了更广的领域，比如心肌系统、神经网络等与生物相关的实际系统 [34,35,387]。尤其是对于螺旋波失稳的控制已经成为近年来的一个研究热点，相信这会引发多方面的研究人员投入到斑图动力学的研究中来。

在本书中，我们不拟展开讨论 Turing 斑图结构的形成、失稳与分岔行为，一方面是因为这是一个很广的领域，限于版面我们不作展开，另一方面则是因为弱噪声的作用通常不会使 Turing 斑图失稳，而过强的噪声又会破坏其结构，这方面的动力学相对是比较清楚的。行进波由于其空间结构的时间演化，在噪声作用下的动力学则显得更为复杂，而且该问题联系着很多实际应用背景 [387]。无噪声作用下时空非线性系统的斑图动力学已有相当多的讨论，读者可参考本书的参考文献 [34,35]。

5.2.5　二维空间中的行波：螺旋波

在二维位形空间中，可激发介质的行波行为相比于一维情形则要复杂得多。最简单的一种二维行波是沿一个方向传播的行波和由内而外传播的靶波 (target wave)，如图 5-21(a)、(b) 所示。当激发源是一个点时，系统由于激发会形成环状波峰向外扩张。若激发源是周期性的持续激励，则可观察到环状的一系列行波。这种行波称为靶波，因其形状如同射击的靶子, 如图 5-21(a) 自左向右 5 个小图 (a1)~(a5) 所示。当激发源是一条很长的线时，系统会形成一个平行的线状波，波

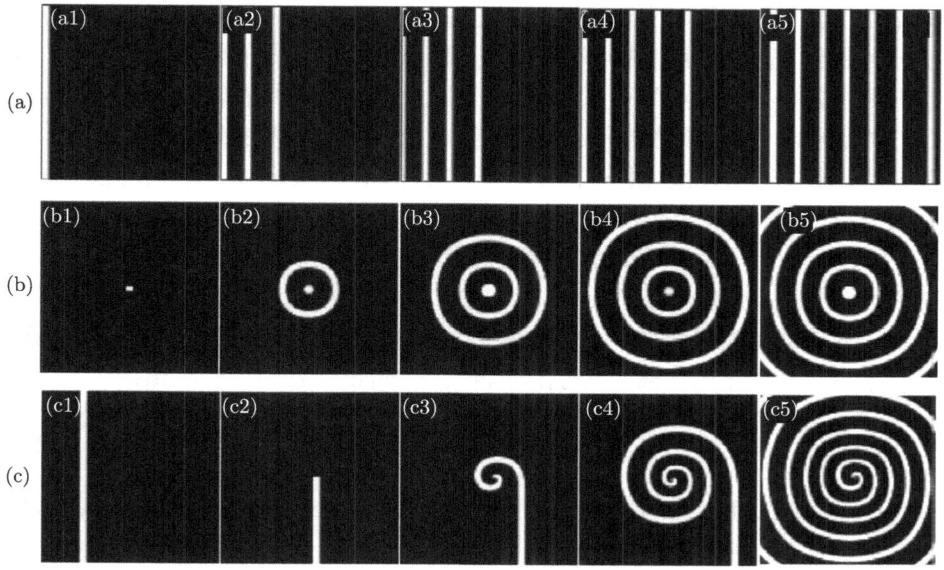

图 5-21 (a) 自左向右 (a1)~(a5)，一维行波的传播过程；(b) 自左向右 (b1)~(b5)，靶波的形成与传播过程；(c) 自左向右 (c1)~(c5)，螺旋波的形成过程

的前进方向垂直于线的方向，如图 5-21(b) 自左向右 5 个小图 (b1)~(b5) 所示。如激发源是其他形状，系统可能会产生较为复杂的行波。

对一维环波动力学的研究表明，有些情况下行波形成传播不需要波源。同样，对于二维介质来说，如果介质中存在缺陷，则会造成不需要持续波源的行波产生和传播，**螺旋波**就是一种较为复杂的行波。这是一种非常典型且有大量具体背景的非线性波，为此我们有必要对此作一较为详细的介绍。

螺旋波是自然界中普遍存在的一类典型的自组织波斑图, 它是一类远离平衡态的时空斑图，可存在于可激发、振荡和双稳态系统中。从流体中的 Rayleigh-Bénard 对流到化学反应系统中的化学波，从黏性霉菌系统中的自组织波到心肌细胞中的心电信号，从蛙类卵细胞中的钙离子波到宇宙星系的自组织结构都可以找到它们的踪迹。与靶波不同的是，螺旋波的动力学中心 (螺旋波的端点) 是一个**拓扑缺陷** (奇点)，而这类拓扑缺陷与其他类型的拓扑缺陷有着相似的性质，如光束中的波位错 (wave dislocation)，矢量序参数的线缺陷 (line defect)，超流、超导、Bose-Einstein 凝聚中的涡旋 (vortex)，宇宙时空拓扑缺陷等。近年来的心脏实验研究表明心动过速 (tachycardia) 及心颤 (ventricular fibrillation) 等心脏疾病与螺旋波的自组织及螺旋波湍流态的形成有密切的关联 [34,35]。

通过下面的分析过程，我们大致会了解螺旋波的形成过程。首先在介质中产生一个线状波 (这很容易)，如图 5-21(c1) 所示，然后将线状波从中间切断并抹掉一

小段 (可令这一段上的每一点状态为其定态)，如图 5-21(c2) 所示。这样我们就在线状波上制造了两个端点，在离端点较远的区域，线波的波峰附近区域每一点都受到左右两个方向扩散的触发变量的影响，因此容易激发，具有较高的波速；相比之下，在端点区域，线波波峰的邻近点只受到一个方向上触发变量的激发，相对激发强度较小，因而波速较慢。由于这种差异，当线波向前推进时，端点位置的慢速推进使其滞后，导致线波传播时在端点附近产生弯曲，线波的局部运动方向也发生变化，如图 5-21(c3)~(c5) 所示。由于端点效应，在长时间后线状波就会卷曲，最终变为螺旋波。因此，螺旋波的产生可由行波在二维介质中运动发生弯曲所致。

由于螺旋波的波峰弯曲，行波的速度不仅是恢复变量与激发源周期 T 的函数，而且是波峰线上曲率的函数，这可由**程涵关系** (eikonal relation) 给出：

$$N = c(v_f) - \varepsilon K \tag{5.2.27}$$

其中 N 为波峰法线方向的速度，K 为波峰的局部曲率。上述关系说明波峰的法向速度可以表示为平面波的速度加上一个曲率带来的修正。该关系是一级近似的结果。当 K 很小时，行波的弯曲效应不明显，行波可看作平面波。当 $K \gg 1$ 时，曲率效应就必须考虑。从此结果可以看出，当波峰线向离开波传导的方向弯曲时，$K > 0, N < c(v_f)$，这一结果与前面的定性讨论完全一致。

对一个逆时针旋转的螺旋波，其波峰曲线满足如下关系：

$$x = r\cos[\theta(r) - \omega t], \quad y = r\sin[\theta(r) - \omega t] \tag{5.2.28}$$

波峰的曲率为

$$K = \psi(1+\psi^2)^{-3/2} + \psi[r(1+\psi^2)^{1/2}]^{-1} \tag{5.2.29}$$

其中

$$\psi = r\mathrm{d}\theta(r)/\mathrm{d}r \tag{5.2.30}$$

波峰的法向速度 N 为

$$N = \omega r(1+\psi^2)^{-1/2} \tag{5.2.31}$$

将 K, N 代入程涵关系 (5.2.27)，可以得到一级近似下 ψ 的方程：

$$r\mathrm{d}\psi/\mathrm{d}r = (1+\psi^2)[rc\varepsilon^{-1}(1+\psi^2)^{1/2} - \varepsilon^{-1}\omega r^2 - \psi] \tag{5.2.32}$$

尽管方程具有复杂的形式，但原则上我们可以得到 $\psi(r)$。进一步用式 (5.2.30) 可解出螺旋波的具体表达式：

$$\theta(r) = \int_0^r \frac{1}{r'}\psi(r')\mathrm{d}r' \tag{5.2.33}$$

螺旋波的特征频率 ω 与波速 c 之间满足本构关系 (临界关系):

$$\omega = m^* c^2/\varepsilon \tag{5.2.34}$$

m^* 为一常数。

关于螺旋波有几点需要关注: ① 螺旋波是自持续的时空行为，它不需要一个周期性的激发波源，一旦产生，螺旋波就会自发地不断传播，这是螺旋波与靶波的本质不同所在; ② 螺旋波的组织中心是一个点缺陷，系统所有的动力学行为都受这个缺陷行为的左右; ③ 螺旋波的中心缺陷从数学角度来说是一个奇点，在其附近很小的区域内反应扩散方程不适用，因此处理此类时空缺陷一直是非线性科学中的难题; ④ 螺旋波在振荡介质中也可观察到，其表现上是相波，即由周期振荡的时空相位差产生。从本质上看，可激发系统中的螺旋波起因为系统的全局失稳，而振荡介质中的螺旋波则来自于系统的局域失稳，二者有根本的不同。

目前对于可激发系统螺旋波动力学的研究主要集中于以下几个方面: ① 螺旋波在不同物理、化学、生物和生态系统中的产生机制和实验观察。② 螺旋波自身结构的研究特别是缺陷点附近的结构分析。③ 与螺旋波失稳有关的动力学分岔研究。对于一个稳定的螺旋波，系统中的缺陷很少，且数目不随时间变化。当改变系统控制参量超过一定临界值时，螺旋波会自发产生新的缺陷，每个缺陷都倾向于产生新的螺旋波。当系统内的缺陷数量大大增加时，系统就会进入螺旋波湍流态，即时空混沌。目前螺旋波失稳机制的研究主要发现了 **Eckhaus 失稳** (行波的长波不稳定性) 和**漫游失稳** (螺旋波缺陷中心的轨迹不稳定性) 两种典型模式。④ 对螺旋波的控制与消除的研究，此类研究密切联系着心脏动力学等实际应用。生理学的实验表明，在心脏病患者中观察到的一类心律不齐或心动过速现象可能是由心肌电信号出现螺旋波引起的，而心颤致死与螺旋心肌电波的失稳有密切的关系。因此，研究如何消灭心肌的螺旋波电信号不仅有很大的潜在应用价值，而且可以促进科学界对螺旋波有关规律的深入了解 [563]。

总之，关于螺旋波动力学的研究是一个跨学科的大课题，尚有许多问题亟待解决。

5.2.6 缺陷对行波的影响

迄今为止，我们所讨论的介质都是空间均匀的，即空间每一点的激发程度都完全相同，参数完全相同。其实要做到这一点并不是一件容易的事，空间的参数分布总会因为外界的干扰或本身的原因而不均匀，这样我们就需要考虑这些不均匀效应，我们称之为杂质或缺陷。不均匀性对行波的传播有很大的影响，它可以使得波的传播和空间斑图结构更为复杂 [564]。这种情况下，对波的控制与同步化在实际应用中是很有意义的。

考虑由 N 个 FitzHugh-Nagumo 振子组成的一维介质：

$$
\begin{aligned}
&\varepsilon\frac{\mathrm{d}u_n}{\mathrm{d}t}=u_n(a-u_n)(u_n-1)-v_n+D(u_{n+1}-2u_n+u_{n-1})\\
&\frac{\mathrm{d}v_n}{\mathrm{d}t}=u_n-dv_n-b_n
\end{aligned}
\tag{5.2.35}
$$

计算中取 $\varepsilon=0.005, a=0.5, d=1.0$。与前面不同的是，$b_i$ 对不同振子是各不相同的，它可以是随机分布，也可以是只有个别的不同值。我们首先考虑介质中只有少量缺陷的情况。我们关心的是 $b_n<b_c$ 时整个介质的情况。下面考虑开放边界条件的情况：$(u_{N+1},v_{N+1})=(u_N,v_N)$, $(u_0,v_0)=(u_1,v_1)$, 并且在整个介质的左端有 N_0 个相同的振荡型杂质，即

$$b_n=b_0>b_c,\quad n=1,2,\cdots,N_0$$

其他单元

$$b_n=b_e<b_c,\quad N_0<n<N$$

在图 5-22(a)~(e) 中，我们给出系统在 $b_e=0.24, b_0=0.30, N_0=1$ 时的时空行为，横轴为时间，纵轴为格点。当 $D=0$ 或很小时，介质中的单元都不能被振荡杂质所激发。随着耦合强度的增加，靠近缺陷的几个单元被激发，但远离介质的部分仍不能被激发，即激发波前只能在短距离内传播。当 $D=0.0148$ 时，由图 5-22(a) 可看出，激发波可以传播较长的距离。我们可以看到，不是缺陷的每一个脉冲都能远距离传播，仍然有一些脉冲只能传播很短的距离。当 $D=0.015$ 时 (图 5-22(b))，缺陷的连续两个脉冲可以传播整个介质，而接下来连续两个脉冲无法传播很远。随着

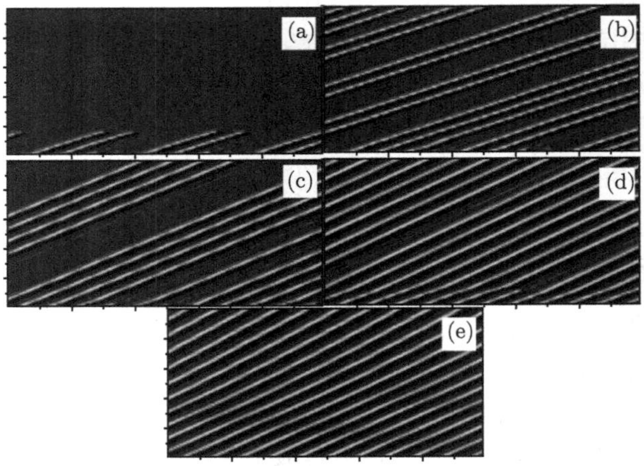

图 5-22　由 FitzHugh-Nagumo 振子组成的一维介质系统的时空行为【改编自文献 [564]】

D 的不断增加，越来越多的脉冲可以传遍整个介质 (图 5-22(c), (d))。当 $D = 0.021$ 时，缺陷的每一个脉冲都会引起一个在整个介质中的行波，见图 5-22(e)。对于很大的耦合强度 D，比如 $D = 0.10$，系统会进入整体振荡死亡状态，介质中不再有波的传播。

为研究由缺陷所引起的行波，我们可以定义介质中被激发单元的百分比：

$$P_e(D) \propto N_e(D)/N \tag{5.2.36}$$

其中 N_e 代表在由 N 个单元构成的介质中被激发的单元个数。在图 5-23(a) 中，我们给出 $P_e(D)$ 与 D 的关系，b_e, b_0 与前面相同。可以发现，当 $D = D_c^1$ 时，P_e 在一个小的耦合范围内由零迅速上升到 1。之后 P_e 在 D 的很大范围内保持为 1，直到 $D = D_c^2 \approx 0.163, P_e \to 0$。在 $D \in (D_c^1, D_c^2)$ 的范围内，波可以在整个介质中传播。在 D_c^1 的附近，被激发的单元个数有以下的标度律：

$$N_e(D) \propto (D_c^1 - D)^{-\alpha_1} \tag{5.2.37}$$

其中 $\alpha_1 = 1/2$。在图 5-23(a) 的小图中我们给出数值结果 ($D_c^1 \approx 0.014968$)，可以看到很好的标度律。系统在 D_c^1, D_c^2 两个临界点附近的行为是完全不同的，在 D_c^2 时，所有振子会突然停止振荡，导致波不能传播。

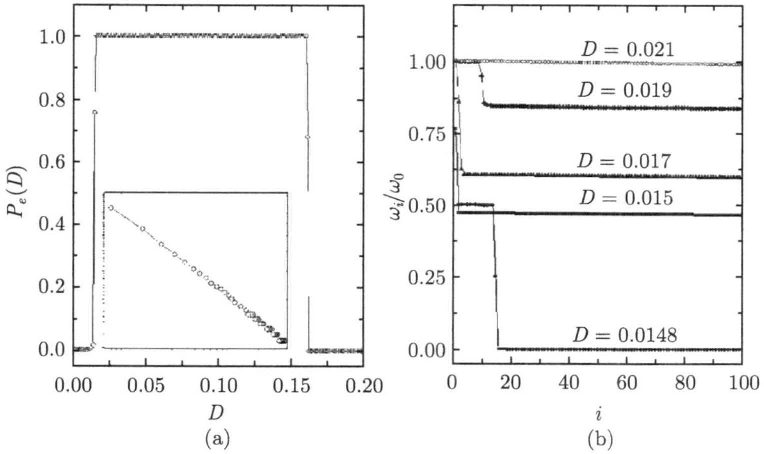

图 5-23 (a) $P_e(D)$ 与 D 的关系；(b) 不同耦合强度下的 ω_i/ω_0 分布【改编自文献 [564]】

从前面的讨论可以看到，系统在 D_c^1 附近存在丰富的动力学行为。可以定义第 i 个单元的平均脉冲频率:

$$\omega_i = \lim_{T\to\infty} 2\pi M_i(T)/T \tag{5.2.38}$$

$M_i(T)$ 为在时间 T 内的脉冲数目，上面实际就是振子的平均旋转数。将振荡缺陷的旋转数定义为 ω_0。在图 5-23(b)，我们给出不同耦合强度下的 ω_i/ω_0 分布。可以发现，当 $D=0.0148$ 时，系统由两大同步集团组成，其中一个为 $\omega_i=\omega_0/2$，另一个为 $\omega_i=0$。靠近缺陷的振子脉冲频率为 $3\omega_0/4$，当 $K=0.015$ 时，两个集团融合成一个大的集团，$\omega_i/\omega_0\approx 0.47$。增大 D 会使更多的振子 ω_i 接近于 ω_0。当 $D=0.019$ 时，所有振子都有 $\omega_i=\omega_0$，说明所有单元都与缺陷同步振荡，也说明波可以在整个介质中无损传播。

在图 5-24(a) 中，我们给出 $N_0=1$ 个缺陷时系统波传播的临界线

$$D_c=F(b_e,b_0)$$

这些线是对不同的 b_0 画的。在临界线以上为系统的行波区，我们可以看到许多“舌头”。舌头的左边界线对应于前面的 D_c^1，右边界线则对应于前面的 D_c^2。当 b_0 较小时舌头就比较小，当 b_0 增加时舌头变大。我们可以看到所有的舌头都有共同的左边界，说明左边界与 b_0 无关：$D_c=F(b_e)$。当 $b_e\to b_c$ 时，$D_c\to 0$。当 $b_e\to b_e^c$ (图中的虚线) 时，可以看到 $D_c\to\infty$。b_e^c 给出了可激发与亚可激发介质的边界。临界线的右边部分是 D_c 的增函数，当 $b_e\to b_c$ 时，$D_c\to\infty$。

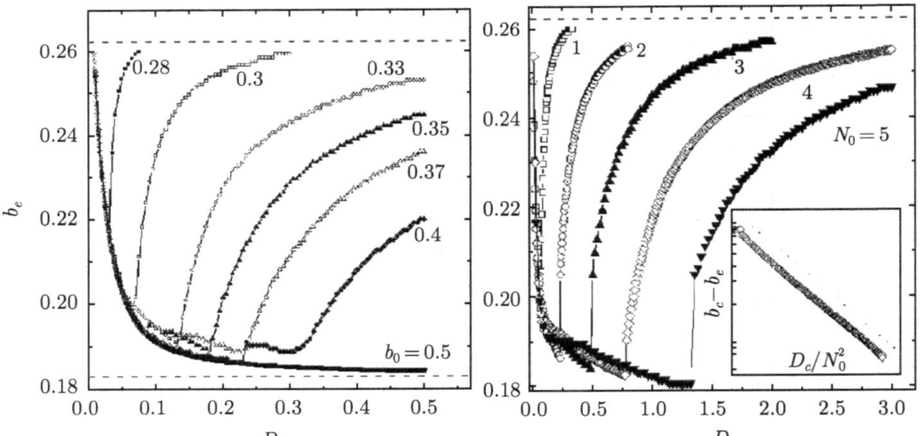

图 5-24　(a) $N_0=1$ 个缺陷时系统波传播的临界线；(b) $b_0=0.3$ 时不同 N_0 的临界线【改编自文献 [564]】

缺陷的数目 N_0 在波传播方面也是一个重要的调节参量。当这 N_0 个缺陷零散地分布于介质中时，波的行为及相图将与 $N_0=1$ 的情况类似。但这些缺陷成为一个集团时，相图的临界曲线会有很大改变。在图 5-24(b) 中，我们给出 $b_0=0.3$ 时不同 N_0 的临界线 $D_c=F(b_e,b_0)$。可以看到 $N_0>1$ 的波传播舌头比 $N_0=1$ 的要大得多。这些临界线的左边部分与 N_0 无关，右边部分随 D_c 上升，当 $b_e\to b_c$ 时，$D_c\to\infty$。这些线可以通过 D_c 用标度律的 D_c/N_0^2 而重合到一起，可以写成如下统一的形式：

$$b_e = b_c - A\left(\frac{D_c}{N_0^2}\right)^{-\alpha} \tag{5.2.39}$$

其中 A 是一个可由数值定出来的常数，$\alpha \approx 1.65$。

5.3 可激发网络系统的自持续振荡

非线性系统的自持续振荡行为是耗散系统非常典型的时间动态行为。振荡的产生离不开非线性，而低至二维的非线性动力系统即可产生极限环振荡 [29]。非线性在产生振荡中的作用可做如下理解：一方面，当系统处于小幅振荡时，定态模式的不稳定性使得小幅振荡被放大，振幅随时间增大；另一方面，过大的振幅会由于非线性的作用而受到抑制，从而大振幅振荡会随时间衰减。这两种因素的竞争最终会使系统处在一个合适的振幅水平振荡。利用反馈的术语来说，前者是正反馈，后者是负反馈。自持续振荡就是正负反馈的一种平衡状态，而这种状态必然是时间非定态 [30]。

近年来，复杂网络研究的兴起使得人们认识到，节点动力学固然重要，节点之间的相互作用特别是形成的相互作用网络拓扑结构会对集体动力学起着重要的影响，由于不同的拓扑连接，系统会形成各种各样的整体行为 [21,22]。例如，在生物的生命活动中，构成生命重要基本单元的基因调控网络、新陈代谢网络等都是打破单一模式的网络动力学来决定其整体功能 [148,159-162,565]。再比如，近年来可激发单元形成的生物网络动力学成为热点。这样的问题密切联系着生命神经网络特别是脑网络、心肌行为等实际问题的研究 [548]。

上述所提到的网络动力学问题很多，例如，同步、非线性波传播问题等。其中一个得到密切关注的是**非振荡个体组成的网络系统的整体自持续振荡涌现以及与此相关的网络斑图动力学问题**[566-568]。这里所说的非振荡个体是指网络节点的单元本身不具有自持续振荡行为。例如，可激发单元虽然可以在外在激励下产生脉冲，但自身并不具有自持续振荡行为。而 5.2 节的结果表明，大量这样的个体却可以通过自组织产生整体的振荡。最近的研究进一步揭示出，非振荡单元组成的复杂网络系统同样会涌现出整体的自持续振荡和复杂振荡斑图等有趣行为 [566-568]。一个问题是，在过去很长时间里，人们对集体自持续振荡产生与维持的机制尚不是很清楚。这就是本节的主题。

这些问题密切联系着众多生物学问题。人们发现，生物体的新陈代谢、信号传导和发育过程中都可以发生振荡行为，这些振荡控制着重要的生命过程，如昼夜节律、DNA 合成、有丝分裂等。20 世纪五六十年代，实验学家发现了生物化学振荡的例子，如糖酵解反应、循环腺苷一磷酸的产生、辣根过氧化物酶反应等 [565]。在发现这些振荡现象后，人们进一步思考这些生化振荡的普遍条件和产生机制。

20 世纪 80 年代分子生物学技术的革命之后，蛋白质相互作用网络和基因调控网络的振荡现象开始逐渐被人们发现 (如动物周期节律控制的蛋白质和真核生物细胞周期控制的循环蛋白质等)。理解生物振荡的分子机制不仅仅是实验学家的任务，生物振子具有一些系统水平上的特征 (如周期性、鲁棒性和良好的同步性等)，而这些特征超越了组成具体振子的单个分子或单独生物化学反应的特性，显然包含在振子的反应网络的整体拓扑结构之中。只有从理论角度来细致分析实验数据，建立模型，定量模拟生物化学振荡过程，才能更为深入地理解这些特性 [565]。

巧合的是，网络上的自持续振荡密切联系着斑图动力学问题。长期以来，斑图动力学一直在规则介质或具有扩散型耦合的连续介质中进行研究。近年来，复杂网络研究成为复杂系统研究的中心之一，研究新的复杂网络拓扑对斑图动力学的影响即复杂网络上的斑图动力学成为在斑图动力学和复杂网络两个领域所共同关注的重要课题，成为学科发展的生长点。

Turing 早在 1952 年就指出，由于活化子 (activator) 和抑制子 (inhibitor) 具有不同的扩散系数，反应扩散系统会由均匀定态自发转变为空间周期振荡的非均匀态 [562]。1971 年，Othmer 和 Scriven[569] 指出，Turing 不稳定性在网络结构的系统中也发挥了重要的作用。在生物形态形成过程的早期阶段，生物体内的“成形素”(morphogen) 在细胞内相互连接的网络上随机扩散，在空间自发组织成一些有规律的结构。他们进一步提出了一套数学方法分析这种网络上的动力学不稳定性，但其理论只能应用于规则网络 [569,570] 或小尺度网络 [571,572]。2010 年，Nakao 和 Mikhailov[573] 利用平均场理论 [574-576] 对大尺度随机网络和无标度网络上的 Turing 斑图进行研究，发现与传统研究的 Turing 斑图很不同，初始的线性不稳定性会导致网络中的节点自发分成富活化子集群 (activator-rich group) 和贫活化子集群 (activator-poor group) 两部分，而涌现的 Turing 斑图形状依赖于随后的非线性过程，同时多可以发现稳态及磁滞现象。这些研究结果为人们研究复杂网络上的自组织行为提供了一个新图景。

靶波是一种典型的动态斑图，在规则网格上通常是需要激励源的。Tinsley 等 [577] 实验研究了由光敏 BZ 反应介质构成的小世界网络的时空动力学，发现可激发节点构成的小世界网络中可以出现典型的靶波斑图。钱郁等通过改变加边概率发现，小世界网络中可以涌现出丰富的斑图，如螺旋波斑图、靶波斑图、螺旋波与靶波共存的斑图以及赝湍流状态等 [566]。尤其重要的是，小世界网络中观察到的靶波是自持续振荡的，即不需要外界信号的驱动，可以通过网络中的特殊环路 [568,578] 来维持系统的振荡，这种自持续振荡斑图与规则网络中的截然不同。在随机连接的复杂网络中，对于网络中杂乱无章的自持续振荡斑图，人们无法进行直观观测。廖旭红等发现 [579]，通过对网络中的节点进行重新排列，可以发现这些复杂无序的随机斑图是典型的靶波斑图，这种靶波斑图是普遍存在的 [579,580]。

以下我们首先引入胡岗等提出的一种基于网络振荡数据分析的主超前相位驱动方法，并用它来研究可激发网络的自持续振荡问题。

5.3.1 主超前相位驱动方法

对于任何一个产生周期振荡的复杂网络，由于我们所研究的网络中每一个节点都是非振荡的，因此大量节点能够发生整体振荡的前提是每一个非振荡节点必然被一个或者几个超前相位的节点所驱动，我们将这些节点称为**超前相位驱动**(phase advanced driving，PAD)，如图 5-25(a) 所示。对于不同的复杂网络 (包括不同的局域动力学或耦合形式)，虽然对不同具体节点动力学超前相位的定义会不同 (不同的变量或表达形式)，但在本质上它们在受到超前驱动这一点上是一致的。

在定义了 PAD 的基础上，我们就可以进一步来定义**主超前相位驱动**(dominant phase advanced driving，DPAD)[566,567]。对于振荡网络中的一个节点 A，它受到很多其他节点的耦合作用，所有这些耦合作用中能够对节点 A 发生振荡起促进作用

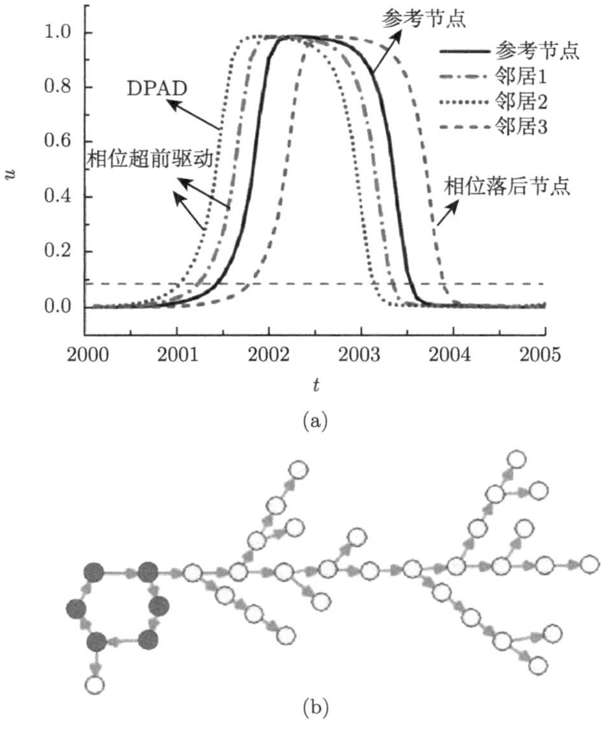

图 5-25 (a) 研究节点的时间序列与其最近邻节点相位关系示意图，包括滞后相位 (phase lag)、超前相位 (PAD)，两个 PAD 中离参考相位最靠近的为 DPAD；(b) 一个典型的 DPAD 得到的主超前相位驱动链图，其中红色节点组成一个闭合环 (后附彩图)【改编自文献 [566, 567]】

的驱动作用都是 PAD。在所有这些 PAD 中，如果一个驱动能够对 A 的振荡提供最大促进作用，则称该 PAD 为主超前相位驱动 DPAD，如图 5-25(a) 所示。

对于网络中的任意一个节点，利用上述定义我们都可以找到其 PAD，并可以找到唯一与之相对应的 DPAD。将所有与任一节点连接 (通常是双向连接) 的 PAD 改为单向驱动 (单向耦合) 箭头，且只保留 DPAD 的箭头，则可以把一个复杂的振荡网络简化为一个 N 节点一维周期振荡网络，如图 5-25(b) 所示实例，网络中每一个节点都是非振荡的局域动力学，并且每个节点都只受到一个来自于其他节点的作用 (即 DPAD)，因此网络具有 $M(M=N)$ 条单向耦合边。

假设网络中任意一个节点 i_1 是由超前相位的节点 i_2 通过耦合作用来驱动的，而 i_2 是由超前相位节点 i_3 来驱动的，依次类推，则可得到一条单向 PAD 链：$i_1 \leftarrow i_2 \leftarrow i_3 \leftarrow \cdots \leftarrow i_k \leftarrow \cdots$。因为网络中的节点数 N 是有限的，因此一定可以找到一个节点 $i_q(q \leqslant N)$，它一定是由在它之前 $\{i_1, i_2, \cdots, i_{q-1}\}$ 内的一个超前相位节点所驱动。我们假设驱动 i_q 的这个节点是 $i_p(p<q)$，这样便得到了一个从节点 i_p 开始，经过连续的 PAD，又回到节点 i_p 的连续 PAD 环结构，即 $i_p \leftarrow i_{p+1} \leftarrow \cdots \leftarrow i_q \leftarrow i_p$。正是这个作为振荡源的连续 PAD 环来驱动其他节点并维持整个网络的周期振荡。

从图论的理论来看，因为这个作周期振荡的网络具有相同的节点数和边数，所以在所有节点连通的条件下这个网络中总共存在的基本圈和所有可能的拓扑圈数目都是 1。因此这个拓扑圈正是我们要寻找的支持网络振荡的环结构 (loop)，它作为振荡源来维持网络的振荡。而网络中的其他节点都处在由这个振荡环所驱动并辐射出来的树状分支结构上 (tree from loop，简称 **TFL 结构**)，并且这些单向连接的树状分支结构体现了振荡在复杂网络上的传播路径。图 5-25(b) 显示的就是一个简单的 TFL 结构示意图。

对于所有由非振荡节点所构成的自持续周期振荡网络，它们都具有像图 5-25(b) 中这样普适的 TFL 结构。图 5-25(b) 阐明了自持续周期振荡网络中所有节点之间最简单的驱动关系。因为没有任何一个非振荡的节点可以在没有任何来自于其他超前相位节点的驱动下而发生振荡，所以对于任何一个 TFL 结构都必须遵守下面两个基本原则：① 必须至少有一个连续 PAD 环；② 网络中任意一个节点，它要么在连续 PAD 环结构上，要么在由这个环结构所驱动的一个树状分支上。

图 5-25(b) 中简单并具有指导意义的 TFL 结构给出了一个最简单的一维自持续振荡网络，并且图中唯一的一个拓扑圈正好就是支持网络周期振荡的连续超前相位驱动环结构。但是对于实际网络，节点之间的相互耦合作用是极其复杂的，并且是高维及随机的。而且对于很多实际网络，网络中的边数要远大于网络的节点数 (即 $M \gg N$)，因此网络中存在的可以作为支持网络振荡环结构的拓扑圈数目就很庞大。因此，可以提出一个可操作的而且具有物理意义的方法来将原来复杂的随机

网络结构化简成像图 5-25(b) 中所示的简单且具有指导意义的 TFL 结构。这个方法主要包含如下几个步骤：① 寻找网络中所有节点的 PAD。② 在所有这些 PAD 中寻找唯一一个 DPAD。③ 用所有的这些 DPAD 来单向连接网络中所有的节点，这样便可以得到如图 5-25(b) 所示的 TFL 结构。通过这种方法，我们便可以在庞大数量的拓扑圈中找到仅有的能够支持网络振荡的环结构 —— 连续 PAD 环；并且通过 TFL 结构，我们能够很清晰地看到振荡在复杂网络上的传播途径。

所有上述的步骤依赖于一个最普适的原则，即非振荡节点可以发生振荡的唯一原因就是它受到其他超前相位节点的驱动。因此 DPAD 方法具有很广泛的普适性，能够应用于很多不同的由非振荡节点所组成的能自持续周期振荡的复杂网络。另外，DPAD 方法并不依赖于特定的局域动力学 (可激发或非可激发)、耦合形式 (促进耦合或抑制耦合，单向耦合或对称耦合) 及网络结构 (小世界网络、随机网络或无标度网络)。我们只需要根据不同系统内部真实存在的各种物理过程，来具体对相位及超前相位进行定义。

5.3.2 可激发网络的自持续振荡

首先考虑一个一般的网络结构 $\boldsymbol{G}(\boldsymbol{V},\boldsymbol{E})$，这里 $\boldsymbol{V}$ 代表 N 个网络节点的集合，$\boldsymbol{E}$ 代表网络中 M 条边的集合，或者说是网络中所有节点之间相互耦合作用的集合。对于网络中每一个节点，它们都有各自描述局域动力学的变量，并且这些变量可以用耦合常微分方程来描述。网络中的每一个节点，其局域动力学都是非振荡的，但是整个网络却呈现出周期的振荡态。因此可以得到维持网络周期振荡的必要条件，就是在整个网络中必须存在着一些相互作用的环结构来维持整个网络的周期振荡。

对于任意一个给定的具有 N 个节点和 M 条边的网络结构，网络中总共存在的基本圈 (fundamental cycles) 的数目是 2^{M-N+1} (所谓基本圈是指每一个新圈 (环) 必须带来新的边)，而网络中存在的所有可能的拓扑圈 (topological cycles) 数目是 $2^{M-N+1}=1$ (新的拓扑圈可以在不增加新边的情况下计数与以往不同的圈)。对于很多实际的网络，边的数目要远大于节点的数目，也就是 $M \gg N$，那么在这种网络中可以作为支持网络振荡环结构的拓扑圈数目就很庞大。因此要在这么庞大数量的拓扑圈中找到仅有的少数甚至单个实际支持网络振荡的环结构是一件很困难的工作。利用 DPAD 方法就可以做到这一点。

为了能够更好地体现节点可激发动力学与复杂网络拓扑结构之间的影响，以下采用双变量的可激发动力学，缩小网络尺寸以及简化网络连接的复杂程度。考虑由全同可激发节点构成的复杂网络，网络上具有 N 个节点，每个节点的动力学用 Bär-Eiswirth 模型 [581] 来描写，它是 FitzHugh-Nagumo 类型的双变量可激发系统，触发变量 u 与恢复变量 v 满足的动力学如下：

$$\begin{aligned}\dot{u}&=-\frac{1}{\varepsilon}u\left(u-1\right)\left(u-\frac{v+b}{a}\right)\\ \dot{v}&=f\left(u\right)-v\end{aligned}\tag{5.3.1}$$

其中时间因子 $\varepsilon \ll 1$，它使得触发变量 u 的变化速率远大于恢复变量 v。函数 $f(u)$ 形式为

$$f\left(u\right)=\begin{cases}0, & u<1/3\\ 1-6.75u\left(u-1\right)^2, & \dfrac{1}{3}\leqslant u<1\\ 1, & u>1\end{cases}\tag{5.3.2}$$

致使恢复变量 v 只有在触发变量 u 大于一定阈值才起作用。类似于 FHN 模型的动力学，Bär-Eiswirth 系统的一个激发过程可分为激发态、不应期与静息态三个阶段。系统被激发后，只有过了不应期才能够响应新的激发。Bär-Eiswirth 模型在保证系统的可激发性的同时，具有较为简单的动力学，例如，触发变量的零线分段线性使得系统的激发阈值能够精确给出。

我们可以参考 Watts 和 Strogatz 构建小世界网络的方法来生成均匀随机网络 [16]，它要求任意两个节点以一定概率随机连接，且网络中每个节点的度相同，如图 5-26(a) 所示。网络上的 Bär-Eiswirth 动力学方程可以写为

$$\begin{aligned}\dot{u}_i&=-\frac{1}{\varepsilon}u_i\left(u_i-1\right)\left(u_i-\frac{v_i+b}{a}\right)+D\sum_{j=1}^{N}A_{i,j}(u_j-u_i)\\ \dot{v}_i&=f\left(u_i\right)-v_i\end{aligned}\tag{5.3.3}$$

这里参数取 $a=0.84, b=0.07, \varepsilon=0.04$，以保证节点具有可激发性。邻接矩阵 $\boldsymbol{A}$ 给出节点间的连接关系，D 为耦合强度。这里每个节点的动力学参数相同，并且节点之间的作用双向、对称。这些约束使得网络上的节点具有拓扑等价性。

图 5-26(b) 和 (c) 给出了在图 5-26(a) 的拓扑网络上系统从不同初始条件出发产生的两个振荡时空图，这两个振荡很明显是不相同的，不仅它们的振荡频率不同，而且振荡的传播路径及其相位关系均不相同。

图 5-27 给了不同尺寸的可激发均匀随机网络上自持续振荡概率 P 随耦合强度 D 的变化情况。振荡概率 P 定义为若干初始状态中那些在一段时间后形成网络上自持振荡的比率。可以发现对于不同尺寸的网络，只要耦合强度 D 选取合适的参数区间，自持续振荡就会自发涌现。另外可以看到，网络的平均路径长度越大，系统越容易实现自持续振荡。对不同尺寸的网络考察节点度 k 不同的情况，可以看到当节点度 k 较小时，各尺寸的网络均有可能维持自持续振荡，而当节点度 k 较大时，只有很大规模的网络才会表现出自持续振荡行为。在相同耦合强度下，网络尺寸 N 越大，节点度 k 越小，则系统越容易产生自持续振荡。

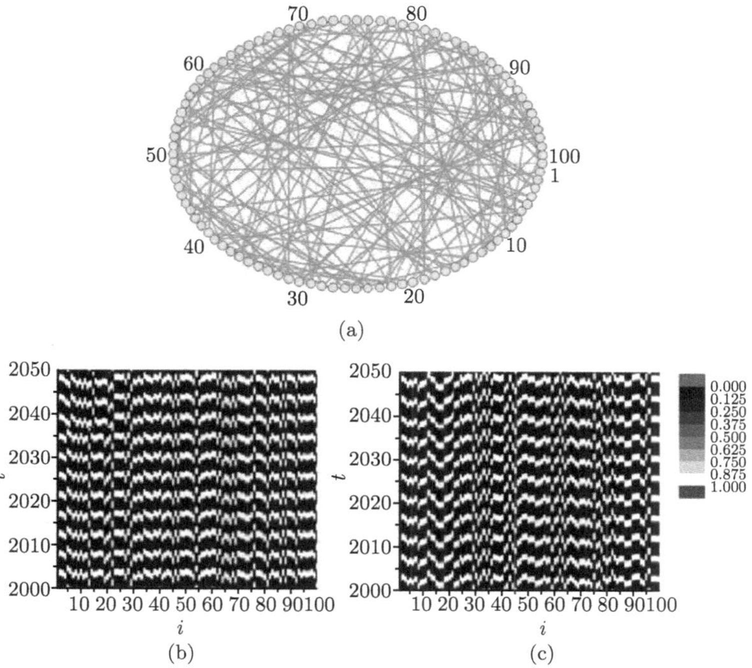

图 5-26 (a) 一个典型的均匀随机网络，节点数 $N=100$，节点度 $k=3$；(b), (c) 发生于网络 (a) 上的两种典型自持续振荡状态 I 和 II 的时空斑图，横轴为节点按其编号排列，纵轴为时间，不同灰度对应于 u_i 值【改编自文献 [566]】

图 5-27(a)~(d) 中的差异可以通过网络的平均路径长度来给予解释。对于稀疏连接的随机网络，网络平均路径长度为

$$\langle d\rangle \approx \ln N/\ln\langle k\rangle \xrightarrow{\langle k\rangle=k} \ln N/\ln k \tag{5.3.4}$$

度值 k 给定时，网络尺寸越大，节点间的平均路径长度 $\langle d\rangle$ 也就越大。单个节点要维持振荡需要被重复激发。不应期的存在则要求前后两次被激发时间间隔 ΔT 必须足够长，重复激发才可能实现。当网络平均路径 $\langle d\rangle$ 较小时，节点被二次激发的平均时间间隔 ΔT 相对较短，重复激发较难实现，系统维持自持续振荡的概率 P 较低；随着网络平均路径长度的增大，节点被二次激发的平均时间间隔相应变长，系统产生自持续振荡的概率 P 也就相应增加。这样便可以理解为什么节点度 $k=5$ 时，只有 $N=2500$ 个节点网络才可能表现出自持续振荡，因为度值增大后，只有网络尺寸 N 足够大才能保证节点间的平均路径长度 $\langle d\rangle$ 足够长 [567]。

随着耦合强度 D 的增加，系统的振荡概率 P 表现出先迅速增加而后缓慢衰减的趋势，且存在一个最优的耦合系数，使得系统的自持续振荡概率取最大值。耦合过大或者过小，系统均无法维持自持续振荡。实际上，可激发节点只有受到足够强的扰动时才可能被激发。在网络中某个节点的激发源只可能是与其相邻的节点，因此只有耦合强度 D 足够大，相邻节点的激发才能对其产生足够强的影响。这样便可以理解为什么耦合强度太小时系统没有表现出自持续振荡行为。系统维持自持续振荡所需的最小耦合强度 $D_{\min}$ 表现出对度值 k 的依赖性，而与网络尺寸无关。$k=3$ 时，$D_{\min}=0.11$；$k=4$ 时，$D_{\min}=0.13$。这说明某个节点被激发时它处于静息态的邻居数目对其也有影响。当耦合系数较大时，节点被其邻居节点带动激发所需的时间减小，激发行为在网络中的传播速率加快，这就可能加速节点的二次激发，致使前后两次激发时间间隔 ΔT 过小，系统同样无法维持自持续振荡 [567]。

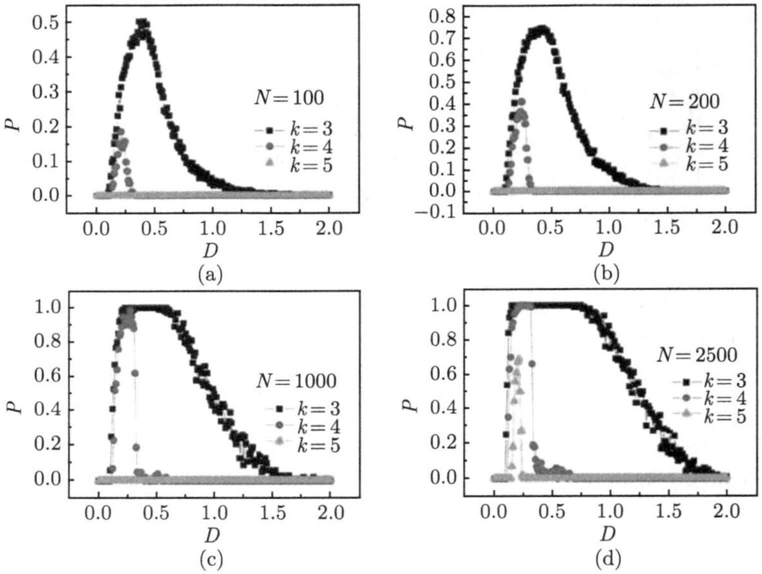

图 5-27　系统自持续振荡概率 P 随耦合强度 D 的变化【改编自文献 [566]】

(a) $N=100$；(b) $N=200$；(c) $N=1000$；(d) $N=2500$。对不同尺寸的网络，分别考察节点度 $k=3,4,5$ 情况下的振荡概率 P，其中 (a) 和 (b) 统计了随机生成的 1000 个网络，(c) 和 (d) 统计了随机生成的 100 个网络。耦合强度 D 选取合适的区间，系统具有较高的自持续振荡概率

进一步研究表明，上述所讨论的集体自持续振荡行为具有鲁棒性 [567]。检验鲁棒性常用的一种方法是通过攻击网络中的节点 (例如，移除随机均匀网络中的不同节点，对系统状态进行扰动) 来观察系统状态对这一扰动的响应。可以看到，随机移除少量节点时，大部分情况下系统能够维持自持续振荡。当随机攻击的节点数目足够多时，或者系统的振荡行为将会终止。

如果对网络节点进行有目的的攻击，例如，移除某些特别节点，可以令人意

外地发现振荡态对网络中特定几个节点具有敏感依赖性。对这些特殊节点进行有目的的攻击，则系统振荡状态很快停止。如图 5-28(a) 所示，自持续振荡状态 I (图 5-26(b)) 对节点 60 和 97 敏感，一旦移除节点 60 或者 97，系统很快就会达到静息态，振荡终止。除这两个节点外，移除网络中任意一个节点，系统的振荡状态均能够维持。与状态 I 不同，振荡状态 II (图 5-26(c)) 具有更强的鲁棒性，移除网络中的任意一个节点，系统均能够维持振荡。要想消除振荡状态，至少需要移除两个特定节点。研究表明 $i=12,75$ 或 $i=21,90$ 为两对敏感节点，对四组点 $(12,21),(12,90),(75,21)$ 或者 $(75,90)$ 之中的一组移除才可以达到目标 (图 5-28(b))。我们把这些具有敏感依赖性的节点称为**关键点**。关键点的存在以及它们之间的关联表明，不同的节点对网络的振荡状态具有不同的影响，原本拓扑等价的节点由于系统的自组织行为而表现出动力学的不均匀性。

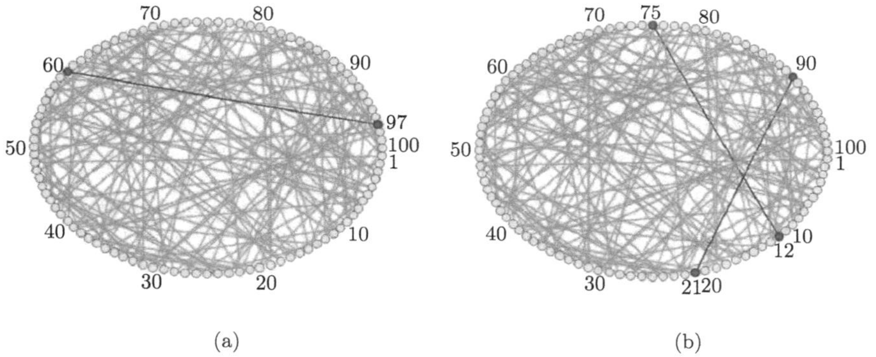

图 5-28 不同振荡态的关键点【改编自文献 [567]】

关键点在网络中用深色节点标注。(a) 振荡状态 I 的关键点为 $i=60,97$；(b) 振荡状态 II 的关键点为 $i=12,75$ 或 $i=21,90$

5.3.3 自持续振荡的波源和波传播路径

以下以前面给出的 $N=100$, $k=3$ 的均匀随机网络 (图 5-26(a)) 为例，利用 DPAD 方法来分析图 5-26(b) 和 (c) 给出的两个振荡态 I 和 II 中节点间的相位关系，以找到振荡的源头和传播路径。节点动力学仍然采用 Bär-Eiswirth 模型，方程满足式 (5.3.1) 和式 (5.3.3)。针对该模型的双变量特征，可以利用第 3 章定义相位的方法来确定各个节点在任意时刻的相位，然后根据各个节点的相位来判断相邻节点间的相位先后关系，确定每一个节点的 PAD，并进一步在所有 PAD 中确定 DPAD。

图 5-29(a) 给出了对应于图 5-26(a) 中的振荡态 I 时的 DPAD 网络，可以看到网络中存在单向驱动的环，环外存在树状分支。这里的 DPAD 结构是一个连通的

网络，因此网络中只有一个有向环，这个唯一的有向环起到振荡源的作用，环上的节点顺次激发，维持系统的自持续振荡。环上存在波的传播行为，并且波由环上节点通过树状分支向下游传播，到达环外的各个节点。

由图 5-29(a) 可以注意到，节点 i=60 对系统的振荡起到了至关重要的作用，因为它不仅处在作为振荡源的单向环上，同时也支配着最大的下游分支。有意思的是，节点 60 恰恰是 5.3.2 节中所判断出的振荡态 I 的关键点之一 (图 5-28(a))，而这里通过 DPAD 结构清楚地揭示出节点 60 对振荡的重要性。如果移除单个节点 60，系统就会很快地达到静息态。另外，图 5-28(a) 中标注的振荡态 I 的另一个关键节点 97 则是 DPAD 网络中节点 60 的唯一上游节点，如果移除节点 97，则节点 60 无法被重复激发，系统振荡态同样终止。由此，振荡态 I 对少数关键节点 60 与 97 敏感的现象基于 DPAD 结构得到了很好解释。

环上除关键点外其他节点的重要性则需要具体判断。如果移除环上除节点 60 外的其他一个或多个节点，并不意味着振荡状态即将终止。系统经过短暂调整后可能会形成一个新的振荡状态，只是相应的 DPAD 斑图要随之发生改变。

另一方面，环外分支尤其是分支末梢的节点对系统的振荡影响较弱。由于分支末梢大量的节点都远离振荡源，如果同时移除这些节点，它们对网络整体自持续振荡的影响很小，系统不仅能够维持自持续振荡, 并且达到稳定后，剩余节点的动力学结构和移除前相比保持不变。

图 5-29(b) 给出了振荡态 II 的 DPAD 结构。与振荡态 I 有所不同，振荡态 II 的 DPAD 结构中包含了两个孤立的 DPAD 集团。与图 5-28(b) 比较，我们便可以理解振荡态 I 与 II 为什么对不同的关键点表现出敏感性。振荡态 II 有两个单向环作为系统的振荡源，环与环之间通过其他没有表现出来的非主相超前驱动达到同步。因此要消除系统振荡态 II，就必须同时破坏两个环，为此必须至少移除两个节点 (每个环上各移除一个)。图 5-29(a) 中节点 12 和 21 便是图 5-29(b) 所标识的关键点，它们对振荡态起到重要作用，移除这两个特殊点后，系统的振荡很快就会终止。如果只移除一个节点，系统的自持续振荡状态仍然能够持续，经过短暂的调整就会达到新的稳定周期振荡。

上面得到的结论对其他自持续振荡行为同样适用。对出现的自持续振荡态，通过 DPAD 分析得到相应的 DPAD 网络，我们能有效区分不同的节点对振荡行为的贡献。总之，DPAD 网络可以清楚地显示不同节点对系统振荡行为具有的不同重要性，而这些在原有的随机网络中无法清晰展现。在原来的均匀随机网络中，所有节点都具有相同数目的随机连接，且节点动力学参数取值均相同，节点表现为拓扑等价。利用 DPAD 展示后，情况就变得不一样了，DPAD 网络中由于单向环成为系统的振荡源，与环以外的其他节点相比，环上的节点对自持续振荡起到了更为重要的作用。处于较大分支上游的节点支配着下游的大量节点，对振荡行为有较大影响。

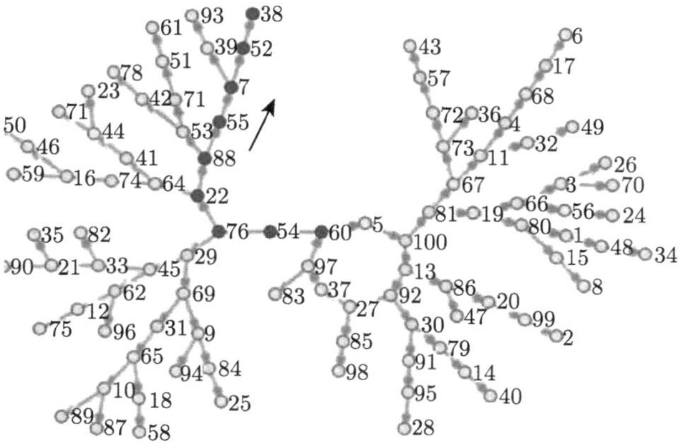

(a)

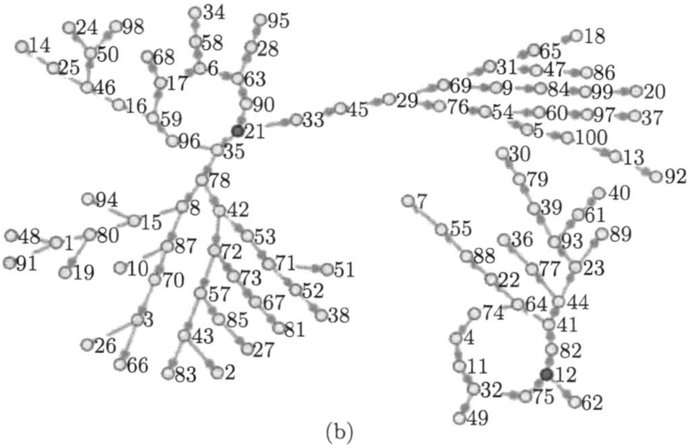

(b)

图 5-29 (a) 对应于图 5-26(a) 中的振荡态 I 时的 DPAD 网络; (b) 对应于图 5-26(b) 中的振荡态 II 时的 DPAD 网络【改编自文献 [567]】

前者有一个振荡中心，而后者有两个孤立的 DPAD 集团

把 DPAD 方法推广到不同类型的网络如更大尺寸的均匀随机网络、无标度网络、局域动力学为其他可激发模型的网络等，可以看到 DPAD 网络与网络拓扑结构以及动力学模型无关，在一般的可激发复杂网络中具有普适性。对于大尺寸网络，系统会表现出更为复杂的振荡态，对应的 DPAD 网络可以发现超过两个的单向环，它们之间会表现出竞争与合作行为。消除振荡则需要移除更多关键节点才可以达到目的。对无标度网络中自持续振荡的研究表明，虽然无标度网络中节点的连接度不同，但在拓扑上已表现出明显的不均匀与异质性，利用 DPAD 分析可以发现，无标度网络中大度节点并不一定是对振荡行为有重要影响的节点，一些重要的

关键点反而可能只有很少的连接度 [566-568]。

综上所述，本节研究了由可激发节点构成的振荡网络上的斑图涌现机制。对于看似随机无规律可循的斑图，实际存在主导自持续振荡的中心节点和骨架结构。本节提出两条简单的原则来刻画网络中的斑图形成机制，揭示了由振荡中心沿最短路径向外传播的靶波，以及经过中心节点及其上游驱动节点的最短环对网络振荡起到决定性作用 [582,583]。随机网络中自持续靶波的存在也许能给复杂网络中斑图研究提供一些新见解；骨架的发现有利于人们理解和预测网络的拓扑结构对系统动力学的影响。基于这些认识，我们可以通过调控少量节点来有效抑制、产生和调控整个网络上的振荡斑图 [567]。

上述研究结果密切联系着复杂网络上的时空斑图特别是动态斑图行为。近年来，该方面的研究被成功应用于神经网络和脑网络的研究中。大脑具有记忆功能，它能存储大量的信息，这些信息可以被方便地提取和转换 [584]。许多理论生物学家认为大脑的长期记忆与脑神经网络的动力学吸引子相关。是否可以寻找合适的动力学系统来模拟大脑的这些功能不是一个平庸的任务。在非线性动力学系统中，多吸引子共存的现象普遍存在，但是海量吸引子共存现象并不普遍；当系统具有大量吸引子时，吸引域的结构会很复杂，吸引域边界互相交织渗透，这给吸引子的研究及调控带来了极大的困难；从海量的吸引子库中用随机初值选中任意一个指定吸引子的概率是极低的，而且对快速地唤醒某一个指定记忆信息带来极大的难度。另外，在非线性动力学中直接从拓扑结构预测大量吸引子也几乎是不可能的。

弥元元等研究了由可激发节点构成的复杂网络所蕴藏的海量吸引子的多样性及其可调控性的问题，发现仅从网络的拓扑结构出发就可以预测到可激发复杂网络中所存在的大量可标识的吸引子，以编码规则为依据找到的相应线索可以方便地重现和终止任意给定吸引子，并在此基础上探讨了神经系统编码秒量级时间节律信息的简单有效机制，揭示这些大尺度拓扑结构在神经计算中扮演的重要角色 [585]。神经系统可以用大量神经元所组成的环或链来表征时间，大尺度神经网络就像一个资源库，包含了大量不同尺度的环，因而能够编码大范围的时间节律信息，神经系统可以通过简单学习律从资源库中选出和输入节律相匹配的环，从而可以快速简单地提取输入的节律信息。

5.4　基因调控网络的自持续振荡

5.4.1　基因调控网络简介

近年来的基因组学和蛋白组学研究成为生物学的最大热点，而由此产生的大量数据由于统计物理学等的交叉诞生了系统生物学。复杂网络的发展为该学科发展提供了重要研究手段。我们已经知道，染色体组编码了成千上万种基因，而基因的产物蛋白质维系着细胞的生存和各种各样的细胞功能。细胞的各种生理活动中，这些蛋白质出现的数量和时间斑图对于生命过程至关重要。**基因调控网络** (gene regulatory network，GRN) 包括各种各样的 DNA、RNA、蛋白质分子和它们之间的相互作用，控制着蛋白质的表达水平。调控网络对包括细胞分化、新陈代谢、细胞周期和信号传导在内的各种生物功能都有重要的影响 [586]。

实验技术的进步开辟了 GRN 及其机制的大规模研究 [161,162,587]。要理解极其复杂的调控网络，就需要分析整合大量实验数据，以此回答一系列重要的基础问题。在数据分析基础上建立可预测性的计算模型对网络性质的认识和调控都非常重要 [586]，可以揭示调控故障导致疾病的产生机制，可以使生物科技工程更高效，并可以促进对生物学基本问题如解释发育的机制、演化过程新趋势等的理解。

GRN 具有重要作用。作为生命活动的基本单元，细胞由数千种相互作用的蛋白质构成，每种蛋白质能够高度精确地执行某项特定任务。在复杂的环境中，细胞可以感受到内外环境中各种不同信号，并在遇到不同状况时采取不同的蛋白质应答。细胞转录因子是一类可在激活和失活分子状态间迅速转换的特殊蛋白质，它表征环境的状态和监控外界环境的变化并以此决定各种蛋白质需求量。这些信息处理功能大多通过 GRN 来实现，GRN 常用的模型有以下几类。

1. 布尔网络描述

20 世纪 70 年代，Kauffman 首先使用**布尔网络** (Boolean networks) 研究调控网络的行为 [588]。布尔网络对生物网络动力学采取抽象和近似的方式，认为网络中各个分子 (基因或蛋白质) 有激活 (1) 和非激活 (0) 两种状态，网络中某个分子的表达水平由另外一些相互作用分子的表达水平通过特定的布尔函数形式决定。描述节点运动状态的向量同步更新，即在每一个离散的时间上某节点的表达水平由前一时间点的调控因子水平和调控函数决定。系统的全局状态对应于组成系统所有分子的激活与否的状态。

布尔网络为逻辑模型，可以定性描述调控网络的动力学行为，使我们获得给定网络在不同条件下的不同功能的基本认识。定性的特性使布尔网络模型容易符合多种生物学现象，但也存在缺陷。由于模型过于近似，布尔网络不能准确定量地模拟转录因子调控自身表达的动力学行为。另外，随着网络中节点数目的增加，网络的全局状态数目指数增加，分析大网络结构变得非常困难。

2. 微分方程描述

化学反应动力学及速率方程可以广泛细致地对调控过程进行模拟，方程中的变量为细胞中各种分子的浓度。采用微分方程动力系统的形式，可以定性定量地描述各种分子产生与降解的速率。

转录网络有很强的时间尺度分离，在信号与蛋白质产物积累之间的不同阶段存在着显著的时间尺度差异。通常输入信号可以在不到 1s 的时间内就改变转录因子的活性，而激活的转录因子与 DNA 位点的结合需要数秒时间达到平衡，靶基因的转录和翻译则需要几分钟的时间，蛋白质产物的积累则需要几分钟到数小时不等。对于在蛋白质水平上缓慢的时间尺度改变，转录因子的活性水平在刻画网络动力学的方程时可认为是处于稳态的慢变量，在该稳态近似条件下，激活剂和阻抑物转录因子与启动子的结合比率可以分别用 **Hill 函数**近似为 [589]

$$A = T^h/(T^h + K^h) \tag{5.4.1a}$$

$$R = K^h/(T^h + K^h) \tag{5.4.1b}$$

其中 T 为转录因子的浓度，K 为活化系数 (activation coefficient)，n 为 Hill 系数，它决定输入函数的陡峭程度。由激活剂转录因子调控的 mRNA 浓度 m 和蛋白质的浓度 p 变化可以表示为

$$\begin{cases} \dfrac{\mathrm{d}m}{\mathrm{d}t} = \alpha_0 + \alpha A - k_m m \\ \dfrac{\mathrm{d}p}{\mathrm{d}t} = \beta m - k_p p \end{cases} \tag{5.4.2}$$

式中 α_0 为启动子的基础表达水平或漏转录 (leakiness) 速率，$\alpha_0 + \alpha$ 为启动子的最大表达水平，β 为翻译速率，k_m 和 k_p 分别表示 mRNA 和蛋白质降解速率。当 mRNA 的降解速率比蛋白质的降解速率快得多时，可以对 mRNA 作稳态假设

$$\mathrm{d}m/\mathrm{d}t = 0 \tag{5.4.3}$$

式 (5.4.2) 就可以变成由单变量蛋白质浓度 p 描述的方程：

$$\frac{\mathrm{d}p}{\mathrm{d}t} = \frac{\beta}{k_m}(\alpha_0 + \alpha A) - k_p p \tag{5.4.4}$$

微分方程的方法提供了网络动力学的详细信息，其全局状态可以直接与实验数据相比较，理论上更加精确但是需要反应动力学的详细参数的高品质实验数据。而能够实现定量高频测量的例子只是少数，因此现在只能应用于有限的实际系统。大部分方程参数的获取通常基于估计或者推断，但建立微分方程可以应用非线性动力学的分析手段，同时运用数学分析和数值模拟的方式对系统的动力学性质进行研究。

3. 单分子水平模型

实际的生物学网络均含有随机因素的影响，因此即使系统从同一初始条件出发开始演化，它的动力学行为也可能完全不同。当反应中的分子数目很大时，质量作用定律可以用来准确计算浓度的变化，此时随机效果不明显。而当分子数很少时，随机涨落效应很明显也很关键。调控网络中出现的分子数经常非常少，因此对调控网络的精确模拟必须考虑调控中分子数目波动带来的随机效应。近年来单分子实验技术飞速发展，实验学家已经可以揭示转录和翻译过程中的随机效应以及由此引发的重要生物学现象。

GRN 的动力学问题可以以微分方程为基础，并基于调控网络的生化反应过程来加以讨论。为此考虑由 N 个变量组成的生化反应动力系统

$$\frac{\mathrm{d}x_i}{\mathrm{d}t}=g_i(\boldsymbol{x}),\quad \boldsymbol{x}=(x_1,x_2,\cdots,x_N)\tag{5.4.5}$$

式中 x_i 表示反应网络中某分子的浓度。对于大多数生化反应网络，相互作用总是单调的，即雅可比矩阵的非对角元 $\partial g_i/\partial x_j(i\neq j)$ 在相空间中要么处处为正 (正调控)，要么处处为负 (负调控)，或处处为零 (零调控)，用生物学术语来表述的话，就是某种分子总是生成另外蛋白质的激活剂 (阻抑物)，但并不要求网络中分子对自己的调控具有单调的形式。

5.4.2 基于 DPAD 的功能权重方法

基因调控网络 (GRN) 往往规模很大，要找到相互之间复杂的调控关系，约化网络非常必要。下面提出另外一种动态复杂网络的约化方法。不同于前面的 DPAD 方法考察其相位动力学，该方法通过定量计算各种相互作用的重要性，称为**功能权重**(functional weight, FW) 方法，以此来找到重要连接 [590-593]。运用这种方法，我们可以从已有振荡网络的动力学数据出发，定量计算每一条相互作用边的重要程度，并依据权重大小从大量相互作用中找出起关键驱动功能的少部分作用边。简化的网络可以揭示产生给定振荡斑图的关键功能结构，加深对这些简化结构的认识，有助于理解网络动力学的起因以及信号在网络中的主要传播路径，并在此基础上可根据需要对网络动力学进行有效调控。

将耦合节点网络动力学写成如下形式 (为讨论方便，只用单变量节点动力学来表达)：

$$\frac{\mathrm{d}x_i}{\mathrm{d}t}=-x_i+f_i(\boldsymbol{x}),\quad \boldsymbol{x}=(x_1,x_2,\cdots,x_N)\tag{5.4.6}$$

其中 x_i 代表节点 i 的状态变量。方程右边将 x_i 的线性部分单独分离出来，而把其他所有非线性及其与其他变量 $\{x_j,j\neq i\}$ 的依赖性通过相互作用函数 $f_i(\boldsymbol{x})$ 来表达。考虑到这里所讨论的是非振荡节点网络系统，因此线性项均为负系数，为方便起见均标度为 -1。

功能权重方法的基本原理是依据网络中节点的相互作用来计算。对于非振荡节点组成的网络而言，如果没有相互作用，单个节点变量自身是不会出现自持续振荡的，总会单调地趋近于定态。一个节点运动的复杂性通常来源于其他节点对该节点的调控作用及该节点自身动力学的耦合。进一步研究可知，任何状态变量产生振荡的变化 $\mathrm{d}x_i/\mathrm{d}t$ 来源于与节点 i 相互作用的相关节点的状态变化，可用变分形式表示为

$$\delta \dot{f}_{ij}(\boldsymbol{x}) = (\partial f_i(\boldsymbol{x})/\partial x_j)\dot{x}_j \tag{5.4.7}$$

$$\delta \dot{f}_i(\boldsymbol{x}) = \sum_{j=1, j\neq i}^{N} \delta \dot{f}_{ij}(\boldsymbol{x}) \tag{5.4.8}$$

其中 $\delta\dot{f}_i$ 表示由其他节点浓度变化引起 f_i 的总变化率。式 (5.4.8) 一个非常有用的特点是节点 i 的总变化率 $\delta\dot{f}_i$ 可以表达为其各个邻居的贡献作用 $\delta\dot{f}_{ij}$ 之和，其中每个邻居的贡献 $\delta\dot{f}_{ij}$ 可以分别计算。在计算节点 i 的振荡中，第 j 个节点所做贡献的权重可计为

$$w_{ij}(t) = \frac{\left|\delta \dot{f}_{ij}\right|}{\sum\limits_{j=1, j\neq i}^{N} \left|\delta \dot{f}_{ij}(\boldsymbol{x})\right|} = \frac{\left|(\partial f_i/\partial x_j)\dot{x}_j\right|}{\sum\limits_{j=1, j\neq i}^{N} \left|(\partial f_i/\partial x_j)\dot{x}_j\right|} \tag{5.4.9}$$

即为 t 时刻雅可比矩阵乘以权重 $\dot{x}_j$ 之后的归一化权值。对一般振荡，节点 j 对节点 i 振荡贡献的整体权重可用平均值计算为

$$\bar{w}_{ij} = \lim_{T\to\infty} \frac{1}{T}\int_{t_0}^{t_0+T} w_{ij}(t)\mathrm{d}t \tag{5.4.10}$$

对周期振荡来说，平均值可表示为一个周期内的贡献

$$\bar{w}_{ij} = \frac{1}{T}\int_{t_0}^{t_0+T} w_{ij}(t)\mathrm{d}t \tag{5.4.11}$$

其中 T 为振荡周期，$\bar{w}_{ij}$ 代表在节点 i 运动中节点 j 所做贡献的功能权重。所谓功能权重是对动力学过程而言，它代表在某个动力学斑图中某条边所涉及的权重。对同一个拓扑网络，不同的动力学过程可计算出不同的功能权重 [91]。可以证明，$\bar{w}_{ij}$ 具有很好的半正定性

$$\bar{w}_{ij} \geqslant 0 \tag{5.4.12}$$

和归一性

$$\sum_{ij} \bar{w}_{ij} = 1 \tag{5.4.13}$$

$\bar{w}_{ij} = 0$ 或 $\bar{w}_{ij} \ll 1$ 代表 j 对 i 运动的无作用或作用较弱，而 $\bar{w}_{ij}$ 接近或等于 1 则表示在所研究的振荡态中 j 对 i 运动起决定性的控制和驱动作用。

5.4.3 基因调控网络振荡斑图的功能骨架与振荡核心

GRN 的振荡控制着一些重要的生物节律，对不同的生物学功能发挥着不可或缺的重要作用。数学上，GRN 的动力学常用耦合常微分方程网络来表示，网络中的单个节点状态由方程中的一个变量来描述，而基因之间的相互调控则由网络节点变量间的相互耦合作用来体现。GRN 通常有大量节点和极多且复杂的相互作用，这使得 GRN 的斑图动力学行为显得很复杂混乱。这些大量相互作用在实际动力学过程中常常发挥非常不同的调控作用，有的作用可能非常关键。这些重要性的区别则常常隐藏在看似复杂的动力学数据中，不被轻易观察到。

下面对 GRN 利用上述的功能权重方法来进行定量计算，考察在 GRN 的振荡动力学中不同调控作用 (称为作用边) 的重要性。首先从系统生物学中常用的 GRN 模型出发。GRN 可被描述为如式 (5.4.6) 的常微分方程组，这里状态变量采用蛋白质浓度 p：

$$\frac{\mathrm{d}p_i}{\mathrm{d}t} = f_i(\boldsymbol{p}) - p_i \tag{5.4.14}$$

其中 $\boldsymbol{p} = (p_1, p_2, \cdots, p_N)$，$p_i$ 代表第 i 种基因表达的蛋白质浓度，通过适当标度化其范围限定为 $0 \leqslant p_i \leqslant 1$，$N$ 是系统大小即调控网络中的基因个数。式 (5.4.14) 中忽略了漏转录速率的影响，并假定所有蛋白质的降解速率相同。相互作用函数 $f_i(\boldsymbol{p})$ 可以写为

$$f_i(\boldsymbol{p}) = \begin{cases} A_i(\boldsymbol{p}), & \text{只有正调控} \\ R_i(\boldsymbol{p}), & \text{只有负调控} \\ A_i(\boldsymbol{p})R_i(\boldsymbol{p}), & \text{两种形式联合调控} \end{cases} \tag{5.4.15}$$

式中正调控函数 $A_i(\boldsymbol{p})$ 为

$$A_i(\boldsymbol{p}) = \mathrm{act}_i^{h_i}/(\mathrm{act}_i^{h_i} + K_i^{h_i}) \tag{5.4.16}$$

其中

$$\mathrm{act}_i = \sum_{j=1}^{N} \alpha_{ij} + p_j \tag{5.4.17}$$

负调控函数 $R_i(\boldsymbol{p})$ 为

$$R_i(\boldsymbol{p}) = K_i^{h_i}/(\mathrm{rep}_i^{h_i} + K_i^{h_i}) \tag{5.4.18}$$

其中

$$\mathrm{rep}_i = \sum_{j=1}^{N} \beta_{ij} p_j \tag{5.4.19}$$

这里矩阵 $\boldsymbol{\alpha}, \boldsymbol{\beta}$ 表示调控关系的拓扑耦合强度，如果 j 正调控 i，即调控起促进作用，则有

$$0 < \alpha_{ij} < 1 \tag{5.4.20a}$$

如果 j 负调控 i，即调控起抑制作用，则有

$$0 < \beta_{ij} < 1 \tag{5.4.20b}$$

而当 j 不参与 i 的调控时有

$$\alpha_{ij} = \beta_{ij} = 0 \tag{5.4.20c}$$

act_i 和 rep_i 分别表示基因 i 所受到的正调控和负调控转录因子作用的总和。

基因调控形式用 Hill 函数来表达，其中 Hill 指数取值范围为

$$1 < h_i < 10 \tag{5.4.20d}$$

而活化/阻抑系数

$$0 < K_i < 1 \tag{5.4.20e}$$

所有这些参数区间都处于生物学中常用的参数范围之内。

有了上述的功能权重计算方法，下面来实际计算相互作用的 FW 值。图 5-30(a) 中为 $N = 6$ 个节点、$I = 15$ 条边的 GRN 用 FW 方法计算的结果。图中连线的粗细正比于耦合强度 α_{ij}, β_{ij}，此例中所有耦合强度相同；绿色实线表示正调控，红色虚线代表负调控；节点的颜色用来表示相位。在 $\alpha_{ij} = \beta_{ij} = 1, h_i = h = 3, K_i = K = 0.10$ 时，网络会产生自持续振荡，且具有唯一的周期振荡态吸引子。对各节点的振荡时间序列利用式 (5.4.9) 和式 (5.4.11) 可以算出该网络中所有相互作用的 FW 权值，如图 5-30(b) 所示。可以看到，该网络 FW 的分布极不均匀，大部分相互作用权值在计算精度内近乎为零，代表这些相互作用对所作用的基因调控作用非常微弱，而少数的相互作用具有接近于 1 的权值，代表该相互作用对作用节点的关键调控和对该节点振荡起着决定性驱动作用。权重值的巨大差异意味着可以对原有网络进行有效的约化，即可以删除权重过小的边，例如可以将图 5-30(b) 中所有 $\bar{w}_{ij} \leqslant 0.30$ 的相互作用剔去，原网络图 5-30(a) 约化为子网络图 5-30(c)，其边数从原网络的 15 条边简化为 6 条边。该子网络揭示了原 GRN 振荡态中基因调控之间的主要驱动关系及原网络中的信号传播路径，不妨称其为振荡斑图的**功能骨架** (skeleton)。

图 5-30(c) 的约化只针对相互作用，图中保留了原网络的所有节点，而这些节点在功能网络中发挥的作用也不相同，在骨架中有些节点只受其他节点驱动而不驱动别的节点，显然它们只具有被动作用，因此可以进一步将功能骨架图 5-30(c)

中只有输入没有输出的节点逐个剔除，进一步可以得到一个不可再约化的子网络图 5-30(d)，其中每个节点都同时具有输入和输出。该不可约子网络对原 GRN 的全局振荡起着决定性的作用，我们称为振荡 GRN 的**核心结构** (core)，它是原网络的振荡源。因此，整个 GRN 的振荡斑图可以理解为，由核心结构图 5-30(d) 产生了振荡，而振荡信号以骨架 (图 5-30(c)) 作为传播路径控制了整个网络的振荡。

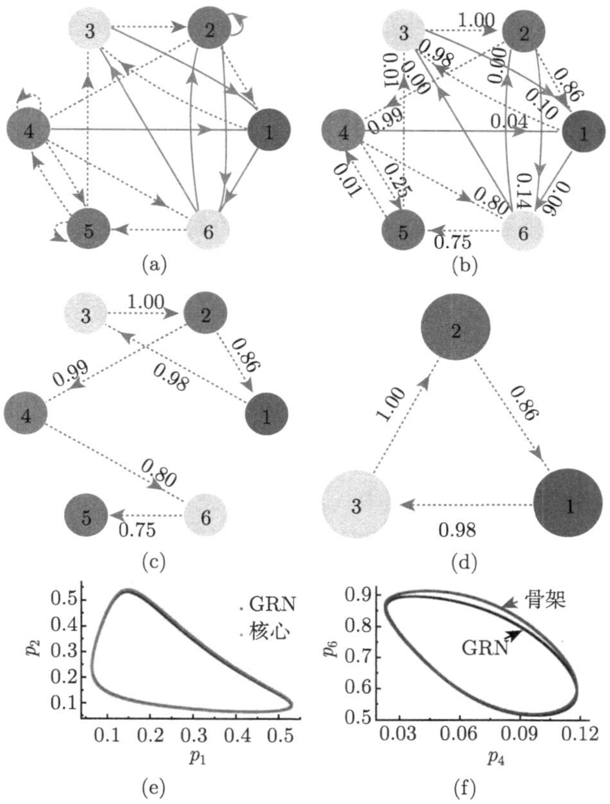

图 5-30 利用 FW 方法对一个振荡 GRN 计算的实例 (后附彩图)【改编自文献 [590, 591]】

(a) 一个 $N = 6$ 个节点、$I = 15$ 条边的可以产生自持续振荡的 GRN 网络；(b) GRN 图 (a) 计算权重的结果；(c) 剔除 (b) 较弱相互作用得到的振荡骨架子网络；(d) 剔除只有输入没有输出节点后得到不可约化的核心结构；(e) 在二维相平面中比较由核心子网络 (d) 和原网络 (a) 产生的轨道；(f) 在二维相平面中比较由骨架子网络 (c) 和原网络 (a) 产生的轨道

利用 FW 方法计算得到的约化骨架与核心的真实性可以通过计算骨架子网络和核心子网络产生的动力学能否重复原网络图 5-30 (a) 的主要动力学特征来检验。在图 5-30 (e) 的二维相平面中比较了核心子网络图 5-30 (d) 与原网络图 5-30 (a) 的

运动轨道，可以看到两者很好地重叠。图 5-30 (f) 的相平面比较骨架图 5-30 (c) 与原网络图 5-30 (a) 的轨道，二者重要特征也很好吻合。

上述研究表明，各种 GRN 中这种 FW 普遍分布极为不均匀，绝大部分作用边具有很小的权重 (弱作用边)，只有少数边具有大的权重 (强作用边)。这些强作用边构成的子网络比原网络简单得多，但它们揭示了网络中节点之间主要的相互调控关系并控制着整个网络的动力学行为。通过这些强作用边构成的网络，我们可以辨识 GRN 的功能骨架和核心子网络。振荡核心起着网络振荡源的作用，而振荡骨架则成为网络动力学过程传播的主要路径 [590-592]。

进一步需要指出的是，FW 方法可以广泛应用到不同尺寸、不同调控规则及不同动力学行为的 GRN，并且由 FW 分析出发可以对 GRN 动力学进行有效调控，这里不再进一步展开 [590]。很有趣的是，应用 FW 方法考察大型网络的振荡可以发现多个独立的振荡核心和骨架，而整个网络的振荡表现为多个振荡的传播与叠加，原来看起来很复杂的振荡斑图在 FW 方法下可以清晰深刻地得到理解。

另外，FW 方法为前面考察振荡网络的 DPAD 方法提供了坚实基础，从计算相互作用权重和影响力来肯定了 DPAD 方法的有效性，甚至在很多情况下可以直接替代 DPAD 方法。

5.4.4　网络的基本振荡模体与混沌振荡模体

在生物网络特别是 GRN 研究中，人们常常使用模体 (motif) 的概念，它指的是在生物网络中以远大于在随机网络中出现概率存在的、具有某种生物功能的小子网络。振荡 GRN 中也存在振荡功能模体，前面讨论的核心子网络图 5-30(d) 就是起着振荡源作用的功能振荡模体。研究表明，所有振荡模体都应以各种负反馈环存在。图 5-31 中展示了利用 FW 方法得到的节点数 $N \leqslant 5$ 的所有振荡模体。这些模体以单独或结合的形式高概率地出现在各种 GRN 振荡斑图的核心子网络中 [590]。可以看到，$N = 2$ 的振荡模体有一种 (图 5-31(a))，$N = 3$ 的振荡模体有两种 (图 5-31(b)、(c))，$N = 4$ 的有两种 (图 5-31(d)、(e))。注意图中的细微差异，实线箭头代表正调控，虚线箭头则代表负调控。当 $N \geqslant 5$ 时，振荡模体数目就有很多种，如图 5-31(f)~(i) 展示的 $N = 5$ 的情况。

FW 方法不仅可应用于周期振荡网络，也可应用于混沌 GRN[594]。在非线性动力系统中，三变量自治非线性系统就很容易在一些参数条件下发现混沌运动。人们自然也期待在 GRN 系统中观察到混沌行为。基因调控和许多生物学过程都可以很好地用数学模型来描述，在这些模型方程中准确揭示混沌现象的规律和调控具有重要理论和实际价值。

相比图 5-31 的振荡模体，能产生混沌运动的最小不可约的**混沌模体** (chaotic motif) 有更复杂的结构，因为混沌运动是多种不同振荡模式竞争的产物。混沌模体需要满足一些网络拓扑的要求，例如，必须包含两个环结构以支持不同振荡模式的竞争。另外，在两个环中必须至少有一个负环。因为只有负环才能独立地产生振荡，而正环只可能在负环的驱动下产生影响振荡的模式。通过定性分析和数值分析发现，混沌模体中如果有一个正环和一个负环，则正环中一定要包含独立于负环的节点，以使被动的正环能产生与主动的负环相当强度的竞争以产生混沌 [594]。

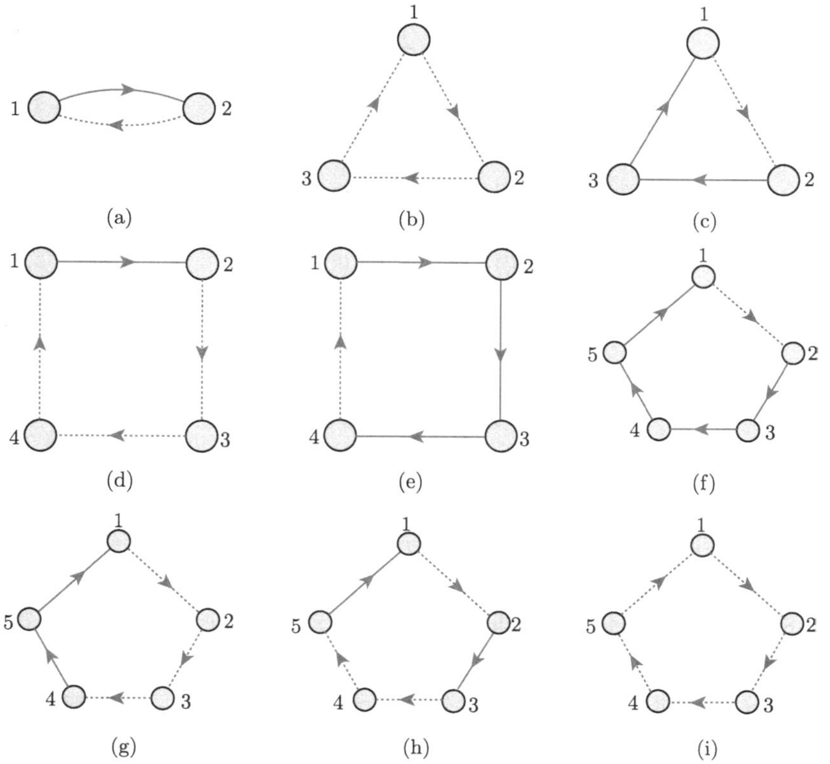

图 5-31 利用 FW 方法得到的节点数 $N \leqslant 5$ 的所有振荡模体【改编自文献 [590, 591]】

它们都是节点数小于等于 5 的不可约的单负环结构

图 5-32 给出了 $N \leqslant 4$ 个节点时高频出现的若干混沌模体结构。可以看到，所有不可约混沌模体都具有 N 个节点和 $N+1$ 条边的最简单结构，其中只有一个节点受两个邻居驱动，而其他节点都只受到一条边驱动。发生在这一个受到联合调控节点上的动力学代表了它所处两个环的运动模式的竞争，这是产生混沌的关键 [594]。

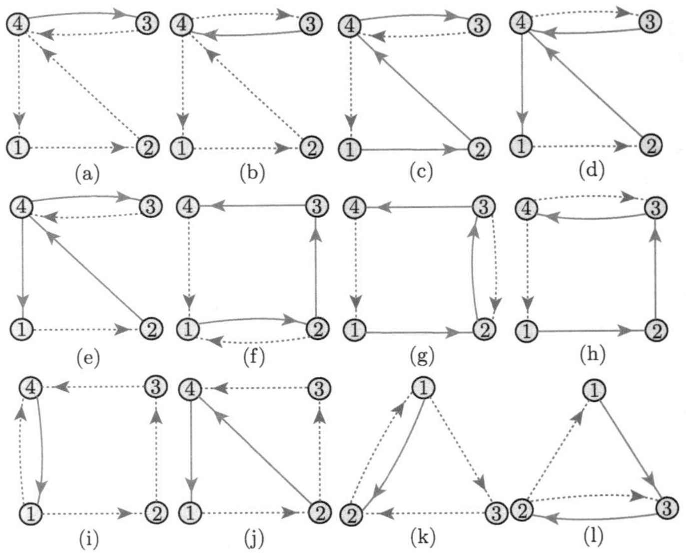

图 5-32　部分出现概率较高的节点数 $N \leqslant 4$ 的混沌模体，即能够产生混沌运动的最小网络结构单元【改编自文献 [594]】

5.5　噪声对可激发介质的作用

5.5.1　噪声驱动可激发系统中的相干共振

噪声在系统非线性的情况下，可以与外来驱动适当匹配而产生随机共振的现象。当一个可激发系统受到噪声的作用时，一旦噪声超过一定阈值，系统就会产生脉冲放电的现象。下面可以看到，即使没有周期驱动，我们仍可以观察到噪声与可激发系统之间的共振现象。这种现象很多学者称之为**相干共振** (coherence resonance)，它与一般意义上的随机共振的不同之处就在于它不需要除噪声外的加周期力等外来驱动，只要噪声对一个自治系统的作用即可达到 [595,596]。可激发介质中的相干共振又与人们曾研究过的随机共振有所不同，后者往往要求系统在 Hopf 分岔点出现极限环运动，前者则没有这样的要求 [597-600]。

考虑如下简化的 FitzHugh-Nagumo 模型：

$$\begin{cases} \varepsilon\dot{x} = x - x^3/3 - y \\ \dot{y} = x + a + D\xi(t) \end{cases} \tag{5.5.1}$$

$\varepsilon \ll 1$，a 为系统的可激发参量。当 $|a| > 1$ 时，系统为稳定不动点解；当 $|a| < 1$ 时，系统为极限环解；当 $|a|$ 略大于 1 时，系统为可激发的。下面的讨论中 $a = 1.05$，$\varepsilon = 0.01$。方程 (5.5.1) 第二式右边考虑了强度为 D 的高斯白噪声。

图 5-33 给出了不同噪声强度下系统的时间序列。当 $D=0$ 时，系统保持为固定点解。一个小噪声会引起系统不太频繁的脉冲放电现象，如图 5-33(a) 所示的 $D=0.02$ 的情况。每一次放电都是由扰动超过一定阈值时系统的可激发性导致的大幅度振荡引起的。随着 D 的增加，这种脉冲现象越来越频繁地爆发。如图 5-33(b) ($D=0.07$) 和 (c) ($D=0.25$) 所示。可以看到当 $D=0.07$ 时，噪声引发的振荡比较规则，说明一定强度的噪声可以使系统出现相干的振荡。这种有序的出现与随机共振较为类似，但是它完全是通过系统本身与噪声相互作用的结果 [597]。

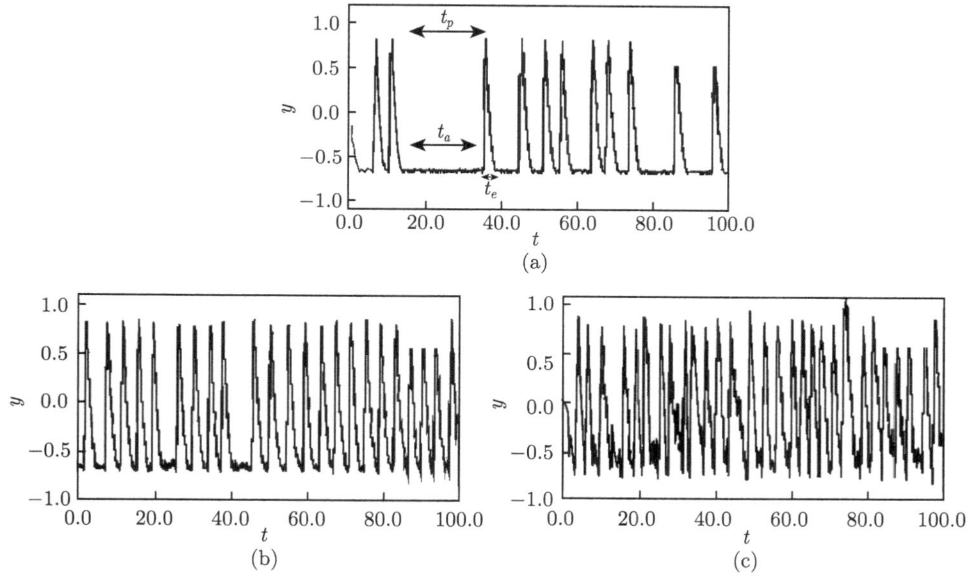

图 5-33 FitzHugh-Nagumo 系统在不同噪声强度下系统的时间演化行为【改编自文献 [597]】

系统的相干性可以通过计算下面的自关联函数进一步分析：

$$c(\tau) = \langle \tilde{y}(t)\tilde{y}(t+\tau) \rangle / \langle \tilde{y}^2 \rangle \tag{5.5.2}$$

其中 $\tilde{y}(t)=y(t)-\langle y\rangle$，$\langle\cdot\rangle$ 为系统的长时间平均。图 5-34 给出了对应于图 5-33 的自关联函数，很明显可以看到当 $D=0.07$ 时，自关联函数有很强的振荡，说明此时系统的相干性 (有序性) 很强。我们还可以进一步计算关联时间：

$$\tau_c = \int_0^\infty c^2(t)\mathrm{d}t \tag{5.5.3}$$

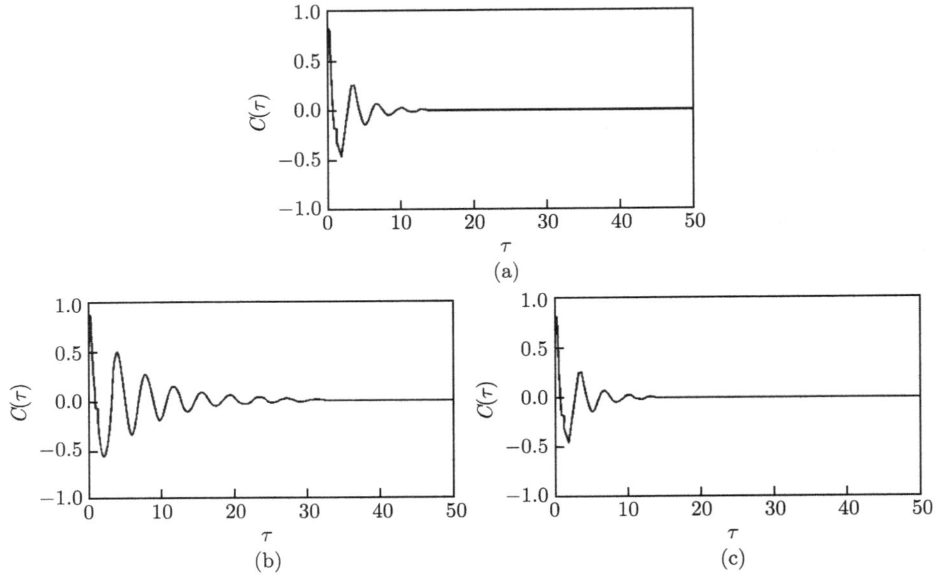

图 5-34　系统的自关联函数 $C(\tau)$ 随时间 τ 的演化【改编自文献 [597]】

图 5-35(a) 中的实线给出了系统的自关联时间与噪声强度的变化情况。可以看到，随着 D 的增加，系统的关联时间上升，然后在某一 $D = D_{\text{res}} \approx 0.6$ 达到最大，说明系统的脉冲放电行为处于最为有序规则的状态；当 D 继续增大时，系统的关联时间又迅速下降，说明系统的有序性又下降。

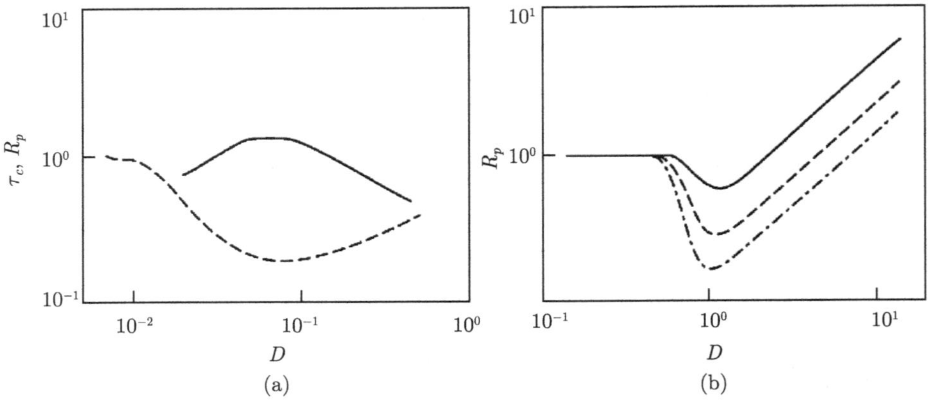

图 5-35　(a) 实线为自关联时间与噪声强度的变化情况，虚线为 R_p 随 D 的变化曲线；(b) 对分段势 (5.5.13) 在 $A = B = 1$，$y_0 = -5$ (实线)，-20 (虚线)，-50 (点划线) 时的 R_p 与 D 的关系【改编自文献 [597]】

类似于对随机共振的分析，还可以考察系统的信噪比 SNR 的变化情况。由于可激发系统表现为脉冲行为，脉冲强度不随外来扰动大小改变，扰动只会改变脉冲的频率，因此脉冲序列实际可以用两次脉冲时间间隔 t_p 形成的序列来替代。SNR 则可以通过下面的式子计算：

$$R_p = \sqrt{\mathrm{Var}(t_p)}/\langle t_p\rangle \tag{5.5.4}$$

其中

$$\mathrm{Var}(t_p) = \langle t_p^2\rangle - \langle t_p\rangle^2 \tag{5.5.5}$$

为 t_p 的涨落大小，R_p 实际上是 $O(1)$ 的相对涨落，它是 SNR 的倒数。图 5-35(a) 中的虚线给出 R_p 随 D 的变化曲线。在 D_{res} 处，对应于 SNR 的极大值，R_p 表现为一个极小值，说明此处 t_p 的涨落最小，这表明系统在 $D = D_{\mathrm{res}}$ 处具有最好的规则放电行为。

从物理机制上看，相干共振的出现与系统的可激发特性有直接联系。一个可激发系统有两个特征时间：激发时间 t_a 和脉冲时间 t_e，它们均标于图 5-34 上。激发时间 t_a 是系统不动点

$$x_0 = -a, \quad y_0 = a^3/3 - a$$

被激发产生放电所需的时间，即由上一次放电结束到下一次放电开始的时间间隔；脉冲时间 t_e 是指系统由激发态回到不动点所需的时间。显然

$$t_a + t_e = t_p \tag{5.5.6}$$

根据第 1 章给出的 Kramers 逃逸率关系 (1.7.23)，t_a 随噪声强度的增加而迅速减小：

$$\langle t_a\rangle \sim \mathrm{e}^{C/D^2} \tag{5.5.7}$$

C 为一常数。对于小噪声 D 来说，

$$\mathrm{Var}(t_a) \approx \langle t_a\rangle^2 \tag{5.5.8a}$$

并且 $t_a \gg t_e$。因此在小 D 区域 $t_p \approx t_a$。在这一区域，$R_p \approx R_a \approx 1$ (由 R_p 定义式)。对于大 D，t_a 的贡献可以忽略 (频繁的放电)，此时 $t_p \approx t_e$。如果在激发态的运动是均匀的，则 $\langle t_e\rangle$ 与 D 的关系不大，这样

$$\mathrm{Var}(t_e) \sim D^2\langle t_e\rangle \tag{5.5.8b}$$

因此在大 D 区域，

$$R_p \approx R_e \sim D\langle t_e\rangle^{-1/2} \tag{5.5.9}$$

如果激发的阈值不大并且 t_e 比较大，则可以看到 R_p 的极小值现象，即系统存在相干共振。

上述的相干共振可由简单的解析模型分析得到说明。注意到 (5.5.1) 式中的参数 ε 是一个小量，系统的快慢时间尺度分开，慢变量 x 是快变量 y 的函数。沿系统的慢运动线，其动力学可由下述一维 Langevin 方程描述：

$$\dot{y} = -U'(y) + D\xi(t) \tag{5.5.10}$$

$U(y)$ 为具有单个极小值的非线性势。当激发超过一定阈值时，系统的快速运动由 y 的一个跳跃 (重新注入) 来描述即可。这样上面的方程可定义 y 的负半平面 $y \in (-\infty, 0)$，系统的激发用 y 由阈值 0 向 y_0 的跳跃代表即可。这个放电过程反映在随机运动中即为由 $y = y_0$ 的逃逸过程，以 $y = 0$ 为吸收边界条件，t_p 即系统的首通时间：

$$\langle t_p(y_0)\rangle = 2D^{-2}\int_{y_0}^{0}\mathrm{d}v\int_{-\infty}^{v}\mathrm{d}u\mathrm{e}^{2[U(v)-U(u)]/D^2} \tag{5.5.11}$$

$$\left\langle t_p^2(y_0)\right\rangle = 4D^{-2}\int_{y_0}^{0}\mathrm{d}v\int_{-\infty}^{v}\mathrm{d}u\,\langle t_p(u)\rangle\,\mathrm{e}^{2[U(v)-U(u)]/D^2} \tag{5.5.12}$$

由此可以算出系统的 R_p，图 5-35(b) 给出了分段线性势取形式为

$$U(y) = \begin{cases} A + B + By, & y \in (-1, 0) \\ -Ay, & y \in (-\infty, -1) \end{cases} \tag{5.5.13}$$

时 R_p 与 D 的关系，这一结果与前面对 FitzHugh-Nagumo 系统的数值结果定性上是相符的。

上述的相干共振及其机制的探讨是 Pikovsky 等 1997 年的结果 [597]。Makarov 等用修正的 FitzHugh-Nagumo 模型得到了类似结果 [599]，不同之处在于他们考虑的是系统处于小幅振荡与大幅振荡激发共存的状态。不管怎样，这种相干共振使得系统呈现更强的有序性，说明了噪声可以使系统更为有序。

5.5.2　噪声对波的传播的影响

在可激发介质中，噪声对时空动力学的影响是十分复杂的。由于可激发介质自身的特殊动力学，对噪声效应的研究既是非常必要的，也是十分有意义的。一方面，噪声是不可避免的，如何适当地将噪声转化成有利因素促进系统序的生成一直是近几十年来人们努力的方向；另一方面，噪声对可激发介质的作用研究本身就是对随机理论和非线性科学的有益补充和推动。更有意义的是，这类系统及其出现的现象是许多不同实验领域都可以观察到的，其一般性的结果有直接的指导意义。下面我们首先讨论可激发介质的波在噪声影响下的动力学行为。

1. 光敏 BZ 反应介质中波的传播

1998 年，Kadar 等在*Nature*上发表了一篇在亚可激发介质中噪声促进行波传播的文章，引起了广泛的兴趣 [601]。他们报道了在光敏 BZ 化学反应波传播中噪声的正面作用。化学介质本身是亚可激发的，自身无法传播长程的波。但在用空间光强随机的光照射下，波的传播可得到大大加强，在某一优化光照强度下可达到最佳效果。

他们的实验是用硅胶薄层进行的，在薄层中有固定不动的钌 (Ⅱ)-二吡啶基 —— 一种 BZ 反应的光敏催化剂。硅胶不断地在一个树脂玻璃反应器中用新鲜的、不含催化剂的试剂清洗，以使系统保持在稳恒的非平衡态。从硅胶下面，他们用来自通过带通过滤器的视频放映机的空间不均匀的光束照射，光强被调整到合适的参照强度，以使系统处于可激发性水平以下 (亚可激发态)(它由溴离子的光化学反应产量决定，溴离子浓度是 BZ 反应的自催化阻滞子)。光照的区域空间上由方形单元阵列构成，每个单元定时随机调节其光强，光强可大于或小于亚可激水平。随机的光强是以参照为中心的高斯分布。

在图 5-36(a)~(d) 中给出了时空噪声对波传播的影响。每一张图都是由许多个相同时间拍照的波叠加而成的，由此可看到波的传播行为。以参照光强为零噪声 ($D=0$)，图 5-36(a) 给出的即是 $D=0$ 时的波形。可以看到，波峰长度在传播过程中不断收缩、衰减，很快经过少数几个波长就消失，这种衰减不同于在可激发区形成螺旋波的情形，衰减是由于此时的介质处于亚可激发区，不支持波的传播。当 $D\neq 0$ 时，由图 5-36(b) 可以看出，波的传播距离明显增加；在图 5-36(c)，结果清楚地显示出，合适的噪声强度可以使行波无衰减地传遍整个介质。当光强继续增加时，从图 5-36(d) 可看到波虽然可以传得很远，但波峰开始出现破碎现象。这种破碎程度在光强很大时会更为严重。上述现象反映出噪声在一定范围内可以促进波的传播，并对波的传播产生优化。

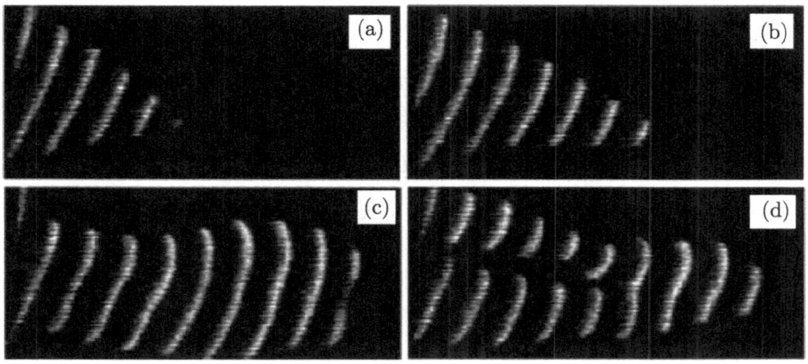

图 5-36 不同时空噪声 (由小到大) 对 BZ 反应系统波传播的影响【改编自文献 [601]】

为了更清楚地反映这种加强作用，图 5-37 给出了相对信号强度与噪声强度的关系。图中的相对信号强度定义为波停止传播前的波峰尺度与亚可激发区时波峰尺度的比值。可以看到在噪声强度为 0.60 处很明显的共振峰，这一结果与前面所讨论的时空随机共振现象很相似。

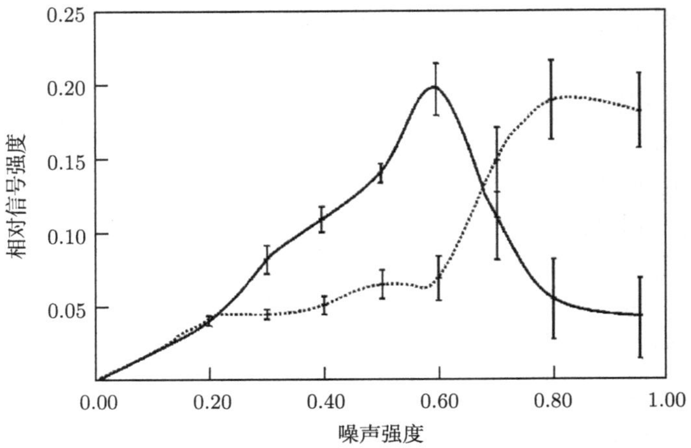

图 5-37　相对信号强度与噪声强度的关系【改编自文献 [601]】

上面的实验现象在模型的数值模拟中也可以看到。非平衡化学反应可以利用化学反应式写出其浓度变化的动力学方程。考虑到溶液的空间扩散效应，系统由反应扩散方程描述。上述实验可用下面的局部动力学为修正 Oregonator 模型的反应扩散方程描述：

$$\begin{cases} \partial u/\partial t = (q\omega - u\omega + u - u^2)/\varepsilon + \delta\nabla^2 u \\ \partial v/\partial t = u - v \\ \partial w/\partial t = (\varphi - q\omega - u\omega + fv)/\varepsilon' + \nabla^2 w \end{cases} \tag{5.5.14}$$

其中 u, v, w 分别代表反应物 $HBrO_2$，$Ru(bpy)_3^{3+}$，Br^- 的无量纲浓度，∇^2 为 Laplace 算子，

$$\delta = D_u/D_w \tag{5.5.15a}$$

为 u 与 w 扩散系数的比值，ε、ε'、q 为标度参量，f 为一个可调的化学计量参量。光照带来的效应可简化为外噪声的作用，体现在参量 φ 中。φ 代表由光照导致的溴化物的产生率，它正比于光强 (噪声强度)，可作为系统激发性的控制参量。当 $\varphi = \varphi_0$ 时，设系统处于亚可激发状态，则

$$\varphi = \varphi_0[1 + G(x,\sigma)/2] \tag{5.5.15b}$$

描写的是一般情况下的参量，其中 $G(x,\sigma)$ 为一个高斯分布，σ 代表光强亦即噪声强度。图 5-38 画出了当 $\varepsilon = 0.03, \varepsilon' = 0.0003, q = 0.0015, f = 1.0, \varphi_0 = 0.05985, D_u =$

$D_w = 1.0, D_v = 0$ 时系统在不同噪声强度下的时空情况，图中所表现的噪声加强传播现象与实验在定性上非常符合。

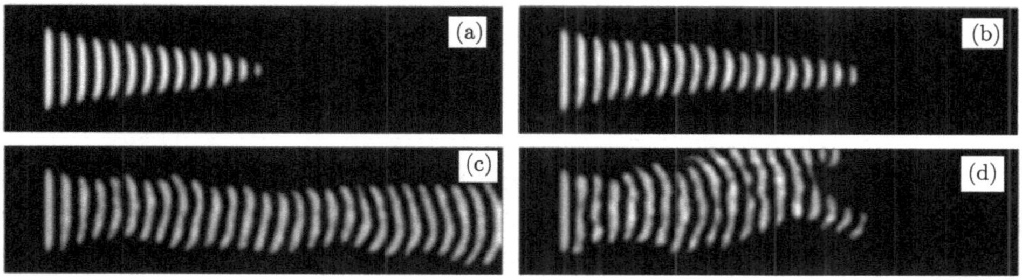

图 5-38 数值模拟的修正 Oregonator 时空系统在不同噪声强度下的时空情况【改编自文献 [601]】

上述现象不仅在 BZ 反应介质中，而且在其他可激发介质中同样也可观察到 [602,603]。考虑下面的 FitzHugh-Nagumo 介质在亚可激区域噪声的影响情况：

$$\varepsilon\frac{\partial u}{\partial t} = u(a-u)(u-1) - v + D_u\nabla^2 u$$
$$\frac{\partial v}{\partial t} = u - dv - b + D\xi(\boldsymbol{r}, t) \tag{5.5.16}$$

其中 $\varepsilon = 0.005$，$a = 0.5$，$d = 1.0$。$\xi(\boldsymbol{r}, t)$ 为时空无关联的白噪声，强度为 D。b 的取值范围在亚可激发区域，使得介质在无噪声 ($D = 0$) 时不能传播行波 (如 $b = 0.18$)。图 5-39 给出了 $D = 0$ 及增加 D 时系统的波峰传播情况。可以看到随着

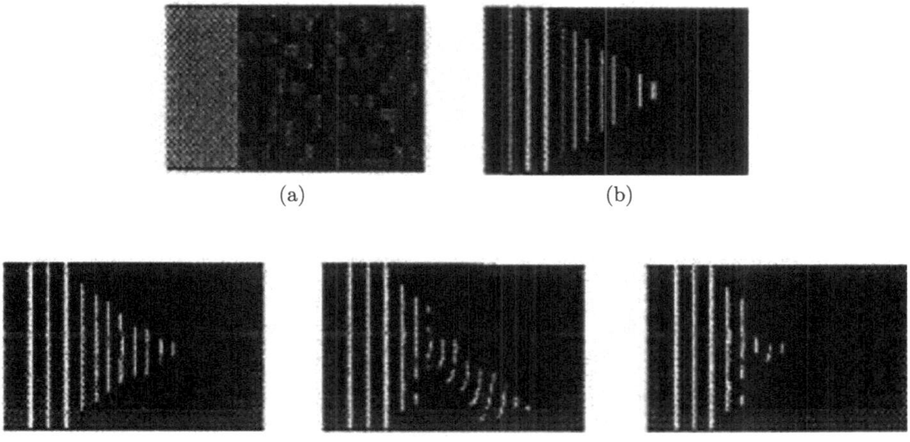

图 5-39 亚可激区域 FitzHugh-Nagumo 介质在噪声强度 $D = 0$ (a) 及增加 D 时 (b)~(e) 系统的波峰传播情况【改编自文献 [602]】

噪声 D 的增加，介质在 D 的某一范围内可以较好地支持波的传播。过强的噪声则会破坏波形，使波峰支离破碎。FitzHugh-Nagumo 介质是描述神经和神经胶质组织的重要模型。人们认为神经胶质组织是亚可激介质，因此上面的结果充分表明噪声对于信号的传播起着关键的作用。

2. 噪声诱发的雪崩现象与热波

亚可激介质在噪声的作用下可以促进波的传播。这种正向作用应该说只限于噪声的一个适当范围，取决于噪声的无序与介质内耦合的有序之间的竞争匹配。过大的噪声会使耦合无法在大空间尺度组织而形成整体的波传播，因而会导致波的破碎。另一方面，尽管波破碎，但这些波在空间的局部一定尺度下仍可保持有序的结构。一个有意思的问题是：这些局域波的尺寸会是多大？局域波的尺度和分布与噪声等有什么样的关系？Wang 等于 1999 年报道了破碎波在光敏 BZ 反应中的结果 [604]，实验配置与上一节的工作装置 [601] 基本一样。

图 5-40 给出了实验结果。图 5-40(a) 是无噪声的情况，此时介质处于亚可激状态，因而不会有波的长程传播。图 5-40(b)~(e) 给出的是当加上噪声之后介质中的动力学情况 (每个图之间的间隔是 5s)，噪声的空间结构如图 5-40(f) 所示，它的变化每 10s 随机改变，可通过控制光强进行。当系统受到噪声作用之后，会在介质随机的空间位置产生一个小尺寸的靶波波峰，波峰随时间推移而变大，然后破碎成一个螺旋波小片段，如图 5-40(c) 所示。随时间推移，介质中会产生更多的波峰，它们随时间都会破裂。如果介质的尺寸足够大，我们会在介质中观察到各种尺寸的波

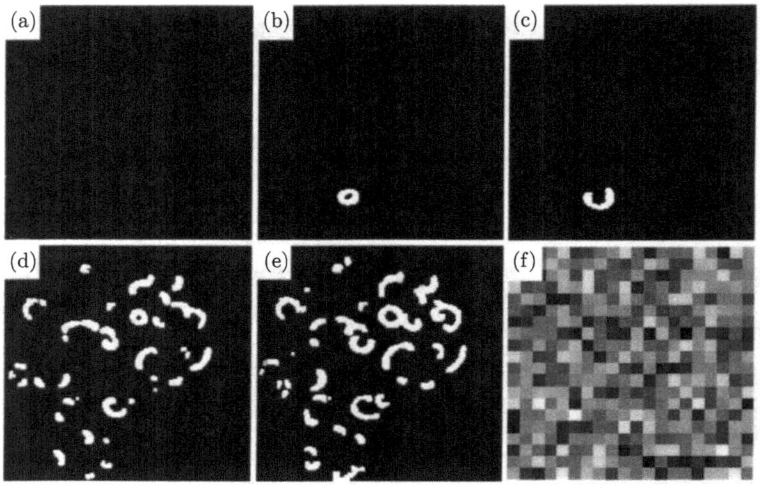

图 5-40　噪声诱发雪崩现象的实验结果【改编自文献 [604]】

其中 (f) 为噪声在空间的无序分布

峰，它们在大尺度上是无序的，但在局域仍可保持一定的波形。这种局域波是噪声与耦合相互竞争的结果，耦合会在局域形成短程有序，而噪声使系统在整体上仍属于长程无序状态。

类似的现象可用数值模拟观察到。图 5-41 是用 Barkley 模型模拟的结果，同样使系统处于亚可激状态。模型的动力学方程为

$$\begin{cases} \dfrac{\partial u}{\partial \tau} = D_u \nabla^2 u + f[u, v, \varphi(\tau)] \\ \dfrac{\partial v}{\partial \tau} = g(u, v) \end{cases} \tag{5.5.17}$$

其中 D_u 为 u 变量的扩散系数，f 与 g 函数为如下形式：

$$\begin{aligned} & f(u, v, \varphi) = \frac{1}{\varepsilon} u(1-u)[u - (v + b + \varphi)/a] \\ & g(u, v) = u - v \end{aligned} \tag{5.5.18}$$

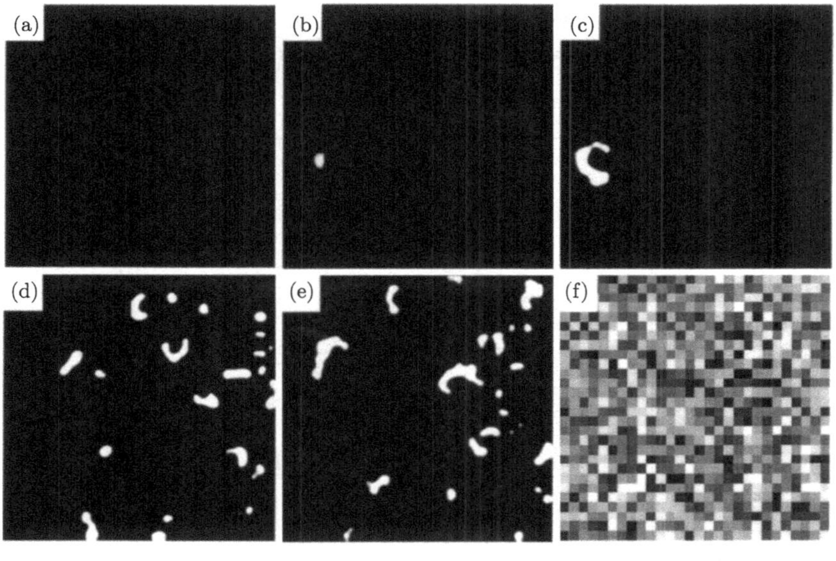

图 5-41 用 Barkley 模型模拟的随机时空调制 $\varphi(\tau)$ 时介质的波的动力学【改编自文献 [604]】

Barkley 模型在方程形式上与 FitzHugh-Nagumo 模型非常相似，且它们都可用来描述可激发介质动力学，其中前者用来刻画心肌细胞动力学，后者用来描写神经元动力学。这里 $\varphi(\tau)$ 是与时间有关的调控参量，对其调节与 BZ 反应的 Oregonator 模型参量完全一样：

$$\varphi = \varphi_0 \left[1 + \frac{1}{2} G(x, \delta)\right] \tag{5.5.19}$$

其中 φ_0 仍为参考参量 (当介质处于亚可激态时的值)。图 5-41 给出了随机时空调制 $\varphi(\tau)$ 时介质波的动力学。在实验中观察到的短程有序和长程无序行为在图中完全体现出来。噪声的两方面作用在于：① 通过激发局部介质在小尺度内形成有序的波；② 支持波的传播，且引发波的破碎。前者是一个成核过程，由图 5-41(b) 的一个白色斑点随时间通过相互作用结合成较大的波峰。而噪声支持波的传播则类似于渗流过程，它通过介质不同位置的耦合将激发传播到更大的空间尺度。

从上面的结果可以看出，局域波在大小上没有绝对的尺度。可以对这些波峰的尺寸作统计。图 5-42 画出上面的实验和模拟过程波峰尺寸 s 的分布函数 $p(s)$。可以看到实验与模拟两个结果非常相似，它们都遵守如下幂律：

$$p(s) = bs^a \tag{5.5.20}$$

其中 b 是一个常数，$a \approx -2.0$。这种幂律分布形式非常类似于自组织临界性的行为 [605,606]，例如，沙堆的坍塌、地震等。从过程来看，波由生成到逐渐长大，再到破碎，都很好地体现出坍塌过程，我们把这一过程也称为**雪崩** (avalanche)，上述过程产生的波称为**热波** (heat wave)[607]，因为它们是介质处在噪声环境下产生的波。这些研究表明，噪声作用下时空系统波的行为呈现出很好的自组织临界状态，其尺寸分布并不遵守指数律，而是存在一个幂律长尾。

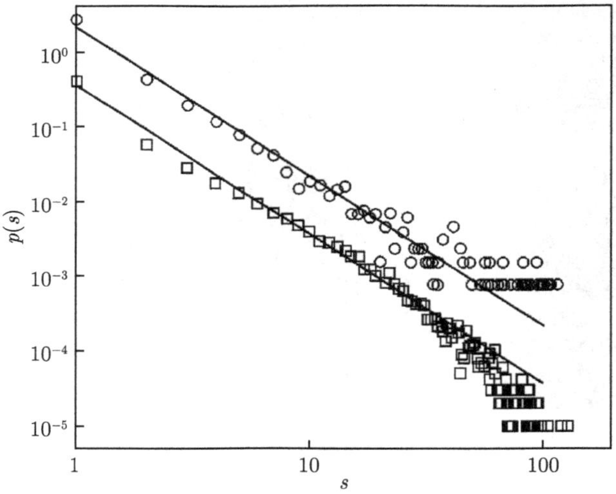

图 5-42　上面的实验和模拟过程波峰尺寸的分布函数 $p(s)$【改编自文献 [604]】

5.5.3　噪声与时空斑图的形成及转换

在一般情况下，非平衡系统在改变控制参量达到一个临界值时就会产生斑图结构。噪声的介入会使得分岔过程变得更为平滑，这样在有噪声的环境里在临界值以下系统仍会产生斑图结构。涨落不仅会促使系统产生斑图结构，还会造成系统在不同斑图结构之间的转换。

1. 噪声诱发螺旋波的产生

1995 年，Jung 等研究了亚可激发介质在噪声环境中产生螺旋波的现象 [608,609]。为方便研究，他们提出了一个三态可激发介质的离散模型。考虑一个可激发三态单元 e_{ij} 耦合而成的二维阵列，每一个单元处于位置

$$x_{ij} = ia\hat{x} + ja\hat{y}$$

$\hat{x}, \hat{y}$ 为 x 和 y 方向的单位矢量，a 为格点间距离。每一个单元的激发阈值为 b，控制每一个单元状态的输入量记为 v_{ij}，一旦输入量 v_{ij} 超过一个阈值 b，系统就会产生一个 δ 脉冲：$S_{ij}(t) = i_0\Theta(\dot{v}_{ij})\delta[v_{ij}(t) - b]$ (这里 Θ 为阶跃函数，i_0 为 δ 脉冲强度)，然后系统进入不应期。对每个单元产生激励的是噪声。设每个格点状态与热库热耦合，因而有涨落，可由如下 Langevin 方程描述：

$$\dot{v}_{ij} = -\gamma v_{ij} + \sqrt{\gamma}\xi_{ij}(t) \tag{5.5.21}$$

其中 γ 表示涨落的耗散率，ξ_{ij} 为时空均无关联的白噪声：

$$\begin{aligned} &\langle \xi_{ij}(t) \rangle = 0 \\ &\langle \xi_{ij}(t)\xi_{kl}(t') \rangle = 2\sigma^2\delta(t - t')\delta_{(ij),(kl)} \end{aligned} \tag{5.5.22}$$

对 v_{ij} 的方程在有限的时间 Δt 内积分，可以得到下面的映射：

$$v_{ij}(t + \Delta t) = v_{ij}(t)\mathrm{e}^{-\gamma\Delta t} + G_{ij} \tag{5.5.23}$$

G_{ij} 是随机数，它符合高斯分布，分布的方差为 $\sigma^2(1 - \mathrm{e}^{-2\gamma\Delta t})$。

上面仅仅是考虑每个单元受噪声影响的自身演化。因为介质内单元间存在相互耦合，当一个单元自身超过阈值 b 时，它就会发生脉冲现象。周围的单元会通过耦合传递脉冲，使其作出相应的响应，这个响应依赖于单元间的空间距离。对时间积分，我们可得到单元 (k, l) 的脉冲对单元 (i, j) 的贡献：

$$\Delta v_{ij}(t + \Delta t) = K \sum_{kl} \exp[-\lambda r^2_{(ij),(kl)}/a^2] \tag{5.5.24}$$

参数 λ 刻画有效作用范围，K 为耦合强度，$r_{(ij),(kl)}$ 为空间格点 (i, j) 与 (k, l) 之间的距离。上述求和对 i, j 周围的单元进行。每个单元在放电 (脉冲) 后会有一个不应期。如果对整个系统作如下标度变换：

$$v_{ij} \to v_{ij}/b, \quad t \to \gamma t, \quad \sigma^2 \to \sigma^2/b^2, \quad \gamma \to \gamma\Delta t, \quad K \to K/b \tag{5.5.25}$$

则系统的激发阈值为 1。系统存在一个临界耦合强度 K_c，当 $K < K_c$ 时，系统处于亚可激发区，当没有涨落时波将不能在介质中传播。当 $K > K_c$ 时，介质可以支持波的传播。在二维介质中，我们可观察到线波 (波峰为一直线，传播方向垂直于直线方向的行波)、靶波或螺旋波。不同波的产生可用改变初始条件的空间构型达到。线波 (或靶波) 都很容易产生，分别只让一个方向上一条线上的单元 (或空间中一个单元) 处于激发态即可。螺旋波的产生则可以由如图 5-43 所示的初始状态得到，其中浅灰色区域为处于激发态的单元，深灰色区域为处于不应期的单元，其他单元区域则处于定态。在激发态区旁边加上不应期区域是为了避免激发向左传播，因此可产生单个的螺旋波。这一点的分析实际上在 5.2.5 节讨论螺旋波时已经提到过。

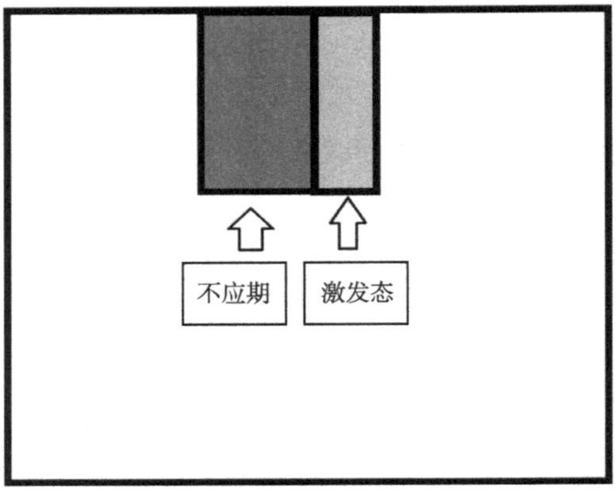

图 5-43　螺旋波产生的初始状态设置

下面的讨论在亚可激发亚阈值区 $K < K_c$ 进行。图 5-44(a) 的自左向右三张小图给出了介质没有噪声时的脉冲行为。很显然，在没有噪声的情况下，初始的长波峰随时间推移会向前传播 (初始即由图 5-43 给出)，但在传播过程中波峰长度不断缩短，直至最后消失。这正是亚可激发介质的特点，由于传播中的衰减，初始的波峰线段无法弯曲以形成空间螺旋波。这种情况在加上空间噪声后会发生改变。图 5-44(b) 画出了 $\sigma^2 = 0.08$ 时介质中波的情况。可以看到由于噪声的作用，可激发区的波峰线段长度不再收缩，而是在运动中产生弯曲，最后形成螺旋波。与一般的螺旋波相比，这里的螺旋波波峰是模糊的，且形成的中心在介质中随机移动。当噪声强度再加大时，如图 5-44(c) 所示，$\sigma^2 = 0.13$，可以看到此时的螺旋波有更大的曲率，更关键的是，螺旋波的尺寸已与介质的尺寸大小基本一样，即螺旋波可在整个介质中传播。对于过大的噪声，如图 5-44(d) 所示，$\sigma^2 = 0.15$，介质内部耦合强度不足以支持波在整个介质尺寸上的传播，过强的涨落使得波峰断开破碎，在介质中会形成局域有序但空间混乱的碎波。

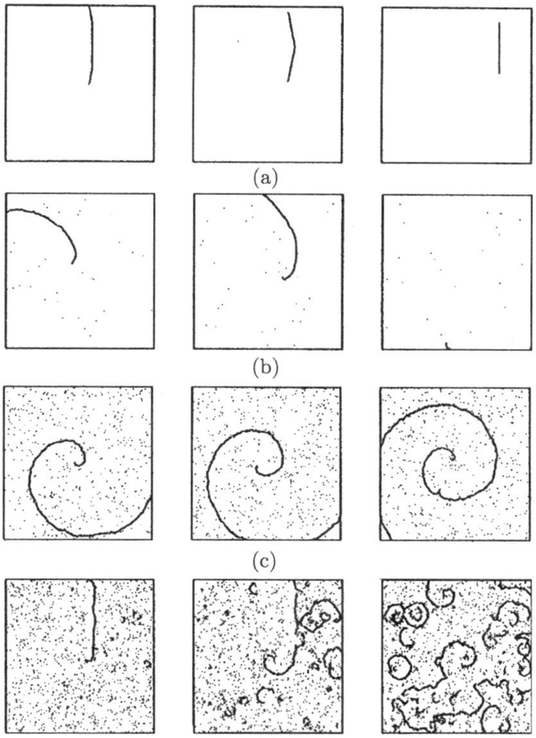

图 5-44 噪声诱发的螺旋波传播的时空动力学【改编自文献 [608]】

从上面的现象我们仍然看到了噪声的两面作用。一方面，在小噪声下，涨落可促进波的传播，促使空间斑图结构的形成 (此处为空间螺旋波)。当然这个作用必须通过介质内部的耦合作用方可实现。适当的噪声会被耦合恰到好处地利用来产生有序结构。另一方面，大强度的噪声下，涨落会造成波的破碎，导致类似湍流的行为。此时，涨落的无序作用占上风，耦合只能在空间局部起作用，因而无法形成长程的有序结构。

2. 噪声诱发的斑图转换与双稳现象

侯中怀等研究了在参数噪声下可激发介质中出现的斑图转换现象 [610]。他们研究了如下的反应扩散 Barkley 模型：

$$\begin{cases} \dfrac{\partial u}{\partial t} = \dfrac{1}{\varepsilon}f(u,v) + D_u\nabla^2 u \\ \dfrac{\partial v}{\partial t} = g(u,v) + D_v\nabla^2 v \end{cases} \tag{5.5 26}$$

其中

$$f(u,v) = u(1-u)\left[u-(v+b)/a\right], \quad g(u,v) = u - v \tag{5.5.27}$$

$\varepsilon \ll 1$。设时空动力学过程在二维介质上发生，$D_v = 0$。系统 (5.5.26) 在 $a < 1$ 时是可激发的空间介质。随参数 b 的增加，系统在二维空间中会出现湍流、螺旋波等一系列现象。下面考虑参数 b 处于噪声扰动下：

$$b(t) = b_0 + \xi(t) \tag{5.5.28}$$

$\xi(t)$ 为高斯白噪声，满足 $\langle\xi(t)\rangle = 0, \langle\xi(t)\xi(t')\rangle = 2D\delta(t-t')$，其中 D 为噪声强度。图 5-45 给出了 Barkley 介质在不同噪声强度时的斑图情况，其中 $a = 0.3, b_0 = 0.016$。图 5-45(a) 给出的是类似于图 5-43 的初始条件，其中黑色区为 $u(i,j) = 0.7, v(i,j) = 0$, 斜线区为 $u(i,j) = 0, v(i,j) = 0.7$，中间白色区为 $u(i,j)=0.7, v(i,j) = 0.5$。这种初始状态设置是为了产生单个的螺旋波。图 5-45(b) 给出了噪声强度 $D = 0$ 时的空间结构，其结构为单支的螺旋波 (single spiral wave, SSW)。对很小的噪声，如图 5-45(c) 所示，$D = 0.0001$，SSW 会失稳，系统回到非激发的状态。对于中等强

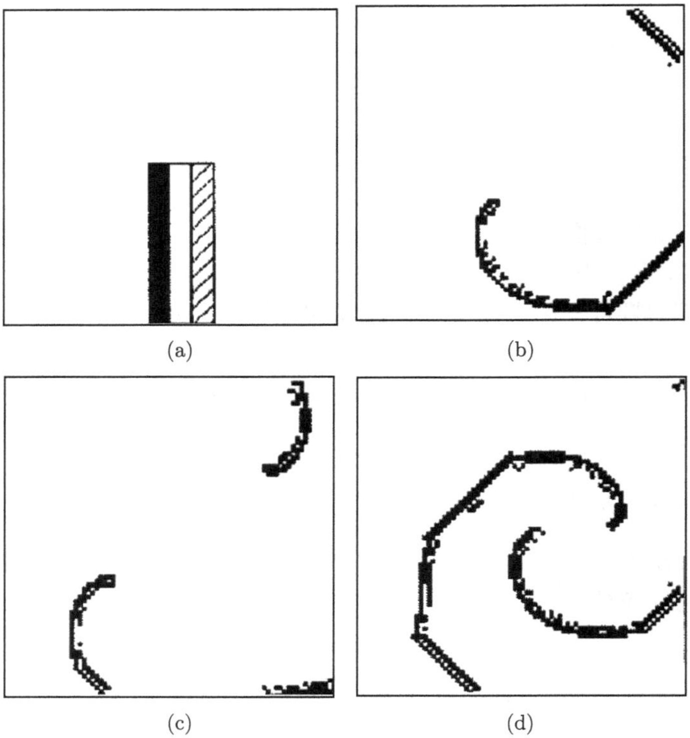

图 5-45　Barkley 介质在不同噪声强度时的斑图情况【改编自文献 [610]】

度，我们会看到空间结构由 SSW 转变成双螺旋波结构 (double spiral wave, DSW)，即空间中存在两个螺旋波分支，它们相互围绕对方旋转，如图 5-45(d) 所示。对于很大的噪声 ($D > 0.003$)，我们又会看到螺旋波失稳收缩，回到非激发状态。由此我们看到了噪声在诱发斑图结构产生与转换的过程，尤其在中等噪声区域可以看到噪声诱导的双稳空间结构。这个双稳行为还可以通过引入下面的量观察到:

$$u_{\text{tot}} = \sum_{ij} u_{ij}(t) \tag{5.5.29}$$

ij 是对空间离散化之后的格点求和。图 5-46(a)~(d) 给出了不同噪声强度 $D = 0, 1\times10^{-4}, 8\times10^{-4}, 3\times10^{-3}$ 时 $u_{\text{tot}}(t)$ 的演化。图 5-46(a) 的振荡对应于单一的螺旋波结构。图 5-46(b), (d) 给出了当 D 很小或很大时 SSW 状态的失稳情况，可以看到 $u_{\text{tot}}(t)$ 在振荡一段时间后会很快衰减，回到无激发态。图 5-46(c) 的 $u_{\text{tot}}(t)$ 在两个平均值之间的跃迁行为非常清楚地显示出系统在噪声作用下在 SSW 与 DSW 态之间的来回切换。

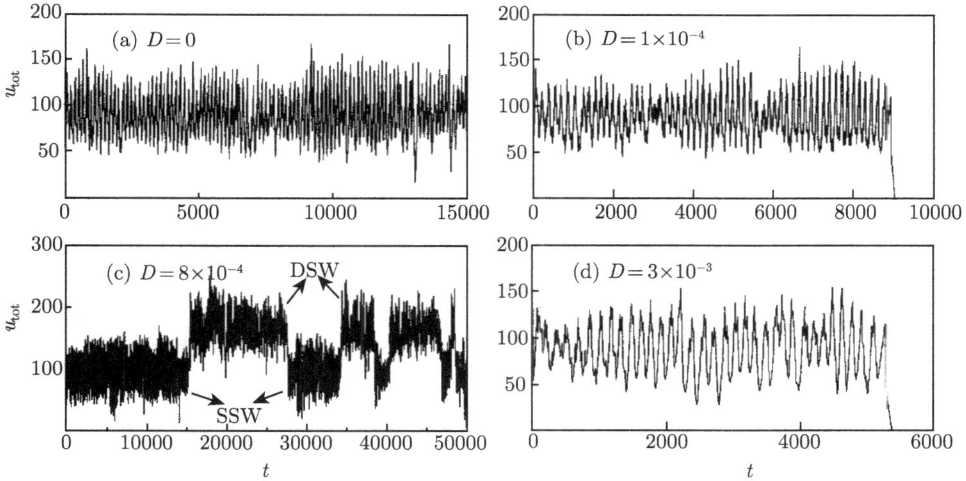

图 5-46 $u_{\text{tot}}(t)$ 的演化【改编自文献 [610]】

图 5-47 画出了对 $u_{\text{tot}}(t)$ 的统计分布 $P(u_{\text{tot}})$ 的情况。$D = 0$ 时，$P(u_{\text{tot}})$ 为典型的单峰分布，而当 $D = 8\times10^{-4}$ 时，统计分布则变为双峰函数，说明双稳态的出现。注意这里的双稳态是介质整体表现出来的，是介质中耦合与噪声竞争与合作作用的涌现行为。

上面的现象可作如下理解。在 $D = 0$ 时，螺旋波的中心运动是确定性的，SSW 是稳定的。小的噪声会使得中心为随机的运动，当中心移出介质区时 SSW 就会失稳而消失。合适的噪声会使得波峰分裂，每一段都会围绕自身形成新的螺旋波，这样就会导致 DSW 态。当其中一个螺旋波中心移出介质区时，这个螺旋波就会失稳而消失，空间结构因而由 DSW 变回 SSW 态，上述两种机制会造成系统空间结构在双稳态间跳跃。过大的噪声会使得 SSW 在分裂破碎前就失稳。

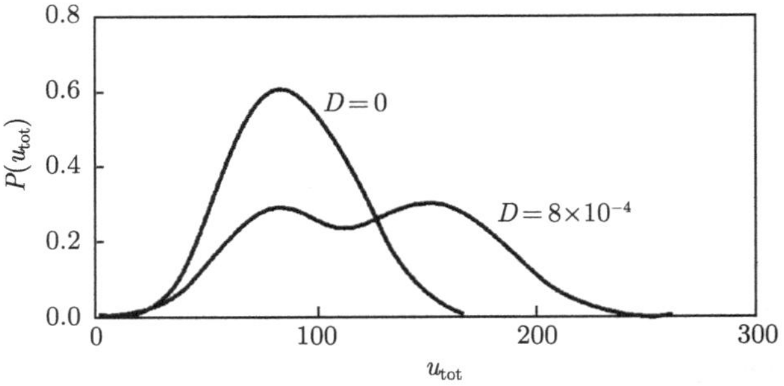

图 5-47　对 $u_{tot}(t)$ 的统计分布 $P(u_{tot})$ 的情况【改编自文献 [610]】

如果选择不同参数或初始条件，介质会表现出复杂的空间结构。图 5-48(a) 给出了另一种初始条件，参数取 $b_0 = 0.015$。结果表明，DSW 可以是顺时针的 (clockwise DSW, CDSW)(图 5-48(b))，也可以是逆时针的 (anti-clockwise DSW, ACDSW)(图 5-48(d))，说明介质还存在 CDSW，ACDSW 之间的转换，揭示出一种噪声诱发的手征性转变。这种转换是通过一种二者混合的结构完成的，如图 5-48(c) 所示。

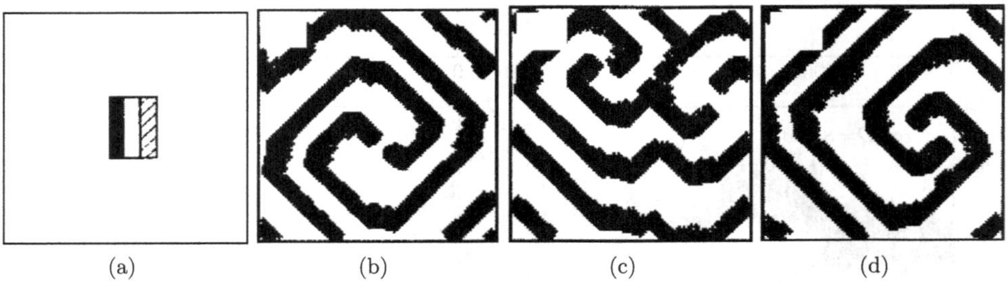

图 5-48　选择不同参数或初始条件时表现出的复杂空间结构【改编自文献 [610]】

3. 噪声诱发可激发介质中的靶波

通过前面的讨论，我们已经知道，在一维可激发介质中，只要介质没有形成一个闭合环 (loop)，介质中就无法产生自持续的行波。二维可激发介质上则可以形成自持续行波，例如，螺旋波的产生就不需要持续的波源。其他的行波如靶波等则必须有持续的振荡波源才能保持非线性波的持续传播。可激发介质置于噪声环境中时，由于噪声本身可以在局部激发出发放脉冲，通过介质中单元之间的耦合作用，就可以将局部形成的脉冲传播到相邻单元，从而产生非线性波。Alonso 等于 2001 年通过 BZ 反应实验揭示了适当的时空噪声可以产生靶波并可维持其传播 [611]。这又是一个可激发系统可以把外来的无序干扰转化为有序的波的典型例子。

Alonso 等的 BZ 反应实验设备与前面基本相同，只不过介质处于可激发区，图 5-49 给出了他们的主要结果。在没有噪声时整个介质没有持续性的激发源，因而尽管介质是可激发的，我们也无法观察到靶波的持续传播。一个弱的噪声虽可激发出靶波，但会被背景噪声所淹没。在合适的噪声强度下，我们会看到由噪声激发出的靶波可以在整个介质中传播，且传播可以持续发生，即可以从介质中央不断激发出靶波向外传播。图 5-49 是每隔一小段时间拍下的介质空间结构，可以很清楚地看到向外传播的靶波波峰。这种由噪声诱导的靶波反映出介质中的时空随机共振行为。只有在合适的噪声强度下才可观察到这种行为。过弱的噪声不足以激发介质，在介质中产生激发源；过强的噪声虽然会产生波，但这些波在还未传遍整个介质之前就会支离破碎。

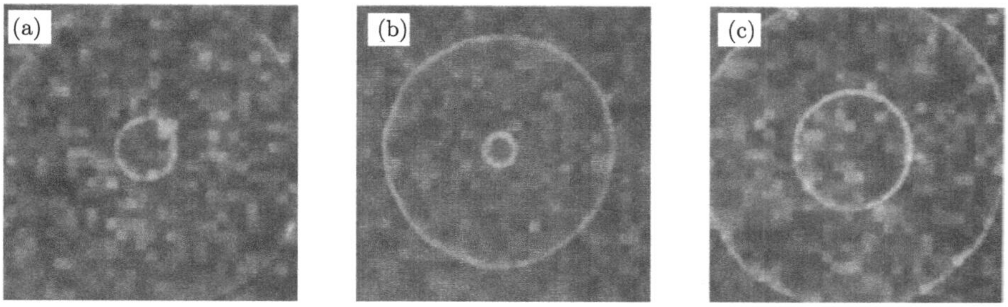

图 5-49 时空噪声诱导靶波的产生与传播【改编自文献 [611]】

上述实验结果可以在不同的模型系统中看到。例如，对于二变量 Oregonator 模型，设只有 u 变量的耦合，则方程可写为

$$\begin{aligned} \frac{\partial u}{\partial t} &= \frac{1}{\varepsilon}\left[u-u^2-(fv+\phi)\left(\frac{u-q}{u+q}\right)\right]+\delta\nabla^2 u \\ \frac{\partial v}{\partial t} &= u-v \end{aligned} \tag{5.5.30}$$

这里参数

$$\phi=\phi_0+\delta\phi$$

其中 ϕ_0 为参考值，$\delta\phi$ 为一随机变量，符合高斯分布。利用此模型计算模拟的结果，也可看到 $\delta\phi \neq 0$ 时的靶波现象。这里不再详述，有兴趣的读者可以参考有关文献 [611]。

实际上，我们前面已讨论过大多数典型的波在时空噪声作用下的产生问题。这方面的讨论基本上是以实验为主，辅以数值计算和模拟。由于时空系统的复杂性，对噪声作用的可激发介质的复杂波动力学研究迄今仍是研究的热点。

5.5.4 噪声对可激发介质同步的影响

在第 2 章中我们讨论的振子同步问题时绝大多数限于系统没有外来噪声的影响。由于噪声在实际情况下一般是难以避免的，因此对噪声环境中振子同步的研究很有意义，它在生物医学、通信、机械工程等方面有其重要要性。同步在加密通信与神经科学中是信号解码的一种重要机制，在这种情况下恰当考虑噪声环境及合理利用噪声是应用的关键。在前面的讨论中，我们也看到了噪声在可激发介质的行波传播、斑图生成与转换等方面可以起到加强有序的作用。本小节我们从系统同步的角度来探讨噪声的影响。我们将会看到，噪声在一定条件下可以加强可激发介质的同步。

下面以耦合 FitzHugh-Nagumo 振子为例：

$$\begin{cases} \varepsilon\dot{u}_n = u_n - \dfrac{1}{3}u_n^3 - v_n + \gamma\displaystyle\sum_{n'}\dfrac{1}{2dl^2}(u_{n'} - u_n) \\ \dot{v}_n = u_n + a_n + \sqrt{\dfrac{2D}{\tau_v l^d}}\xi_n \end{cases} \tag{5.5.31}$$

$\varepsilon = \tau_u/\tau_v \ll 1$，这里 $\tau_{u,v}$ 为变量 u, v 的特征时间尺度，因此 u_n 是快变量，v_n 是慢变量。d 为格点维数，对一维链，$d = 1$。格点间的距离为 l，上述求和为最近邻求和。$\gamma = D_u\tau_u$ 为耦合强度，D_u 为活化子的扩散系数。ξ_n 为时空无关联的白噪声，D 为噪声强度。上面方程实际为连续介质的离散化模型。注意，这里 a_n 各不相同。当 $a_n < 1$ 时单个系统为极限环解，当 $a_n > 1$ 时单个系统为可激发振子。Neiman 等模拟了这个耦合系统在噪声作用下的同步行为 [612]。在模拟中，$\varepsilon = 0.01$，$\tau_v = 1.0$，$l = 1$，$\gamma = 0.05$。a_n 为均匀分布于 $[1.03, 1.1]$ 的随机数。

在图 5-50 中，(a)~(c) 为一维耦合情况下 $N = 500$ 个可激发振子 $D = 1.125 \times 10^{-4}$，3.125×10^{-4}，5×10^{-3} 时的时空演化，横轴为空图，纵轴为时间。当 D 很小时，激发的中心在空间中零星地随机分布，这些中心传出的行波会相互碰撞而湮灭。当 D 很大时，激发中心稠密地无规分布于介质中，它们激发出的行波只能传播很短距离就相互碰撞而消失，此时看到的是混乱的时空间 (图 5-50(c))。而在中等的 D 下，介质中每一点处的发放行为变为相干的，空间耦合作用又促进这些相干发放的同步，所以振子会被组织起来以相同的频率激发出脉冲。二维耦合介质大致也会表现出类似的行为。

上面的相干有序行为类似于单个可激发振子在噪声下的相干共振，但这里的空间有序来自振子之间的耦合。为描述上面的相干现象，可以考察单个振子的相位 $\varphi_n(t)$，这里相位采用 Hilbert 变换的定义即引入如下复变量：

$$z_n(t) = u_n(t) + \mathrm{i}y_n(t) \tag{5.5.32}$$

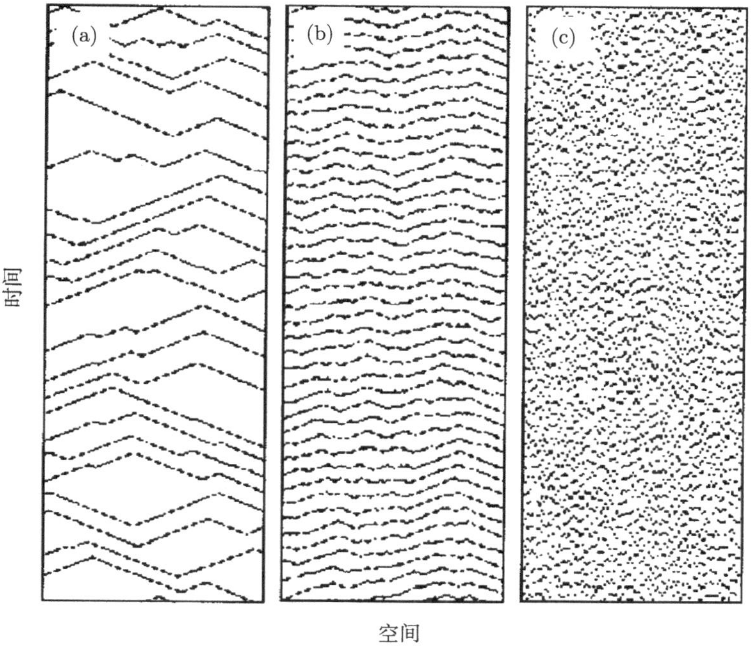

图 5-50 一维耦合情况下 $N = 500$ 个可激发振子在不同噪声强度时的时空演化【改编自文献 [612]】

$$y_n(t) = \frac{1}{\pi} P \int_{-\infty}^{\infty} \frac{u_n(t)}{t-\tau} \mathrm{d}\tau \tag{5.5.33}$$

这样相位 $\varphi_n(t)$ 就可以定义为

$$\varphi_n(t) = \arctan[y_n(t)/u_n(t)] \tag{5.5.34}$$

我们可以选择中间格点为参考点，计算相差

$$\Delta\varphi_k = \varphi_{N/2}(t) - \varphi_{N/2+k}(t), \quad k = -N/2, \cdots, N/2 \tag{5.5.35}$$

在图 5-51 的小图中给出了 $\Delta\varphi_{200}$ 的时间演化，可以看到当 $D = 3.125 \times 10^{-4}$ 时，$\Delta\varphi_{200}$ 在观察的时间内基本保持不变，说明振子之间很好的锁相，但对 $D = 1.125 \times 10^{-4}$ 和 $D = 5 \times 10^{-3}$ 的情况，$\Delta\varphi$ 都随时间减小，说明过弱或过强的噪声均不利于系统相同步的形成。

对随机系统的同步，可以用交叉扩散系数来刻画：

$$D_{\mathrm{eff}}(k) = \frac{1}{2}\frac{\mathrm{d}}{\mathrm{d}t}[\langle \Delta\varphi_k^2(t)\rangle - \langle \Delta\varphi_k(t)\rangle^2] \tag{5.5.36}$$

如果 D_{eff} 减小，则系统可以在更长时间内保持锁相，相同步效应更强。根据格点的交叉扩散系数可以定义系统的交叉扩散系数：

$$D_{\text{eff}} = \frac{1}{N}\sum_{k=-N/2}^{N/2} D_{\text{eff}}(k) \tag{5.5.37}$$

图 5-51 的虚线给出了 D_{eff} 与 D 的变化关系。曲线在某一 D 处有一最小值，说明此处系统的相同步效应最强。为与此对比，图中画出了无耦合 $(\gamma = 0)$ 时的 D_{eff} 曲线 (圆点线)，可以看到没有耦合时，系统无法产生很好的相同步行为。因此可看出相同步行为是系统的耦合 (有序) 与噪声 (无序) 相互作用的结果。没有耦合时，噪声激发的脉冲在空间和时间上都无序地进行，耦合使得这些脉冲不仅在时间上而且在空间上有序地组织起来，从而表现出时间、空间的规则和有序。

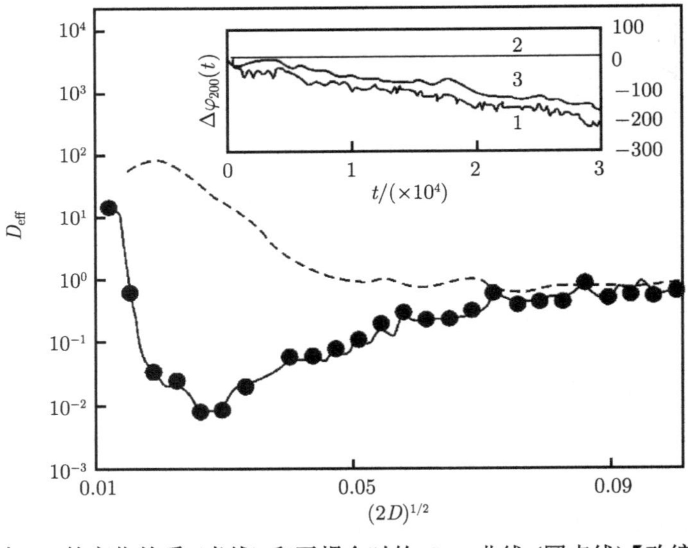

图 5-51　D_{eff} 与 D 的变化关系 (虚线) 和无耦合时的 D_{eff} 曲线 (圆点线)【改编自文献 [612]】小图为 $\Delta\varphi_{200}$ 的时间演化

随着系统尺寸的增加，相同步就比较难以达到。这一点不仅可以从一维格点看出，也可以从二维介质看出。图 5-52 自左向右给出了不同噪声强度 $D = 1.125 \times 10^{-4}$，3.125×10^{-4}，5×10^{-3} 时尺寸为 200×200 的介质空间斑图，每一个 D 值的自下而上的三张图对应于不同时刻，图中的白色区域为处于脉冲态的振子。在弱噪声下，我们可以看到噪声诱发的靶波，激发的位置在空间是不定的，而且我们也无法看到稳定的螺旋波。

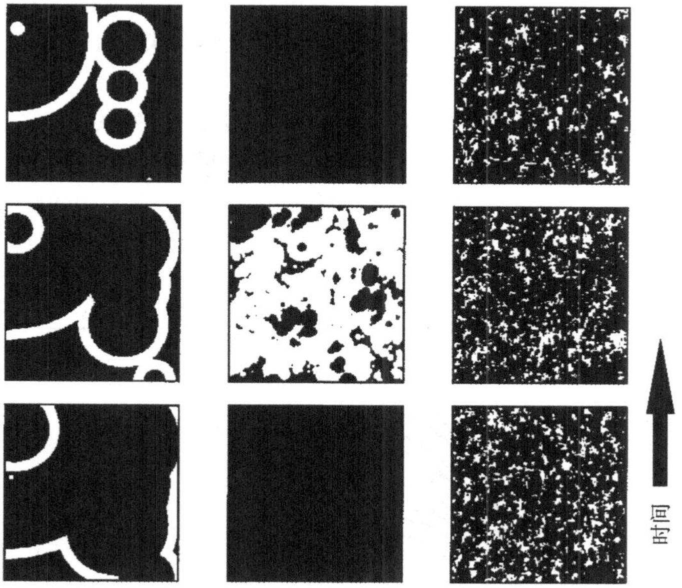

(a) (b) (c)

图 5-52 不同噪声强度下 200×200 的介质空间斑图【改编自文献 [612]】

在上面的系统中，我们可以看到有两种无序：一种是空间的无序，即 a_n 各不相同，这导致介质中各个位置可激发性的不同；另一种是时空的无序，即时间空间上均无关联的热噪声。前者的无序只有通过噪声的激励才能体现出来，而耦合则可以巧妙地利用这两类无序，使系统出现有序的行为。正是这些超出人们常规直觉的行为，使得这方面的研究引起了众多不同领域学者的兴趣。

与 Neiman 等的工作直接相关，2001 年周昌松等研究了噪声的空间关联对 FitzHugh-Nagumo 介质相干共振的影响 [613]。他们考虑噪声 $\xi_n(t)$ 可分为空间均匀与空间不均匀两部分：

$$\xi_n(t) = \sqrt{R}e(t) + \sqrt{1-R}\eta_n(t) \tag{5.5.38}$$

每一部分均用高斯白噪声作为简化，但空间关联性完全不同，即

$$\langle e(t)\rangle = 0, \quad \langle e(t)e(t')\rangle = \delta(t-t') \tag{5.5.39}$$

$$\langle \eta_n(t)\rangle = 0, \quad \langle \eta_n(t)\eta_m(t')\rangle = \delta_{n,m}\delta(t-t') \tag{5.5.40}$$

$e(t)$ 为作用于每一单元的共同噪声，即每时每刻所有单元都一样。$\eta_n(t)$ 则为局域噪声，每时每刻不同单元均不相同，且在空间是相互无关联的，很显然

$$\langle \xi_n(t)\rangle = 0, \quad \langle \xi_n(t)\xi_m(t')\rangle = [R+(1-R)\delta_{n,m}]\delta(t-t') \tag{5.5.41}$$

因此 R 量度的是噪声 $\xi_n(t)$ 在空间的关联强度，$R=0$ 为无关联，$R=1$ 为强关联。类似于单个可激发单元相干共振的讨论，可以定义一个类似于 (5.5.4) 信噪比式的量 S，用以量度系统的相干程度。

在图 5-53 中给出了 S 在不同 R 下与噪声强度 D 的关系。可以看到很有趣的现象：噪声的空间关联 R 越弱，系统反而具有更强的相干性，而 R=0 时，系统的相干共振效应最强，此时系统亦具有最强的相同步。类似地，也可以考察介质本身非均匀性 (对 FitzHugh-Nagumo 系统，可用 a_n 的失配大小 δa 描述) 对系统相干性的影响。

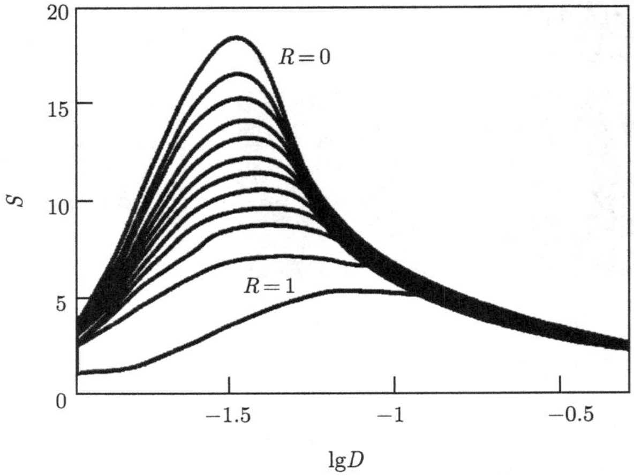

图 5-53　S 在不同 R 下与噪声强度 D 的关系【改编自文献 [613]】

在图 5-54 中，S 与 δa 的关系是单调上升的，也就是说，介质越不均匀，系统具有越强的相干性。由此可以看出，由于可激发介质自身的特殊动力学行为，它在与噪声及无序相处时会出现许多出人意料的行为，这些行为也是人们研究的热点。时空无序引发的相干共振对理解神经系统的信号处理机制和解码过程可能是很有启发性的。

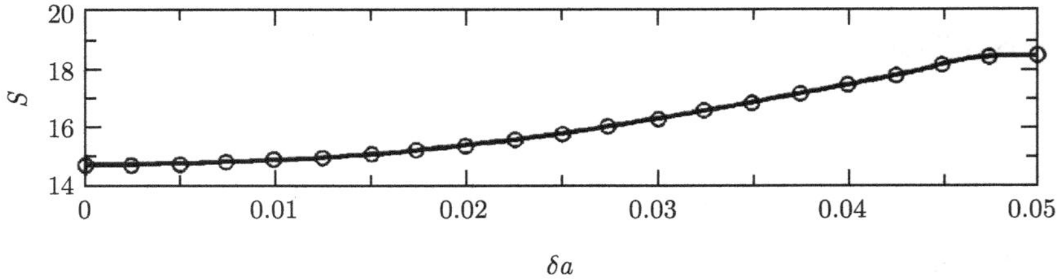

图 5-54　S 与 δa 的关系【改编自文献 [613]】

第6章　耦合链的相变与非线性动力学

前几章所研究的耦合系统大多不具有空间结构，或者说我们不关注空间调制结构带来的对集体行为的影响。事实上，物理学中大量研究证实，空间调制结构是不可忽略的因素。构成物质的原子分子通常是按照一定的空间顺序来排列的，由此产生了由不同原子分子组成、不同组合、不同空间排布规则构成的物质结构，排列可以是周期的、准周期的或空间无序的。人们早期关注比较多的是空间周期排列，构成的这类物质称为晶体。按照准周期空间排列规则的物质体系称为准晶 [614]。无序系统近年来也成为人们研究的焦点。最早对于晶体结构的研究集中于点阵结构。所有晶体结构就其对称性而言，共有 230 个类型，每一个类型由一个空间群来描述。由于对称性，当对晶体结构进行一个对称操作时具有不变性 [615]。

物质结构相变的研究是一个大课题，结构随外参量改变引起的是其物理性质的转变。当一个系统具有两个或以上相互竞争的空间尺度时，系统就存在空间调制结构，并存在一类复杂的结构相变，称为**公度–非公度相变**(commensurate-incommensurate phase transition, 简称**CI 相变**)。在凝聚态物理许多实验中，我们都可以观察到空间调制结构，如二元合金长周期结构、稀土材料中的铁磁相。描述调制的波矢可以随外参量如温度、压力、磁场等改变而变化，也可以锁定于某一有理数值上。对于具有有理数波矢的调制结构，我们称其为**公度的**，否则，如果波矢是无理数，则称之为**非公度的**。被调制的量可以是原子的位移、占有数或自旋的排列，调制可以是一维的，也可以是二维或三维的。在不同条件下系统可以表现出不同的公度相或非公度相，在这些不同相之间的转变是人们关注的热点 [614-617]。

物质结构的复杂性使得公度–非公度相变的研究很大程度上依赖于实验观察。多个空间尺度的竞争导致了理论研究的复杂性。建立反映**尺度竞争**(或称**波矢竞争**)的模型需要同时考虑粒子系统相互作用的特性和空间结构的特性，二者的匹配与否直接决定调制后的粒子空间排布特性。而这种空间排布在噪声和外力作用下又会产生对系统非平衡输运和动力学的重大影响，使得空间调制结构系统涌现出丰富多彩的集体行为 [618-620]。

类似于同步研究的 Kuramoto 模型抓住了其中最简单的因素，1938 年，Frenkel 与 Kontorova 提出了一个非常简单的一维空间尺度竞争模型 [621]。在该模型中，一条由最近邻简谐耦合粒子构成的链被置于一个空间周期的外势场中。这个模型无论从结构上还是从作用势的形式上都做到了最简单，且保留了尺度竞争的精髓即粒子间的间距和外势场的周期之间的竞争 [622-624]。后人称之为**Frenkel-Kontorova**

模型, 以下均简称**FK 模型**。FK 模型最初是用来描述位错中心附近的晶格结构的，但在后来几十年的研究中其应用范围大大推广，如位错动力学 [616,617]、耦合单摆 [620]、电荷密度波 [625-629]、铁电畴壁、磁序结构、Josephson 结阵列 [630-640]、滑动摩擦与介观摩擦学 [641-643]、自组织临界性 [644] 等。在各种其他理论和模型占主流的时代，FK 模型也在不断拓展其应用领域，描述空间波矢竞争，揭示了大量有意义的现象和本质问题。因此，FK 模型在刻画空间竞争结构特性及其输运动力学等方面都具有代表性 [645-647]。

我们在下面将以 FK 系统为基本的代表性模型来讨论具有空间竞争的系统的基态和动力学行为，并在第 7 章讨论与在噪声和涨落环境中空间尺度竞争相关的非平衡输运问题。由于动力学经常与噪声共舞，因此本章对于动力学的讨论对于第 7 章噪声下的集体行为具有重要的基础研究意义。

6.1　FK 格点链与基态

6.1.1　FK 模型

我们可以从力学角度引入 FK 模型。如图 6-1(a) 所示，设有一列空间一维的粒子，它们相互之间用弹簧连接，并将其置于一个周期势场中。用 u_j 代表第 j 个粒子的位置，则系统的总势能为

$$H=\sum_{j=1}^{N}[V(u_j)+W(u_{j+1}-u_j)] \tag{6.1.1}$$

其中 N 为总粒子数，$V(u)$ 为周期势，周期为 a，通常可以取单位长度 $a=1$ (一般的周期 a 可以用标度变换变为单位周期)：

$$V(u+1)=V(u) \tag{6.1.2}$$

W 是弹簧的势能，它是粒子间距离的函数。这里考虑的是最近邻相互作用。一般 FK 系统的 $V(u)$ 和 W 可以有很复杂的非线性形式，标准的 FK 模型则选用下面的最简单形式：

$$V(u)=\frac{d}{(2\pi)^2}[1-\cos(2\pi u)] \tag{6.1.3}$$

$$W(\Delta u)=\frac{1}{2}(\Delta u-\mu)^2 \tag{6.1.4}$$

其中 d 量度周期势的高度。由于式 (6.1.4) 的相互作用势强度是归一化的，因而 d 实质上量度势垒与相互作用之间的相对强度，μ表示无周期外势时弹簧的自由长度。这样系统的可调参量为 d 和μ。系统中存在两个空间尺度，一个是弹簧自由长度μ，

另一个是势场周期 $a=1$。两个空间尺度之间的竞争称为**阻挫**(frustration)。**空间尺度竞争**是 FK 模型的本质特征，它导致一系列复杂的空间调制结构及其非线性时空动力学行为 [646]。与此密切相关的一个典型例子是耦合单摆，如图 6-1(b) 所示，其中描写单摆状态的变量为其摆角 θ_i，单摆的势则由重力势能提供，单摆之间的相互作用势由一条水平弹簧带来的扭矩提供 [646]。

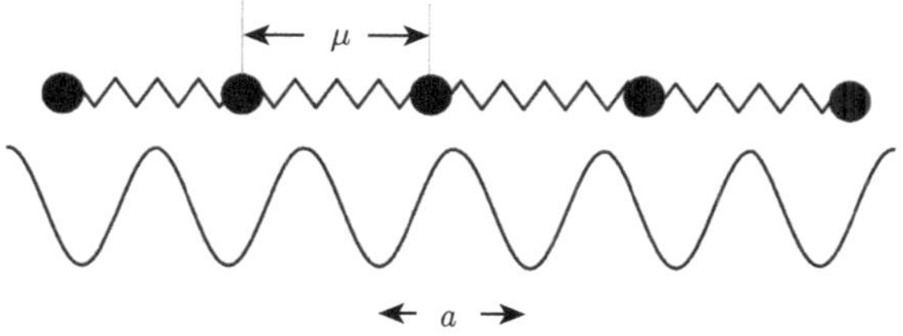

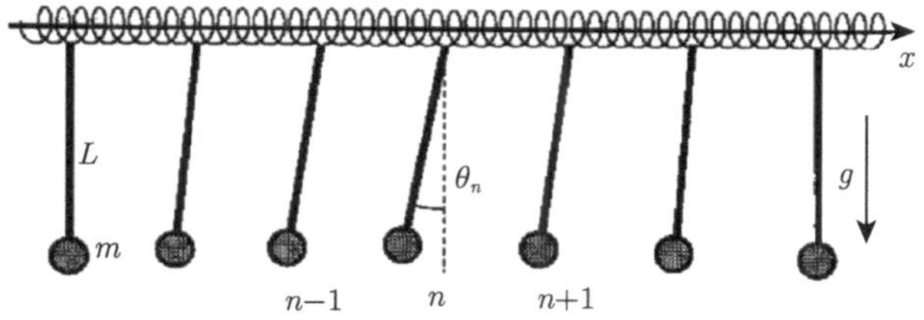

图 6-1 (a) FK 模型示意图; (b) 耦合单摆，FK 模型的一个力学具体实例

我们通常讨论粒子数 $N\to\infty$ 极限下的情形。在粒子数 $N\to\infty$, 空间长度 $L\to\infty$, $N/L=$ 有限值的热力学极限下，很多问题可以作解析的处理。在模拟计算中，N 通常取 $10^2\sim10^3$ 的量级即可反映出热力学极限下的一些性质，具体的 N 视不同问题而定。

6.1.2 平衡态位形结构与标准映象

在很多情况下我们关心系统的调制结构 [648-655]，它可用所有粒子的空间位置 $\{u_j\}$ 描述。我们首先感兴趣的是 FK 系统的平衡态结构，即没有外力情况下的结构。它可由系统哈密顿变分定出:

$$\frac{\partial H}{\partial u_j}=V'\left(u_j\right)+\frac{\partial W\left(u_{j+1}-u_j\right)}{\partial u_j}+\frac{\partial W\left(u_j-u_{j-1}\right)}{\partial u_j}=0 \tag{6.1.5}$$

$j=1,2,\cdots,N$。引入弹簧的张力

$$p_j=\partial W(u_j-u_{j-1})/\partial u_j \tag{6.1.6}$$

上述方程可写为

$$p_{j+1} = p_j + V'(u_j) \tag{6.1.7}$$

因此 FK 系统的平衡态可由下面的二维映象描述：

$$(u_{j+1}, p_{j+1}) = \boldsymbol{T}(u_j, p_j) \tag{6.1.8}$$

如果函数 V, W 是连续可微的，且 W 是严格的凸函数，则式 (6.1.8) 是连续的扭映射 (twist map)，并满足所谓的 "扭曲" 条件：

$$(\partial u_{j+1}/\partial p_j)_{u_j} > 0 \tag{6.1.9}$$

扭映射是哈密顿系统混沌研究中非常重要的一类映象，随参数改变, 该系统存在从规则到遍历混沌的运动 [30,59]。这样，我们就可以把 FK 系统的基态问题与扭映象中的动力学问题联系在一起。特别的，对于标准 FK 系统，其基态恰好对应于哈密顿系统混沌运动研究中著名的标准映象 [59,81]：

$$\begin{cases} p_{j+1} = p_j + k\sin(2\pi u_j)/(2\pi) \\ u_{j+1} = u_j + p_{j+1} \end{cases} \tag{6.1.10}$$

我们可以注意到，参量μ并未出现在映象 (6.1.10) 中，这意味着对标准 FK 而言，平衡态结构的特点在一定程度上不依赖于μ。但是，我们从后面可以看到，μ在平衡态结构的相变问题中及时空动力学中起着重要作用，它是反映两种空间尺度的竞争行为的关键参量。

另外需要说明的一点是，上面对 V 和 W 函数的要求在实际物理系统中不一定总成立。例如，W 的凸函数要求就经常不会满足，W 如果是非凸函数会导致基态问题和动力学的复杂性。我们将在 FK 系统的时空动力学的讨论中论及这一点，此处不再详述。以下关于基态的描述均假设 V 和 W 函数满足上述要求。

从上面 FK 系统基态与扭映象的对应可以看到，给定任意初始条件 (u_0, p_0)，映射 $\boldsymbol{T}$ 与其逆 $\boldsymbol{T}^{-1}$ 会产生映象的一条轨道。任意一条轨道都对应于 FK 系统的一个平衡态结构，反之亦然。但是，这种对应并不说明任一条扭映象的轨道都是物理上可实现的平衡态位形结构，能否实现还要取决于其物理稳定性。构型 $\{u_j\}$ 的物理稳定性意味着系统能量极小，即对稳定构型 $\{u_j\}$ 的小扰动会使系统能量升高，从而系统对扰动的响应是耗散的。考虑 $\{u_j\}$ 加上小扰动 $\{u_j + \delta_j\}$，则由小扰动带来的能量变化为 (至二阶)

$$H(\{u_j + \delta_j\}) = H(\{u_j\}) + \frac{1}{2}\sum_{n,m}\frac{\partial^2 H(\{u_j\})}{\partial u_n \partial u_m}\delta_n\delta_m \tag{6.1.11}$$

当矩阵

$$\boldsymbol{M} = \{M_{n,m}\} = \left\{\partial^2 H/(\partial u_n \partial u_m)\right\} \tag{6.1.12}$$

的二次型是零或定正时，构型 $\{u_j\}$ 就是稳定的。$\boldsymbol{M}$ 矩阵的本征值为围绕 $\{u_j\}$ 振荡的本征频率的平方 Ω^2。因而位形结构 $\{u_j\}$ 的物理稳定性又等价于其结构的声子谱是实的。

应当注意，平衡态位形结构的物理稳定性与扭映射 $\boldsymbol{T}$ 的轨道动力学稳定性截然不同，这从上面的分析可以看出来。$\boldsymbol{M}$ 的严格定正性实际上意味着扭映射 $\boldsymbol{T}$ 的轨道的李指数是正的，亦即 $\boldsymbol{T}$ 的轨道的不稳定性。因此，在稳定的平衡态结构中只有那些具有零频声子模 (即 $\Omega_0 = 0$) 的位形结构才可能对应于映象的一条稳定轨道。

在实际中，平衡态构型的稳定可用 Aubry 提出的**极小能量构型**来判定 [648,649,655]。构型 $\{u_j\}$ 的平均单粒子能量定义为

$$\varepsilon = \lim_{N-M\to\infty} \frac{1}{N-M} \sum_{j=M}^{N-1} \left[V(u_j) + W(u_{j+1} - u_j)\right] \tag{6.1.13}$$

具有局域极小值 $\varepsilon_{\min}$ 的构型 $\{u_j\}$ 称为极小能量构型。极小能量构型就是稳定的平衡构型。

6.1.3 基态与相图

当 FK 系统没有外势场 $V(u)$ 时，粒子之间由于相互作用 $W(\Delta u)$ 而保持着彼此之间的自由距离 μ。当有周期势场 $V(u)$ 存在时，两个空间尺度即粒子间自由距 μ 和周期势场周期 $a = 1$ 的竞争会导致粒子间距不再维持均匀距离 μ，而是发生重新调整，从而形成调制的非均匀空间排列结构。可以定义空间构型的平均间距ω为下面的 “**旋转数**”(winding number):

$$\omega = \langle u_{j+1} - u_j \rangle = \lim_{N-M\to\infty} (u_N - u_M)/(N-M) \tag{6.1.14}$$

对凸相互作用情形，Aubry 证明了每个极小能量构型都会有一个恰当定义的旋转数 [648]；反之，对于每一个ω，都会有至少一个最小能量位形结构。

一旦 V 和 W 不依赖于粒子记号 j，则模型是均匀的，对粒子的重新编号不会改变构型的物理性质。下面我们考虑对构型的变换。设 $\{u_j\}$ 为一个极小能量构型，定义下面的变换：

$$\delta_{r,m}\{u_j\} = \{u_{j+r} + m\} = \{u'_j\}, \quad r, m \in Z \tag{6.1.15}$$

该变换可以产生另一组极小能量构型。如果存在一对整数 r, m 使得上述变换不变，即

$$u_{j+r} + m = u_j \tag{6.1.16}$$

则称构型分布 $\{u_j\}$ 是**周期**的，此时这个周期构型 $\{u_j\}$ 的平均间距为

$$\omega = -m/r \tag{6.1.17}$$

若存在变换序列 $\delta_{r,m}\,(r\to\pm\infty)$ 使得

$$\delta_{r,m}\{u_j\}\to\{u_j\} \tag{6.1.18}$$

则称位形结构 $\{u_j\}$ 是具有**回归性**的 (recurrent)。这个概念的含义即回归构型中的任何片断都会在其他部分重现 (以某种精度)。显然周期位形结构是 (精确) 回归的。系统的基态定义为一个回归的极小能量位形结构。

对 FK 系统基态问题的讨论是 FK 系统研究很重要的方面。对于每一个 ω 都存在至少一个具有平均间距 ω 的基态，相应的单粒子能量为 $\varepsilon(\omega)$。基态为在给定参数 (d,μ) 下系统具有极小能量的态，即

$$\varepsilon=\min_{\omega}\varepsilon(\omega) \tag{6.1.19}$$

此能量称为**基态能量**。对应于基态能量的粒子平均间距 ω 称为基态平均间距。对基态的确定不是一件非常简单平庸的工作。人们提出了多种不同方法来计算系统的基态，其中公认最有效率的是 Griffiths 发展的本征值极小化方法 (即有效势方法)，它不依赖于系统势的具体形式，因而有一定的普遍性。有兴趣的读者可参阅 Griffiths 的有关文章 [651,652]。

我们首先看一下标准 FK 模型的基态。对于每一固定的 d,μ，我们都有平均间距为 ω 的基态。图 6-2(a) 给出了系统的相图。在 (d,μ) 空间中不同的区域对应于

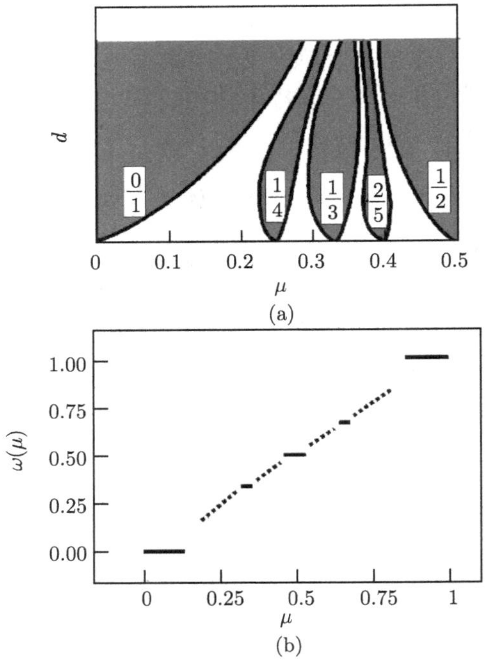

图 6-2 (a) FK 系统在 (d,μ) 空间中的相图；(b) $d=1$ 时 ω 与 μ 的关系

基态平均间距 ω 的不同值，图中只给出了部分区域，图中的数字对应于不同的 ω 值。可以看到许多有理数的舌头，在每一个舌头内 ω 都保持固定的有理数值。在任意的两个有理数舌头之间都仍有无穷多的舌头，在有理数值舌头之间是无理数的区域。实际这些有理数区域和无理数区域对应于系统的公度相和非公度相，下面我们会讲到。

图 6-2(b) 画出了 $d=1$ 时 ω 与 μ 的关系。这个函数关系是连续的，但有很多有理数的台阶，即这些有理数的台阶都对应于有理数的 ω，它们对应于上面相图的 Arnold 舌头区域。我们称这些台阶为**魔梯**(devil staircase)。如果所有这些有理数台阶的测度为 1，则称魔梯是完整的，否则就是非完整的。

6.2 公度–非公度转变

6.2.1 公度基态与公度–非公度转变

我们把具有有理数平均间距 (注意，实际上是粒子平均间距与空间周期势周期的比值！) 的基态称为公度基态，其特点是，如有一对互素的整数 $p, q, \omega=p/q$，则任何具有平均间距 ω 的公度基态在 $\delta_{q,-p}$ 变换下都不变，即对所有 j 都有

$$u_{j+q}-p=u_j \tag{6.2.1}$$

这说明任何可公度基态都是周期的，且最小周期性是 ω 的整数倍。这样，可公度的基态用 q 个粒子 $u_j, j=1,2,\cdots,q$ 的单位元胞即可完全描述。实际上，一个可公度基态的单位元胞大小 q 可由下面的元胞能量全局极小化得到，此时 q 为变量:

$$\Phi\left(\{u_j\}_{j=1}^{q}\right)=\sum_{j=1}^{q}\left[V\left(u_j\right)+W\left(u_{j+1}-u_j\right)\right]/u_{q+1}=u_1+p \tag{6.2.2}$$

对标准 FK 来说，上述的极小化是唯一的，但非标准 FK 情形则不唯一。因此具有 ω 的公度基态的集合 C_ω 可以是分立的也可以是连续的。对于连续的 C_ω，基态的位形结构是可滑动的，即可滑动基态位形结构不需要额外能量。当 C_ω 不连续时，基态的位形结构是钉扎的，即需要额外能量或有限大小的外力才可以使其在空间移动。对于可滑动的结构，在 C_ω 中任意两个基态

$$\{u_j\}<\{v_j\} \tag{6.2.3a}$$

总有处于其间的另外基态构型 $\{\omega_j\}$，使得

$$\{u_j\}<\{\omega_j\}<\{v_j\} \tag{6.2.3b}$$

而对于钉扎的结构，则可以找到两个相邻的基态结构 $\{u_j\} < \{v_j\}$, 其间不存在其他基态结构。要移动钉扎的构型，我们必须要用一定的能量来克服一个有限高度的能量壁垒，该能垒称为**PN 势垒**(Pierels-Nabarro barrier)[656,657]。

对于可滑动基态构型 (C_ω 连续) 来说，平均间距为 ω 的极小能量构型就是基态，而且只对应于基态。C_ω 是分立时则不然，除基态外，对应于 ω 的极小能量构型还可以是非回归的，称为**基本错公度**(basic discommensuration)[624]。它有两种情形：

(1) **向前**(forward)**基本错公度**：给定 C_ω 中两个相邻的基态 (意味着二者中间不再有基态存在) 构型 $\{u_j\} < \{v_j\}$，存在一极小能量构型 $\{w_j^+\}$ 使得

$$w_j^+ \to \begin{cases} u_j, & j \to -\infty \\ v_j, & j \to +\infty \end{cases} \tag{6.2.4}$$

(2)**向后**(backward)**基本错公度**：在相邻基态构型 $\{u_j\} < \{v_j\}$ 之间存在一极小能量构型 $\{w_j^-\}$ 满足

$$w_j^- \to \begin{cases} v_j, & j \to -\infty \\ u_j, & j \to +\infty \end{cases} \tag{6.2.5}$$

我们可用下面的相对局域相 $\{\varphi_j\}$ 来对上述两种错公度有更清楚的认识：

$$\varphi_j = \frac{1}{q}\sum_{j=0}^{q-1}\left(w_{j+i}^{\alpha} - u_{j+i}\right) \tag{6.2.6}$$

其中 q 为公度基态 $\{u_j\}$ 的元胞大小，$\alpha = \pm$ 代表向前和向后两种情况。显然对于向前错公度

$$\varphi_j \to \begin{cases} 0, & j \to -\infty \\ \varDelta, & j \to +\infty \end{cases} \tag{6.2.7}$$

对于向后错公度

$$\varphi_j \to \begin{cases} 0, & j \to -\infty \\ -\varDelta, & j \to +\infty \end{cases} \tag{6.2.8}$$

其中

$$\varDelta = 1/q \tag{6.2.9}$$

称为过剩长度。图 6-3 给出了向前构型和向后构型错公度的 $\{\varphi_j\}$。

相图 6-2(a) 中在舌头边缘的转变称为**公度–非公度转变**[624]。这个转变就是由系统的错公度引起的，因此错公度的概念在研究这些转变时很有帮助。我们在此不再进一步涉及这方面的内容。

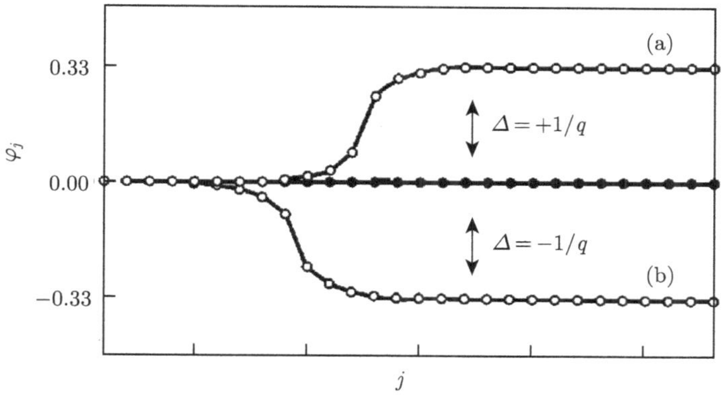

图 6-3 向前构型 (a) 和向后构型 (b) 错公度的 $\{\varphi_j\}$

这里还需要对钉扎态作一些说明。上面提到 PN 垒与系统的力有密切的关联，对于基态可对系统加一均匀外力 F，则外力下的平衡方程为

$$V'(u_j) + \frac{\partial w(u_{j+1} - u_j)}{\partial u_j} + \frac{\partial w(u_j - u_{j-1})}{\partial u_j} - F = 0 \tag{6.2.10}$$

系统存在一个阈值 $F_d > 0$，当 $F < F_d$ 时方程 (6.2.10) 有解，当 $F > F_d$ 时方程 (6.2.10) 无解。

另外，钉扎态有有限的相干长度。对钉扎基态的某一格点施加一扰动 $u_n \to u_n + \delta_n, |\delta_n| \ll 1$，然后跟踪扰动在基态格点中的传播。设其他格点对基态有

$$\delta_j \propto \exp(-|j-n|/\xi) \tag{6.2.11}$$

即扰动传播以指数衰减。ξ称为相干长度，它等于与基态 $\{u_j\}$ 联系的 $\boldsymbol{T}$ 映射 (6.1.8) 轨道的李指数的倒数。因此也可以得知，对基态来说，$\boldsymbol{M}$ 矩阵的谱大于零，没有等于零的本征值。

6.2.2 非公度基态与 Aubry 相变

具有无理数平均间距的基态称为**非公度基态**，它可以用无理数的有理逼近 (即公度基态) 来得到。非公度基态最重要的特征是存在决定基态的 “**壳函数**”(hull function)$f_\omega(x)$[646]。壳函数有以下特点：

(1) $f_\omega(x)$ 是单调增加的。

(2) $f_\omega(x)$ 是梯度周期的，即

$$f_\omega(1+x) = 1 + f_\omega(x) \tag{6.2.12}$$

因此可用如下一个周期函数代替:

$$g_{\omega}(x) = f_{\omega}(x) - x \tag{6.2.13}$$

(3) 若 $f_{\omega}(x)$ 是连续的，则对任意实数 α，由

$$u_j = f_{\omega}(j\omega + \alpha) \tag{6.2.14}$$

定义的构型 $\{u_j\}$ 都是一个基态构型，反之亦然。

(4) 若 $f_{\omega}(x)$ 在某一点 x_0 不连续，则它在可数的无穷点集

$$x = x_0 + m + r\omega, \quad m, r \in Z \tag{6.2.15}$$

上都是不连续的。

(5) 壳函数 $f_{\omega}(x)$ 是唯一的。

如果壳函数是连续的，如图 6-4(a) 所示，则基态的集合 C_{ω} 也是连续的，即基态是可滑动的。我们再次把基态与标准映象联系起来。连续的壳函数所联系的基态对应于标准映象 (6.1.8) 的轨道在一条解析曲线上是稠密的，即 KAM 环面。这些环面在小 d 下的存在性由 KAM 定理给出，它们的旋转数 (对 FK 基态来说即平均间距)ω 是一个无理数。解析的 (滑动的) 非公度结构没有 PN 垒 ($E_{\mathrm{PN}} = 0$)，相应所需的脱钉力 $F_d = 0$。另外，$\boldsymbol{M}$ 矩阵有零本征值，如图 6-5 的圆点线对应的本征谱所示。对解析非公度结构，相干长度是发散的。换言之，外势 $V(u)$ 的存在并未给链的自由移动带来阻碍，其作用只是相对均匀分布结构 $\{j\omega + \alpha\}$ 的一个平滑的周期调制。因此，尽管外势使得能量的连续平移不变性破坏，但非公度结构

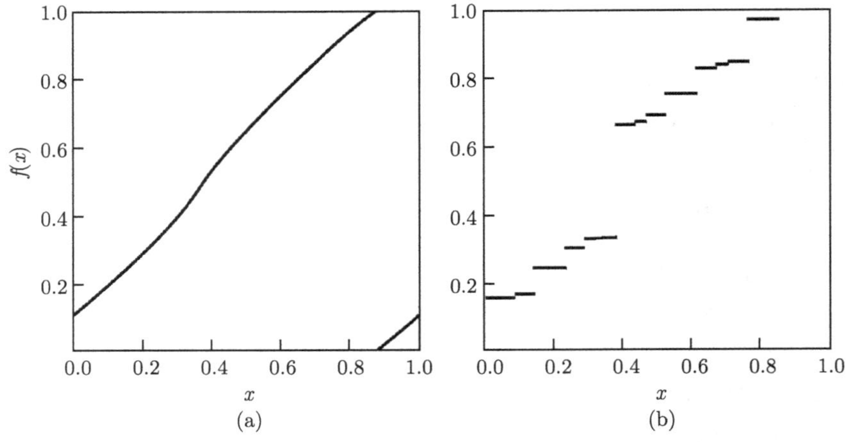

图 6-4　壳函数在 Aubry 相变点两边的行为【改编自文献 [648]】

的解析性使得这种不变性在某种意义下仍保留。当外势的势垒高度足够大时，上面非公度结构的解析性就会被打破，此时壳函数的连续性也就被破坏，如图 6-4(b) 所示。系统存在一个临界势垒高度 d_c，当 $d > d_c$ 时解析的非公度结构不再存在，与非解析非公度基态相联系的标准映象的轨道在一个具有 Cantor 集的不变集合上是稠密的，通常称为**康托尔环面**(Cantorus) [81]。与此相对应，$\boldsymbol{M}$ 矩阵的最小本征值不再是零，意味着公度结构存在一个非零本征模，如图 6-5 中小图的三角形点线所示。

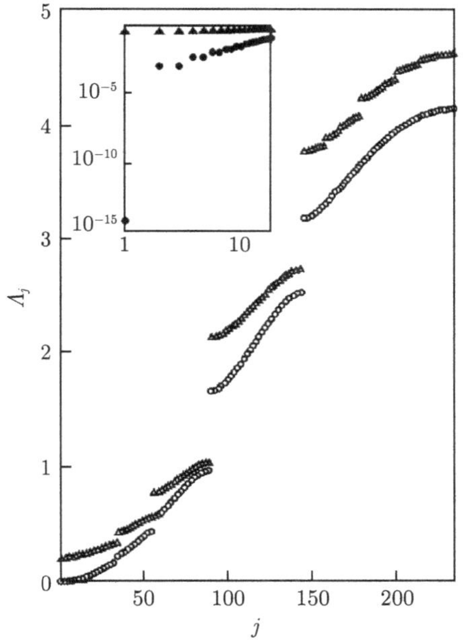

图 6-5 $\boldsymbol{M}$ 矩阵的本征谱【改编自文献 [649]】

小图为大图左下角的局部对数放大

上面的叙述实际上就是非公度基态在参量 d 改变时发生的一种基态结构相变，称为**Aubry 相变**。在物理上人们曾称之为**脱钉相变**(depinning transition)，即随着 d 的增加，在 $d = d_c$ 处系统经历从滑动态到钉扎态的转变 [648,649]。Aubry 本人称之为**解析性破缺相变**(analyticity breaking transition)，即描述壳函数由解析到非解析的转变 [649]。下面的几点总结基本上概括了该非公度基态相变各个方面的表现 (当 d 由 $d < d_c$ 变为 $d > d_c$ 时)：

(1) 非公度基态位形结构由滑动的变为钉扎的；

(2) PN 垒 $E_{\mathrm{PN}} \neq 0$，脱钉力 $F_d \neq 0$；

(3) 相干长度由发散变为有限；

(4) 声子谱 (即 $\boldsymbol{M}$ 矩阵的本征谱) 的零频率声子模消失，声子谱出现空隙 (gap)(图 6-5)；

(5) 系统基态的壳函数由连续变为不连续，解析性被破坏 (图 6-4)；

(6) 基态对应的标准映象的 KAM 环面破缺；

(7) 对于不同的无理旋转数 ω，发生相变的临界值 $d_c(\omega)$ 不相同，如图 6-6 所示，在所有有理数 ω 处，

$$d_c(\omega)=0 \tag{6.2.16}$$

而只有 $d\neq 0$，公度基态总会被钉扎；

(8) $d_c(\omega)$ 与 ω 在黄金分割数

$$\omega=\omega_0=(\sqrt{5}\pm 1)/2 \tag{6.2.17}$$

处最大，有

$$d_c\left(\omega_0\right)=0.971635406\cdots \tag{6.2.18}$$

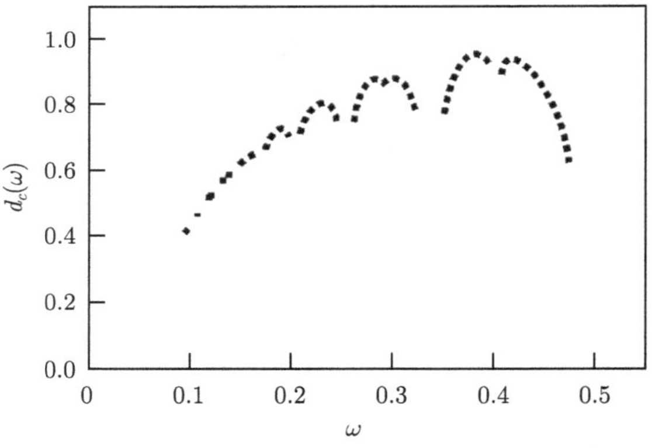

图 6-6　发生相变的临界值 $d_c(\omega)$【改编自文献 [649]】

对于 Aubry 相变，人们同样也会关心在临界点附近的各种临界指数及其标度关系。Coppersmith 与 Fisher[650]，Peyrard 与 Aubry[648] 等都对这些描述进行了计算，MacKay 等发展了 Aubry 相变的重整化理论 [658,659]。以下是人们已经获得的一些有关量的临界指数规律：

(1) 相干长度：

$$\xi\left(d\right)\sim\left(d-d_c\right)^{-v},\quad v\approx 0.9874624 \tag{6.2.19}$$

(2) PN 能垒：

$$E_{\mathrm{PN}}\left(d\right)\sim\left(d-d_c\right)^{\psi},\quad \psi\approx 3.0117222 \tag{6.2.20}$$

(3) 脱钉力：

$$F_d\left(d\right)\sim\left(d-d_c\right)^{\psi'},\quad \psi'=\psi \tag{6.2.21}$$

(4) 声子谱间隙:

$$\Omega_{\min}(d) \sim (d - d_c)^{\chi}, \quad \chi \approx 1.0268803 \tag{6.2.22}$$

(5) 壳函数最大间隙:

$$\Delta_f(d) \sim (d - d_c)^{\sigma}, \quad \sigma \approx 0.7120835 \tag{6.2.23}$$

人们还定义了弹性常数

$$C = (\partial u / \partial \omega)_d \tag{6.2.24}$$

和等效黏滞系数

$$\Gamma = \lim_{v \to 0} F/v \tag{6.2.25}$$

其中 F 为施加于系统的常外力，v 为驱动下的平均运动速度。对黄金分割 $\omega_0 = (\sqrt{5}+1)/2$ 的情况，这两个量在 d_c 附近的临界行为如下:

(6) 弹性常数:

$$C(d) \sim (d - d_c)^{S}, \quad S \approx 0.049328 \tag{6.2.26}$$

(7) 等效黏滞系数:

$$\Gamma(d) \sim (d - d_c)^{-\eta}, \quad \eta \approx 0.029500 \tag{6.2.27}$$

上面的临界指数满足下面的标度关系:

$$2\chi + \nu = \eta + \psi \tag{6.2.28}$$

$$S = \psi - 3\nu \tag{6.2.29}$$

6.2.3 缺陷、界面与亚稳态

当系统处于钉扎态时，基态位形结构是通过引入缺陷来使其物理上稳定的。相对于参考构型 $\{u_j\}$ 来说，如果存在 $r, m \in Z$ 使得

$$u'_j \to \begin{cases} u_j, & j \to -\infty \\ \sigma_{r,m}\{u_j\} = u_{j+r} + m, & j \to \infty \end{cases} \tag{6.2.30}$$

则称 $\{u'_j\}$ 是关于 $\{u_j\}$ 的**缺陷**(defect)。此时 $\{u'_j\}$ 的位形结构大部分与 $\{u_j\}$ 相同，但在中间 $\{u_j\}$ 被错开，因而产生了缺陷。在标准 FK 系统中，前面提到的基本错公度就是与公度结构有关的缺陷的特例，只是它们仍是极小能量构型。一般情况下缺陷位形结构不是极小能量构型。

当一个构型 $\{w_j\}$ 是由两种基态构型 $\{u_j\},\{v_j\}$ 构成的复合结构时，$\{w_j\}$ 中间会形成一个由这两种基态构型组成的**界面**(interface)。此时 $\{w_j\}$ 的构造为

$$w_j \to \begin{cases} u_j, & j \to -\infty \\ v_j, & j \to +\infty \end{cases} \tag{6.2.31}$$

上面的缺陷结构 (6.2.30) 是界面的一种特例，它是由 $\{u_j\}$ 及其对称变换 $\sigma_{r,m}\{u_j\}$ 产生的。

缺陷可以看成是许多基本错公度的积累。缺陷的过剩长度 Δ 也可类似于错公度的定义。很显然，对于上述缺陷，

$$\Delta = r\omega + m \tag{6.2.32}$$

图 6-7 给出了 ω=1/2 时的一个缺陷结构的例子，它是用前面定义的 φ_j 式 (6.2.6) 给出的。可以看到该缺陷结构是由几个基本错公度构成的。

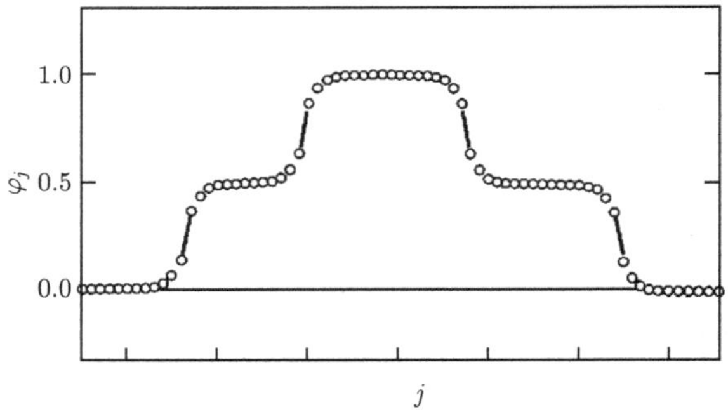

图 6-7　$\omega = 1/2$ 时的缺陷结构

另一个常见的情况是：系统的位形结构 $\{u_j\}$ 在物理上是稳定的, 但它不是一个极小的能量构型。我们称这种结构为**亚稳态**(metastable state)。亚稳态在 FK 系统中很容易看到。Coppersmith 等的研究表明, 亚稳态的数目随系统尺寸以指数规律增加 [650]。这密切联系着一个被称为**反可积**(anti-integrability) 的概念。这一概念是由 Aubry 提出的 [649]。一个系统若其能量是可分的，即

$$H = \sum_j V(u_j) \tag{6.2.33}$$

则称此系统是反可积的。显然对于 FK 系统来说，反可积极限即粒子间耦合强度趋于零 $(d \to \infty)$ 的极限。在此极限下, 标准 FK 模型的平衡态位形结构 $\{u_j^{\rm AI}\}$ 为

$$u_j^{\rm AI} = \frac{1}{2}m_j, \quad m_j \in Z \tag{6.2.34}$$

其中 $\{m_j\}$ 为一任意整数序列。对反可积系统基态性质的研究是另一个大的问题 [658,659], 我们这里不再讨论。

6.3 常外力驱动下 FK 系统的耗散动力学

FK 系统平衡态性质的研究揭示了丰富的空间调制结构和相变行为。这些结构在有限温度下被证实也可以观察到, 表明 FK 系统的公度相与非公度相及其转变是系统内部固有的现象。有两类物理系统在 FK 非线性动力学与相变的研究中起到了至关重要的作用: 一类是电荷密度波导体，另一类是 Josephson 结阵列。在实际系统中, 外来的许多因素如外场、涨落等都会使得系统出现更多复杂的动力学行为。本节我们首先讨论 FK 系统的耗散动力学, 即不考虑其动力学方程的惯性效应。注意这里动力学所描述的并不一定是真实的粒子, 因为 FK 系统的应用范围早已超出最早晶体位错的物理背景，可描述的问题很广, 只要动力学方程与之一致, 则都可以把有关 FK 的概念和结果应用进来。

我们先考虑 FK 系统整体受到外力 $F(t)$ 的作用。在耗散 (过阻尼) 情况下, 系统的运动方程为

$$\dot{u}_j + \frac{d}{2\pi}\sin(2\pi u_j) = (u_{j+1} - 2u_j + u_{j-1}) + F(t), \quad -\infty < j < \infty \tag{6.3.1}$$

其中 $\{u_j(t)\}$ 是与时间有关的粒子构型分布, 即对于空间指标 j 的一组 u 值; d 描述周期势垒的高度。下面我们首先来讨论该系统解的性质。

6.3.1 Middleton 禁越规则

定义如下**构型变换**:

$$\{u'_j\} = \sigma_{r,m}\{u_j\} = \{u_{j+r} + m\} \tag{6.3.2}$$

该变换同时对构型 $\{u_j\}$ 的指标和状态进行操作，由此可以得到一组新的构型 $\{u'_j\}$。如果构型变换 (6.3.2) 满足变换不变性

$$\sigma_{r,m}\{u_j\} = \{u_j\} \tag{6.3.3}$$

则称该构型是空间的**周期构型**。

对于方程 (6.3.1)，还可以很容易证明上述变换具有以下对称性: 如果 $\{u_j(t)\}$ 是方程 (6.3.1) 初始构型为 $\{u_j(t_0)\}$ 的解, 则对任意整数 $r, m, \sigma_{r,m}\{u_j(t)\}$ 为方程 (6.3.1) 的以 $\sigma_{r,m}\{u_j(t_0)\}$ 为初始条件的解。

对每一个初始构型分布 $\{u_j(t_0)\}$, 利用时间演化方程 (6.3.1) 都会给出一组时间变化的解 (构型)$\{u_j(t)\}$。一个初始周期结构的排布在运动过程中能否保持而不产生粒子间的换序? 对方程 (6.3.1), Middleton 证明了如下的**Middleton 禁越规**

则(no-passing rule)[660-662]：如果系统的初始构型保持 (或部分保持) 一定的顺序关系, 即如果 $t = t_0$ 时

$$\{u_j(t_0)\} < \{v_j(t_0)\} \tag{6.3.4}$$

则在任一时刻 $t > t_0$, 总有

$$\{u_j(t)\} < \{v_j(t)\} \tag{6.3.5}$$

如果初始构型是空间周期排布的, 即

$$\sigma_{r,m}\{u_j(t_0)\} = \{u_{j+r}(t_0) + m\} = \{u_j(t_0)\} \tag{6.3.6}$$

则在均匀外力作用下, 解 $\{u_j(t)\}$ 随时间仍保持这种周期结构。

Middleton 保序的特征是相互作用势为凸函数的结果 [660-662]。当相互作用势非凸时, 这个保序规则不再总是成立。Middleton 禁越规则的重要性在于:

(1) 一个初始转动有序的构型在任何时间都会保持转动有序；构型 $\{u_j\}$ 的转动有序是指对任何对称变换 $\sigma_{r,m}$, 构型 $\{u'_j\} = \sigma_{r,m}\{u_j\}$ 总是小于或大于 $\{u_j\}$, 即新构型整体左移或右移, 或者 $\{u'_j\} = \{u_j\}$。

(2) 一个初始有界的构型 $\{u_j(t_0)\}$ 在任何时刻 $t > t_0$ 仍保持有界, 即方程 (6.3.1) 的解不会随时间演化越来越混乱。

(3) 定义系统整体 (质心) 的平均运动速度

$$\bar{v} = \lim_{\substack{N\to\infty \\ T\to\infty}} \frac{1}{NT} \sum_{J=-N/2}^{N/2} \int_{t_0}^{t_0+T} \dot{u}_j(t)\mathrm{d}t \tag{6.3.7}$$

则 Middleton 禁越规则决定了平均速度 $\bar{v}$ 具有唯一性。当参数 d, ω 及外力 $F(t)$ 的形式给定时, 系统有唯一的 $\bar{v}$，它排除了 $\bar{v}$ 的多值性 (多分支性)。

6.3.2　常外力驱动下的定态不变性与动力学壳函数

下面我们考虑 $F(t) = F$ 为常外力的情况。由于此时方程 (6.3.1) 左右不显含时间, 因此在时间平移变换下方程保持形式不变。在构型变换 (6.3.2) 基础上考虑时间平移，设 $r, m \in Z, \tau \in R$, 则可定义一个**时间–构型变换**$\sigma_{r,m,\tau}$

$$\sigma_{r,m,\tau}\left\{u_j(t)\right\} = \left\{u_{j+r}(t-\tau) + m\right\} = \left\{u'_j(t)\right\} \tag{6.3.8}$$

此变换给出对应于初始构型为 $\sigma_{r,m,\tau}\left\{u_j(t_0)\right\}$ 的解。

在前面基态的讨论中，我们引入了脱钉力 F_d。Middleton 禁越规则导致的 $\bar{v}$ 的唯一性保证了 $F < F_d$ 时 $\bar{v} = 0$。F_d 把系统的动力学分成两个区域: 当 $F < F_d$ 时, 系统处于钉扎区, 粒子链不产生整体运动；当 $F > F_d$ 时, 系统处于滑动区。图 6-8(a) 给出了 $\omega = 3/5$, $d = 4.0$ 时的 $\bar{v}$-F 曲线, 可以看到 $F_d \approx 0.191$。值得注

意的是, 即使 $\bar{v}=0$, 也不能说明系统的运动完全停止。如果系统内有错公度, 则错公度仍是运动的, 但由于只是微观少数粒子参与, 因此系统总的平均速度仍保持为零。这里不再讨论这种特殊情形。我们只考虑 $\{u_j(t)\}$ 为定态的情况。

设 $\{u_j(t)\}$ 是任意定态解, 对于 $r\in Z$, 则 $\{u_{j+r}(t)\}$ 也是一个定态解。存在某一个 $\tau>0$, 使得在所有时间 t,

$$u_{j+r}(t)=u_j(t+\tau) \tag{6.3.9}$$

则

$$\bar{v}\tau=\langle u_j(t+\tau)-u_j(t)\rangle=\langle u_{j+r}(t)-u_j(t)\rangle=r\omega \tag{6.3.10}$$

由此我们有在任意时刻 t,

$$\{u_{j+r}(t-r\omega/\bar{v})\}=\{u_j(t)\} \tag{6.3.11}$$

类似的讨论可得到方程解如下的不变性:

$$\{u_j(t-m/\bar{v})+m\}=\{u_j(t)\} \tag{6.3.12}$$

上面两个结果可表述为如下统一的表达式:

$$\sigma_{r,m,[(r\omega+m)/\bar{v}]}\{u_j(t)\}=\{u_j(t)\} \tag{6.3.13}$$

对于给定的定态解 $\{u_j(t)\}$, 我们可以用函数

$$f(x)=u_j(t) \tag{6.3.14a}$$

来代换, 这里

$$x=j\omega+\bar{v}t \tag{6.3.14b}$$

对于每一个 x, $f(x)$ 是唯一的, 因此 $f(x)$ 是一个单值的实函数。由于式 (6.3.12), 因而

$$f(x+1)=1+f(x) \tag{6.3.15}$$

并且它是解析的单调增函数。我们称 $f(x)$ 为**动力学壳函数** (dynamical hull function)[660]。图 6-8(b) 给出了

$$g(x)=f(x)-x \tag{6.3.16}$$

的行为, 这里 $\omega=3/5$, $k=2.0$, $F=0.3$, 相应的 FK 系统的定态平均速度 $v(t)$ 的行为也可由壳函数的性质得出: 对于公度结构

$$\omega=p/q\quad(p,q\text{互素}) \tag{6.3.17}$$

$v(t)$ 是时间振荡的, 振荡周期为

$$T=1/(q\bar{v}) \tag{6.3.18}$$

对非公度结构来说, $v(t)=\bar{v}$ 是一个常数。

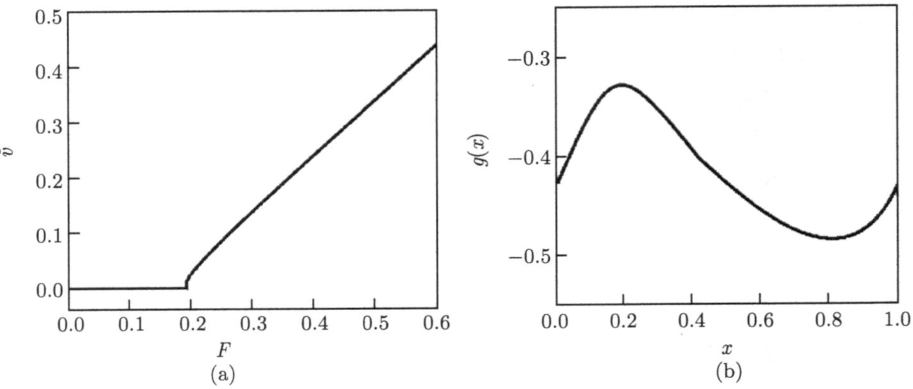

图 6-8　(a) $\omega = 3/5, d = 4.0$ 时的 $\bar{v}$-F 曲线；(b) 动力学壳函数 $g(x) = f(x) - x$ 的行为【改编自文献 [660]】

6.3.3　脱钉相变

对于 FK 系统来说, 当 $F \geqslant F_d$ 时, 链会在周期势场中运动 (脱钉)。外力驱动下, 粒子在周期势场中的运动问题是物理上非常重要的方面, 它涉及非平衡输运、超导体转变、界面滑动摩擦等许多问题。最简单的情形是无相互作用粒子在势场中的运动。在只有常外力作用下, 粒子的脱钉相变实际上是动力系统理论中鞍结分岔的情况。在 F_d 附近 $\bar{v}$ 的行为为

$$\bar{v} \propto \tau^{-1} \propto (F - F_d)^{1/2} \tag{6.3.19}$$

其中 τ 是粒子在一个势阱内的逗留时间。有趣的是, FK 系统在某些情况下可用上述单粒子图像来研究。当 FK 是公度结构的时候 $(\omega = p/q)$，结构周期性使得运动问题就简化为 q 自由度系统的运动, 即我们不必考虑无限长链的运动。当 $F \geqslant F_d$ 时，系统处于滑动态，动力学壳函数 $f(x)$ 的存在性使公度结构脱钉转变的分析可用单一自由度运动来描述：

$$\dot{u} = h(u) \tag{6.3.20}$$

其中

$$h(u) = \bar{v}f'(x), \quad x = f^{-1}(u) \tag{6.3.21}$$

动力学壳函数的单调性保证了逆函数 f^{-1} 的存在。很容易看出，$h(u)$ 是周期的，且在转变点附近每个周期内有 q 个局域极小值，它们与 $F = F_d$ 时粒子的静态构型 $\{u_j^0\}$ $(j = 1, 2, \cdots, q)$ 相联系，如图 6-9(a) 的若干局域极小所示。

由于上述的单自由度描述，在 F_d 附近公度结构 $\bar{v}$ 的行为与单粒子情况完全一致 [660]：

$$\bar{v} \propto (q\tau)^{-1} \propto (F - F_d)^{1/2} \tag{6.3.22}$$

非公度结构的脱钉转变则相对较为复杂。在 Aubry 相变点以下 ($d < d_c$, 基态是非钉扎态)，非公度结构的耗散动力学不存在脱钉转变，即不存在 $F_d \neq 0$, 只要 $F > 0$，系统就会以常速度

$$v(t) = \bar{v} \propto F \tag{6.3.23}$$

运动。当 $d > d_c$ 时，非公度基态在无外力作用下则会处于钉扎态，需要一个有限大小的外力 F_d 才能使结构产生运动。系统结构的非公度性使得我们只能处理一个无限大自由度的问题，而不能像公度结构情况那样化为单自由度情况处理。

在 $F < F_d$ 时，讨论非公度结构动力学一个重要的数值分析工具是转动有序静态的线性稳定性分析。一个无理数 ω 可用有理逼近的方法处理。例如, 对最重要的黄金分割情况

$$\omega_0 = (\sqrt{5} + 1)/2 \tag{6.3.24}$$

我们可以用如下 Fibonacci 数列逼近：

$$\omega_n = f_n/f_{n-1} \to \omega_0, \quad n \to \infty \tag{6.3.25}$$

其中 Fibonacci 数列为

$$\begin{aligned} &f_0 = 1, \quad f_1 = 1 \\ &f_{n+1} = f_n + f_{n-1}, \quad n \to \infty \end{aligned} \tag{6.3.26}$$

因此

$$\omega_n = 1/1, 2/1, 3/2, 5/3, 8/5, 13/8, 21/13, 34/21, \cdots \tag{6.3.27}$$

利用上述逼近可以以最快的速度逼近黄金分割 ω_0。

当 $F > F_d$ 时，对非公度结构运动的分析又可以约化到单变量的情况，因为此时系统就会存在解析的单调动力学壳函数 $f(x)$, $\dot{u} = h(u)$。图 6-9(b) 画出了 $h(u)$ 在不同 F 下的情况，可类似看到有一系列极小值。因此与这些极小值相联系的粒子在势阱的逗留时间为

$$\tau \propto (F - F_d)^{1/2}$$

应当注意到，除了上面与公度情况的共同点之外，非公度与公度之间还存在明显的不同，即在 F_d 附近公度情况 $h(u)$ 的局域极小值个数保持为 q，而非公度时局域极小值的个数在 $F \to F_d^+$ 时趋于无穷多，且其数目以幂率发散：

$$\tilde{q} \propto (F - F_d)^{-\delta} \tag{6.3.28}$$

这样，局域极小在临界点附近的幂律发散导致了非公度结构在 F_d 附近 $\bar{v}$ 的临界规律为

$$\bar{v} \propto (\tilde{q}\tau)^{-1} \propto (F - F_d)^{\xi} \tag{6.3.29}$$

$$\xi = 1/2 + \delta \tag{6.3.30}$$

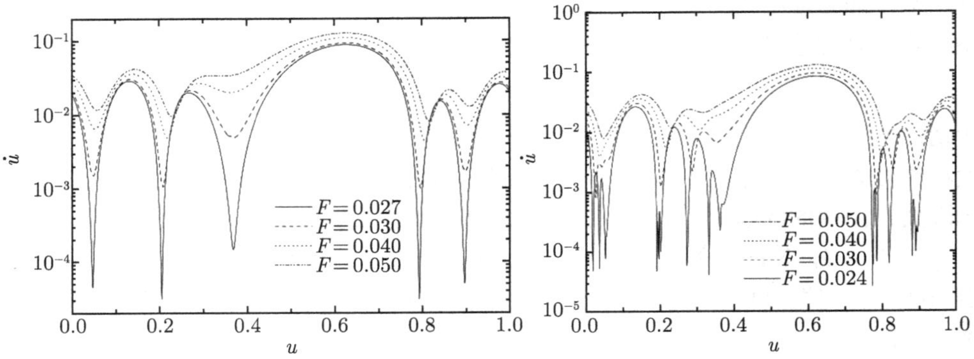

(a)　　　　　　　　　　　　　　　　(b)

图 6-9　(a) 公度情况下的 $h(u)$ 的行为；(b) 非公度情况下 $h(u)$ 在不同 F 下的情况【改编自文献 [663]】

其中 δ 是与 d 和 ω 都有关的量。一般情况下，$\xi \in (0.5, 1)$，图 6-10 给出了 $\omega = \omega_0, d = 2.0$ 时的 $\bar{v}$-F 曲线，在 F_d 附近的规律为 $\xi \approx 0.74$，因而非公度情况与公度及单粒子情况有很大不同 [663,664]。

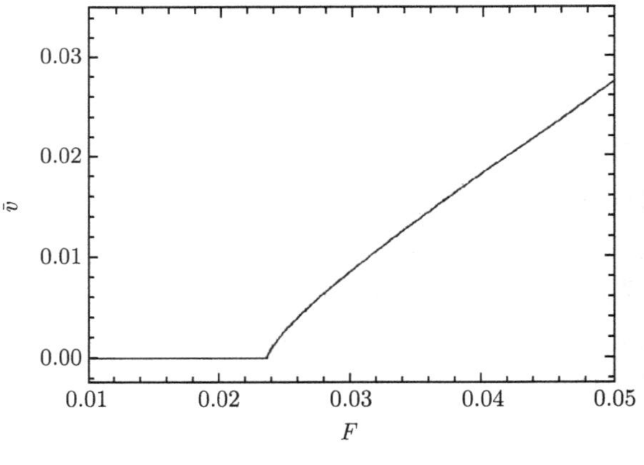

图 6-10　$\omega = \omega_0$, d=2.0 时的 $\bar{v}$-F 曲线【改编自文献 [664]】

6.4　周期力驱动 FK 系统的耗散动力学与共振行为

本节我们考虑 FK 系统在周期外力作用下的耗散动力学。设加到粒子上的周期力均相同：

$$F_j(t) \equiv F(t) = F(t+T) \tag{6.4.1}$$

运动方程仍由式 (6.3.1) 描写。很容易看出，若 $\{u_j(t)\}$ 是系统初始条件为 $\{u_j(t_0)\}$

的解，则由如下类似于式 (6.3.8) 的变换：

$$\sigma_{r,m,s}\left\{u_j(t)\right\}=\left\{u_{j+r}(t-s/\gamma_0)+m\right\} \tag{6.4.2}$$

可以得到系统初始构型为 $\sigma_{r,m,s}\{u_j(t_0)\}$ 的解。这里 $r,m,s\in Z$ 为一组整数，$\gamma_0=1/T$ 为周期力的频率。

在周期力的驱动下，FK 系统的动力学不仅存在空间尺度的竞争，而且还存在时间尺度的竞争 [624]。当系统 (6.3.1) 在时间 – 构型变换 (6.4.2) 下具有**不变性**，即存在一组整数 $r,m,s\in Z$ 使得

$$\{u_j(t)\}=\sigma_{r,m,s}\{u_j(t)\} \tag{6.4.3}$$

时，我们就说此解是关于整数 (r,m,s)**共振的**(resonant)，由此，周期力的相位变化 s 个周期的时间就等于 FK 系统在空间平移距离为 $r\omega+m$ 所用的时间，即

$$\Delta t=s/\gamma_0=(r\omega+m)/\bar{v} \tag{6.4.4}$$

ω 为粒子平均间距。这样可以得到 FK 系统共振解的平均运动速度为

$$\bar{v}=(r\omega+m)\gamma_0/s \tag{6.4.5}$$

给定同一个 $\bar{v}$，由于有 r,m,s 三个整数，可以看到 (r,m,s) 的选择可以不是唯一的，即存在多种组合。但对于无理数的 ω, (r,m,s) 则有唯一的最小值。当 $s=1$ 时，我们称共振是简谐的 (harmonic); 当 $s>1$ 时, 共振是亚谐的 (sub-harmonic)。当然此处的 (r,m,s) 是不可约的，即 r,m,s 互素。上面的共振反映出系统与周期外力的同步行为 (锁模，mode locking)[646]。

6.4.1 周期开关常外力下的运动

我们先考虑下面较为简单的用周期开关常外力 (即分段常外力) 来实现的周期力情形 [665-668]：

$$F(t)=\begin{cases}F, & t\in(nT,nT+t_{\mathrm{on}})\\ 0, & t\in(nT+t_{\mathrm{on}},(n+1)T)\end{cases} \tag{6.4.6}$$

其中 $n\in Z$，t_{on} 为常外力 F 的作用时间。为方便分析，设 t_{on} 足够短，则 F 的作用相当于一个短时的脉冲。在短时脉冲时，前面常外力的结果可以用到这里。

先讨论公度结构的情形。我们选初始构型为 $\omega=p/q$ $(p,q\in Z)$ 的基态 $\{u_j\}$(这可以在撤去外力后容易得到)。当 $F<F_d$ 时，脉冲力不足以引起系统的运动，$\bar{v}=0$。即使当 $F>F_d$ 时，如果 t_{on} 太短，初始基态构型没有足够时间移出吸引域，系统也不会产生沿外力方向的运动，$\bar{v}=0$。当 $F<F_d$ 且 t_{on} 足够大 (当然要相比 T

较小) 时，在关闭 F 期间系统就可以弛豫到一个稳定的构型 $\{u_j^s\}$。对标准 FK 情形，$\{u_j^s\}$ 具有下面的形式：

$$\{u_j^s\} = \{u_{j+r} + m\}, \quad r, m \in Z \tag{6.4.7}$$

因此在外力的一个周期 T 内, 每一个粒子移动的距离是 $r\omega + m$，则简谐共振的平均速度为

$$\bar{v} = (r\omega + m)\gamma_0 \tag{6.4.8}$$

图 6-11(a) 给出了 $\omega = 1/3$, $d = 2.0$, $T = 21$, $t_{\text{on}} = 1$ 时的 $\bar{v}(F)$ 曲线，纵轴用 $q\bar{v}/\gamma_0$ 表示，其中整数 q 为 $\omega = p/q$ 的分母。可以看到只有

$$\bar{v} = n\gamma_0/q, \quad n \in Z \tag{6.4.9}$$

的整数台阶出现，每一个台阶都代表一种共振状态，每两个台阶之间是不连续的。

对于处于 Aubry 相变点 d_c 以下的非公度结构，基态的集合是连续的，外周期力的作用不会产生锁模，因此 $\bar{v}(F)$ 曲线是连续的。这一点可以从图 6-11(b) 中的线 a 看出来，这里 $\omega = \omega_0, d = 0.1 < d_c$。当非公度结构处于 Aubry 相变点以上时，系统的运动又会出现与公度结构类似的锁模现象，$\bar{v}(F)$ 曲线由一系列台阶组成，但由于 ω 是无理数，因此这些台阶就不再如同公度情形那样均匀 (等间隙) 地出现，如图 6-11(b) 中的线 b 所示，这里 $d = 4.0 > d_c$。

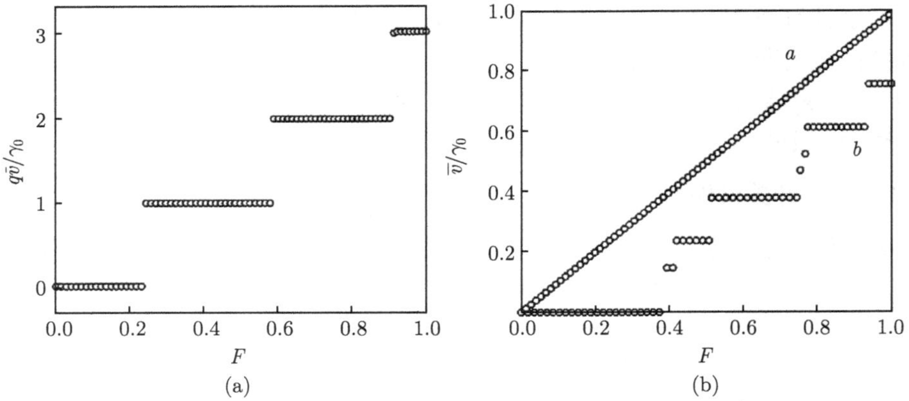

图 6-11　(a) 公度情况开关力作用的 $\bar{v}(F)$ 曲线；(b) 非公度的 $\bar{v}(F)$ 曲线【改编自文献 [665]】

6.4.2　余弦力驱动下的锁模行为

下面考虑一个由直流力与余弦交流力组成的周期力 [624,630-632]：

$$F(t) = \bar{F} + F_{\text{ac}}\cos(2\pi\gamma_0 t) \tag{6.4.10}$$

其中 $\bar{F}$ 代表直流力的大小，$F_{\rm ac}$ 代表交流力的幅度，γ_0 为交流力的频率。当 $d=0$ 时，系统是完全可解的：

$$u_j(t)=j\omega+\bar{F}t+\frac{F_{\rm ac}}{2\pi\gamma_0}\sin(2\pi\gamma_0 t)+\alpha \tag{6.4.11}$$

其中 α 为由初始条件决定的任意相位 (系统平移不变性)。当 $d>0$ 时，系统存在两个竞争的频率 (时间) 尺度：周期力的频率 γ_0 和直流力 $\bar{F}$ 驱动下粒子在周期势场中运动的速度 (频率)。二者之间竞争的结果会导致较为复杂的锁模运动。

当 ω 为整数时，在基态每一个粒子都处于周期势的势阱底部，有外力情况下，上面的问题可约化成单个粒子的运动：

$$\dot{u}=-\frac{d}{2\pi}\sin(2\pi u)+\bar{F}+F_{\rm ac}\cos(2\pi\gamma_0 t) \tag{6.4.12}$$

该系统运动的平均速度 $\bar{v}(\bar{F})$ 会表现出简谐和亚谐共振行为。这些共振台阶在 Josephson 结实验中称为 Shapiro 台阶，并得到了广泛深入的讨论 [624]。

对于有理的非整数 ω，我们同样可观察到简谐和亚谐共振台阶：

$$\bar{v}/\gamma_0=(r\omega+m)/s \tag{6.4.13}$$

图 6-12(a) 给出了当 ω=1/2, d=4.0, $F_{\rm ac}=0.2, \gamma_0=0.2$ 时的 $\bar{v}(\bar{F})$ 曲线。与脉冲力不同，除了共振台阶之外，在台阶之间是连续的曲线，在此处系统为非共振锁模状态。值得注意的是，如果把大台阶之间连续部分放大，还可以发现小的亚谐共振台阶。这些亚谐台阶可通过计算定态解的最大李指数 λ 看到，当李指数为负时，系统处于亚谐共振锁模态。图 6-12(b) 给出了相应于图 6-12(a) 参数下在直流外力 $\bar{F}$ 的一小区域中最大李指数 λ 的变化情况，可以看到很多 $\lambda<0$ 的区域。

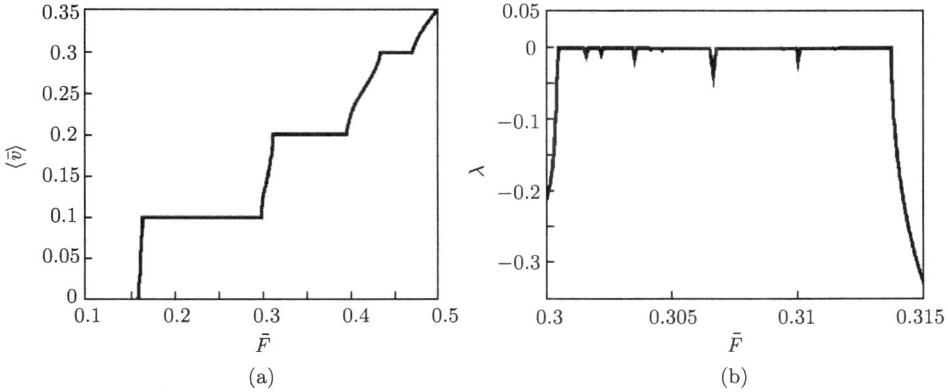

图 6-12 (a) 当 ω=1/2, d=4.0, $F_{\rm ac}=0.2, \gamma_0=0.2$ 时的 $\bar{v}(\bar{F})$ 曲线；(b) 相应于图 (a) 参数下在直流外力 $\bar{F}$ 的一小区域中最大李指数 λ 的变化情况【改编自文献 [630]】

Floria 与 Falo 研究了非公度结构的情况[630,631]。为方便下面的讨论，我们分析黄金分割倒数平均间距即 $\omega = \omega_0^{-1} = (\sqrt{5}-1)/2$ 的情况。对于小 d，系统在外力作用下非公度结构不会产生锁模行为，因而

$$\bar{v} \propto \bar{F} \tag{6.4.14}$$

为方便研究，可以类似于前面引入的动力学壳函数。但由于周期力的存在，此时的壳函数应当是二维的，即 $f(x,y)$。系统状态可表示为

$$u_j(t) = f(j\omega + \bar{v}t + \alpha, \gamma_0 t + \beta) \tag{6.4.15}$$

其中 α, β 为任意相位。函数 $f(x,y)$ 是 y 的周期函数和 x 的阶跃周期函数

$$f(x+1, y+1) = f(x+1, y) = 1 + f(x,y) \tag{6.4.16}$$

因此同样可用另一 x, y 均为周期的函数

$$g(x,y) = f(x,y) - x \tag{6.4.17}$$

代替。当 $d, F, \bar{F}, F_{\rm ac}, \gamma_0$ 变化时，动力学壳函数 $f(x,y)$ 也连续变化。当 $d \to 0$ 时，$f(x,y)$ 为

$$f_0(x,y) = x + \frac{F_{\rm ac}}{2\pi\gamma_0}\sin(2\pi y) \tag{6.4.18}$$

该函数在 x, y 平面是连续解析的。考虑一个小 d 对 $f_0(x,y)$ 只是加上了调制，其解析性仍保留。系统存在与 $\bar{v}$ 有关的临界 $d_c(\bar{v})$，当 $d > d_c$ 时，$f(x,y)$ 的解析性被破坏。这种现象与基态的 Aubry 相变很类似，但它是在耗散的驱动动力学系统中的转变。图 6-13 给出了 $d = 1.4$, 4.0 和 $F_{\rm ac} = 0.2, \gamma_0 = 0.2$ 时系统的动力学壳函数 $g(x,y)$，可以看到 d=1.4 时 $g(x,y)$ 是连续的，而 d=4.0 时就不连续。这种相变称为**动力学 Aubry 相变**[630]。从动力学上看，基态 Aubry 相变是非公度结构由钉扎态向滑动态的转变，而动力学 Aubry 相变则是由非锁模态向锁模态的转变。

由于动力学壳函数 $f(x,y)$ 解析性的破坏，当 $d < d_c(\bar{v})$ 时，$\bar{v}(\bar{F})$ 曲线就不再是连续的，而是由许多台阶组成的。特别当 d 较大时，可从 $\bar{v}(\bar{F})$ 线上看到无穷多的锁模共振台阶：

$$\bar{v}/\gamma_0 = (r\omega + m)/s \tag{6.4.19}$$

图 6-14 给出了 $d = 1.4, 2.8, 4.0$ 时的 $\bar{v}(\bar{F})$ 曲线，可以看到，在大 d 时 $\bar{v}(\bar{F})$ 曲线为各种共振台阶，这些台阶对于给定的 $\omega = (\sqrt{5}-1)/2$ 时可用三整数对 (r, m, s)

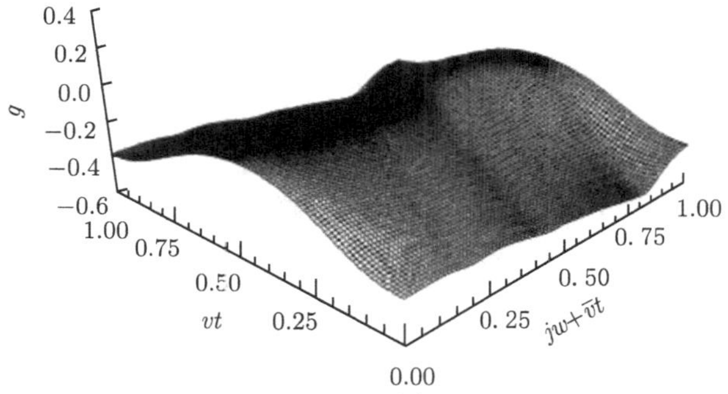

(a)

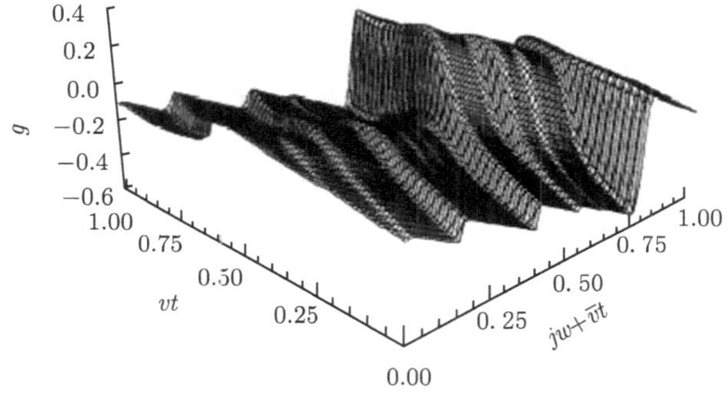

(b)

图 6-13 $d=1.4, 4.0$ 和 $F_{\rm ac}=0.2, \gamma_0=0.2$ 时系统的动力学壳函数 $g(x,y)$【改编自文献 [630]】

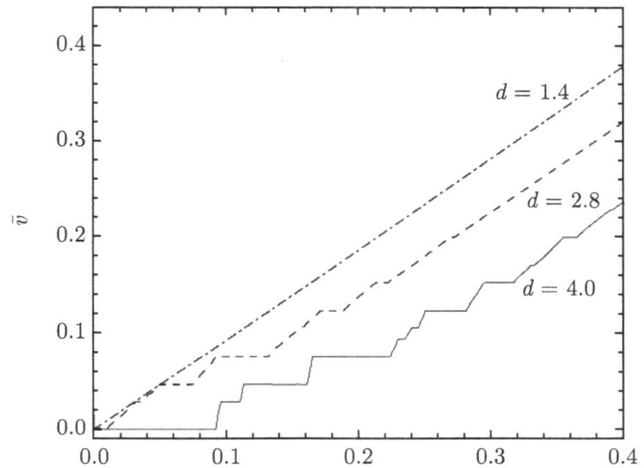

图 6-14 $d = 1.4, 2.8, 4.0$ 时的 $\bar{v}(\bar{F})$ 曲线【改编自文献 [630]】

来描述。对非公度情况，(r, m, s) 可以约化到最小且唯一。图 6-15 给出了当 $F_{\rm ac} = 0.2, \gamma_0 = 0.2$ 时系统的锁模共振在 $(d, \bar{F})$ 平面的相图。我们可以看到许多共振舌头 (Arnold 舌头)，每一个舌头都与 (r, m, s) 唯一对应。系统较大的舌头 (0,0,1) 对应于 $\bar{v} = 0$ (钉扎情形)。舌头的宽度随 d 的减小而变窄，在某一 d_c 收缩为零。因此，不同共振舌头的尖端起始点对应的 d_c 都不一样。但状态由舌头内移到舌头外时，系统就会发生动力学 Aubry 相变。

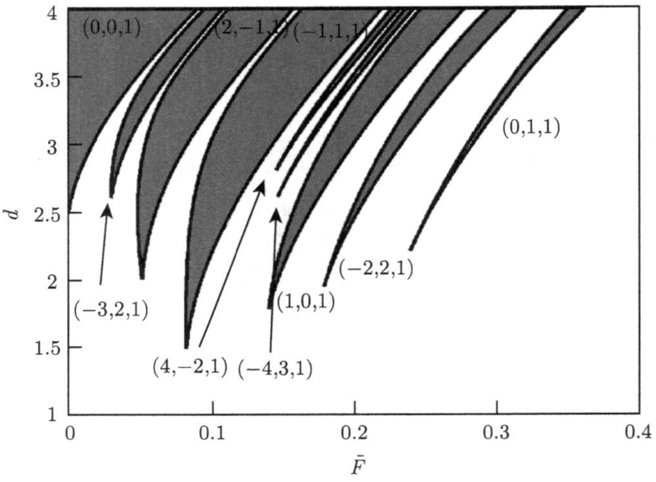

图 6-15　当 $F_{\rm ac} = 0.2, \gamma_0 = 0.2$ 时系统的锁模共振在 $(d, \bar{F})$ 平面的相图【改编自文献 [630]】

6.5　欠阻尼 FK 系统的低速动力学

6.5.1　直流外力驱动下的小阻尼 FK 系统

前面我们讨论了 FK 系统在外力驱动下的耗散动力学。在一些情况下，系统惯性项的效应可以不予考虑，此时系统动力学仅用一组过阻尼下的一阶常微分方程组讨论。但在更多情况下，由于系统受到的阻尼不太大，二阶导数的惯性项仍起着重要的作用，因而在分析时就要考虑它的作用。本节我们要考虑下面的 FK 系统：

$$\ddot{u}_i + \gamma \dot{u}_i + \sin u_i = K(u_{i+1} - 2u_i + u_{i-1}) + F(t), \quad i = 1, 2, \cdots, N \tag{6.5.1}$$

这里及其后讨论中我们用 K 代表振子间的相互作用强度，γ 是阻尼系数，$F(t)$ 为均匀作用于 FK 系统上的力。振子质量可通过无量纲化为 1。本节我们主要考虑直流力 $F(t) = F$ 的情形。这样做的原因主要在于考虑了惯性项 $\ddot{u}_i$ 之后，系统本身的动力学行为已经比较复杂了，而加直流力的动力学研究可以充分揭示系统内部的时空尺度竞争。若 $F(t)$ 与时间有关，则系统又引入了新的时间尺度，多时间尺度的竞争势必使系统分析变得更加困难，不易抓住要害。另外，为便于分析，我们选用标准的 FK 系统为出发点，相互作用选用最简单的简谐作用。运动方程 (6.5.1) 被用来研究相当多的物理现象，如电荷密度波的输运行为、表面滑动摩擦问题、纳米尺度的摩擦问题、Josephson 结阵列、自组织临界性、固体热传导问题等 [646]。FK 系统最简单的力学模型就是一系列弹簧连接的单摆在外力矩作用下的动力学行为。因此上面的简单系统可以描述许多不同物理体系中的现象，对它的研究可以发现这些不同物理系统中不同行为表现背后的共同本质问题。

尽管上面的系统看起来十分简单，但它有十分丰富的动力学行为，也只是近年来才得到了较为细致的研究。研究的主要动力来自微纳尺度表面滑动摩擦问题 [645] 和超导体 Josephson 结耦合阵列 [624] 的实验结果。表面摩擦本来是一个老问题，但实验上对表面及尺度的要求比较高，尤其是当人们试图从微观上去理解摩擦的机制时，对实验设备就提出更高的要求。纳米尺度摩擦问题实验也是近年的事情，通过对摩擦力与运动速度及负载关系的研究，人们揭示出许多现象用 FK 系统动力学方程 (6.5.1) 分析可得到很好解释，因而用 FK 系统做一些定性的分析使得人们对这一系统的非线性动力学有了很多新认识。另一个大的方面是耦合 Josephson 结中涡旋动力学 (磁通动力学) 的研究。我们知道，单个的 Josephson 结是用相位差动力学来描述，其方程正是经典力学中的单摆运动方程。因此，研究 Josephson 结阵列的动力学不仅有超导体性质研究的意义，用它们来研究一些非线性动力学行为也是非常理想的，如它们已被用来研究耦合非线性振子的同步、非线性格点系统中波的传播及时空系统复杂动力学等。当考虑 Josephson 结阵列采取扩散型近邻耦合时，系统就可用 FK 模型的动力学方程 (6.5.1) 来描述。

我们一般关心系统的集体动力学行为，而 FK 系统的平均速度与外力的关系在耦合 Josephson 结中表现为直流电流 I 与电压 V 之间的关系。实验表明，测量系统的 I-V 曲线会出现不连续的台阶现象，说明系统在只有直流驱动力时也会出现共振现象，对应于 FK 系统平均速度会出现共振台阶 [633-638]。我们将在本节中对此进行讨论，研究这些共振产生的机制，并给出它们的表达式。我们还将分析在这些台阶上的动力学及其在台阶之间转变时系统动力学的变化。除研究标准的 FK 模型外，我们还将考虑耦合为非线性非凸函数的情形，分析耦合的非凸性所带来的非线性效应。

在上述方程中并未出现粒子间平均间距 a(即没有外势场时的弹簧长度，亦称为自由长度)，但这并不说明它不起作用。该参量实际隐含于系统的边界条件中，扮演着拓扑量的角色，并在时空动力学的空间模式竞争中发挥着重要作用。本节我们主要考虑周期调制边界条件：

$$u_{i+N}(t) = u_i(t) + 2\pi M = u_i(t) + Na \tag{6.5.2}$$

即粒子间的平均间距

$$a = 2\pi M/N \tag{6.5.3}$$

$M \in Z$ 代表在链上扭结的净数目。它由初始时给出，但在之后是固定的，不再随时间改变。用 Josephson 结的语言来说，M 即涡旋或磁通量子的数目，它们都是系统的拓扑量，可以调节 [633]。很显然，方程 (6.5.1) 在变换

$$M \to M + N$$

时保持不变；另外，如果 $\{u_j(t)\}$ 是系统当 $M = M_0$ 时的解，则 $\{u_{N-j}(t)\}$ 为系统取 $M = -M_0$ 时的解。这两个解只是镜像关系，因而只需研究扭结数取 $M = 0, 1, \cdots, N/2$ 的情况即可。

如果考虑开放边界情况，本节讨论的主要结果仍然适用。读者可用开放边界条件：

$$u_0(t) = u_1(t) - 2\pi f, \quad u_{N+1}(t) = u_N(t) + 2\pi f \tag{6.5.4}$$

去检验后面的结果。这里 $f \in [0, 1/2] \in R$，即为前面第 2 章讨论同步问题时振子之间的相移或阻挫 (frustration)。当 N 很大时，两种边界条件的结果趋于一致。

6.5.2 连续化极限：sine-Gordon 方程

一方面，运动方程 (6.5.1) 实际上是 sine-Gordon 方程的空间离散化形式，因此 sine-Gordon 方程的有关结果可以直接应用到离散情形。另一方面，但离散化带来了新的效应 —— 声子辐射，并进而导致了共振现象。我们在这里先考虑连续化极限下的有关动力学。

在 $N \to \infty$ 时，把格点 j 用连续变量 $x = j/N$ 代替，则耦合部分变为

$$\begin{aligned}\nabla^2 u_j(t) &= (u_{j+1} - 2u_j + u_{j-1}) \\ &\to [u(x + l/N, t) - 2u(x, t) + u(x - l/N, t)] \\ &= \frac{1}{N^2}\partial^2 u/\partial x^2 = \frac{1}{N^2}u_{xx}(x, t) + \cdots\end{aligned} \tag{6.5.5}$$

上面只保留到二阶偏导数。相应地, 方程 (6.5.1) 化为

$$u_{tt} + \gamma u_t + \sin u = F + \lambda^2 u_{xx}, \quad x \in [0, 1] \tag{6.5.6}$$

其中 $\lambda = \sqrt{K}/N$，边界条件为

$$\begin{cases} u(x+1, t) = u(x, t) + 2\pi M \\ u_x(x+1, t) = u_x(x, t) \end{cases} \tag{6.5.7}$$

sine-Gordon 方程在外力驱动下的一个典型解是行波解 [669-673]。令

$$u(x,t)=h(\xi) \tag{6.5.8}$$

其中 $\xi=x+ct,c$ 为波速，为待定量。将式 (6.5.8) 代入方程 (6.5.6) 可得

$$(c^2-\lambda^2)h''(\xi)+c\gamma h'(\xi)+\sin h(\xi)=F \tag{6.5.9}$$

相应的边界条件为

$$h(\xi+1)=h(\xi)+2\pi M \tag{6.5.10}$$

其中 $h'(\xi)=\mathrm{d}h/\mathrm{d}\xi,h''(\xi)=\mathrm{d}^2h/\mathrm{d}\xi^2$。可以看出，方程 (6.5.9) 可以看成是阻尼直流驱动单摆运动方程，其中 ξ 对应于单摆方程中的时间 t，有效质量为 $c^2-\lambda^2$，阻尼系数为$c\gamma$。

先假定 $c>\lambda$，将变量作如下变换：

$$\xi=\eta\sqrt{c^2-\lambda^2} \tag{6.5.11}$$

则方程 (6.5.9) 化为

$$\mathrm{d}^2h/\mathrm{d}\eta^2+\alpha\mathrm{d}h/\mathrm{d}\eta+\sin\eta=F \tag{6.5.12}$$

这里有效阻尼系数

$$\alpha=\gamma/\sqrt{1-(\lambda/c)^2} \tag{6.5.13}$$

当 F 足够大时，方程 (6.5.12) 有周期解 (运动解)。F 减小时，周期解失稳。当 $\alpha\in(0,\alpha^*)$ 时，系统会经历同宿分岔；当 $\alpha>\alpha^*$ 时，系统经历鞍结分岔，$\alpha^*\approx1.2$。在 $\alpha\in(0,\alpha^*)$ 及 F 的一个区域内，系统的周期解与不动点解共存。

方程 (6.5.12) 的周期解满足

$$h(\eta+T_{sp})=h(\eta)+2\pi \tag{6.5.14}$$

其中 T_{sp} 为解的周期。由边界条件 (6.5.7) 可知

$$M^{-1}=\sqrt{c^2-\lambda^2}T_{sp} \tag{6.5.15}$$

因而

$$T_{sp}=\sqrt{\alpha^2-\gamma^2}(M\gamma\lambda)^{-1} \tag{6.5.16}$$

由于 T_{sp} 是 α 和 F 的函数，当把 α 作为自由参量时，由于 γ,M,λ 均可知，因此由式 (6.5.16) 可以确定 $F(\alpha)$。由 α 可以得到

$$c=\lambda/\sqrt{1-(\gamma/\alpha)^2} \tag{6.5.17}$$

α 的变化对应于 F 的变化，因此式 (6.5.17) 给出了行波波速 c 与 F 的关系。α 的变化范围为 $[\gamma,\infty)$(见式 (6.5.17))。当 $\alpha\to\infty$ 时，

$$c\to\lambda,\quad T_{sp}\to\infty,\quad F\to\sqrt{1+(2\pi\gamma M\lambda)^2}\equiv F_c \tag{6.5.18}$$

当$\alpha\to\gamma$时，

$$c\to\infty,\quad T_{sp}\to 0,\quad F\to 2\pi\gamma Mc \tag{6.5.19}$$

对于 $c<\lambda$ 的情况，系统 (6.5.12) 对应于另一支行波解。采取下面变量代换：

$$\xi=-\sqrt{\lambda^2-c^2}\eta,\quad h=\pi-g \tag{6.5.20}$$

则方程 (6.5.9) 化为

$$\mathrm{d}^2g/\mathrm{d}\eta^2+\alpha\mathrm{d}g/\mathrm{d}\eta+\sin g=F \tag{6.5.21}$$

其中

$$\alpha=\gamma/\sqrt{(\lambda/c)^2-1} \tag{6.5.22}$$

即

$$c=\lambda/\sqrt{1+(\gamma/\alpha)^2} \tag{6.5.23}$$

相应地

$$T_{sp}(\alpha,F)=\sqrt{\alpha^2+\gamma^2}(M\gamma\lambda)^{-1} \tag{6.5.24}$$

此时 $\alpha\in(0,\infty)$。当 $\alpha\to\infty$ 时，

$$c\to\lambda,\quad T_{sp}\to\infty,\quad F\to F_c \tag{6.5.25}$$

当 $\alpha\to 0$ 时，

$$c\to 0,\quad T_{sp}\to\infty,\quad F\to 0 \tag{6.5.26}$$

综上，以上两种情况构成了 sine-Gordon 方程 (6.5.6) 的两支解。系统的运动速度为

$$v=\langle \mathrm{d}u/\mathrm{d}t\rangle=2\pi Mc \tag{6.5.27}$$

其中

$$c=\begin{cases}\lambda/\sqrt{1-(\gamma/\alpha)^2}, & c>\lambda\\ \lambda/\sqrt{1+(\gamma/\alpha)^2}, & c<\lambda\end{cases} \tag{6.5.28}$$

图 6-16 给出了 v 与 F 的关系曲线。可以看到整个曲线在 $v=c$ 处被分成左右两支。右边一支 (b)(对应于 $c>\lambda$) 具有较高的速度，称为**高速区**(high-velocity regime)，

左边一支 (a) 则称为**低速区**(low-velocity regime)。两个区域的临界线 (虚线所示) 为临界速度

$$v_c = 2\pi\sqrt{K}M/N \tag{6.5.29}$$

可以看到, 在 v 很大时，v 与 F 之间是直线的关系，这与直观结果相符合。

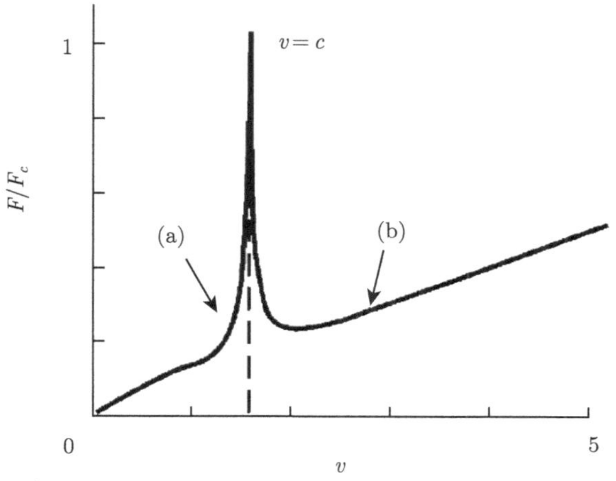

图 6-16 sine-Gordon 方程的 $v(F)$ 关系曲线

以上分析并没有讨论 $v(F)$ 曲线上任意一点对应的行波态运动的稳定性问题。研究表明，行波解在低速区 (a) 都是稳定的，而在高速区 (b) 负斜率部分即在靠近 $v=c$ 处的一段是不稳定的。值得注意的是，在低速区分支和高速区分支，行波的波形 $\eta(\xi)$ 是不一样的。图 6-17 给出了在两个区域内的波形情况。可以看到在低速区的行波波形出现数个扭结结构 (多个扭结来自于 $M>1$)，h 在 ξ 的一个范围内保持不变，在扭结区域有很陡的 2π 变化。当 $c\to\lambda$(即 $v\to v_c^-$) 时，扭结的宽度趋于 0，

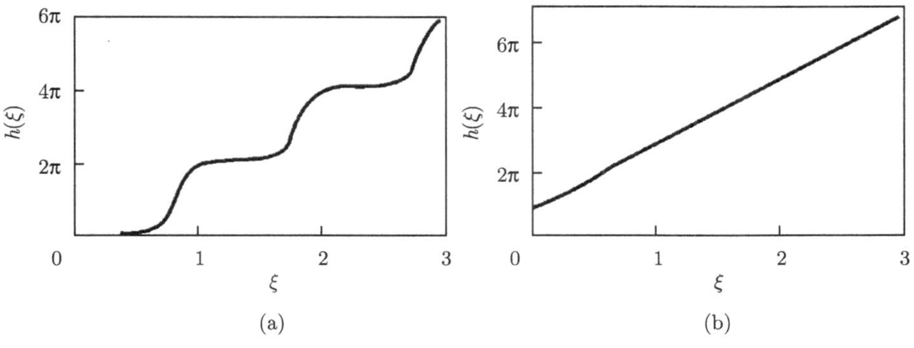

图 6-17 sine-Gordon 方程在低速和高速两个区域内的波形

同时可以看到速度 v 被压缩在 v_c 式 (6.5.29) 附近，这称为扭结的**收缩效应**。此时的临界速度 v_c(或 $c_c = \lambda$) 称为扭结的光速 (这是因为扭结收缩的机制与狭义相对论中的 Lorentz 收缩类似)。在高速区，当 $c \to \lambda$ ($v \to v_c^+$) 时，$h(\xi)$ 解也会出现类似的收缩，但由于靠近 v_c 的负斜率部分动力学上不稳定，因而这种扭结收缩在高速区是观察不到的。因而可观察到的波形 $h(\xi)$ 与 ξ 几乎是线性变化的，因此可称此时的扭结是**拉伸的或延展的**。

6.5.3　低速区的共振台阶的机制及平均场理论

对连续化极限的讨论使我们对 FK 系统的动力学行为大致有了一个总体认识。系统在外力的作用下分为低速区和高速区两个截然不同的运动区域。低速区时系统为压缩的扭结运动, 而在高速区压缩的扭结则被拉伸。对于离散化的 FK 格点系统来说, 这两个不同拓扑区域仍然保留, 但由于离散化, 系统又有了有别于连续的情况和新现象。共振锁模现象即为一种表现，而且这种锁模行为在低速与高速区都会出现，只是机制有所不同。它们都源自格点的离散性。我们首先着眼于低速区的情况。为研究系统的整体行为, 可以计算平均速度:

$$v(t) = \frac{1}{N}\sum_{j=1}^{N}\langle \dot{u}_i(t)\rangle \tag{6.5.30}$$

其中 $\langle . \rangle$ 代表时间平均。另外, 我们用 $\delta = M/N$ 表示链内拓扑扭结数目与总粒子数的比值。从下面的结果中可以看到, 系统的动力学性质取决于 δ，而与 N 的大小没有直接关系。

在低速区，由耦合项离散性带来的直接后果就是整体行波在运动过程中会存在振荡，辐射出小幅线性波 (下面称为声子，因它是由格点结构的振荡引起的)。在这个行为背后的关键机制就是耦合链与周期势场的竞争作用。在连续化极限下，尽管周期势场存在，它的作用由 sine-Gordon 方程给出。而在离散情况下，由于粒子间相互作用强度有限，耦合链在非均周期场中运动时会发生格点与周期势的相互作用，其后果就是使得扭结在运动时不是固定不变形的，它会产生小幅振荡，辐射声子。图 6-18 给出了某一时刻粒子的位置分布，我们可以观察到总体上系统位形结构是一个扭结结构，与连续情况类似。所不同的是，在靠近扭结的地方有一些粒子的位置在平衡位置附近作振荡型分布。因此，在离散格点情况下，系统的行波结构是由运动的扭结骨架和围绕骨架的辐射声子波构成的。运动扭结的声子辐射现象曾由 Currie 等 [674]、Peyrard 与 Kruskal[675] 以及其他研究者 [676,677] 数值讨论过，而且这一现象在 Josephson 结阵列实验中也观察到。通常声子的辐射含有多种频率模式。在某些情况下，其中一些特定的模式会与扭结的运动模发生共振作用，因而产生锁相行为。这种情况发生在线性模被单独激发 (共振) 时。锁相行为反映在粒子的运动上就是系统的平均运动速度 v 随外力变化出现共振台阶。在台阶上，虽然外力一直增加，但速度却没有明显增加。从后面可以看到，外力所注入的多余能量并不增加耦合链的整体运动速度，而是将锁定的模放大，形成共振效应。由于格点扭结振荡的非线性效应，系统的动力学变化复杂化。

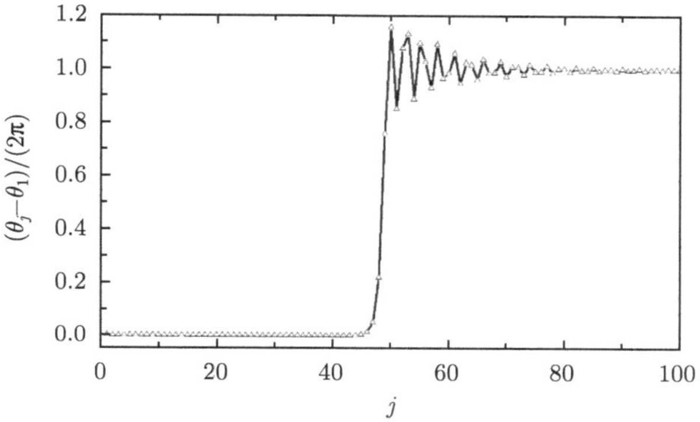

图 6-18 某一时刻粒子的位置分布

参数取 $F=0.4, N=100, M=1, K=1.0, \gamma=0.1$

根据上面的初步分析，我们对锁相行为进行系统的推导和描述。设 FK 系统的定态扭结解为 $\{u_j^*\}, j=1,2,\cdots,N$，即该扭结在运动过程中形状不发生改变。在外力驱动下扭结沿外力的方向运动。离散格点使扭结在运动中辐射声子，我们可以在运动方程 (6.5.1) 的运动扭结解附近线性化，

$$u_j(t)=u_j^*(t)+\xi_j(t) \tag{6.5.31}$$

可得到线性模的运动方程为

$$\ddot{\xi}_j+\gamma\dot{\xi}_j+[\cos(u_j^*)]\xi_j=K(\xi_{j+1}-2\xi_j+\xi_{j-1}),\quad j=1,2,\cdots,N \tag{6.5.32}$$

对于较小的阻尼系数 γ，可以将方程 (6.5.32) 中的耗散项略去，就得到保守的运动方程：

$$\ddot{\xi}_j+[\cos(u_j^*)]\xi_j=K(\xi_{j+1}-2\xi_j+\xi_{j-1}) \tag{6.5.33}$$

我们的目的在于得到线性声子辐射的色散关系。但上面方程中左边第二项的 $\cos(u_j^*)$ 是一个与格点 j 有关的量，这使得色散关系的得出变得困难。由图 6-18 可以看出，声子辐射只是在扭结的尾部 (尾波，wake) 发生，因此可以采用平均场近似的方法，设法使得方程 (6.5.33) 左边第二项的格点依赖性只发生于 ξ_j，即可以用一个平均值

$$\beta_{MF}=\frac{1}{N}\sum_{j=1}^{N}\cos(u_j^*) \tag{6.5.34}$$

来代替方程中含 $\cos(u_j^*)$ 的项，我们称该方案为平均场近似 (mean-field approximation)。β_{MF} 称为**收缩因子**。值得指出的是，β_{MF} 是一个与时间无关的量，因为它只依赖于定态扭结的拓扑性质。收缩因子描述的是扭结解 $\{u_j^*\}$ 的压缩效应。例如，当 $M=1$ 时，若 N 很大，$\delta = M/N \to 0$, 此时扭结可用下面的 2π 扭结近似：

$$u_j^*(t) = \begin{cases} 0, & j < vt \\ 2\pi, & j > vt \end{cases} \tag{6.5.35}$$

所以对此情形代入式 (6.5.33) 可有 $\beta_{MF} \to 1$。该结果与 Watanabe 等的结果一致 [636,637]。采用了平均场近似后，声子方程 (6.5.33) 为

$$\ddot{\xi}_j + \beta_{MF}\xi_j = K(\xi_{j+1} - 2\xi_j + \xi_{j-i}) \tag{6.5.36}$$

把线性声子模

$$\xi_j(t) = \exp[\mathrm{i}(\omega_l t + kpj)] \tag{6.5.37}$$

代入方程 (6.5.36)，即可很容易地得到声子频率 ω_l 与空间波矢 kp 之间的色散关系：

$$\omega_l = \sqrt{\beta_{MF} + 4K\sin^2\left(\frac{1}{2}kp\right)} \tag{6.5.38}$$

在周期调制边界条件下，扭结在环上的运动角频率为

$$\omega_k = 2\pi/T = v \tag{6.5.39}$$

此即系统的平均运动速度。当 ω_k 与 ω_l 满足下述公度性条件时：

$$m_1\omega_k = m_2\omega_l, \quad m_1, m_2 \in Z \tag{6.5.40}$$

扭结的运动与声子的辐射会发生共振，此时扭结运动频率与线性模发生锁定。由周期边界，声子的波数应满足

$$m_2 kp = m_1 2\pi\delta \tag{6.5.41}$$

这样系统的速度共振台阶就由下式给出：

$$v(m_1, m_2) = \omega_k = \frac{m_2}{m_1}\sqrt{\beta_{MF} + 4K\sin^2(m_1\delta\pi/m_2)}, \quad m_1, m_2 \in Z \tag{6.5.42}$$

该结果 [678,679] 相比于之前的研究 [633-637] 考虑了以下几点重要因素：

(1) 扭结结构公度性：上面的推导虽然用了平均场近似，但充分考虑了扭结的压缩效应，这一点反映在收缩因子β_{MF}上。而以往的研究均未考虑到这一点，有的或者只考虑 $\beta_{MF}=1$ 的情况，有的干脆不考虑此项。

(2)共振效应：这里用一对整数 (m_1, m_2) 来描写扭结与声子之间的锁相效应，充分考虑了亚谐共振效应。这种共振在 $\delta = 0$ 时尤为重要。在此之前的讨论均只考虑了 $m_2 = 1$ 的情况。

上述结果既考虑了 FK 系统的公度性效应，又将亚谐共振包含进来，因而较为完整地给出了系统的速度共振台阶。

上述的理论预测公式 (6.5.42) 可以用数值模拟 FK 系统来加以检验。在图 6-19 中，我们给出 $N = 8, \gamma = 0.1, M = 1, 2, 3$ 时的 $v(F)$ 曲线。可以看到许多共振平台，它们都是由扭结在运动中与辐射出来的声子模发生锁定而造成的。在许多地方可以看到, 同一力 F 可对应多个不同的 v 值。这是由单粒子在周期势场中小阻尼运动的双稳性造成的。当许多粒子相互耦合时，就会在同一 F 下对不同的初始条件得到不同的定态，形成多稳态的共存。由于这种多稳性，我们如果绝热地改变 F 来计算 v 的话，就会出现曲线的滞后效应。另外, 共振台阶的出现打破了连续极限下 sine-Gordon 方程 $v(F)$ 曲线的连续性，曲线会出现多个共振平台。在图 6-19 中我们用 (m_1, m_2) 来验证这些台阶，并对照系统实际的动力学行为，然后标在图中。结果表明，所有可看到的共振平台都可以用式 (6.5.42) 很好地预测出来。图 6-19(a)~(c) 分别取 $\beta_{MF} = 0.55, 0.25, 0.15$。同时可以发现，当 $M > 1$ 时，亚谐共振台阶出现得十分频繁。为了有一个对比，在表 6-1 中给出了上述三种情况下用不同方法得到的台阶及其数值结果。式 (6.5.42) 的预测结果 [678] 和 Watanabe 等的预测理论结果 [633]

$$v = \omega_k = m_1^{-1}\sqrt{1 + 4K\sin^2(m_1\delta\pi)} \tag{6.5.43}$$

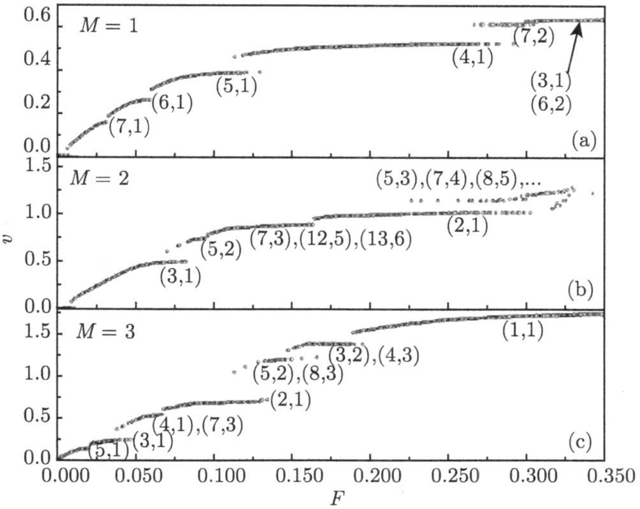

图 6-19 $N = 8, \gamma = 0.1$ 及 $M = 1, 2, 3$ 时的 $v(F)$ 曲线【改编自文献 [678]】

相对照。可以清楚看到，式 (6.5.42) 不仅可预测所有可能出现的台阶，而且与数值结果更接近，有的台阶值在误差范围内几乎完全一样，而以前的预测值则与数值结果相差很多，而且对亚谐台阶根本没有预测到。

表 6-1　共振台阶不同预测及其数值结果的对比

共振 (m_1, m_2)	数值结果	平均场近似式 (6.5.42)	以前预测式 (6.5.43)
		(a) $\delta=1/8,\ \beta=0.55$	
3:1	0.640	0.637	0.700
4:1	0.525	0.533	0.559
5:1	0.395	0.398	0.420
6:1	0.260	0.266	0.289
7:1	0.150	0.152	0.180
7:2	0.605	0.599	—
		(b) $\delta=2/8,\ \beta=0.25$	
2:1	1.000	1.030	1.118
3:1	0.501	0.500	0.577
5:2	0.751	0.766	—
5:3	1.125	1.197	—
7:3	0.850	0.855	—
7:4	1.125	1.157	—
8:5	1.230	1.229	—
12:5	0.850	0.819	—
		(c) $\delta=3/8,\ \beta=0.15$	
1:1	1.800	1.888	2.100
2:1	0.720	0.733	0.866
3:1	0.250	0.286	0.420
3:2	1.368	1.333	—
4:1	0.510	0.509	0.559
5:1	0.131	0.172	0.252
7:2	0.510	0.488	—
8:5	1.210	1.213	—

下面从粒子微观动力学角度来进一步理想上面讨论的共振行为。图 6-20 画出了不同情况下 FK 系统中一个粒子运动速度 $v_j(t)=\dot{u}_j(t)$ 的变化情况。在图 6-20(a) 中，$N=16, M=1, \gamma=0.1, K=1.0, F=0.05$。我们只显示了速度的大于零部分。可以看到即时速度随时间变化会有一个很大的脉冲，之后伴随一系列小的脉冲。大脉冲表明粒子从一个势阱跳到另一个势阱内，相邻的稍低的脉冲实际上是相邻粒子发生阱间跳跃时的次级响应，其他小脉冲则是其他次邻近粒子经历跳跃时的响应，这些响应随时间 (实际是随格点距离) 增加而指数衰减，一直到新的扭结波传来，粒子重新出现大脉冲，发生新的跃迁。在小脉冲过程中，粒子除响应近邻粒子跃迁而出现局部振荡外不再有跳跃。这是一种典型的粘连–滑动 (stick-slip) 运

动。如果在 F 的一个变化范围里粒子速度在一定时间内总脉冲数目保持不变，则 $v(F)$ 表现为共振台阶，m_1, m_2 由大峰与小峰的数目决定。显然图 6-20(a) 是一个 m_1:1 的共振。随着外力 F 的增大，相邻粒子间的影响也变大。图 6-20(b) 给出了 $N=8, M=3, F=0.02$ 时的一个 5:1 共振，即粒子跳跃一次期间速度共有 5 个峰。当 $M>1$ 时，多扭结效应加强，我们可以看到高阶的共振形式，如图 6-20(c) 所示。值得注意的是，图 6-19 所示的 $v(F)$ 曲线上的一点可能会对应于系统多种运动状态，这一点在以前的研究中没有指出来。例如，m_1:m_2 和 nm_1:$nm_2 (n \in Z)$ 的共振对于不同整数 n 在约化形式上都一样，但它们在动力学上对应于完全不同的链整体运动，这可在时空结构的多样性上体现出来 [678]。另外，当共振的值 m_1:m_2 比较接近时，速度共振台阶几乎是简并的，这些相邻的运动模式会发生相互作用，从而导致更复杂的时空动力学。特别地，当粒子间耦合强度 K 减小时，系统空间离散性效应更明显，此时我们会观察到更多的共振，这些共振非常密集甚至重叠，此时系统的运动情况最为复杂 [678]。

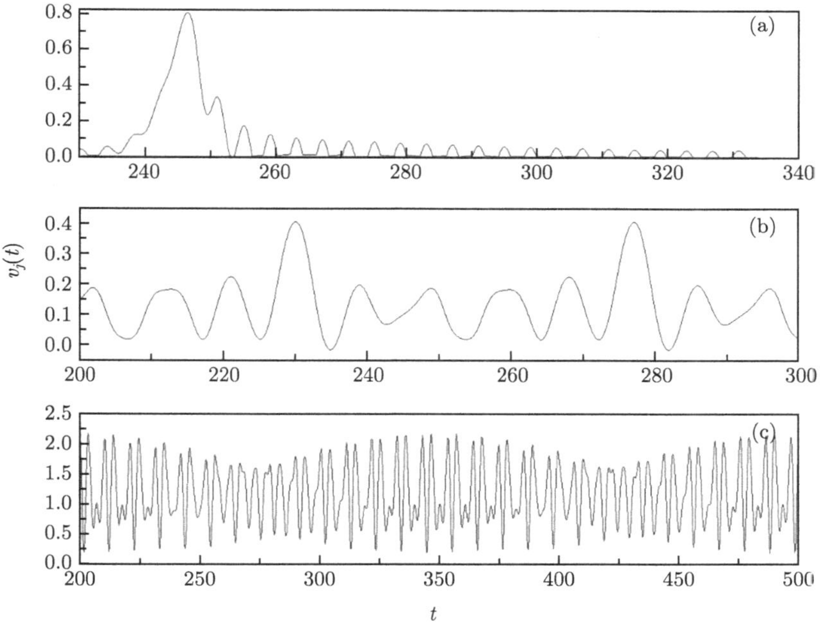

图 6-20 不同情况下 FK 系统中一个粒子运动速度的变化情况【改编自文献 [678]】

6.5.4 平均场理论的物理解释

从前面的数值结果与平均场结果的对比可以看到理论与数值符合得非常好，而从前面收缩因子β_{MF}的定义来看，它与格点链的拓扑构型 $\{u_j^*\}$ 密切相关，因而必

然与 δ 有一定的关系。我们比较关心β_{MF}的物理意义。由于β_{MF}只与静态扭结的结构有关系，我们不妨来研究耗散的情形：

$$\dot{u}_j = -\cos u_j + K(u_{j+1} - 2u_j + u_{j-1}) + F \tag{6.5.44}$$

当 $F = 0$ 时，上述方程可用来数值确定 FK 系统的基态，因此实际上基态正对应于静态扭结解 $\{u_j^*\}$。对直流力驱动的耗散 FK 系统，我们在前面指出，存在一个临界 F_c，当 $F < F_c$ 时 FK 的结构是钉扎的，而当 $F > F_c$ 时 FK 的结构是滑动的。对公度情形 (δ 是有理数)，F_c 对所有 K 都大于零，而对于非公度情形，当 $K > K_c$ 时 $F_c = 0$。对上面的方程 (6.5.44) 指标 j 取和，可有

$$\langle \dot{u}_j \rangle = -\langle \cos u_j \rangle + F \tag{6.5.45}$$

只有当 $F > F_c$ 时扭结是运动的，因此我们有

$$\beta_{MF} = \left\langle \cos u_j^* \right\rangle = F_c \tag{6.5.46}$$

即 β_{MF} 就是使得扭结克服 PN 能量势垒沿链连续移动所需的脱钉力 [622,624]。这个结果的有意义之处在于 Aubry 拓扑结构相变的很多信息都包含于脱钉力 F_c 中。β_{MF} 反映了 FK 系统基态结构公度性的影响。在图 6-21 中，我们画出了 β_{MF} 在不同 K 下与阻挫 δ 的关系。可以看到，所有的曲线都是关于 $\delta = 0.5$ 对称的，这是 FK 系统对称性的结果。另外，所有的曲线都是非单调的，可以看到曲线上很多的小峰 (特别是 K 为中等强度时)，这些峰位于 δ 为有理数的位置，反映出公度性的影响。最明显的峰位于 $\delta = 0/1, 1/1, 1/2$ 等处，所有峰的位置可用 Farey 序列 (见第 1 章) 给出：

$$p_n/q_n, p_{n+1}/q_{n+1} \to p_{n+2}/q_{n+2} = (p_{n+1} + p_n)/(q_{n+1} + q_n), \quad p, q \in Z \tag{6.5.47}$$

图 6-21 的结果与前面 β_{MF} 的试验值 (表 6-1) 符合得非常好, 这也证实了平均场理论结果是合理的。

对于有限耦合强度 K，系统的空间离散性导致在低速区的最大速度位于 1:1 共振台阶上 (物理上要求 m_1 不能小于 m_2)：

$$v_{\max}(\delta, K) = \sqrt{\beta_{MF}(\delta, K) + 4K \sin^2(\delta\pi)} \tag{6.5.48}$$

它是 δ 与 K 的函数。图 6-22(a) 画出了 $v_{\max}$ 在不同 K 下与 δ 的关系，可以看到复杂的依赖关系。当 K 很大时，由于 $\beta_{MF} \in [0, 1]$, 因而式 (6.5.48) 中的 $\sin(\delta\pi)$ 项会起很大作用，但在 δ 接近于 0 或 1 时，$\sin(\delta\pi)$ 很小，此时 β_{MF} 起着重要作用。

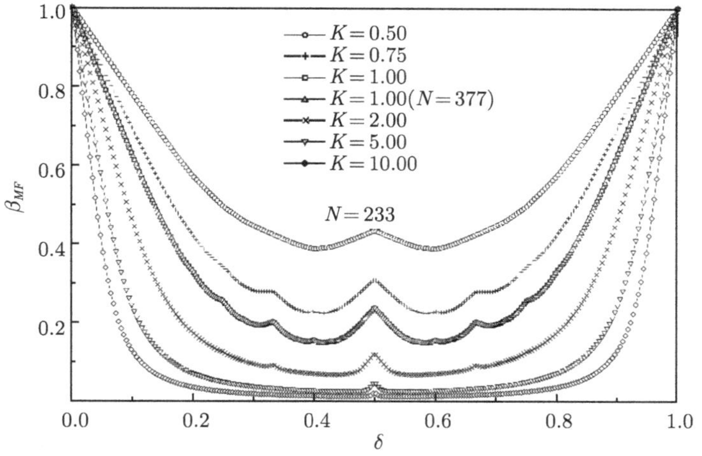

图 6-21 β_{MF} 在不同 K 下与阻挫 δ 的关系【改编自文献 [678]】

虽然从理论上说系统在低速区的最大速度在 1:1 处，但实际观察中在很多情况下我们却难以看到 1:1 甚至 2:1 等台阶。共振台阶看不到主要有以下几点原因：①前面关于共振台阶的推导中没有考虑耗散效应，略去 $\gamma\dot{u}_j$ 的项，当阻尼系数 γ 较大时，耗散会使得一些共振被能量快速耗散而"平滑"掉了；②耦合强度 K 的影响，K 很大时，键的空间离散性降低，系统趋于空间连续的 sine-Gordon 方程，因而共振被抹平；③系统存在内禀的限制，即对连续 sine-Gordon 系统，低速区存在一个最大速度 v_c 使得

$$v \leqslant v_c = 2\pi\delta\sqrt{K}$$

因此我们又有以下的判据：

$$v(m_1, m_2) \leqslant v_c = 2\pi\delta\sqrt{K} \tag{6.5.49}$$

这意味着理论预测的数值超过 v_c 的那些台阶将无法观察到。将式 (6.5.49) 具体化，令

$$X = \delta\pi m_1/m_2, \quad X \in [\delta\pi, \infty)$$

则我们可以得到下述不等式：

$$X^2 - \beta_{MF}/(4K) \geqslant \sin^2 X \tag{6.5.50}$$

在图 6-22(b) 中我们画出了函数

$$f(X) = X^2 - \beta_{MF}/(4K) \tag{6.5.51}$$

和 $\sin^2 X$ 在不同 β_{MF} 下的曲线，$K = 1.0$。当 $X = X_0$ 虚线越过实线时的共振台阶是可看到的。在实际模拟中，我们采用有限大小的 N，比如考虑 M=1 即$\delta = 1/N$ 及 $m_2 = 1$ 的情况，则消失的台阶满足

$$m_1\delta\pi = m_1\pi/N \leqslant X_0$$

我们有

$$m_1 \leqslant NX_0/\pi$$

当δ很小 (N 较大) 时，$X_0 \approx 0.15$，因此 $m_1 \leqslant 0.95N/\pi$。例如，当 N=8 时，$m_1 < 3$，此结果与数值观察完全一致；当 N=16 时，$m_1 \leqslant 5$，即 m_1 在取值为 6 以下的台阶都会消失，这个结果在数值计算中得到完全一致的验证。

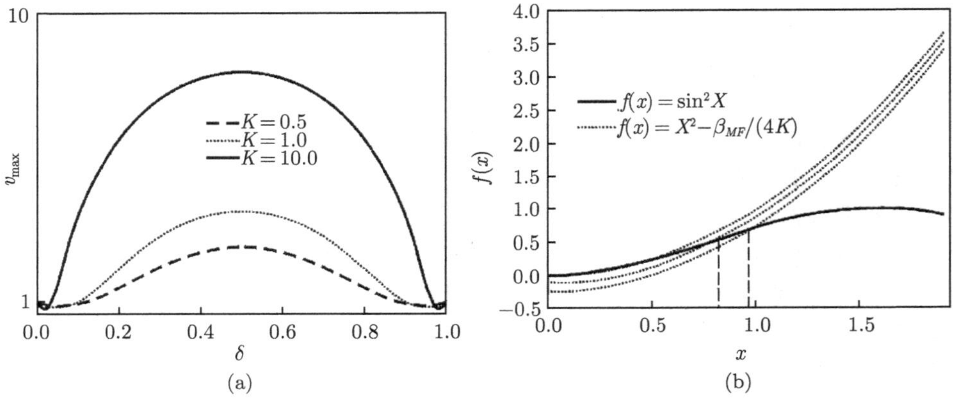

图 6-22　(a) $v_{\max}$ 在不同 K 下与 δ 的关系；(b) $f(X)$ 和 $\sin^2 X$ 在不同 β_{MF} 下的曲线【改编自文献 [678]】

6.5.5　共振台阶上的动力学

当系统运动的速度–外力曲线上没有共振台阶时，对应的动力学吸引子是简单的扭结行波。共振台阶的出现来源于扭结运动与声子辐射之间的锁相。所以共振的出现意味着时间尺度上的竞争与匹配，使系统的运动变得复杂 [678]。大波数 (m_1) 共振台阶上的动力学比较简单，因为它们只需一个小的外力 F 就可激发得到。当 F 较大时，更多的线性模 (声子) 可以同时被激发出来，这些模式之间相互竞争，相互作用，系统的动力学就变得复杂。一个很有意义的问题就是共振台阶之间跃迁的动力学。是什么机制使得原先的台阶失稳而跳跃到新的台阶上？在实际观察中，我们可以看到沿着一个共振台阶绝热增加 F 时，系统动力学有如下一些变化：

(1) 周期运动 → 周期运动 → 跃迁到新台阶；

(2) 周期运动 → 准周期运动 → 跃迁到新台阶；

(3) 周期运动 → 准周期运动 → 混沌运动 → 跃迁到新台阶。

第 (1) 种情况主要出现于外力 F 较小时的那些台阶上。这种情况下，在共振台阶上，运动的扭结与其辐射出的声子相互作用，产生锁相。增加 F 时多出的能量注入没有使系统运动变得更快，而是用来放大线性波的振幅。振幅大到一定程度就会反过来破坏这个共振，从而导致运动跃迁到新的台阶上。从这个角度来看，声子对扭结运动的锁定可以认为是为系统带来了额外的阻尼或耗散。在 F 较大时，系统扭结运动会同时辐射出多种线性波，这些波之间相互作用的结果会导致准周期甚至混沌运动，即第 (2) 和第 (3) 种情况。这里 F 增大的作用不仅是放大线性波的幅度，而且也会激发出新的模式。

在图 6-23 中，我们画出了 $N=8, M=3, \gamma=0.1, K=1.0$ 时在 3:2 台阶上改变 F 的运动情况。为方便，我们画出了 $\sin u_1(t)$ 与 $\sin u_2(t)$ 的 Poincaré截面。截面上的落点是当平均变量

$$\langle u(t)\rangle=\frac{1}{N}\sum_{j=1}^{N}u_j(t)=0, \qquad \bmod\ 2\pi \tag{6.5.52}$$

时记录的。当 F 处于台阶的左端 (小 F) 时，Poincaré截面上是一个落点 (没有画出来)，这说明此处系统的运动是周期的。增加 F，可以发现从某一 F 开始，截面上的点变成了闭合环，表明周期运动被二频准周期所代替；继续增加 F，可以看到闭合环不断增大，并在图 6-23(d) 时出现了环面倍分岔；在图 6-23(g) 又会出现更为复杂的网状结构 (我们没有考察在从图 6-23(f) 到 (g) 的过程中是否还有更多的环

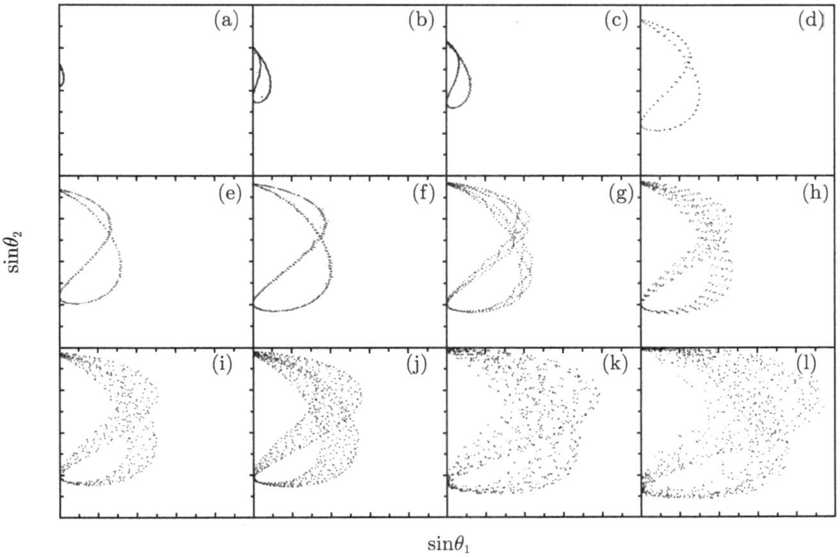

图 6-23 在 3:2 台阶上改变外力 F 的 Poincaré截面【改编自文献 [678]】

面倍分岔)。F 继续增加时，系统在环面上出现混沌运动 (也没有三频准周期)。在图 6-23(k) 和 (l)，环面混沌被破坏，系统出现更大范围的混沌运动。这种现象与前面第 1 章和第 2 章中所讨论的准周期到混沌的道路非常类似。

6.6 欠阻尼 FK 系统的高速动力学

在高速运动区，FK 系统在外力驱动下平均速度与外力曲线也会出现共振台阶 [636,637]。与低速区的共振机制不同，高速区的共振是由于周期的整体旋转解在运动中激发出系统的固有振荡模而出现了失稳。除机制不同外，高速区的这种参数不稳定性对连续化的 sine-Gordon 方程也会发生。下面的讨论集中于离散的情况。在分析共振之前，我们先讨论关于高速运动区周期解的稳定性分析问题，然后分析 $\delta=0\,(M=0)$ 的情况，再将结果推广到 $M\neq 0$ 的情况。我们会看到 $M\neq 0$ 与 $M=0$ 的情况有明显不同，前者的模式是相互耦合的，而后者是可分离的。因而 $M\neq 0$ 的分析更为复杂。

6.6.1 周期解的稳定性分析

设 FK 系统在高速区的周期旋转解为 $\{u_j^*(t)\}$, 满足

$$u_j^*(t+T)=u_j^*(t)+2\pi \tag{6.6.1}$$

其中 T 为最小周期。注意，式 (6.6.1) 的周期解多出 2π 是由于 $u(t)$ 的无界性。为研究其稳定性，令

$$u_j(t)=u_j^*(t)+\xi_j(t),\quad j=1,2,\cdots,N \tag{6.6.2}$$

$\xi_j(t)$ 为一小扰动。将式 (6.6.2) 代入方程 (6.5.1) 并只取线性项，我们有

$$\ddot{\xi}_j+\gamma\dot{\xi}_j+[\cos u_j^*(t)]\xi_j=K\nabla^2\xi_j,\quad j=1,2,\cdots,N \tag{6.6.3}$$

对于周期边界条件有

$$\xi_{j+N}(t)=\xi_j(t) \tag{6.6.4}$$

对于开放边界条件则满足

$$\xi_0(t)=\xi_1(t),\quad \xi_{N+1}(t)=\xi_N(t) \tag{6.6.5}$$

显然方程 (6.6.3) 有平庸解

$$\xi_j=0,\quad j=1,2,\cdots,N \tag{6.6.6}$$

这个平庸解的局部稳定性由**Floquet 乘子**方法决定 [680]。方程 (6.6.3) 写成自洽方程组为 $2N$ 变量的，因而有 $2N$ 个独立函数，每个函数都满足

$$\xi_j(t+T) = \mu\xi_j(t) \tag{6.6.7}$$

其中 μ 为 Floquet 乘子，它可为实数，也可为复数，显然有 $2N$ 个乘子。如果所有 $2N$ 个乘子都满足 $|\mu| < 1$，则平庸解 $\{\xi_j = 0\}$ 是稳定的。只要有一个乘子满足 $|\mu| > 1$，则解就不稳定。很明显，

$$\xi_j(t) = \dot{u}_j^*(t) \tag{6.6.8}$$

即沿周期解轨道的解是一个平庸乘子解，相应的乘子 $\mu = 1$。

作变量替换

$$\xi_j(t) = \mathrm{e}^{-\gamma t/2} v_j(t), \quad j = 1, 2, \cdots, N \tag{6.6.9}$$

可以将 $u_j(t)$ 的方程 (6.6.3) 转化为含时哈密顿系统方程：

$$\ddot{v}_j - p_j(t) v_j = K\nabla^2 v_j, \quad j = 1, 2, \cdots, N \tag{6.6.10}$$

其中

$$p_j(t) = K/4 - \cos u_j^*(t) \tag{6.6.11}$$

方程 (6.6.10) 的所有乘子都必须处于单位圆上，即它们都是成对出现的，且乘积为 1，因此相应的乘子 μ 都必须处于半径为

$$r = \mathrm{e}^{-\gamma t/2} \tag{6.6.12}$$

的圆上。换句话说，这 $2N$ 个乘子构成 N 个乘子对，其中任何一对 (μ_1, μ_2) 满足

$$\mu_1\mu_2 = \mathrm{e}^{-\gamma t} \tag{6.6.13}$$

这样，乘子 μ 或者是实的，或者构成共轭复数对。

6.6.2 周期边界条件：$M = 0$ 的情形

当 $M = 0$ 时，系统在高速区的基本解是同相转动解，即解不依赖于格点：

$$u_j^*(t) = u^*(t), \quad j = 1, 2, \cdots, N \tag{6.6.14}$$

可以将扰动 $\xi_j(t)$ 按傅里叶级数分解：

$$\xi_j(t) = \sum_{m=-N/2+1}^{N/2} A_m(t)\mathrm{e}^{2\pi \mathrm{i} mj/N} \tag{6.6.15}$$

代入方程 (6.6.3) 可得

$$\ddot{A}_m + \gamma \dot{A}_m + [\omega_m^2 + \cos u^*(t)]A_m = 0 \tag{6.6.16}$$

此处

$$\omega_m = 2\sqrt{K}\sin(m\pi/N), \quad m = -N/2+1, \cdots, N/2 \tag{6.6.17}$$

可以看到，通过傅里叶变换，原来耦合的方程化为格点本征模式的独立方程，且每一个都是 Hill 方程。因此，微扰的每一个傅里叶模式都是系统旋转解自身参数驱动的。参数驱动会在一定强度下发生参数共振，导致某个 m 模式增长，最终引发旋转解的失稳。

对每一个模式，方程 (6.6.16) 有两个 Floquet 乘子，它满足前面讨论的性质。因此这两个乘子或者是实的，或者是复共轭的。下面我们分析各个模式。$m=0$ 的模式较易分析，方程为

$$\ddot{A}_0 + \gamma \dot{A}_0 + [\cos u^*(t)]A_0 = 0 \tag{6.6.18}$$

方程的一个解即平庸解

$$A_0(t) = \dot{u}^*(t) \tag{6.6.19}$$

其乘子之一为 $\mu_1 = 1$。由于式 (6.6.13) 的关系，因此必有另一乘子

$$\mu_2 = \mathrm{e}^{-\gamma t} < 1$$

在此方向的扰动总是衰减的。这样 $m=0$ 的模式是中性稳定的。当 $m \neq 0$ 时，这些模式的稳定性与系统参数有关，必须进一步分析。为能够解析分析，我们首先设法得到旋转解 $u^*(t)$ 的近似表达式。对同相旋转解，其方程为阻尼单摆运动方程 (耦合项消失)：

$$\ddot{u}^* + \gamma \dot{u}^* + \sin u^* = F \tag{6.6.20}$$

为此进行时间尺度变换

$$\tau = \omega t, \quad \omega = F/\gamma \tag{6.6.21}$$

则方程 (6.6.20) 变为

$$\frac{\mathrm{d}^2 u^*}{\mathrm{d}\tau^2} + \frac{\gamma}{\omega}\frac{\mathrm{d}u^*}{\mathrm{d}\tau} + \frac{1}{\omega^2}\sin u^* = \frac{\gamma}{\omega} \tag{6.6.22}$$

当 $\omega \to \infty$ 时，旋转周期解可用 $1/\omega$ 展开得到：

$$u^*(\tau) = \tau + \frac{1}{\omega^2}\sin\tau + \frac{\gamma}{\omega^3}\cos\tau + O\left(\frac{1}{\omega^4}\right) \tag{6.6.23}$$

在实际中只需取其中的第一项即可得到很好的结果:

$$u^*(t) = \tau = \omega t \tag{6.6.24}$$

将其代入 $A_m(t)$ 的方程 (6.6.16)，并采用 τ 为时间变量，可以得到

$$\frac{\mathrm{d}^2 A_m}{\mathrm{d}\tau^2} + \gamma_\tau \frac{\mathrm{d}A_m}{\mathrm{d}\tau} + (\Delta + \varepsilon\cos\tau)A_m = 0 \tag{6.6.25}$$

这里系数被重新标度为

$$\gamma_\tau = \gamma/\omega, \quad \Delta = \omega_m^2/\omega^2, \quad \varepsilon = \omega^{-2} \tag{6.6.26}$$

方程 (6.6.25) 即含阻尼**Mathieu 方程**。Mathieu 方程被广泛用来研究参数共振问题，读者可以参阅有关书籍 [680]。我们关心 $A_m \equiv 0$ 的解的稳定性，它依赖于系统参数 Δ 与 ε。图 6-24 给出了 $N = 8, K = 2.56$ 时的稳定性区域。图中的阴影区为 Mathieu 舌头，在舌头中是不稳定的，扰动会随时间指数增长。由于

$$\Delta = \omega_m^2 \varepsilon \tag{6.6.27}$$

因此上面系统的参数局限于直线上。这些直线在图 6-24 中画出来，它们的斜率与模 m 有关。在阴影区中的部分都是不稳定的，其参数宽度可由直线与舌头边界的交点确定。在交点处系统的周期旋转解失稳，会发生亚谐 (倍周期) 分岔。在直线与舌头左边界相交时的分岔是超临界的，即从同相解分支分岔出的新稳定解是连续变化的。直线与舌头右边界的交点处系统的分岔是亚临界的，分岔变化是不连续的。直线与舌头的交点给出了 FK 系统的共振台阶。

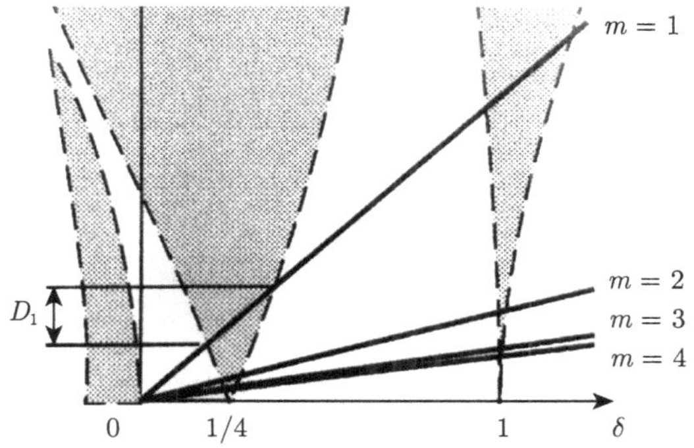

图 6-24 $N = 8, K = 2.56$ 时的稳定性区域【改编自文献 [636]】

6.6.3 周期边界条件：$M > 0$ 的情形

$M > 0$ 表示在系统内部有 M 个拓扑扭结。在高速运动区，这些扭结被拉伸展开。此时我们仍可用 $M = 0$ 情况的微扰及傅里叶展开方法，但由于各种模式间有

相互耦合，因此无法像 $M=0$ 的情况那样简单地分别考虑各自模式的稳定性。另一方面，由于对 $M\neq 0$，第 m 个傅里叶模只与其左右的 $m\pm M$ 模式相耦合，我们又可以采取一定的近似办法得到一些解析结果。

在高速区，周期的旋转解几乎是均匀的转动，空间中有 M 个扭结，可近似表示为

$$u_j^*(t)\approx \omega t+2\pi Mj/N \tag{6.6.28}$$

将其代入方程 (6.6.3)，并利用傅里叶展开 (6.6.15) 可以得到模 A_m 的方程为

$$\ddot{A}_m+\gamma\dot{A}_m+\omega_m^2A_m+\frac{1}{2}[\mathrm{e}^{\mathrm{i}\omega t}A_{m-M}+\mathrm{e}^{-\mathrm{i}\omega t}A_{m+M}]=0 \tag{6.6.29}$$

微扰的平庸解为

$$\xi_j=\dot{u}_j^*$$

它对应于 $m=0$ 的模。类似于 $m=0$ 的讨论，我们仍可以用小量展开近似。另外，上面方程中的耗散项可以略去，它对下面的计算没有太大影响，这样方程 (6.6.29) 可以重新写为

$$\ddot{A}_m+\omega_m^2A_m+\varepsilon(\mathrm{e}^{\mathrm{i}\omega t}A_{m-M}+\mathrm{e}^{-\mathrm{i}\omega t}A_{m+M})=0 \tag{6.6.30}$$

这里小量$\varepsilon=1/2$，以其为展开参量。首先当不考虑ε项的影响时，上式是一系列频率为 ω_m 的独立谐振子方程。因为方程 (6.6.30) 中第 m 个振子模只与第 $m+M$ 个振子模相耦合，则在 $O(\varepsilon)$ 展开中共振发生于以下频率：

$$\omega\approx\omega_l\pm\omega_{l+M} \tag{6.6.31}$$

其中 l 是一个固定的整数。我们可以分析这些频率附近的解。

先讨论 $\omega=\omega_l+\omega_{l+M}$ 的情况。令

$$\omega=\omega_l+\omega_{l+M}+\varepsilon\sigma \tag{6.6.32}$$

σ 为一失谐参数。下面用双时间尺度方法定出 σ。将 $A_m(t)$ 按 ε 展开为级数：

$$A_m(t;\varepsilon)=\sum_{p=0}^{\infty}\varepsilon^pA_{mp}(T_0,T_1) \tag{6.6.33}$$

其中重新标度的两个时间变量为

$$T_0=t,\quad T_1=\varepsilon T_0 \tag{6.6.34}$$

它们分别代表快时间尺度与慢时间尺度。把 T_0, T_1 作为独立变量处理，以下用上标 $p=0,1$ 区分对这两个不同时间变量的偏导数，可得

$$\mathrm{d}/\mathrm{d}t=\partial_0+\varepsilon\partial_1,\quad \mathrm{d}^2/\mathrm{d}t^2=\partial_0^2+2\varepsilon\partial_0\partial_1+\varepsilon^2\partial_1^2 \tag{6.6.35}$$

其中

$$\partial_p^s = \partial^s / \partial T_p^s \tag{6.6.36}$$

注意 $s=1$ 对应的一阶偏导数按惯例省略不写。将展开 (6.6.33) 及时间微分 (6.6.36) 代入 A_m 方程 (6.6.31)，并按不同 ε 级数的系数相等来整理。其中

$$A_{m0}(T_0, T_1) = B_m(T_1)\mathrm{e}^{\mathrm{i}\omega_m T_0} + C_m(T_1)\mathrm{e}^{-\mathrm{i}\omega_m T_0}, \quad m \neq 0 \tag{6.6.37}$$

由于 u_j 是实变量，上面的系数需要满足

$$B_m = C_{-m}^*, \quad B_{-m}^* = C_m \tag{6.6.38}$$

在 $O(\varepsilon)$ 量级，可以发现除 B_{l+m} 和 C_l 及其复共轭与时间 T_1 有关外，其余系数 B_m, C_m 均与 T_1 无关。这两个系数为

$$B_{l+m}(T_1) = -2\lambda\omega_l \mathrm{e}^{\mathrm{i}(\lambda+\sigma)T_1}, \qquad C_l(T_1) = \mathrm{e}^{\mathrm{i}\lambda T_1} \tag{6.6.39}$$

这里 λ 满足方程

$$4\omega_l\omega_{l+M}\lambda^2 + 4\sigma\omega_l\omega_{l+M}\lambda + 1 = 0 \tag{6.6.40}$$

由此可得

$$\lambda = -[\sigma \pm \sqrt{\sigma^2 - 1/\omega_l\omega_{l+M}}]/2 \tag{6.6.41}$$

当式 (6.6.41) 根号中

$$\Delta = \sigma^2 - 1/\omega_l\omega_{l+M} < 0 \tag{6.6.42}$$

时，λ 为复数，则 C_l 系数会由此产生出一个随时间指数发散的分量。当 $\Delta > 0$ 时，λ 为负实数，所有系数均为振荡的，此时解是稳定的。所有失稳转变发生在 $\Delta = 0$，即

$$\sigma = \pm 1/\sqrt{\omega_l\omega_{l+M}}, \quad \lambda = -\sigma/2 \tag{6.6.43}$$

代入式 (6.6.40) 可有

$$\omega = \omega_l + \omega_{l+M} \pm 1/[2\sqrt{\omega_l\omega_{l+M}}] \tag{6.6.44}$$

这也给出了相应的速度共振台阶，因为这里的 ω 实际上就是 FK 系统运动的速度。

值得指出的是，对 $M \neq 0$，在上述失稳点所发生的分岔是 Hopf 分岔，而不是 M=0 时的倍周期分岔。

上面分析了 $\omega = \omega_l + \omega_{l+M}$ 附近的共振，读者可以类似的思路讨论 $\omega = \omega_l - \omega_{l+M}$ 附近的情况 [636,637]。结果表明，在这个频率附近不存在失稳情况，故没有共振台阶。

对开放边界条件情况的讨论实际也类似，只是近似旋转周期解需换成

$$u_j^*(t) \approx \omega t + 2\pi\delta j \tag{6.6.45}$$

其中 δ 为阻挫。结果分析证实了也有共振发生，但情况要复杂得多，这里不再讨论。

6.7　FK 系统的拓扑动力学性质

前面我们分别在低速区和高速区讨论了 FK 系统的动力学行为。迄今为止，我们只是指出：在低速区系统的拓扑结构是运动扭结，扭结辐射声子的结果会引发共振；在高速区扭结被拉伸，系统的基本模的参数失稳也会导致共振。实际上，由于共振的发生和扭结的运动，扭结的拓扑结构也会受到动力学的影响。因此讨论系统的拓扑性质随参量的变化以及在动力学转变过程中拓扑结构的变化是很有意义的 [681-691]。下面就对这一问题进行较为细致的讨论。

6.7.1　动力学收缩因子与偏离因子

为描述系统的集体拓扑行为，可以引入下面的相干函数：

$$Z(t) = R(t)\mathrm{e}^{\mathrm{i}\phi(t)} = \frac{1}{N}\sum_{j=1}^{N}\mathrm{e}^{\mathrm{i}u_j(t)} \tag{6.7.1}$$

这里的模 $R(t)$ 是在第 2 章讨论耦合极限环同步时已经用过的相干因子 [184,185]，$\phi(t)$ 为一集体相位。$Z(t)$ 是一个复变量，可以将其分成实部和虚部：

$$\beta_1(t) = \frac{1}{N}\sum_{j=1}^{N}\cos\left[u_j(t)\right] \tag{6.7.2a}$$

$$\beta_2(t) = \frac{1}{N}\sum_{j=1}^{N}\sin\left[u_j(t)\right] \tag{6.7.2b}$$

$\beta_{1,2}(t)$ 的时间平均可以相应地计算得到：

$$\langle\beta_i(t)\rangle = \lim_{T\to\infty}\frac{1}{T}\int_0^T \beta_i(t)\mathrm{d}t, \quad i = 1,2 \tag{6.7.3}$$

下面对这两个量的物理含义进行讨论 [681]。首先，可以看到 $\beta_1(t)$ 的形式与前面的平均场理论中引入的收缩因子 β_{MF} 非常类似。β_{MF} 描述的是静态扭结的拓扑性质，因此可以说 $\beta_1(t)$ 描述了格点系统拓扑结构的动力学特征，我们称其为**动**

力学收缩因子[681]。通常 $\beta_1 \in [0,1]$。β_1 越大，表明扭结的局域化程度越高。对于很小的外力 F，可以期望

$$\langle \beta_1(t) \rangle \approx \beta_{MF} \tag{6.7.4}$$

当改变系统参数如 $\delta = M/N$ 和 F 时，$\langle \beta_1(t) \rangle$ 也会发生改变。以下讨论中均设耦合强度 K=1.0。在图 6-25 中，我们画出 $\delta = 1/100$ 和 $34/89$ ($\approx (3-\sqrt{5})/2$) 时绝热改变 F 时 $\langle \beta_1 \rangle$ 的变化情况。对 $\delta = 1/100$，如图 6-25(a) 所示。当 F 不是很大时，$\langle \beta_1 \rangle$ 几乎不变且约等于 β_{MF}，这与结果 (6.7.4) 一致；当增加 F 时，可以看到 $\langle \beta_1 \rangle$ 减小，表明系统拓扑结构的局域化程度降低，但此时局域扭结解仍然稳定。在 $F = F_0 \approx 0.65$ 时，$\langle \beta_1 \rangle$ 突然下降到一个小的负值。这个变化对应于运动由低速区向高速区的转变，$\langle \beta_1 \rangle$ 变成很小的值说明局域扭结被拉伸了。当 F 很大时，系统运动以速度

$$v = F/\gamma$$

运动。系统的定态解可近似写成

$$u_j(t) = \varphi + 2\pi j\delta + (F/\gamma)t \tag{6.7.5}$$

φ 为任意位相。当 $F \to \infty$ 时，将解 (6.7.5) 代入 $\beta_1(t)$ 表达式 (6.7.2a)，可得

$$\beta_1(t) = \mathrm{Re}\left\{\frac{1}{N}\sum_{j=1}^{N} \mathrm{e}^{\mathrm{i}u_j(t)}\right\} = 0 \tag{6.7.6}$$

对有限 F，$\langle \beta_1 \rangle < 0$，随着 F 增加，$\langle \beta_1 \rangle$ 趋近于零，且 $\langle \beta_1 \rangle$ 趋于零的规律与其他参数无关：

$$\langle \beta_1(t) \rangle \propto -F^{-2} \tag{6.7.7}$$

当 F 绝热地减小时，由于系统在小阻尼时的多稳性，$\langle \beta_1 \rangle$ 曲线会出现滞后现象，即在 $F = F_0$ 处 $\langle \beta_1 \rangle$ 并不跳回到高速区分支，而是继续为负，一直到 $F \approx$0.42 时才变为正。然后 $\langle \beta_1 \rangle$ 经历一系列中间过程才回到最上面的分支。这些结果在图 6-25(b) 中也可以看到。所不同的是，图 6-25(a) 中所有 $\langle \beta_1 \rangle$ 值均在 β_{MF} 以下，即运动中的扭结相比于静态扭结总是会或多或少被拉伸；图 6-25(b) 则给出完全不同的结果，可以看到在低速区很大范围内 $\langle \beta_1 \rangle$ 大于 β_{MF}，这说明此时运动的扭结局域化程度比静止时要高。这种情况对于接近非公度的结构系统较多出现。公度结构与非公度结构系统在外力作用下运动的局域化变化趋势的这种差异值得进一步探讨。

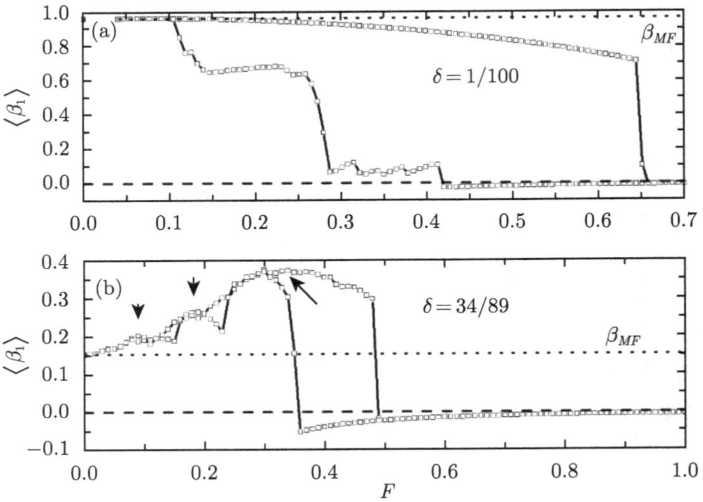

图 6-25　$\delta=1/100$ 和 $34/89(\approx(3-\sqrt{5}/2)$ 时绝热改变 F 时 $\langle\beta_1\rangle$ 的变化情况【改编自文献[681]】

下面讨论 $\beta_2(t)$。在外力 F 作用下，系统长时间后的运动状态主要是定态，因此运动方程中 $\ddot{u}_j(t)$ 的时间平均影响很小。可认为

$$\langle\ddot{u}_j(t)\rangle\approx 0 \tag{6.7.8}$$

对运动方程两边取时间和格点平均，可以得到

$$\gamma v+\frac{1}{N}\sum_{j=1}^{N}\langle\sin u_j(t)\rangle=F \tag{6.7.9}$$

$\langle\cdot\rangle$ 表示时间平均。根据 $\langle\beta_2\rangle$ 的定义仍有

$$\langle\beta_2(t)\rangle=\frac{1}{N}\sum_{j=1}^{N}\langle\sin u_j(t)\rangle=F-\gamma v \tag{6.7.10}$$

对于大的 F，系统运动遵循欧姆定律，即运动速度 (相当于电流) 正比于外力 (相当于电压)

$$v=F/\gamma$$

此时

$$\langle\beta_2\rangle=0$$

因此可以看出，$\langle\beta_2(t)\rangle$ 实际上描述了系统速度–外力关系偏离线性欧姆定律的程度，称为**偏离因子**[681]。在图 6-26 中给出 $\langle\beta_2\rangle$ 与 F 在 $\delta=1/100$ 和 $34/89$ 时的关系，F 仍然是绝热增加或减小。在低速区的几乎所有参数区域和高速区的一些区域会有

$\langle\beta_2\rangle \neq 0$，说明系统的 $v(F)$ 关系是非线性的。这些偏离主要来自于 $v(F)$ 的共振效应。在高速区，可以看到虽然 $\langle\beta_2\rangle = 0$ 但 $\langle\beta_1\rangle$ 可以不为零，说明系统的 $v(F)$ 由线虽然遵循线性关系，但系统拓扑结构仍然会"感受到"周期势场的存在。

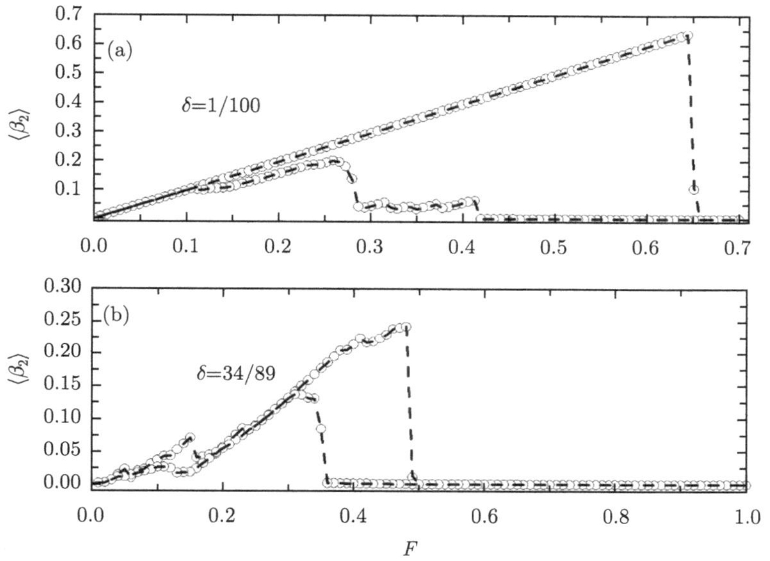

图 6-26 $\langle\beta_2\rangle$ 与 F 在 δ=1/100 和 34/89 时的关系【改编自文献 [681]】

6.7.2 反扭结的产生及影响

上面主要讨论了 β_1 和 β_2 反映整体拓扑结构的平均性质。实际上，β_1 和 β_2 的时间性质即整体动力学性质也值得探讨。在图 6-27 中，我们画出了 $\beta_{1,2}(t)$ 的时间演化。初始条件是随机给定的。当 F 很小时，$\beta_{1,2}(t)$ 会趋于一个正值，且有很小的振荡 (在图中看不出来)。当 $F = 0.2$ 时，可以看到 $\beta_{1,2}(t)$ 除趋于正值外，还出现大幅的脉冲式振荡，这种振荡带有阵发性质，每次发生都是接近几个脉冲。另外，$\langle\beta_1\rangle$ 也随之下降。当 F 增加时，这种振荡越来越频繁，反映出系统拓扑结构在运动中的强烈变化及向新拓扑态的分岔转变 [681,682]。

为了揭示这种振荡的物理机制，我们可以看一下系统的时空演化行为，如图 6-28 所示，参数完全对应于图 6-27。时空图的横轴表示时间，纵轴表示格点，图中的黑色部分表示 $\cos[u_j(t)]$ 较小的值 (即势阱区域)，图 6-28(a) 的黑色线给出了 FK 系统在小 F 时的扭结运动。由于模拟中用到 $N = 100, M = 1$，即只有一个拓扑扭结，因此我们只看到一条直线 (周期边界条件)。可以看到直线右侧的许多黑点，这些黑点表示运动扭结在运动中辐射出来的线性波 (声子)。当 F 增大时，在图 6-28(b) 中看到原来的单扭结被三条沿扭结方向运动的直线和两条与扭结运动方向相反的直线替代。

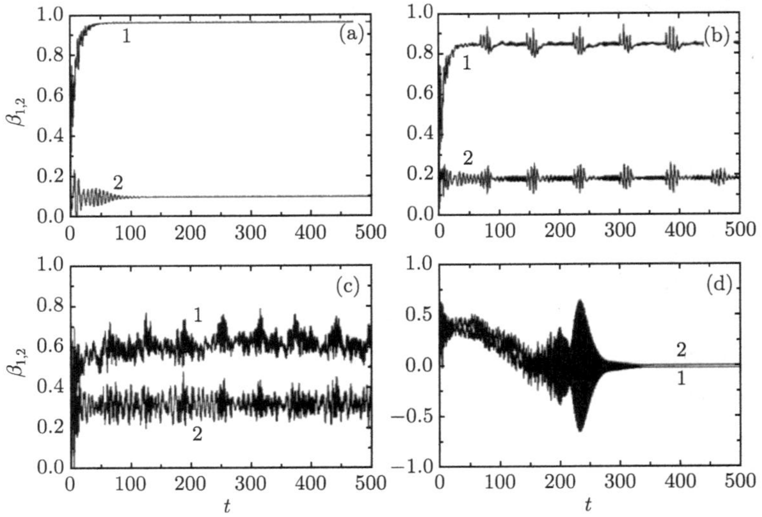

图 6-27　δ=1/100，γ=0.1 及 F=0.1(a), 0.2(b), 0.4(c), 0.5(d) 时 $\beta_{1,2}(t)$ 的时间演化【改编自文献 [681]】

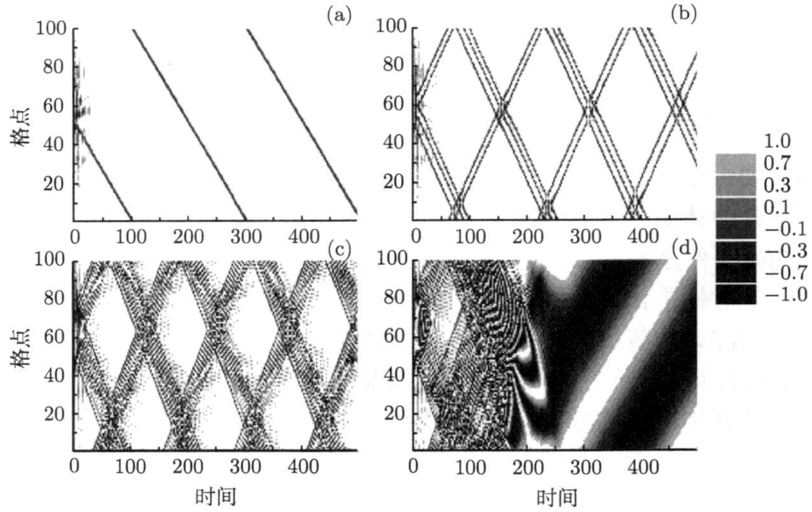

图 6-28　对应于图 6-27 的系统时空演化行为【改编自文献 [681]】

对应于图 6-28(b) 的运动，图 6-29 画出了某一时刻 t_0 系统的空间位形结构。可以看到与图 6-28(a) 的单扭结结构不同，此时结构又多出一个峰和一个谷。实际上，这个结构是由三个扭结和两个**反扭结**(antikink) 构成的复合结构，或者说此时的结构由一个扭结和一个**扭结–反扭结对**(knik-antikink pair, KAP) 构成 [691]。一般情况下, 扭结的数目 N_k 与反扭结的数目 N_a(或 KAP 数目 N_{KAP}) 有以下关系:

$$N_k - N_a = M, \quad 2N_{\text{KAP}} = N_a \tag{6.7.11}$$

即它们受到系统总拓扑扭结数目 M 的限制。可以看到，扭结与反扭结相向运动 (即运动方向相反)，相遇时会发生碰撞，碰撞发生时系统的拓扑结构会受到扭结相互作用的影响，这就导致了 $\beta_{1,2}(t)$ 的脉冲振荡行为。在扭结与反扭结各自运动时，可以看到 $\beta_{1,2}(t)$ 是小幅振荡。KAP 的出现削弱了原来单个扭结的压缩程度，因而可以看到 $\langle\beta_1\rangle$ 下降。当 F 增大时，更多的 KAP 产生出来，扭结与反扭结的碰撞变得更加频繁, 如图 6-28(c) 所示，这些碰撞加剧了 $\beta_{1,2}(t)$ 的振荡。这也反映出链的空间位形结构的剧烈振荡，已表现出不稳定的前兆。

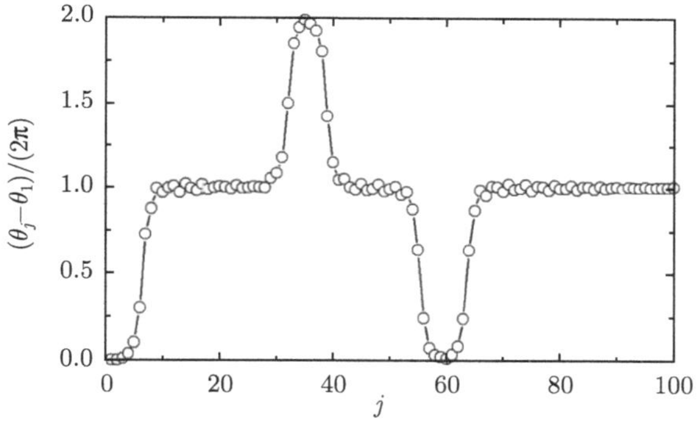

图 6-29 某一时刻 t_0 系统的空间位形结构【改编自文献 [681]】

6.7.3 从低速区向高速区的跃变

一个很有意思的问题是 FK 系统在外力下由低速区向高速区的转变。在低速区，扭结是被压缩的，而在高速区，压缩的扭结被拉伸，这其中经历了什么变化? 在图 6-27(d) 中，我们给出了当 F=0.5 时系统向高速区的转变情况，可以看到 $\beta_1(t)$ 很快地衰减至零附近，而在零附近又经历一段时间的大幅振荡，振荡幅度甚至超过 $t=0$ 的值。由图 6-28(d) 中的时空演化可以看到，这一大幅振荡的区域对应于扭结束和反扭结束发生大规模碰撞的时候。

为了证实上述机制，在图 6-30 中我们给出 $\beta_1(t)$ 的演化及其时空动力学。初始条件选在无外力时的基态，此时系统中只有一个扭结。在 $t=0$ 时突然加上一个大力 F，则系统经历典型的淬火过程。$t=0$ 时，基态结构中只有一个拓扑扭结 ($M=1$), 加上外力后，静止的扭结发生移动，由于 F 很大，单扭结运动中处于被加速状态，因此 $\beta_1(t)$ 经历了一个大幅的振荡，最小一直到负值。此时系统为响应外力，运动速度也会增大，当扭结以很大速度运动时，自身会失去不稳定性，称为**快扭结不稳定性**[646]。失稳的结果在 $t \approx 10$ 时在单扭结基础上“分岔”出一个扭结–反扭结对，如图 6-30 (b) 所示。当 $t \approx 22, 28$ 时，扭结的进一步加速造成的失稳使得新的扭结–反扭结对“分岔”出来，这种有趣的分岔是反映在时间轴上，但本质上仍是参数 (这里是扭结运动速度不断增加)。因此每次在新阈值失稳造成的“分岔”都导致系统整体结构的拉伸，扭结束与反扭结束以相反方向运动，并且发生碰撞，快扭结不稳定性使得碰撞产生出更多的扭结–反扭结对，对应于 $\beta_1(t)$ 可以看到对应于“分岔”的振荡，并且 $\beta_1(t)$ 一边振荡一边快速下降。在 $t \approx 60$ 时，两个很大的扭结束与反扭结束发生碰撞，$\beta_1(t)$ 整体振荡也到零的附近。

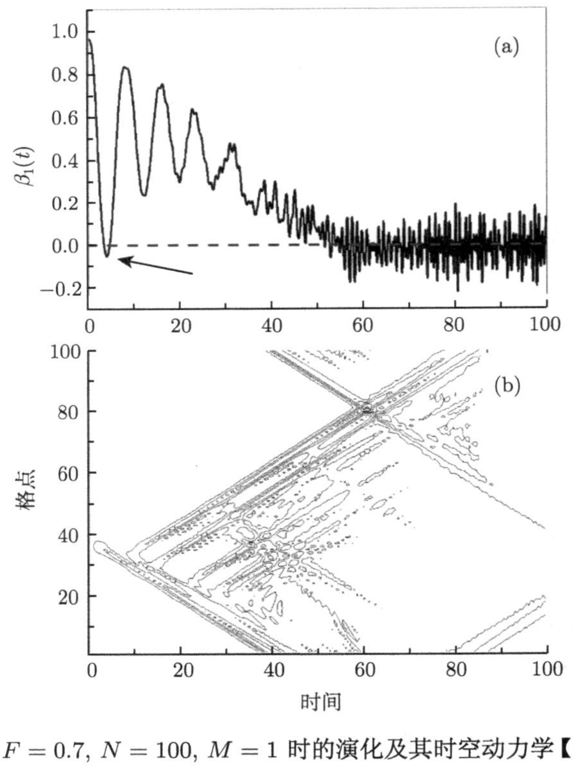

图 6-30　$\beta_1(t)$ 在 $F = 0.7$, $N = 100$, $M = 1$ 时的演化及其时空动力学【改编自文献 [681]】

上述的“分岔”并非参数意义上的分岔，而是由系统的快扭结不稳定性导致的系统状态的不断失稳，实质上也体现了系统内部存在的分岔行为。事实上，这一不稳定性构成了系统的低速状态**雪崩失稳**而过渡到高速状态。Braun 等曾用非线性 FK 系统在热涨落环境下的雪崩失稳来讨论系统的滞后效应 [646,682]，此处不再详细叙述。

如果仔细观察系统拓扑结构在上述转变中的变化，可以发现当从基态出发时，扭结运动是从其“尾部”开始的，快速的运动使得其他粒子来不及反应 (未加外力它们均处于静止状态)，因而扭结的快速运动导致结构局部的严重不平衡 (堵塞)，我们可以用一个形象的词 ——“**交通阻塞**”来形容。可以用下面的量

$$\Delta(t)=\max\{u_j(t),j=1,2,\cdots,N\}-\min\{u_j(t),j=1,2,\cdots,N\} \qquad (6.7.12)$$

来量度系统偏离局域扭结的程度。Δ 越大，反映出系统的“交通阻塞”越严重。图 6-31 给出 $\Delta(t)$ 的演化，可以看到当 $t<60$ 时 $\Delta(t)$ 持续增加，反映出在 $t=60$ 以前，一些粒子运动而其他粒子运动被阻塞，到 $t=60$ 时阻塞最严重。$t>60$ 时，$\Delta(t)$ 很快下降到零，说明系统由于大量的扭结与反扭结碰撞而产生雪崩现象，系统严重非平衡的“交通阻塞”结构被逐渐抹平，所有粒子逐渐以相同速度运动，扭结解也被完全拉伸。

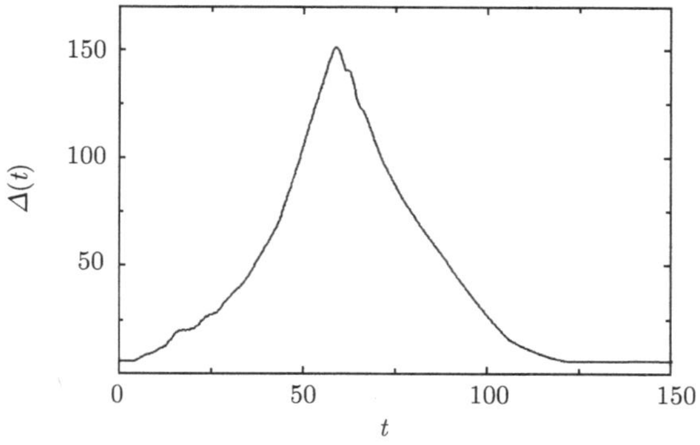

图 6-31 $\Delta(t)$ 在 $F=0.7,N=100,M=1$ 时的演化【改编自文献 [691]】

6.8 非凸耦合 FK 系统的时空动力学

6.8.1 正弦耦合的 FK 系统

前面讨论的系统都是标准 FK 系统，由于简谐相互作用，系统的动力学虽然仍很复杂，但相对来说是比较简单的。一般地，只要振子间相互作用势是凸函数，前面所观察到的标准系统的现象同样也可以看到。对于一般相互作用势 $V(x)$，小阻尼及直流力驱动下系统的运动方程为

$$\ddot{u}_j+\gamma\dot{u}_j+\sin u_j=K[V'(u_{j+1}-u_j-a)-V'(u_j-u_{j-1}-a)]+F \qquad (6.8.1)$$

相互作用势 $V(x)$ 相应的力 $-\mathrm{d}V(x)/\mathrm{d}x$ 在一般情况下是非线性的。人们对 Lennard-Jones、Toda、Morse 等非线性相互作用势的 FK 系统进行过讨论 [646]。这些作用

势更多地反映了粒子之间较为真实的相互作用。除了这些种类的相互作用外，还有一类与自旋、相位有关的相互作用。例如，DNA 链中的螺旋和碱基对的相互耦合为复杂的转子类型的作用。在反铁磁液晶中，偶极子与层面之间的耦合是正弦形式的 [692-696]。这相当多的作用势都是非凸的。下面讨论比较简单的正弦相互作用的情形：

$$V(x) = 1 - \cos x \tag{6.8.2}$$

我们之所以选这种相互作用势有以下原因：

(1) 相互作用 (6.8.2) 是非凸相互作用中比较简单的，而且 $V(x)$ 是周期函数，它描述自由度变量为相位的系统较为典型。

(2) 这种作用势在耦合转子系统、DNA 的碱基对旋转、磁性 Heisenberg 模型、一维手征性 XY 模型、细小颗粒体系以及 Josephson 结阶梯等不同物理体系中曾被广泛地讨论过 [692-696]。特别地，耦合 Josephson 结阶梯系统的哈密顿就是用正弦耦合 FK 系统描述的：

$$H = -2J_x \sum_i [\cos(\theta_i - \theta_{i+1} - 2\pi f) + h\cos(2\theta_i)] \tag{6.8.3}$$

其中 J_x 为水平 Josephson 耦合强度，f 为阻挫，

$$h = J_y/(2J_x) \tag{6.8.4}$$

为垂直 Josephson 耦合。这也是一维手征性 XY 模型的哈密顿形式。因此，这种作用势真实地反映了许多系统的情况，具有一定的代表性。

(3) 正弦耦合与简谐耦合都是空间连续扩散型耦合的离散化，也就是说，在连续化极限下，正弦耦合与简谐耦合会回到相同的 sine-Gordon 方程。这表明，sine-Gordon 方程离散化不仅有通常的线性离散化，也可以是非线性的离散化，而正弦耦合就是其中之一。

下面对具有正弦耦合的 FK 系统 (6.8.1) 的时空动力学进行讨论。将 $V(x)$ 代入方程，可以写出具体的运动方程：

$$\ddot{u}_j + \gamma\dot{u}_j + \sin u_j = K[\sin(u_{j+1} - u_j - a) - \sin(u_j - u_{j-1} - a)] + F \tag{6.8.5}$$

以下讨论中仍采用周期边界条件：

$$u_{j+N}(t) = u_j(t) + 2\pi M \tag{6.8.6}$$

因此 $a = 2\pi M/N$。计算中采用 $\gamma = 0.1$。在 K 较大时，上面的方程可连续化为 sine-Gordon 方程。因此系统的运动也分为低速区和高速区。但由于非凸耦合，系统 (6.8.5) 在动力学上与普通 FK 系统就有许多差别。

6.8.2 转子呼吸子

先看在高速区的情况。图 6-32 画出了各个振子速度的时间行为。与标准 FK 系统不同的是，系统的振子依据速度分成两个集团，一些振子以不为零的相同速度运动，而其余的则被钉扎，在速度为零附近小幅振荡。这是系统非凸耦合和单个系统双稳性的结果。对于单个振子来说，其相空间中有两种吸引子，一种是局域解，另一种则是运动解，这导致了系统的双稳性。当这些振子通过正弦耦合结合在一起时，由于耦合的非凸性，系统不像简谐耦合那样形成整体的运动，而是仍可保持部分钉扎、部分运动的形式。我们称这种解为**转子呼吸解**(rotor-breather)[697,698]。

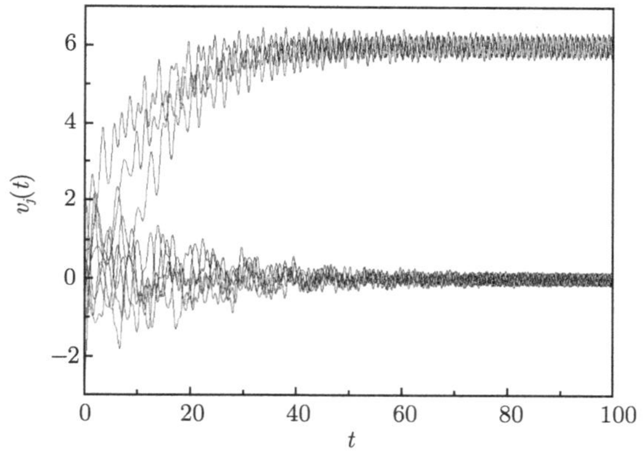

图 6-32 $N=8, M=1, K=1.0$ 时各个振子高速区运动情况【改编自文献 [697]】

转子呼吸子的概念是由 Takeno 与 Peyrard 讨论保守的离散 sine-Gordon 系统时提出的。呼吸子同扭结、孤立波等一样都是非线波的不同类型，它是指在空间局域 (不传播的) 而时间振荡的一种解 [692,693]，已被证明只发生于非线性格点系统 [699]。这种波的动力学行为在近年来得到了密切的关注，它在格点系统的能量输运和热传导等方面都起着重要的作用 [699-703]。这方面的详细论述可见 Flach 等的综述及其中的文献 [702]。转子呼吸解是这样一种解：部分格点上的振子是转子解 (即相位单调变化)，其他格点的振子是局部振荡解 (相位没有 2π 变化)，它与其他呼吸解一样是一种**局域激发模式**。

在图 6-33 中，我们计算了系统的平均运动速度 v 与外力 F 的关系。在高速区，可以看到 $v(F)$ 曲线的多支分岔现象，每一支都可表为

$$v_i(t) = v_i^0 + \delta v_i \sin(\omega t + \phi_i) \tag{6.8.7}$$

v_i^0 描述第 i 个振子的转动频率，第二项对应于 v_i^0 附近的振荡。转动频率

$$v_i^0 = \begin{cases} 0, & \text{钉扎态} \\ F/\gamma, & \text{转动态} \end{cases} \tag{6.8.8}$$

因此系统运动的平均速度为

$$v = nF/N\gamma, \quad n = 0, 1, 2, \cdots, N \tag{6.8.9}$$

这就是图 6-33 中所观察到的多分支现象。可以看到理论结果与数值结果符合得非常好。多分支现象说明系统的呼吸解与初始条件有密切的关系，从不同初始条件出发，系统运动可处于不同分支上。当 $M = 2$ 和 3 时 (图 6-33(b) 和 (c))，可以看到 n 较小的分支消失。这是系统多拓扑扭结的结果。另外可以看到不同分支出现的阈值是不同的。v 越大，所需的 F 阈值越大。

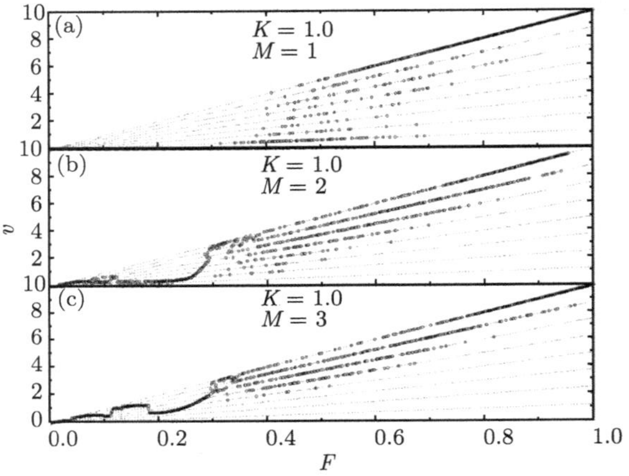

图 6-33　平均运动速度 v 与外力 F 的关系【改编自文献 [697]】

参数取 $N = 8, K = 1.0, M = 1, 2, 3$

转子呼吸解对系统弱耦合是稳定的。当 K 增大时，呼吸解会逐渐失稳，过渡到与凸耦合类似的单一分支 $v = F/\gamma$ 的情形，即所有振子都会变成转动解。图 6-34 给出了改变耦合强度 K 系统的时空演化图。图中横轴为时间，纵轴为格点。对每一格点，当 $u_j(t)$ 穿过 2π 的整数倍时就在图中标出。系统的初态取 F=0 时的静态，而在 $j = 10, 20, \cdots, 100$ 处对这些格点加一个大的激发。在图 6-34(a) 中，K=0.5，可以很清楚地看到初始被激发的十个振子是转动解，而其他区域是白的，说明其他振子没有转动，它们只在各自的平衡位置附近小幅振动。当耦合强度 K 增大时，呼吸子解会失稳。图 6-34(b) 给出 K=1.805 时的时空图，可以看到初始被激发振子引起的转动通过耦合传到附近振子，使附近振子也开始转动，形成呼吸子集团。当 K 继续增加时，由图 6-34(c) 的 K=1.80825 和图 6-34(d) 的 K=1.81 可以看到，呼吸子集团不断变大，最后所有振子都成为转动的，呼吸子解完全消失。这个由呼吸子解到呼吸子集团化最后到整体转动解的分岔揭示出耦合强度与耦合函数非凸性之间的竞争 [697]。

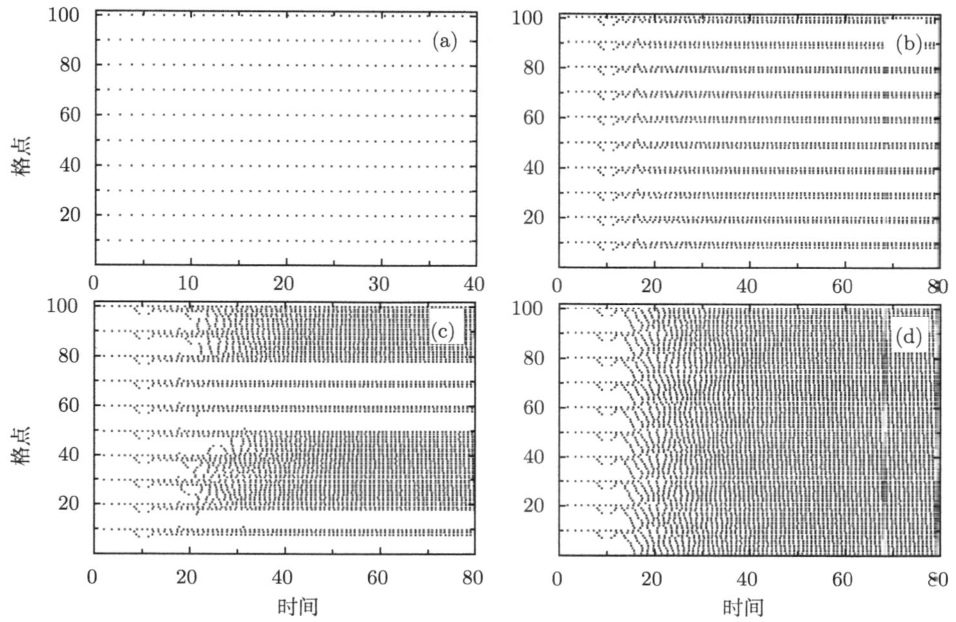

图 6-34 改变耦合强度 K 系统的时空演化图【改编自文献 [698]】

参数取 $\gamma = 0.1, a/(2\pi) = M/N = 1/100, F = 0.7$

呼吸子解在二维耦合 FK 系统也可以观察到 [698]。例如，可以研究下面的二维格点系统：

$$\begin{aligned}&\ddot{u}_{i,j} + \gamma\dot{u}_{i,j} + \sin u_{i,j}\\=&K_x[\sin(u_{i+1,j} - u_{i,j} - a_x) - \sin(u_{i,j} - u_{i-1,j} - a_x)]\\&+ K[\sin(u_{i,j+1} - u_{i,j} - a_y) - \sin(u_{i,j} - u_{i,j-1} - a_y)] + F\end{aligned} \tag{6.8.10}$$

可以定义第 (i,j) 个振子的平均运动速度

$$v_{i,j} = \lim_{T\to\infty}\frac{1}{T}\int_0^T \dot{u}_{i,j}(t)\mathrm{d}t \tag{6.8.11}$$

并通过 $v_{i,j}$ 的空间分布来确定系统的呼吸子解。在图 6-35 中，我们给出了 $v_{i,j}$ 的分布情况，初始条件随机给定，当 $v_{i,j} < 0.2F/\gamma$ 时将格点 (i,j) 用 $*$ 标记，当 $v_{i,j} > 0.2F/\gamma$ 时用 $\times$ 标记。可以看到在 $N = 100\times 100$ 的格点中有一个很大的集团是转动的，而其他区域则是局域振动的，$v_{i,j}$ 可认为约等于零，这从数值上证明了转子呼吸解在二维格点系统中仍然存在。

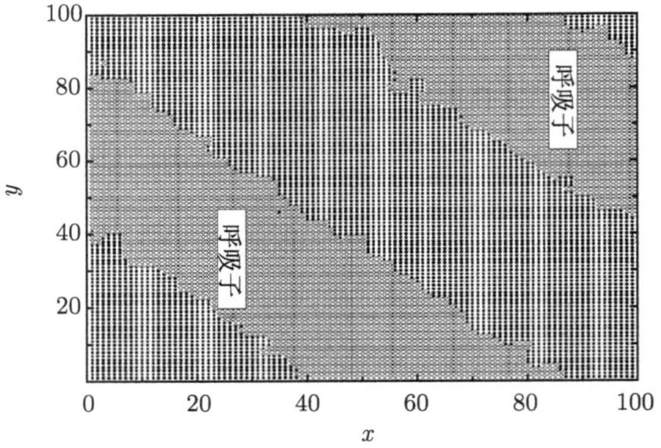

图 6-35　二维 FK 系统的呼吸子：用 v_{ij} 的分布情况展示【改编自文献 [698]】

参数取 $\gamma=0.1, N=100\times 100, F=0.7, a_x=a_y=0.01\times 2\pi, K_x=K_y=0.5$

6.8.3　非凸耦合对低速区共振的破坏

对简谐耦合的情形而言，FK 系统在低速区由于运动扭结与其辐射出来的声子存在耦合而产生共振现象，这种共振现象是以外界注入的多余能量用来转化为声子振荡能量作代价的，因而速度可以随 F 增大仍保持不变。当振子间耦合为非凸形式时，共振就可能会被破坏。如图 6-33 中 $M=1$ 的情况，我们在低速区完全没有观察到共振台阶，整个系统在低速区都处于钉扎态。最有意思的情况是当 $\delta=M/N$ 接近无理数时的动力学。

在图 6-36 中，我们画出了系统 (6.8.5) 的运动速度在低速区与外力 F 的关系。

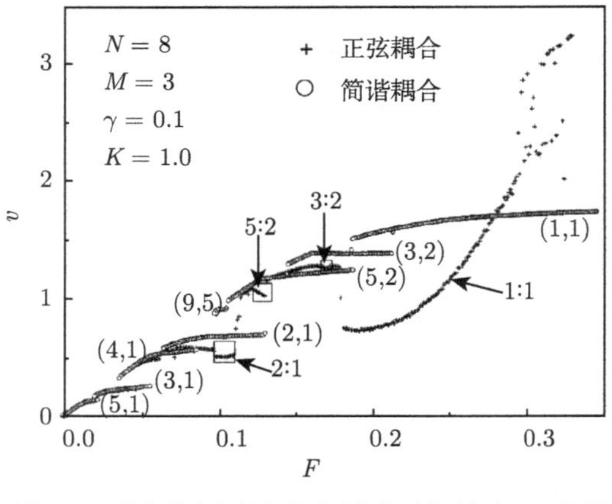

图 6-36　非凸耦合与标准 FK 系统的运动速度在低速区与外力 F 的关系【改编自文献 [697]】

参数取 $N=8, M=3, \gamma=0.1, K=1.0$

为了有更清楚的对比，我们同时把标准 FK 系统相同参数的 $v(F)$ 曲线画在上面。对两种情况，我们都可以看到速度的共振台阶。对于小 F 的情形，正弦耦合的共振台阶都存在且与标准 FK 的台阶基本一致 [678]。当 F 逐渐增大时，可以发现有的共振台阶右端反而下降或跳到一个低的分支上去。这是典型的非凸效应 [697]，主要是由于过大的声子振荡波在非凸耦合时使台阶提前失稳，这种失稳使得共振台阶被破坏。F 越大，靠近低速区与高速区边界 $v_c = 2\pi\delta\sqrt{K}$ 的速度台阶被破坏情况越严重，从图中我们可以看到，1:1 的共振平台被完全破坏，在简谐情况增加 F 刚好出现 1:1 台阶的地方，正弦耦合的 $v(F)$ 曲线突然下跳到一个新的分支，这个分支从一个很低的 v 值随 F 增加而上升，1:1 的共振已经完全不存在。这意味着一个新相的出现。

为了搞清楚在这个分支上的动力学，在图 6-37 中我们画出了在 5:2 共振失稳与 1:1 失稳处系统各振子 $u_j(t)$ 的演化情况。图 6-37(b) 是一个非常好的行波结构，以便对照。图 6-37(a) 对应于 5:2 失稳的情况，可以看到行波结构被破坏，各个振子都出现了无规则运动。图 6-37(c) 表明 1:1 失稳后的时空情况更为混乱，可以看到系统运动无论在时间还是在空间上都是无规则的。由于整个 1:1 区域系统的运动都是时空混沌的，我们称此区域为**无规相**(disordered phase)[697]。这种 1:1 共振被完全破坏的无规相是非公度正弦耦合 FK 系统的固有相。我们可以用 Farey

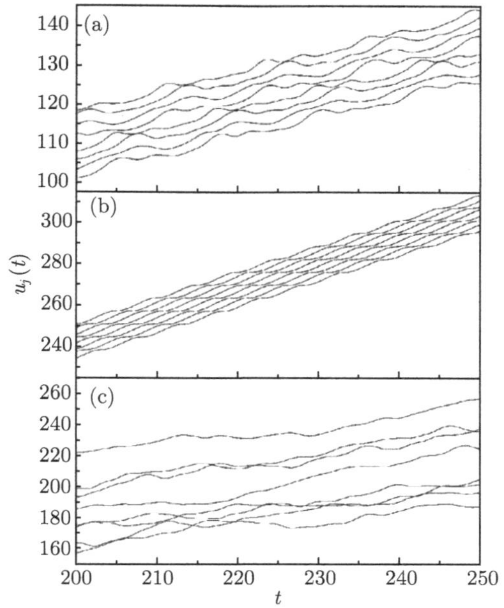

图 6-37 在 5:2 共振失稳与 1:1 失稳处系统各振子 $u_j(t)$ 的演化情况【改编自文献 [697]】

序列逼近黄金分割

$$\delta = 8/13,\ 13/21,\ 21/33,\ \cdots \to (\sqrt{5}-1)/2$$

来验证，都发现同样的区域。图 6-38 画出了 $N = 54/89$ 时非凸耦合 FK 系统在 $F = 0.28$ 的时空演化图。为方便观察，我们用

$$\Delta_j = |u_{j+1}(t) - u_j(t)|\,(\mathrm{mod}2\pi) \tag{6.8.12}$$

来表示相邻振子之间的距离。对于标准 FK 系统而言，当系统初始从基态出发时，Δ_j 一般是在 a 附近振荡的量。这里将初始条件也设在 $F = 0$ 时的状态，在 $t \geqslant 0$ 时加上 F 来观察系统演化。可以看到在 $t < 15$ 以前 Δ_j 的演化是较为规则的，但 Δ_j 随时间是增加的，在 $t > 15$ 时，Δ_j 的值超出了 2π，即此时振子的顺序不再遵守 Middleton 保序规则，顺序可以被打破，因而系统进入了时空混沌态。

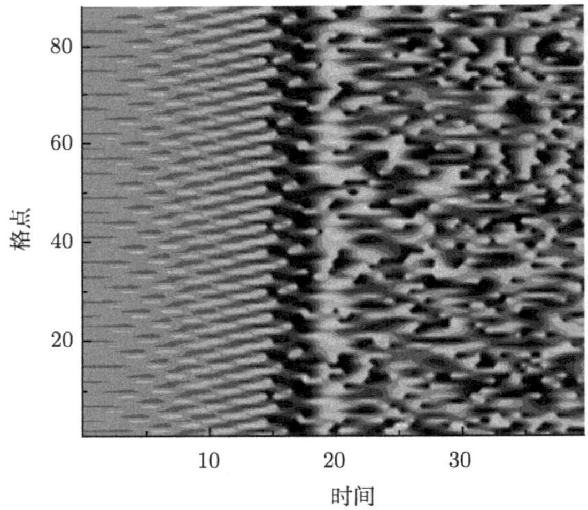

图 6-38　N=54/89 时非凸耦合 FK 系统在 F=0.28 的时空演化图【改编自文献 [697]】

对其他形式的非凸耦合 FK 系统动力学行为的研究也是非常重要的，这方面的专门研究迄今为止还不多，值得进一步深入讨论。

第 7 章　格点链的非平衡合作输运

在第 6 章中，我们集中对以 Frenkel-Kontorova 模型为代表的格点链系统的基态与动力学性质进行了系统研究，揭示了很多由于集体合作所表现出的行为。这些行为是在没有噪声环境的情况下纯粹由于系统动力学及其单元之间的合作协同发生的。在实际情况下，噪声是无处不在的，在非线性系统中它不是简单的消极影响，有时会产生诸如随机共振、相干共振、隧穿等协同行为。同样地，它对相互作用的多体系统所起的作用应会丰富多彩，会与个体之间相互作用形成一种奇妙的合作而产生各种各样有意义的集体涌现行为，这在第 5 章的随机共振和时空动力学中得到了生动的体现。对于大量的物理体系，处于噪声环境中经常意味着它们处于非平衡条件，这样的多体系统会在涨落影响下与相互作用竞争而产生丰富的与运动和能量密切相关的非平衡输运行为 [15,58,59,90,108-110]。

本章将对如下三个具有代表性的有关非平衡输运协同行为的问题进行详细讨论：

(1) 格点链系统空间扩散的加强和非线性效应。

扩散和漂移是非平衡输运的经典传统课题。我们将沿袭第 6 章的讨论，以 FK 模型为典型例子，详细研究耦合系统整体扩散行为，探讨有序和无序竞争表现出输运的复杂特点 [646,647]。耦合带来了粒子之间空间输运的协同性，而这种协同需要系统克服作用于不同粒子上噪声的无序和噪声空间无关联带来的无序，因而对整体扩散带来竞争的涌现。

(2) 合作定向输运。

定向输运特指非平衡系统在外力总效果为零的情况下由于对称破缺而发生的定向运动，这在物理上称为棘轮效应 (ratchet)[15,59]，在生物学上则称为分子马达 (molecular motor)。对称破缺的发生或者由系统内部直接引发，也可以由外部驱动等引起，进而该破缺行为通过各种不同的机制将涨落或非定向驱动的能量转化为定向的物质流动或做功。我们将关注物质由于相互作用而产生的集体定向输运。

值得指出的是，生命活动中的这种非平衡输运涌现是普遍存在的，也是近年来生物物理学研究的重要领域之一。生命体区别于非生命体的一个重要标志就是生命活动的主动即定向而有目的的运动，代表性的就是近几年得到密切关注和广泛研究的活性物质。人们通过大量的研究发现，一类被称为分子马达的蛋白酶在这些生命活动中起着极其重要的作用，扮演着生命宏观活动的微观守护神的角色。尽管某些生命体在肉眼看来是静止的，但在细胞层次却是非常热闹繁忙。这些细胞层次的运动都需要能量，这些能量需要通过某种机制将化学能转化成机械能 (功)。因此，探索细胞层次的生命运动不仅是生物学的重要使命，也是物理学家非常感兴趣的领域。到目前为止，已有上百种的分子马达被确认。分子马达在生物体内无处不在，并执行着各种各样的生物功能，如肌肉收缩、细胞内和细胞间的物质输运、DNA 复制、细胞分裂等 [159,160]。

(3) 低维晶格系统的热传导与热整流。

热传导 (heat/thermal conduction) 是非平衡能量输运的重要形式。晶格振动是晶格系统的典型集体动力学模式，在处于温度环境下会在能量输运过程扮演着重要角色。传统的热传导问题较少涉及低维材料的热传导及其调控、整流等应用性问题。近年来低维材料的热传导行为研究发现了大量反常热传导现象，对其微观动力学机制的研究成为近 20 年来的研究热点 [704]。

关于低维材料热传导的反常特性及其物理机制我们已经在之前的专著有详尽的探讨 [59]。本章将聚焦于热应用的相关理论研究。

鉴于低维材料在微纳尺度大量存在，人们试图在微纳尺度来实现热传导及其相关宏观非平衡过程的调控。通过设计特有的低维晶格结构，人们已经从理论和实验上实现了对热流的控制，开辟了热输运调控的新方向，这也为人们设计控制热能输运的热整流器提供了理论启示。人们先后发现了类似于传统二极管的热单向输运效应、热三极管效应与热逻辑门等，引发了人们对热应用的广泛关注。这些潜在应用推动着经历了多年沉寂的声子学作为一门兼跨理论研究与实际应用的学科又与电子学和光子学等站在一起，焕发新的生机和活力 [705]。

7.1　耦合链系统的集体扩散性质

粒子在周期势场中的布朗运动或非平衡输运过程有着深厚的物理背景，很多物理体系的周期性结构决定了粒子的输运问题是一个有着共同本质机制的课题 [28,706]。这样的物理问题可以是简单的力学阻尼摆、电学中的锁相环，也可以是较为复杂的超离子导体、高温氧化物超导体内的涡旋动力学、Josephson 结的相位动力学、电荷密度波等人们一直在关注的问题。

7.1.1　噪声驱动的 FK 链

对于一维周期体系，单位质量 “粒子”(这里所说的粒子既可以是真实粒子，也可以是遵守如下同样动力学方程所描述的自由度或假想粒子等) 运动的 Langevin

方程一般可写作

$$\ddot{u}_j + \gamma \dot{u}_j + d\sin\left(\frac{2\pi u_j}{b}\right) = \sum_{i=1}^{N} \frac{\partial V(u_j, u_i)}{\partial u_j} + F_j(t) + \xi_j(t) \tag{7.1.1}$$

其中 u_j 代表第 j 个粒子的坐标，$\dot{u}_j$ 为对应的速度，γ 为阻尼系数，b 为周期势的周期，d 为势垒高度，$V(u_j, u_i)$ 反映了粒子 j 与 i 间的相互作用，$F_j(t)$ 为作用于第 j 个粒子上的确定性外力，$\xi_j(t)$ 则为随机力。我们下面讨论均匀常外力

$$F_j(t) = F$$

及 $\xi_j(t)$ 为时空无关联白噪声的情形：

$$\langle \xi_j(t) \rangle = 0, \quad \langle \xi_i(t)\xi_j(t') \rangle = 2\gamma k_{\mathrm{B}} T \delta_{i,j} \delta(t - t') \tag{7.1.2}$$

k_{B} 为 Boltzmann 常数，T 为热源的温度。

当粒子间相互作用较弱或环境温度较高时，方程 (7.1.1) 中的相互作用项可以忽略，只考虑单粒子在周期势场中的布朗运动问题就够了。在第 1 章中已对这个问题做过讨论。对单粒子情形，解决问题的关键是求出粒子的空间位置 u 与速度 $\dot{u}$ 分布函数 $w(u, v = \dot{u}, t)$，其对应的 Fokker-Planck 方程为

$$\frac{\partial w}{\partial t} = -v\frac{\partial w}{\partial u} + \gamma \frac{\partial}{\partial v}\left[vw + \frac{1}{\gamma}V'_{\mathrm{eff}}(u)w + k_{\mathrm{B}}T\frac{\partial w}{\partial v}\right] \tag{7.1.3}$$

其中

$$V'_{\mathrm{eff}}(u) = \mathrm{d}V_{\mathrm{eff}}(u)/\mathrm{d}u = d\sin(2\pi u/b) - F \tag{7.1.4}$$

在一般情况下，该方程的求解已经十分困难 (见第 1 章)，因而即使对单粒子在周期势场中的布朗运动问题的封闭解析求解仍然是未解决的课题，我们只在大阻尼和小阻尼区域可以得到形式仍十分复杂的解析解。对有相互作用系统输运问题的讨论则基本上局限于数值讨论与物理机制分析相结合的手段。

当粒子间相互作用不能忽略时，相互作用会给系统带来新的时空尺度与竞争机制，因而会导致一些新的整体涌现行为 [707-710]。考虑到空间波矢竞争，描述这种竞争最简单的模型就是 FK 系统，相互作用为最近邻简谐形式：

$$V(u_j, u_{j+1}) = \frac{1}{2}K(u_j - u_{j-1} - a)^2 \tag{7.1.5}$$

第 6 章我们已对其基态及时空动力学进行了详尽讨论，展示了一系列有趣的集体行为，这些讨论对本节分析噪声的作用是很有帮助的。

下面的讨论中，我们固定 $b = 2\pi$, $d = 1$，方程 (7.1.1) 可写成自治形式：

$$\dot{u}_j = v_j$$

$$\dot{v}_j = -\gamma v_j - d\sin u_j + K(u_{j+1} - 2u_j + u_{j-1}) + F + \xi_j(t) \tag{7.1.6}$$

相应分布 $w(\{u_j\},\{v_j\},t)$ 满足的 Fokker-Planck 方程为

$$\frac{\partial w}{\partial t} = \sum_{j=1}^{N}\left[-v_j\frac{\partial w}{\partial u_j} + \frac{\partial U}{\partial u_j}\frac{\partial w}{\partial u_j} + \gamma\frac{\partial}{\partial v_j}\left(v_j w + k_{\rm B}T\frac{\partial w}{\partial v_j}\right)\right] \tag{7.1.7}$$

其中 $U(\{u_j\})$ 为 FK 系统的总势能：

$$U(\{u_j\}) = \sum_{j=1}^{N}\left[d(1-\cos u_j) + \frac{1}{2}K(u_{j+1} - u_j - a)^2\right] \tag{7.1.8}$$

在过阻尼情况下，可用 Smoluchowski 方程来代替上面的 Fokker-Planck 方程：

$$\frac{\partial p}{\partial t} = \frac{1}{\gamma}\sum_{j=1}^{N}\frac{\partial}{\partial u_j}\left(\frac{\partial U}{\partial u_j}p + k_{\rm B}T\frac{\partial p}{\partial u_j}\right) \tag{7.1.9}$$

这里

$$p(\{u_j\},t) = \int w(\{u_j\},\{v_j\},t)\prod_{j=1}^{N}{\rm d}v_j \tag{7.1.10}$$

为约化分布函数。

对直流外力驱动 FK 系统的布朗运动问题，我们主要关心两个区域：一个是 $F\to 0$ 时的线性响应区，此区间中主要研究系统的扩散性质；另一个是当改变 F 时系统在外力下的迁移性质，此区域是系统对外力的非线性响应。下面分别对此讨论 [709]。

7.1.2　线性响应：扩散的加强效应

系统的扩散性质用扩散系数 D 描述。对有相互作用的粒子系统，可用下面的集体扩散系数来描述，它由平均平方位移的时间线性部分给出：

$$D = \lim_{t\to\infty}\frac{1}{2Nt}\sum_{i,j}\left\langle[u_i(t) - u_j(0)]^2\right\rangle \tag{7.1.11}$$

这里的平均为系综平均

$$\langle A\rangle = \int Aw(\{u_i\},\{v_i\},t)\prod_{i=1}^{N}{\rm d}u_i{\rm d}v_i \tag{7.1.12}$$

注意，式 (7.1.11) 中的平方位移不仅包含自平方位移 $(i=j)$，而且包含交叉平方位移 $(i\neq j)$。实际计算中，扩散系数可用线性响应下的迁移率给出：

$$D(T,k,\delta) = k_{\rm B}T\lim_{F\to 0}\langle v\rangle/F \tag{7.1.13}$$

$\langle v \rangle$ 是体系的平均运动速度。在 $F \to 0$ 时，D 与环境涨落温度 T、粒子间耦合强度 K 和 $\delta = a/b$ 都有密切的关系。特别地，D 与 K 和 δ 的关系是耦合系统所独有的，这两个量是粒子间相互作用最重要的参数，因而 D 体现出系统扩散的独有合作性质。

在图 7-1(a) 中，我们计算了 δ 为黄金分割数 $\delta_G = (\sqrt{5}-1)/2$ 时不同温度下扩散系数 D 与 K 的关系。我们看到的第一个现象是扩散系数与耦合强度之间的关系是非单调的。对于弱耦合强度 K，扩散过程被抑制，D 随 K 的增加而减小。当 $K > K_c^1$ 时，D 开始随 K 的增加而上升。在 K_c^1 附近，扩散系数 D 与 K 之间满足下面的幂律关系：

$$D = D_0(T)\left|K - K_c^1\right|^{\alpha(T)} \tag{7.1.14}$$

这里标度指数 $\alpha(T)$ 随温度升高而降低。在第二个阈值 K_c^2，耦合系统的扩散系数 D 首次超过单粒子的扩散系数值 D_s(即 K =0 时的 D 值)，当 $K > K_c$ 时，$D > D_s$。我们称这种现象为**耦合加强的扩散过程**。对于中等大小的 K，D 与 K 的关系遵循下面的幂律：

$$D \propto K^{\beta(T)} \tag{7.1.15}$$

$\beta(T)$ 也是随 T 增加而降低的标度指数，

$$\beta(T) \sim T^{-1/2} \tag{7.1.16}$$

当 K 很大时，扩散系数会逐渐趋于一个饱和值，这个值比单个粒子扩散系数值 D_s 要大得多。上面的现象揭示出非常重要的结果是粒子间相互作用并不能总是促进系统的集体扩散，即只有克服一个临界耦合强度后系统才能表现出更强的扩散过程。临界耦合 K_c^1 和 K_c^2 随温度的增加而增加，即一旦系统处于高温环境，则必须通过更大的耦合才能克服系统扩散上的无序状态。

上面的行为可以作直观的理解。它实际上是系统有序与无序的竞争。有序来自于粒子之间的耦合作用，它倾向于把粒子组织起来而形成集体行为。无序是由外界的热涨落造成的，它倾向于破坏系统的有序运动。对较弱的耦合强度，热噪声占主导地位，粒子无法组织形成协作扩散，弱的相互作用反而使得原本自由的粒子扩散受到约束。因此可以看到系统的扩散随耦合的加入反而减小，耦合成为体系高摩擦另外的耗散来源。当耦合强度增大到一定程度时，系统可以通过相互作用而把无序的涨落变成有效的合作扩散能量，可以看到系统的扩散速率上升并超过单粒子 (无耦合) 的情况，形成阵列加强扩散的现象。

阵列加强扩散过程在一些实际应用中是有价值的。在很多情况下 (如表面的生长过程)，我们希望体系有较快的扩散速率，这可以通过调控系统的不同参数来实现。

上面讨论的是非公度情况。我们可以讨论系统的扩散系数与阻挫 δ 之间的关系。这一结果在图 7-1(b) 中给出，$K = 0.1$，其他参数不变，温度取三种不同的值。可以看到 D 与 δ 之间的关系是很复杂的。温度 T 较高时，公度效应不太突出。曲线是关于 $\delta = 1/2$ 对称的，因此只需在 $\delta \in [0, 1/2]$ 区间讨论。当 δ 很小时，D 与 δ 之间是线性关系：

$$D = D_0 T\delta \tag{7.1.17}$$

斜率与温度 T 成正比。这反映出 δ 很小时扩散会因耦合的引入而受到抑制。抑制的原因在于此时系统的 PN 垒很高，粒子与周期势的相互作用占主要地位，需要更大的激发能才可以克服 PN 垒。当环境温度 T 较低时，扩散的公度效应就变得很明显。对于图中 $k_{\rm B}T = 0.25$ 的曲线，可以看到 D 在 $\delta \approx 1/3$ 和 $2/3$ 时有最大值，这两个值非常靠近黄金分割值 $\delta_G = (\sqrt{5} - 1)/2$ 和 $1 - \delta_G$。

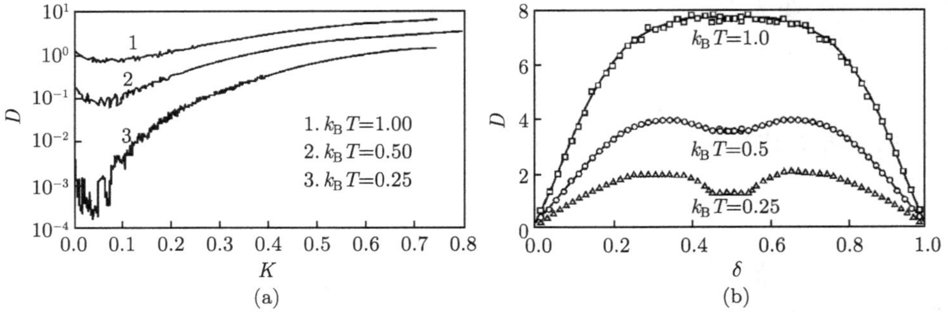

图 7-1　(a) $\delta = \delta_G$ 时不同温度下扩散系数 D 与相互作用强度 K 的关系；(b) 扩散系数 D 与阻挫 δ 之间的关系【改编自文献 [709]】

一般情况下，扩散系统与温度的关系是比较复杂的。当不考虑粒子之间相互作用时，在小阻尼和高温下，扩散系数

$$D = \frac{\pi k_{\rm B}T}{2\gamma}{\rm e}^{-2d/(k_{\rm B}T)} \tag{7.1.18}$$

而扩散速率随温度升高而增加。在大阻尼和低温下，扩散主要是由热涨落引起的阱间跃迁导致的，

$$D = \frac{k_{\rm B}T}{\gamma}\left[{\rm I}_0\left(\frac{d}{k_{\rm B}T}\right)\right]^{-2} \to \frac{2\pi d}{\gamma}{\rm e}^{-2d/(k_{\rm B}T)} \tag{7.1.19}$$

其中 ${\rm I}_0(x)$ 是修正 Bessel 函数。在上面两个结果中，可以看到右边有同样的 Boltzmann 因子 (Arrhenius 因子)${\rm e}^{-2d/(k_{\rm B}T)}$，只是前面因子不同，它来自于热涨落的阱间跃迁效应。在一般情况下，扩散系数有复杂的形式 [89,118]：

$$D = \frac{(2\pi)^2 k_B T}{\gamma[\Omega(d,T,0)\Delta(d,T,0) - \Lambda(\gamma,d,T,0)]} \tag{7.1.20}$$

该形式是第 1 章式 (1.7.74) 线性响应时的结果，它可由式 (7.1.13) 直接得出，式中的各个系数为

$$\Omega(d,T,F) = \int_0^{2\pi} \exp\{[f(x) - Fx]/(k_B T)\} \, dx \tag{7.1.21a}$$

$$\Delta(d,T,F) = \int_0^{2\pi} \exp\{[-f(x) + Fx]/(k_B T)\} \, dx \tag{7.1.21b}$$

$$\Lambda(d,T,F) = \int_0^{2\pi} dx \exp\{[-f(x) + Fx]/(k_B T)\} \times \int_0^{x} dy q(y) \exp\{[f(y) - Fy]/(k_B T)\} \tag{7.1.21c}$$

其中

$$f(x) = -d\cos x \tag{7.1.22}$$

式 (7.1.21c) 中的 $q(x)$ 称为核函数 (kernel function)，它可由下面的运算得到：

$$q(x) = \frac{1}{c}\gamma \boldsymbol{H} c \tag{7.1.23}$$

此处 c 为一常数，$\boldsymbol{H}$ 为一个算子，它可以写为如下形式的算子连分：

$$\boldsymbol{H} = \boldsymbol{I} - \frac{1}{\gamma^2}\boldsymbol{K}^+ \frac{1}{\boldsymbol{I} - \frac{1}{2\gamma^2}\boldsymbol{K}^+ \cdots \boldsymbol{K}^-} \boldsymbol{K}^- \tag{7.1.24}$$

其中 $\boldsymbol{I}$ 是单位算子，算子 $\boldsymbol{K}^{\pm}$ 为

$$\boldsymbol{K}^+ = \sqrt{k_B T}\,\partial/\partial x \tag{7.1.25a}$$

$$\boldsymbol{K}^- = \boldsymbol{K}^+ + \frac{1}{\sqrt{k_B T}}[df(x)/dx - F] \tag{7.1.25b}$$

上面结果对单粒子在任何温度和阻尼下都适用。

当考虑粒子间耦合时，耦合会导致系统的行波运动。此时系统的扩散过程与扭结运动有关，扭结可以视为准粒子，它可用有效质量、静态能量和 PN 垒 E_{PN} 来描述 [708]。在低温下系统的扩散系数为

$$D = D_0 e^{-E_{PN}/(k_B T)} \tag{7.1.26}$$

D_0 为与 E_{PN} 有关的因子，通常在小阻尼时

$$D_0 \propto E_{PN}^{1/2} \tag{7.1.27}$$

在大阻尼时

$$D_0 \propto E_{\mathrm{PN}} \tag{7.1.28}$$

在强耦合时

$$D \approx Ck_{\mathrm{B}}T[1-\left(\frac{E_{\mathrm{PN}}}{k_{\mathrm{B}}T}\right)^2/8] \tag{7.1.29}$$

在式 (7.1.26) 中，我们看到类似单粒子的 Arrhenius 因子，然而不同的是，能量项对单粒子而言是周期势垒，而对于 FK 系统则是 PN 势垒。

7.1.3 非线性响应：迁移过程的抑制效应

当 FK 系统所受外力增大时，系统的输运由漂移过程主导。此时需要用系统的迁移率来描述输运过程：

$$\mu = \langle \nu \rangle / F \tag{7.1.30}$$

在图 7-2(a) 和 (b) 中，我们计算了阻挫为 δ=3/8 和 1/8 时不同温度下迁移率 μ 与外力 F 的关系。为方便对比，我们也画出了单粒子的 $\mu(F)$ 曲线 (温度取 $k_{\mathrm{B}}T = 0.5$)。可以看到，当 F 较小时，耦合系统的迁移率远大于单粒子的迁移率。当 F 增加时，单粒子迁移率 μ 随 F 单调增加，而耦合系统的迁移率 μ 除随 F 有增加部分外，在很

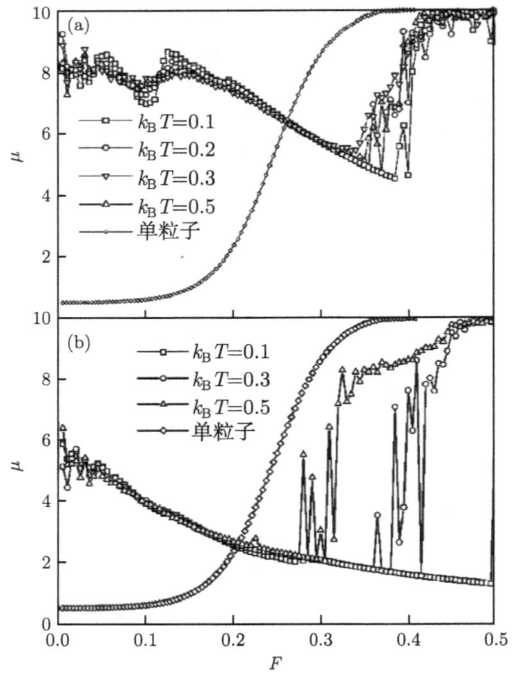

图 7-2 $\delta = 3/8$ 和 1/8 时不同温度下迁移率 μ 与外力 F 的关系【改编自文献 [709]】

大的区域内都是随 F 增加而减小。温度的改变在 F 的很大范围内对系统的迁移率几乎没有影响。这个效应在图 7-3 中给出，$\delta=3/8$，图中画出了 $F=0.1$ 和 0.05 时 μ 随 $k_{\mathrm{B}}T$ 的变化曲线。可以看到 μ 随 $k_{\mathrm{B}}T$ 的增加几乎不变，甚至对 $F=0.1$ 的情况还会降低。我们称 μ 随 F 减小及随 $k_{\mathrm{B}}T$ 几乎不变的现象为**迁移过程的抑制效应**，这种效应显然是一种集体现象。

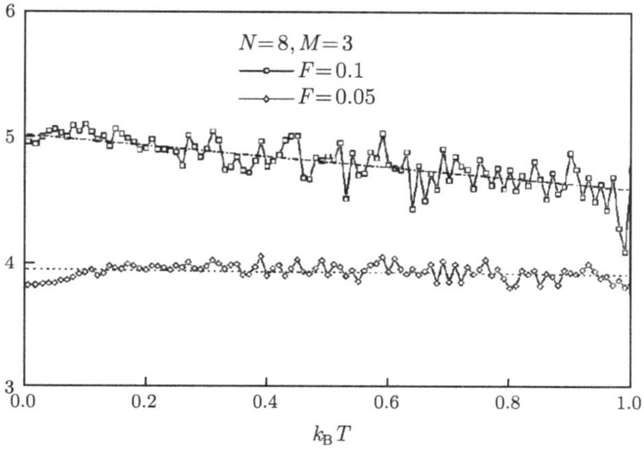

图 7-3 迁移率 μ 随温度 $k_{\mathrm{B}}T$ 的变化曲线【改编自文献 [709]】

事实上，有了第 6 章中无噪声 FK 小阻尼系统在 F 作用下的动力学分析，这种抑制过程是不难理解的。在低速运动区，运动的扭结与它所辐射出来的线性波 (声子) 发生耦合而产生锁相，导致系统运动的锁定。这种表现在系统整体运动速度随 F 的变化就对应于平台 [678]。在平台区，虽然外力 F 增大为系统注入更多的能量，但它们由于锁模而无法有效转化为系统的动能，大部分能量会被声子散射而耗散掉。由于系统耦合的有序对噪声涨落有一定的抵抗力，因此在有限温度下，无噪声时速度的主要平台仍然存在。在平台上，系统的迁移速率

$$\mu=\nu\left(m_1,m_2\right)/F\propto F^{-1} \tag{7.1.31}$$

因此随 F 的增加 μ 反而会减小，造成迁移过程的抑制。此时热涨落的能量主要用来放大线性波 (声子) 的振幅。在台阶的右边，热涨落使锁相失稳而造成共振台阶的振幅很小，热涨落不易使锁相破坏。

7.2 热力学棘轮与布朗马达

7.2.1 概述

非线性系统的输运行为可以体现在许多不同的方面，例如，前面所讨论到的扩

散、漂移、热传导等都是宏观的非平衡输运现象，而随机共振过程本质上也是能量的输运过程。我们更感兴趣于一种在总体上无向的驱动中产生有向输运，即**作用于系统上的外力总的效果为零 (甚至没有外力) 时**定向输运的可能性及效率。对于这种情况，系统要产生定向运动，就需要打破内部或外部的某些对称性，从而将涨落或非定向驱动的能量转化为定向运动的能量 (做功)。

定向输运问题的研究重点是在空间周期系统中定向输运流的可能性及其特点。当体系处于热力学平衡态时，持续性的定向运动是不可能发生的 (排除暂态过程)。这是热力学第二定律的自然结果。在热力学平衡态下，定向运动就意味着系统可以从单一热源吸收热量而转化为宏观运动的功，这恰恰成为第二类永动机 (单源热机)，违反第二定律。因此要产生定向输运，需要满足的第一个条件就是**系统必须处于非平衡状态**。在实际中，可以引入非平衡外来驱动如确定性外力或随机涨落力使得体系离开平衡态。

非平衡性是产生定向输运不可缺少的前提条件。对系统另一个不可缺少的要求就是**对称性破缺**。对称破缺可以通过多种不同途径来实现：

(1) 空间周期系统的空间反演对称性可以内禀地破缺，即周期势不满足空间反演对称性。我们称这种周期势为**棘轮势**(ratchet potential)。

(2) 非平衡扰动自身的特点某些情况下也可引起空间或时间反演对称性被破坏。

(3) 当系统由多个单元组成时，系统可通过耦合自发地产生多种可能的对称破缺。

系统的非平衡性与对称破缺是产生定向输运的基本必要条件，但并不是充分条件。要产生物理上可观察的定向运动，还需要系统各参数的适当匹配。另外，对称破缺的条件也不限于空间对称，其他对称性诸如时间对称、耦合对称、时空对称的破缺都会导致输运过程的空间方向性选择。存在定向输运的系统在物理上称为**棘轮系统**(ratchet)，在生物学上则称为**分子马达**(molecular motor)。若系统的定向输运是由随机涨落引起的，我们称其为**布朗马达**(Brownian motor)；若这种定向输运是由确定性外力引起或不含随机力时，则称为**确定性马达**(deterministic motor)。

布朗马达的研究来源于多个方面。最早关于棘轮效应的讨论来源于对热力学第二定律的理解，这在 Archimede、Seebeck、Maxwell、Curie 等的著作中可零星见到，但都没有对此效应系统性的讨论。1912 年由 Smoluchowski 提出的假想实验 (gedanken experiment) 可算是关于棘轮效应的专门讨论 [711]；Feynman 等对此进行了进一步的分析，并将其推广 [712]。

另一个直接推动布朗马达研究的动力来源于生命科学中分子机器的探索。近年来有大量关于细胞内输运过程的研究，特别是分子马达与分子泵的问题研究。对于生物分子马达，Huxley 于 1957 年研究了肌肉收缩的问题 [713]，其后又有相当多的研究。对于分子泵，1986 年 Tsong、Astumian 与合作者用棘轮效应解释了有关生物实验，并将定向输运问题与分子泵联系起来 [714]。大量实验研究结果表明，分子马达种类多种多样，构造各不相同，且其运动有着非常丰富而有趣的现象。然而，大量不同种类的分子马达却具有类似的基本原理。这使得物理学家可以透过现象看本质，并通过建立简单的模型来探讨分子马达所产生定向输运的生物复杂性行为，通过了解这些不同种类马达的结构和功能，进一步在物理上利用简单的机制和方程来揭示和描述其运动 [715]。

在物理方面，de Waele 等从实验上观察到并从理论上解释了在一个磁场和无偏置交流电流作用下直流超导量子干涉装置中的电压整流效应 (棘轮效应的表现)[716]。布朗马达在纳米技术中正在得到重要的应用，人们还提出了人工布朗马达的概念 [110]，对介观和纳米尺度下的定向输运调控问题进行了很多研究，人们另外还对量子马达与棘轮的输运性质进行了系统研究，这些问题在光晶格、Bose-Einstein 凝聚、高温超导和 Josephson 结等系统中已得到理论研究和实验上的证实及其应用。另外，关于无偏置周期驱动力作用下在对称破缺的空间周期结构中定向输运的研究，从 20 世纪 70 年代中期开始至今已有几百篇实验和理论论文。这些方面的研究使得布朗马达和定向输运的内容变得大为丰富 [717-719]。由于所涉及的定向输运过程大多与系统的非线性因素有关，因此近年来关于输运过程与系统非线性动力学关系的研究以及时空非线性系统的合作输运研究为该方面的探索注入了新的活力。

我们将着眼于由这些具体问题抽象出来的物理模型，因此讨论更具有一般性。我们将着重于定向输运的理论分析。另一方面，以往关于定向输运的研究多集中于单个分子马达输运机制的分析。但在许多情况下粒子之间的相互作用不可避免甚至起着决定性的作用。合作定向输运是近年来分子马达研究的重要方向之一，并有更为丰富的现象。

7.2.2 Feynman 热力学棘轮

把无序能量转化为有用的能量是多年以来人们孜孜以求的梦想。在热力学研究的历史上，人们曾设计各种精巧的永动机，试图把热变为功。热力学第二定律告诉我们，热变功不是一个自发过程，不产生影响是不可能的。关于这个讨论，一个著名的假想实验是由 Smoluchowski 于 1912 年提出的，后来由 Feynman 引入物理学教科书中并加以推广。本书将此模型称为 **Smoluchowski-Feynman(SF) 棘轮**。

SF 棘轮的装置如图 7-4(a) 所示，它由一根轴及两头连接的叶片和棘轮组成，整个装置被处于热平衡的温度为 T 的气体所包围。棘轮是一个圆形的、由非对称齿轮组成的部件。假设系统绕轴可以自由转动，通过气体分子对叶片作用会引起系统转动的布朗运动。为了实现将无偏置的随机运动转化为有向转动，可以设计一个如图 7-4(a) 所示的"棘爪"，其作用是使得棘轮向一个方向转动，倒转的时候棘爪就会卡住棘轮，防止倒转。这样，如果大量气体分子对叶片的持续作用使系统发生转动，棘爪的设计就可以保证棘轮单向转动。如果假想在杆的中部加上负载，这样的单向转动就可将重物提起，克服重力做功。

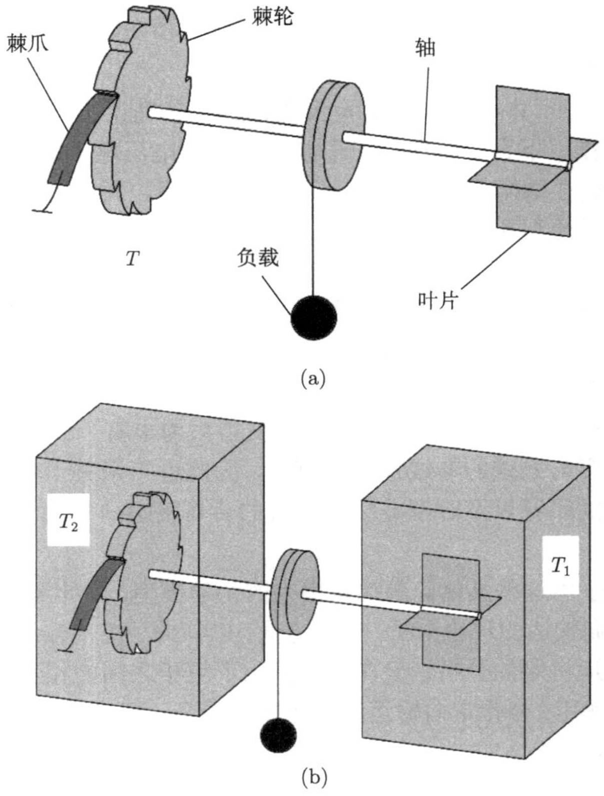

图 7-4　(a) SF 棘轮的假想实验装置，整个装置与单一温度热源接触；(b) 双温热源 SF 棘轮装置，棘爪部分与叶片部分处于不同温度的热源接触

从热力学角度来看，SF 棘轮就是一种单源热机，上述实验所做的看上去是实现了"单源热机"的"梦想"，即可以从单一热源吸收热量而做功。问题是，这个假想实验在实际中能否实现？很明显，该实验违反了热力学第二定律，它是一种第二类永动机，类似于 Maxwell 妖 [720]，该假想实验中的"小妖"就是装置中的棘爪。尽管图 7-4(a) 的系统中棘轮结构上存在非对称性，但这种非对称性本身并不足以引起定向转动，将无规布朗转动转化为单向运动正是通过棘爪的设计来实现的。就像 Maxwell 妖中的小妖可以甄别粒子速度一样，棘爪可以甄别棘轮的转动方向并做出选择。然而，为什么这种设想不会实现呢？Feynman 在其物理学讲义中对此进

行了分析。实际上，既然气体分子与叶片的作用发生在微观尺度，那么棘爪也应该足够小。小尺度下的棘爪由于由少数分子构成，因此其与棘轮的相互作用是软性的，可以想象它上面需要有一个弹簧，否则无法抬起落下以发挥作用。这种弹性特征在图中并没有表现出来，但它却是本质和决定性的，该特性使得棘轮的正转和倒转都可能发生，只是前者的概率要大一些。

从热力学角度来看，该单源热机是无法实现的。按照 Feynman 的观点，设想该热机如果可以实现，由于棘爪本身也处于热涨落环境中，涨落就会引起棘爪的跳动，使其抬起落下，每次棘爪抬起时，棘轮同样也会发生倒转，而棘爪在每次阻碍倒转的过程中也会吸收转动的能量，并表现为热量的形式，这会造成在棘轮单向转动时轮子变得越来越热，即使只有部分的热量释放到气体中，这也会造成棘轮与周围气体的温度升高。温度升高反过来又使得棘轮的倒转变得越来越频繁，这种效应最终会抵消非对称效应和正向运动，导致这种情况不能持续 [712]。近几年人们在分子尺度对 SF 棘轮效应进行了实验研究 [721-723]，证实了 SF 棘轮效应在单一热源下是无法实现的。

在分子尺度下 SF 棘轮效应不会发生并不意味着在大尺度或特定情况下不会发生。人们在 SF 棘轮提出后开展了很多后续研究，并试图找到一些类似于 SF 棘轮而又会发生定向运动的例子。最近，人们利用颗粒物质体系来模拟“热源”中的分子，并模拟在该“热源”驱动下棘轮的运动，发现了有趣的单向转动现象。不同于由原子分子 (尺度为 $10^{-10}\sim10^{-6}$m) 为基本单元组成的气体，颗粒体系是由大量尺寸 (如沙粒等) 大于 1μm 的颗粒组成的物理系统，它在平衡态和非平衡动力学行为上既不同于分子原子体系的运动，又有别于大量原子分子组成的宏观流体、固体、气体等的统计和热力学性质 [724]。荷兰的 Lohse 与 van der Weele 小组在 2010 年利用颗粒物质对叶片作用实现了所谓的“SF 棘轮”[725]，实验中颗粒物质和叶片被置于容器中，颗粒物质通过振荡装置在垂直方向的振荡来驱动，在容器中产生无规运动，并类似于 SF 棘轮的空气分子对叶片产生碰撞。通过转动传感器可以观察在不同“温度”(取决于振荡的幅度和频率) 下叶片产生单向转动的可能性。研究发现，当叶片设计为类似于棘轮的非对称结构时，叶片会在一定振荡强度下出现单向转动。这种有趣的现象与微观尺度下 SF 棘轮的结果明显不同，说明颗粒物质作为“热源”会表现出不同于大量原子分子热源产生的效应，值得从理论上进一步研究。

SF 棘轮的假想实验基于分子尺度下的过程，因而可以用布朗运动理论来刻画。考虑一个质量为 m 的粒子在一维空间的运动，在 SF 棘轮中相当于只考虑转动方向，设转过的角度为 x。棘轮在不考虑有重物负载情况下转动时，会受到空气分子的随机碰撞和黏滞阻力，还会受到棘爪对它的作用，考虑到棘爪的柔性特点，该耦合作用可以用一个有限高度 (对应于柔性) 的非对称周期势 $V(x)$ 来描述，称为棘

轮势，它代表棘轮和棘爪之间的作用强度。这样，描述 SF 棘轮转动简化模型满足的 Langevin 方程可写为

$$M\ddot{x} = -\eta\dot{x} - V'(x) + \xi(t) \tag{7.2.1}$$

其中 η 为阻尼系数，$\xi(t)$ 为分子碰撞的热涨落，它描述温度为 T 的热源对棘轮的作用，假设为满足涨落耗散定理的高斯型白噪声，

$$\langle\xi(t)\rangle = 0, \quad \langle\xi(t)\xi(s)\rangle = 2\eta k_{\mathrm{B}}T\delta(t-s) \tag{7.2.2}$$

棘轮势 $V(x)$ 为空间周期的非对称势，

$$-V'(x) = -\mathrm{d}V(x)/\mathrm{d}x \tag{7.2.3}$$

为相应的力。理论上人们经常使用两种函数形式的棘轮势，其中图 7-5(a) 为分段线性的棘轮势

$$V(x) = \begin{cases} d(x-nL)/L_1, & nL \leqslant x < nL + L_1 \\ -d[x-(n+1)L]/(L-L_1), & nL + L_1 \leqslant x < (n+1)L \end{cases} \tag{7.2.4}$$

其中 d 和 L 分别表示势的高度和周期，n 为整数。$L_1 = L/2$ 时势 $V(x)$ 是空间对称的，否则就不对称，两段线性势的坡度不相等。图 7-5(b) 为三角函数形式的空间非对称势，

$$V(x) = d[\sin(2\pi x/L) + \sin(4\pi x/L)/4] \tag{7.2.5}$$

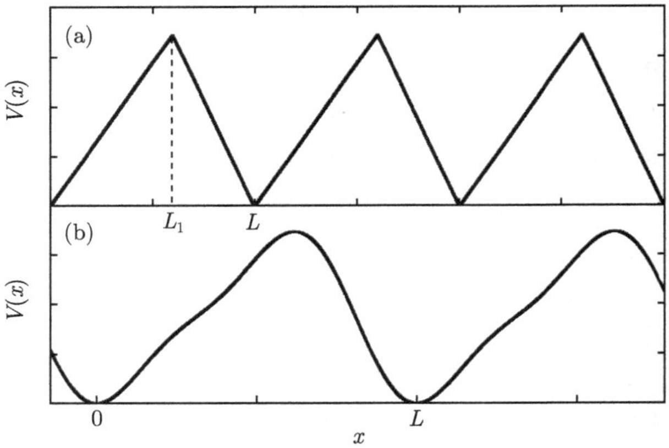

图 7-5　棘轮势示意图

(a) 分段线性周期势；(b) 双三角函数势

对于 SF 棘轮，分子碰撞的涨落力和阻尼往往远大于惯性项，运动处于过阻尼状态，因此方程 (7.2.1) 中的惯性项

$$M\ddot{x} \approx 0 \tag{7.2.6}$$

由此可得到如下方程:

$$\eta\dot{x}(t) = -V'(x(t)) + \xi(t) \tag{7.2.7}$$

概率分布 $P(x,t)$ 满足的 Fokker-Planck 方程为

$$\frac{\partial P(x,t)}{\partial t} = \frac{1}{\eta}\frac{\partial[V'(x)P(x,t)]}{\partial x} + \frac{k_{\mathrm{B}}T}{\eta}\frac{\partial^2 P(x,t)}{\partial x^2} \tag{7.2.8}$$

下面来计算运动速度 $\langle\dot{x}\rangle$。由方程 (7.2.7) 可得

$$\langle\dot{x}\rangle = -\eta^{-1}\int_{-\infty}^{\infty} V'(x)P(x,t)\mathrm{d}x \tag{7.2.9}$$

Fokker-Planck 方程 (7.2.8) 也可写为如下的连续性方程:

$$\frac{\partial P(x,t)}{\partial t} + \frac{\partial J(x,t)}{\partial x} = 0 \tag{7.2.10}$$

其中概率流 $J(x,t)$ 为

$$J(x,t) \equiv \langle\dot{x}(t)\delta(x-x(t))\rangle = -\eta^{-1}\left[V'(x) + k_{\mathrm{B}}T\partial/\partial x\right]P(x,t) \tag{7.2.11}$$

则粒子运动的平均速度为

$$\langle\dot{x}\rangle = \int_{-\infty}^{\infty} J(x,t)\mathrm{d}x = \frac{\mathrm{d}}{\mathrm{d}t}\int_{-\infty}^{\infty} xP(x,t)\mathrm{d}x \tag{7.2.12}$$

式 (7.2.12) 中用到自然 (零流) 边界条件时, 要求在 $x\to\pm\infty$ 处 $P(x,t)$=0。在周期边界条件 $P(x+L,t)=P(x,t)$ 下可以证明，如果仅考虑粒子流，则只需求解定态 Fokker-Planck 方程，此时系统存在唯一的定态分布

$$P_{st}(x) = Z^{-1}\mathrm{e}^{-V(x)/(k_{\mathrm{B}}T)} \tag{7.2.13}$$

$$Z = \int_0^L \mathrm{e}^{-V(x)/(k_{\mathrm{B}}T)}\mathrm{d}x \tag{7.2.14}$$

为配分函数。可见定态分布具有 Boltzmann 分布形式，系统定态满足细致平衡. 该定态分布就是平衡态分布。系统平均速度

$$\langle\dot{x}\rangle = 0 \tag{7.2.15}$$

这表明, 尽管系统存在空间非对称性，但系统运动并没有优先方向，因而无定向运动。

利用布朗运动理论对 SF 棘轮分析讨论的另外一个重要启示是我们可从考虑随机力的动力学角度来对原本热力学的棘轮问题进行研究，这样描述定向输运的模型称为**布朗马达**。

单一热源 SF 棘轮不能产生定向运动。Feynman 进一步讨论了棘轮和棘爪部分与叶片部分处于不同温度热源中，即如图 7-4(b) 所示的 $T_1 \neq T_2$ 的情况 [712]。由于整个系统温度不同，因此系统处于非平衡态，问题是这时系统能否会将热量转化成功？下面仍然从随机过程理论的角度来对此进行讨论。

考虑棘轮和棘爪与不同热源接触，需要同时考虑两部分的运动情况。与快速涨落相比，整个系统有两个重要的慢变量，一个是棘轮与棘爪之间的相对位置或角度变量 $x(t)$，它实际也是叶片转动的角度；另外一个是与 $x(t)$ 方向垂直的棘爪高度 $h(t)$，只有棘爪抬起到一定高度，棘轮才能够自由转动。两个部件分别与不同温度的热源接触。根据变量区分可知，角度变量 $x(t)$ 的变化取决于温度为 T_1 的热源，而棘爪高度的变化则受到温度为 T_2 的热源影响。在过阻尼情况下，系统可用如下简化 Langevin 方程描述 [726]：

$$\eta_1 \dot{x}(t) = -\partial V(x,h)/\partial x + \xi_1(t) \tag{7.2.16a}$$

$$\eta_2 \dot{h}(t) = -\partial V(x,h)/\partial h + \xi_2(t) \tag{7.2.16b}$$

$\xi_{1,2}(t)$ 分别描述温度为 $T_{1,2}$ 的两个热源对叶片和棘爪的随机作用力。为简便，设热源为相互独立并满足涨落耗散关系的高斯白噪声：

$$\langle \xi_i(t) \rangle = 0, \langle \xi_i(t)\xi_j(t') \rangle = 2\eta_i k_{\mathrm{B}} T_i \delta_{ij}\delta(t-t'), \quad i,j = 1,2 \tag{7.2.17}$$

从式 (7.2.16) 可以看到，两个变量之间的相互影响反映在棘轮势 $V(x,h)$ 中，它是棘轮和棘爪相互作用的结果，可以采用如下形式的棘轮势：

$$V(x,h) = Kh + \mu/[h - H(x)] \tag{7.2.18}$$

其中 K 为棘爪的弹性系数，$H(x)$ 为棘轮的几何形状，μ 是刻画棘轮势坡度的参数。尽管棘轮势的形式由式 (7.2.18) 给出，对式 (7.2.16) 的直接理论计算仍然比较困难，人们对其进行了数值计算。结果表明 [726]，当 $T_1 \neq T_2$ 时，可以观察到棘轮的定向转动，棘轮的转动方向取决于热源温度 T_1 与 T_2 的相对大小，当 $T_1 > T_2$ 时，棘轮顺时针转动，重物被提高；而当 $T_1 < T_2$ 时，棘轮发生反向转动，并在热源温差 $|T_1 - T_2|$ 减小时，定向运动速度降低，直至 $T_1 - T_2 = 0$ 时完全消失。

7.2.3　多种多样的布朗马达

由上面讨论可知，系统除空间上的非对称性外还要始终偏离平衡态。一种偏离平衡态的方式是使系统所处的环境温度空间分布不均匀。7.2.2 节的 Feynman 棘轮模型就是一个典型的例子。另一种使系统处于非平衡态的方式可以是环境温度的时间不均匀性，即温度随时间变化。这种系统被称为温度棘轮系统。研究发现，这类系统也可以存在非零的定向流。第三种保持非平衡态的方法是系统的结构受到外来驱动而随时间变化。这个驱动可以是直接的外力，也可以是对系统的周期势本身的调制。驱动可以是确定性的 (通常是周期的)，也可以是随机的。

我们考虑下面的基本模型 [719]，它可以满足上面所有要求，并且是空间一维的，

$$\eta\dot{x}(t) = -V'(x(t), f(t)) + F(t) + F_{\text{load}} + \xi(t) \tag{7.2.19}$$

$$\langle\xi(t)\rangle = 0, \quad \langle\xi(t)\xi(s)\rangle = 2\eta k_{\text{B}}T\delta(t-s) \tag{7.2.20}$$

其中

$$V'(x,f) = \partial V(x,f)/\partial x \tag{7.2.21}$$

$V(x,f)$ 是空间周期的：

$$V(x+L, f(t)) = V(x, f(t)) \tag{7.2.22}$$

外力 F_{load} 称为**负载力**(load)，在系统定向运动时是等于零的，它只是用来研究系统的响应。系统受的外力 $F(t)$ 及其对势的调制参量 $f(t)$ 是周期的或随机的。

考察系统是否存在马达运动的基本量是**平均速度或粒子流**

$$v = \langle\dot{x}\rangle = \langle\mathrm{d}x/\mathrm{d}t\rangle \tag{7.2.23}$$

由于系统的遍历性，这里的统计系综平均可以由沿轨迹的长时间平均来代替：

$$v = \langle\dot{x}\rangle = \lim_{t\to\infty} x(t)/t \tag{7.2.24}$$

另一个考察噪声效应的量是**有效扩散系数**：

$$D_{\text{eff}} = \lim_{t\to\infty}\frac{1}{2t}\left\langle\left[x(t) - \langle x(t)\rangle\right]^2\right\rangle \tag{7.2.25}$$

根据中心极限定理，初始位置为 $x(0) = x_0$ 的粒子在 t 时刻的位置分布将趋于如下的高斯分布：

$$P(x,t) \approx \frac{1}{\sqrt{4\pi D_{\text{eff}}t}}\mathrm{e}^{-[\langle\dot{x}\rangle t - x_0]^2/(4D_{\text{eff}}t)}, \quad t \gg 1 \tag{7.2.26}$$

可以看出，粒子流 $v = \langle\dot{x}\rangle$ 描述了高斯波包的漂移速度，而有效扩散系数 D_{eff} 则描述了波包随时间的弥散速度。当 $v = 0$ 时，波包是纯扩散的。

外力 $F(t)$ 可以是周期的，也可以是随机的。对周期力设

$$F(t+T_0) = F(t) \tag{7.2.27}$$

则应有

$$\int_0^{T_0} F(t)\mathrm{d}t = 0 \tag{7.2.28}$$

对随机力 $F(t)$，则其系综平均应为零，即

$$\langle F(t)\rangle = 0 \tag{7.2.29}$$

调制参量 $f(t)$ 也应有类似要求。

对周期势 $V(x,f)$ 来说，若存在一个 Δx 使得

$$V(-x,f(t)) = V(x+\Delta x, f(t)) \tag{7.2.30}$$

则称势场是空间对称的，它与 $f(t)$ 的具体形式无关。当空间对称性式 (7.2.30) 不满足时，则称其为**非对称或空间各向异性**的。

对平均无偏置的外力 $F(t)$ 来说，若 $F(t)$ 是周期的且存在 Δt 使得

$$F(t+\Delta t) = -F(t) \tag{7.2.31a}$$

则称 $F(t)$ 是**时间反演对称**的。易见在两次反演后

$$F(t) = F(t+2\Delta t) \tag{7.2.31b}$$

由于 $F(t)$ 的周期为 T_0，我们一般要求 $\Delta t = T_0/2$，即

$$F(t+T_0/2) = -F(t) \tag{7.2.32}$$

由 $V(x,f)$ 的对称性及周期性，我们可把 $V(x,f(t))$ 写成下面的空间傅里叶展开形式：

$$V(x,f(t)) = \sum_{n=1}^{\infty} a_n(f(t))\cos(2\pi nx/L) \tag{7.2.33}$$

不失一般性，我们只讨论 $\Delta x = 0$，$a_0(f(t)) = 0$ 的情况。类似地，对称的周期力 $y(t)$ 也可写成时间傅里叶展开形式：

$$F(t) = \sum_{n=1,3,\cdots,5} b_n\cos(\varphi_n + 2\pi nt/T_0) \tag{7.2.34}$$

对于对称随机力 $F(t)$，要求其奇阶矩为 0，即

$$\langle F(t_1)F(t_2)\cdots F(t_{2n+1})\rangle = 0 \tag{7.2.35}$$

值得注意的是，如果 $V(x,f(t))$ 与 $F(t)$ 同时满足上述对称性，则在 $F_{\text{load}} = 0$ 时系统不存在非零定向流，这是因为对称性使得在作时间平移变换和空间反演变换时，对于 $F_{\text{load}} = 0$ 会有 $\langle \dot{x}\rangle = -\langle \dot{x}\rangle$，$v = \langle \dot{x}\rangle = 0$。要使系统产生非零定向粒子流，周期势或外力 $F(t)$ 的对称性必须产生破缺。

根据上述两种对称性破缺情况，可将所研究的棘轮系统分成两种基本模型：一类是 $F(t)=0$ 的系统，称为**脉动棘轮**(pulsating ratchets)；另一类是 $f(t)=0$ 的系统，称为**倾斜棘轮**(tilting ratchets)。对于脉动棘轮 [727-729]，由于 $F(t)=0$，因此应有 $f(t)\neq 0$。有一类脉动棘轮系统，$f(t)$ 是加性的：

$$V(x,f(t))=V(x)[1+f(t)] \tag{7.2.36}$$

这类系统称为**涨落势棘轮**，即 $f(t)$ 是在原势 $V(x)$ 基础上的振幅时间调制 [730-732]。涨落势棘轮系统的一个特殊类型称为**开关棘轮**，它满足

$$f(t)=\begin{cases}+1(\text{或}0)\\ -1\end{cases} \tag{7.2.37}$$

即 $f(t)$ 随时间在两个不同值之间变化，使得系统在两种势场之间切换 [733-737]。

脉动棘轮的另一大类称为**行波势棘轮**，势可表示为 [738]

$$V(x,f(t))=V(x-f(t)) \tag{7.2.38}$$

该称呼来源于势可表为类似于行波的单一坐标

$$y=x-f(t) \tag{7.2.39}$$

当 $f(t)$ 有非零长时间漂移，即

$$u=\lim_{t\to\infty}f(t)/t\neq 0 \tag{7.2.40}$$

时，则称系统为**真行波势棘轮**。若 $f(t)$ 仅为时间的周期或定态随机函数，则 $u=0$，我们称其为非标准行波势棘轮系统。这两类棘轮系统都得到了充分研究。对行波势棘轮，$V(x)$ 可以不必是棘轮势，它可以是空间对称的周期势。总势 $V(x,f(t))$ 的空间对称性可以由于 $f(t)$ 的存在而发生破缺。

对于倾斜棘轮，$f(t)=0$，因而

$$V(x,f(t))=V(x) \tag{7.2.41}$$

即周期势不随时间变化 [739-744]。当 $V(x)$ 为棘轮势时，一般只考虑时间对称的 $F(t)$ 即可。如果 $F(t)$ 是随机的，则称系统为**涨落力棘轮**；当 $F(t)$ 随时间周期变化时，系统称为**摇摆棘轮系统**。在已有的相关研究中，后者在实验上较受重视。对于空间对称势场 $V(x)$，如果 $F(t)$ 时间非对称，则系统一般会产生非零的定向流。

若 $f(t)$ 与 $F(t)$ 均为零，则系统的非平衡态条件必须来自于热源，即需考虑热源温度的时间及空间依赖性。当温度 T 与空间坐标有关时，系统称为**Seebeck 棘**

轮；当 T 与时间有关时，称为温度棘轮。当然，摩擦系数 η 也可以与时间和空间有关，这样的系统被称为**摩擦棘轮**。但研究表明，摩擦系数的时空不均匀性本身并不破坏系统的细致平衡对称，因而不会观察到宏观的定向流。只有当摩擦系数有记忆效应时，细致平衡对称性被打破，才可能观察到宏观定向流。

虽然上面 $V(x,f)$ 与 $F(t)$ 的对称性破缺是产生定向流的必要条件，但并不充分。若有隐含的超对称因素，系统也不会产生定向输运 [734,745,746]。这是另外一个课题，此处不再展开讨论。另外，系统是否出现宏观定向输运还取决于系统的具体参数。

7.2.4　脉动棘轮系统的定向输运

在过阻尼情况下，惯性项可以忽略，如果式 (7.2.19) 中的 $F(t)=0$，则系统化为一维脉动棘轮，其一般 Langevin 方程可以写为

$$\eta\dot{x}=-V'(x,f(t))+\xi(t) \tag{7.2.42}$$

首先考虑势场脉动调制函数 $f(t)$ 随时间随机变化且无偏置的情况，即

$$\langle f(t)\rangle=0 \tag{7.2.43}$$

设其定态分布为 $\rho(f)$。随机调制函数 $f(t)$ 的关联时间可定义为

$$\tau=\left[\int_{-\infty}^{\infty}\langle f(t)f(0)\rangle\,\mathrm{d}t\right]\Big/\left[2\left\langle f^2(t)\right\rangle\right] \tag{7.2.44}$$

系统的定向输运特征与关联时间 τ 有密切关系。当关联时间 τ 很小时，$f(t)$ 为快速变化的量，此时可绝热消去

$$V\left(x,f\left(t\right)\right)\approx V\left(x\right) \tag{7.2.45}$$

方程 (7.2.42) 回到单热源 SF 棘轮系统的情形，因而 $v=0$。当关联时间 τ 很大 $(\tau\to\infty)$ 时，$f(t)$ 变化很缓慢，在绝热近似下

$$f\left(t\right)\approx f=\text{常数} \tag{7.2.46}$$

对于任一固定 f，系统仍为 SF 棘轮系统，$v=0$。上述在快慢极限下的讨论同样适用于 $f(t)$ 是周期脉动函数的情况，并可得到同样结果。所以对于任意一种脉动棘轮，在快脉动与慢脉动极限下系统都不存在净的定向粒子流，$v=0$。

当关联时间 τ 为较小的有限值时，系统会有非零的定向流，$v\neq 0$，可以在 $v=0$ 基础上计算其一级近似结果。在小 τ 情况下，$f(t)$ 时间快变，这使得在任意给定的 x，周期势 $V(x,f)$ 对粒子的效应都可以在关联时间尺度内进行时间平均。设

$f(t)$ 为一个平稳的随机过程，则该时间平均可由对 f 的系综平均来替代。因此势场对粒子的作用可以用如下周期为 L 的平均有效势来代替：

$$V_0(x) = \langle V(x, f(t)) \rangle = \int_{-\infty}^{\infty} V(x, f)\rho(f)\mathrm{d}f \tag{7.2.47}$$

对方程 (7.2.42) 两边利用定态分布 $\rho(f)$ 如上式做对 f 的系综平均积分可以得到

$$\eta\dot{x} = -V_0'(x) + \xi_0'(t) \tag{7.2.48}$$

其中 $\xi_0'(t)$ 是对 $\xi(t)$ 做相应系综平均积分

$$\xi_0'(t) = \int_{-\infty}^{\infty} \xi(t)\rho(f)\mathrm{d}f \tag{7.2.49}$$

的有效噪声，它仍然是高斯型的白噪声，满足

$$\langle \xi_0'(t) \rangle = 0, \ \langle \xi_0'(t_1)\xi_0'(t_2) \rangle = \left[\eta k_{\mathrm{B}}T \int C(x,t)\mathrm{d}t\right] \delta(t_1 - t_2) \tag{7.2.50}$$

式中 $C(x,t)$ 为 $V'(x, f(t))$ 的时间关联函数

$$C(x,t) = \langle V'(x, f(t))V'(x, f(0)) \rangle - [V_0'(x)]^2 \tag{7.2.51}$$

它可以类似于式 (7.2.49) 表为系综平均形式

$$C(x,t) = \iint_{-\infty}^{\infty} \rho(f_1, f_2, t)V'(x, f_1)V'(x, f_2)\mathrm{d}f_1\mathrm{d}f_2 \tag{7.2.52}$$

其中

$$\rho(f_1, f_2, t) = \langle \delta(f(t) - f_1)\delta(f(0) - f_2) \rangle \tag{7.2.53}$$

为 $f(t)$ 的联合分布函数。方程 (7.2.48) 比较容易求解，因此在小关联时间 τ 情况下系统的定向流可以不必进行小 τ 展开，而是通过直接计算有效势方程 (7.2.48) 对应的系统的首通时间 T_0，然后即可得到定向流为

$$v = \langle \dot{x} \rangle = L/T_0 \tag{7.2.54}$$

在计算首通时间的基础上，参考第 1 章可以得到定向流为

$$v = \langle \dot{x} \rangle = \frac{L}{T_0} = \frac{L}{\eta^2 k_{\mathrm{B}}T} \frac{\displaystyle\int_0^L V_0'(x) \int_{-\infty}^{\infty} C(x,t)\mathrm{d}t\mathrm{d}x}{\displaystyle\int_0^L \mathrm{e}^{V_0(x)/(k_{\mathrm{B}}T)}\mathrm{d}x \int_0^L \mathrm{e}^{-V_0(x)/(k_{\mathrm{B}}T)}\mathrm{d}x} \tag{7.2.55}$$

式 (7.2.55) 是小关联时间 τ 下一般脉动棘轮 $V(x, f)$ 的定向流表达式。

涨落势棘轮模型是脉动棘轮中讨论较多的一类特定系统 [730,731]，其外势可写为

$$V(x,f) = V(x)\,f(t) \tag{7.2.56}$$

此时 $f(t)$ 对 $V(x)$ 的调制作用只改变幅度而不改变其形状。式 (7.2.55) 中的 $C(x,t)$ 隐含关联时间 τ，在 τ 较小的情况下

$$C(x,t) \propto \tau \tag{7.2.57}$$

因此 v 正比于 τ，式 (7.2.55) 可以化为

$$v = \frac{2L\tau\left\langle f^2(t)\right\rangle \displaystyle\int_0^L \left[V'(x)\right]^3 \mathrm{d}x}{\eta^2 k_\mathrm{B} T \displaystyle\int_0^L \mathrm{e}^{V(x)/(k_\mathrm{B}T)}\mathrm{d}x \int_0^L \mathrm{e}^{-V(x)/(k_\mathrm{B}T)}\mathrm{d}x} \tag{7.2.58}$$

在关联时间 $\tau \gg 1$ 的情况下，定向流 v 的计算也可以在 $\tau \to \infty$ 的 $v_0 = 0$ 基础上用绝热近似来计算一级近似，但表达式更为复杂并且强烈依赖于调制函数 $f(t)$，这里不再进一步讨论。

涨落势棘轮系统中一种简单、特殊且典型的类型是开关棘轮 [733]，即调制势 $V(x,f) = V(x)f(t)$ 中对空间非对称周期势 $V(x)$ 的调制函数为 $f(t)$=0 或 1。开关棘轮效应在物理的一些实验上比较容易实现，因而得到了不少应用。研究表明，系统的定向流大小与摩擦系数 η 有密切关系。不同种类和尺寸的粒子会有不同的定向输运流和扩散速度。这一现象启发人们利用开关棘轮效应来分离不同种颗粒的混合物质。如两种不同颗粒物质混合在一起，初始时待分离的粒子都处于几乎同位置如 $x(0)$，利用开关棘轮势，经过一段时间，两种颗粒由于单向漂移及扩散速率或方向上存在的差异，通过布朗运动即可以实现分离 [736,737,747]。这种分离方法最近被用来进行 DNA 片断及细小颗粒体系的分离，也达到很好效果 [748]。

行波势棘轮是另外一类常见的布朗马达，在一维过阻尼情况下的运动方程为

$$\eta\dot{x}(t) = -V(x(t) - f(t)) + \xi(t) \tag{7.2.59}$$

此时 $\xi(t)$ 仍为无偏置的高斯白噪声，而周期势 $V(x)$ 可以不必是非对称的棘轮势。通过引入新变量

$$y(t) = x(t) - f(t)$$

上述方程可化为

$$\eta\dot{y}(t) = -V'(y(t)) - \eta\dot{f}(t) + \xi(t) \tag{7.2.60}$$

其中外力

$$F(t) = -\eta\dot{f}(t) \tag{7.2.61}$$

对于真行波势棘轮系统,

$$f(t) = ut \tag{7.2.62}$$

方程 (7.2.60) 直接化为

$$\eta\dot{y}(t) = -V'(y(t)) - \eta u + \xi(t) \tag{7.2.63}$$

此即在有效直流外力 $-\eta u$ 作用下过阻尼粒子在周期势中的布朗运动方程,定向流 v 的表达式可直接写出为 [89]

$$v = \langle\dot{x}\rangle = u - \frac{k_{\mathrm{B}}TL[\mathrm{e}^{\eta uL/(k_{\mathrm{B}}T)} - 1]}{\eta\int_0^L \mathrm{d}x\int_x^{x+L}\mathrm{d}y\mathrm{e}^{[V(y)-V(x)+(y-x)\eta u]/(k_{\mathrm{B}}T)}} \tag{7.2.64}$$

可见即使 $V(x)$ 空间对称或热噪声 $\xi(t)$ 为零,系统仍然有非零定向流。在 $T\to 0$ 时可以得到

$$v = \langle\dot{x}\rangle = \begin{cases} u - L/\displaystyle\int_0^L [u + V'(x)/\eta]^{-1}\mathrm{d}x, & u + V'(x) \neq 0 \\ u, & u + V'(x) = 0 \end{cases} \tag{7.2.65}$$

7.2.5 摇摆棘轮系统的定向输运

下面考虑加性含时外力驱动下的定向输运问题。在过阻尼情况下,势场调制函数 $f(t)$ 为常数,Langevin 方程可写为

$$\eta\dot{x}(t) = -V'(x(t)) + F(t) + \xi(t) \tag{7.2.66}$$

这里外力 $F(t)$ 为无偏置 ($\langle F(t)\rangle = 0$) 的周期力或平稳随机力。摇摆棘轮系统的定向运动可由 $V(x)$ 的空间对称性破缺或 $F(t)$ 的时间对称性破缺来实现。

最简单的情况是与 $F(t)$ 随时间变化非常缓慢时的输运行为。设系统的弛豫时间尺度为 τ,则 $F(t)$ 缓变意味着其特征时间尺度 $T_0 \gg \tau$。利用绝热近似,在系统变量演化的时间尺度内可认为 $F(t)$ 不随时间变化,粒子流都可用常外力作用下的 SF 棘轮来描述。在绝热近似下,系统的非定态问题可化为定态问题处理,时间 t 起着参数的作用。

首先考虑周期驱动

$$F(t + T_0) = F(t) \tag{7.2.67}$$

的情况,其中外力周期 $T_0 \gg \tau$,根据上述分析,绝热近似下平均定向流可写为

$$v = \langle\dot{x}\rangle = T_0^{-1}\int_0^{T_0} v(F(t))\mathrm{d}t \tag{7.2.68}$$

其中 $v(F(t))$ 为常外力

$$F_t = F(t)$$

时的粒子流，可利用绝热近似，用过阻尼常力驱动周期势场布朗运动的 Langevin 方程

$$\eta\dot{x}(t) = -V'(x(t)) + F_t + \xi(t) \tag{7.2.69}$$

来求解可以得到 [739]

$$v(F(t)) = v(F_t) = \frac{Lk_{\mathrm{B}}T\left[1-\mathrm{e}^{-LF_t/(k_{\mathrm{B}}T)}\right]}{\eta\int_0^L \mathrm{d}x\int_x^{x+L}\mathrm{d}z\mathrm{e}^{[V(z)-V(x)-(z-x)y]/(k_{\mathrm{B}}T)}} \tag{7.2.70}$$

在低温 $T\rightarrow 0$ 的极限下，

$$v(F_t) = \begin{cases} \eta L\Big/\int_0^L [F_t - V'(x)]^{-1}\mathrm{d}x, & F_t \neq V'(x) \\ 0, & F_t = V'(x) \end{cases} \tag{7.2.71}$$

由此可见，即使在没有热噪声 $\xi(t)$ 的情况下也可能观察到非零的定向流。当噪声很小时，对于 $F_t \neq V'(x)$ 的情况，上述结果只有微小的改变。当存在 x 使 $F_t = V'(x)$ 时，令 $x_{\min}$ 为势 $V(x)-xF_t$ 在 $[x_{\min}-L, x_{\min}]$ 间有极小的 x 值，$x_{\max}$ 为 $v(x)-xF_t$ 在 $[x_{\max}-L, x_{\max}]$ 区间有极大的 x 值，则在小噪声下 $v(F_t)$ 可用 Kramers 逃逸率给出 [89,108]：

$$\begin{aligned} v(F_t) =& L(k_+ - k_-) \\ =& (2\pi\eta)^{-1}L\sqrt{V''(x_{\max})V''(x_{\min})}(1-\mathrm{e}^{-F_tL/k_{\mathrm{B}}T})\mathrm{e}^{-\Delta V(F_t)/(k_{\mathrm{B}}T)} \end{aligned} \tag{7.2.72}$$

其中

$$\Delta V(F_t) = V(x_{\max}) - V(x_{\min}) - (x_{\max} - x_{\min})F_t \tag{7.2.73}$$

式 (7.2.72) 适用于 $k_{\mathrm{B}}T \ll \Delta V(F_t)$ 和 $k_{\mathrm{B}}T \ll \Delta V(F_t) - F_tL$ 的情形。

如果 $F(t)$ 是一个随机驱动外力，不妨设其概率分布为 $\rho(F)$。随机外力 $F(t)$ 的特征时间尺度可由其关联时间

$$T_0 = \left[\int_{-\infty}^{\infty}\langle F(t)F(0)\rangle\mathrm{d}t\right]\Big/(2\langle F^2(t)\rangle) \tag{7.2.74}$$

来刻画。如果 $T_0 \gg \tau$，则利用绝热近似可以得到系统的定向流为

$$v = \langle\dot{x}\rangle = \int_{-\infty}^{\infty} v(F)\rho(F)\mathrm{d}F \tag{7.2.75}$$

当 $T_0 \ll \tau$ 时，$F(t)$ 快速变化，研究表明在低阶近似下 $v=0$，高阶近似则依赖于 $F(t)$ 的具体特点 [719]。以 T_0 为展开参量作近似，在一阶近似下 $F(t)$ 可认为是高斯白噪声，系统回到传统的 Smoluchowski-Feynman 棘轮系统，因而 $v=0$。周

期外力 $F(t)$ 有类似情形，只是此时的时间尺度 T_0 不是随机情况的关联时间，而是周期力的周期。

同脉动棘轮的输运行为相比，摇摆棘轮在高频摇摆极限下定向流趋于零，而在慢变摇摆极限下可以观察到有限的定向流，前者则在慢变与快变极限下的定向流均为零。对于摇摆棘轮来说，热涨落并非不可缺少，此时只要摇摆力 $F(t)$ 足够大，就可能观察到定向流，而涨落势棘轮必须借助于噪声方可实现定向运动。当然，行波势棘轮也可以不需噪声的支持，通过变换，行波势棘轮实际上可化为摇摆棘轮。

倾斜棘轮的各种复杂情形也得到详尽的研究，它在超导材料、分子泵等实验方面也被观察到并得到应用。有兴趣的读者可参阅 Reimann 的综述 [719]。

7.3 生物分子马达简介

7.3.1 多种多样的分子马达

生命过程中完成基本活动最重要的单元之一是马达蛋白。从热力学来看，生物分子马达就是一台可以在分子尺度下完成将生化能量转化为机械能以供生命活动的精巧机器。这样的机器显然不可能在热力学平衡态下持续有效地工作。在热力学平衡态下分子马达不会有定向运动与做功过程。要产生定向输运，要满足的第一个条件就是马达蛋白必须处于非平衡热力学状态。在布朗马达中，非平衡性是通过外来扰动等使得体系离开平衡态。分子马达的非平衡机制则来自于生命的供能物质 —— 三磷酸腺苷 (adenosine triphosphate，ATP) 的水解或其他过程以从中获得能量 [159]。

分子马达产生定向输运另一个关键因素是**对称性破缺**。已知的分子马达总是沿着特定的轨道运动，例如，肌球蛋白 (myosin) 沿着**微丝**(filament) 运动，驱动蛋白和动力蛋白则沿**微管** (microtubule) 运动。马达蛋白在运输货物时总是不停地与轨道相结合，并在寻找新的结合点中前进。人们可以把马达蛋白沿轨道的运动看成是在一个势场中的运动。不论是微丝还是微管，它们都具有空间周期的刚性结构，并且有极性，这两个特点是生物学家和物理学家建立分子马达模型的基础。前者表明势场是空间周期的，结构的极性说明势场是空间非对称的棘轮势 (ratchet potential)[719]。原则上，分子马达棘轮势的具体形式可以通过测量放置于轨道上马达蛋白的受力来建立。轨道的空间周期大概是 10nm 的量级。实验表明，轨道上势的最高点和最低点的间距大约是 3nm 的量级 [159,160]。

分子马达目前通常被分成四大类：**线动马达**(translational motors)，**转动马达** (rotary motors)，**聚合马达**(polymerization motors) 与**易位马达**(translocation motors)[160]。实际上，这样的分类更多的是考虑到基本运动模式和模型简化的需要，实际中的很多马达蛋白会兼具这几类马达的特征。例如，RNA 聚合酶 (polymerase) 既是沿 DNA 运动的线动马达，又是善于利用核苷聚合释放能量的聚合马达。

1. 线动分子马达

线动分子马达是一类将化学能转化为机械能，并沿着一条线性轨道以一维方式运动的马达蛋白，它不仅负责细胞内多种多样的囊泡定向输运，还负责基于肌肉收缩的各种运动功能，如肌球蛋白，沿 DNA 运动并解旋双链的解旋酶，以及 RNA 聚合酶等，都属此类马达蛋白分子。线动马达蛋白的运动需要在微管和微丝等**细胞骨架**(cytoskeleton) 上进行。

线动细胞骨架马达可以分成沿肌丝滑动而引起肌肉收缩的**肌球蛋白**(myosin)、沿微管运动的**驱动蛋白**(kinesin) 和**动力蛋白**(dynein) 三大蛋白家族。微管和肌丝由非对称的亚基通过首尾相连的方式自组装而成，因而这些轨道在结构上呈现极性，这种极性产生的非对称性保证了马达的定向运动。例如，动力蛋白家族成员会向微管的负端运动，而大部分驱动蛋白则向微管的正端运动 (个别驱动马达往负端运动)。肌球蛋白家族多沿肌丝运动，且大部分往钩端 (类似于微管的正端) 移动，而个别往尖端 (负端) 运动。

沿轨道行进的马达会经历一系列步长大体固定的步进过程，而每个力学的步进都会与单个生化循环 (如 ATP 的结合、水解和产物释放等) 产生密切耦合，这决定了马达的行进速度就等于步长与单位时间内步进数目的乘积。不同的驱动马达输运的物质不同，它们沿微管运动的速度也各异 [749]。

线动马达不同家族在结构方面是类似的，它们都由相似的功能域构成。图 7-6 给出了一个肌动马达蛋白的结构及沿周期极性微丝移动的示意图。可以看到，ATP 结合域 (头部域) 一方面催化 ATP 水解，同时又会通过构型变化导致整个马达大尺度的构型变化而使马达沿线性轨道行进一步。为了产生移动，ATP 的水解循环必须与轨道的结合和去结合循环耦合在一起。多数的线动马达都有两个头部，少数马达只有一个或多至三个头部，同一家族的马达通常会行走在同一类型的轨道上。图 7-6 中的肌动马达蛋白头部域是由两个头组成的，这两个头交替与微丝结合-分离，完成马达的定向运动。马达的另一端是尾部，它可以结合输运不同种类的货物。

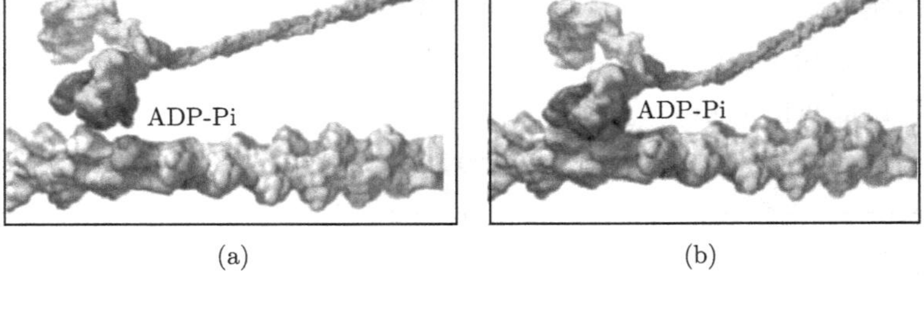

(a) (b)

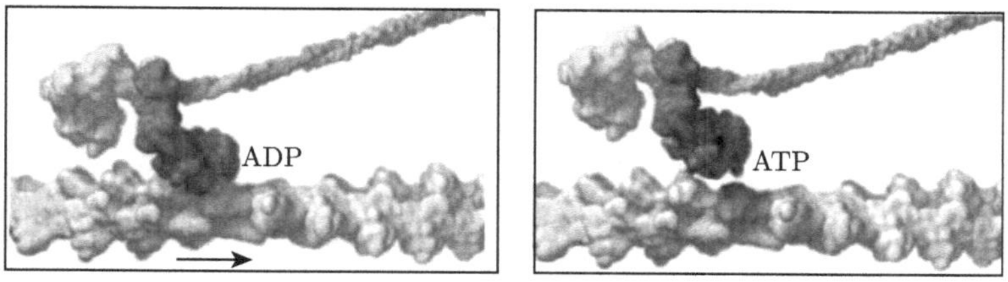

(c) (d)

图 7-6 肌动马达蛋白的结构及沿周期极性微丝移动的示意图 (后附彩图)【改编自文献 [749]】
马达沿着自身前进方向自左向右运动并搬运物质，同时消耗 ATP 分子，
这些ATP 分子水解为 ADP 和磷酸盐 (Pi)

2. 转动分子马达

转动马达常常嵌在细胞膜内，它在工作时类似于定子和转子之间的旋转运动，并通过构型变化产生扭矩。在生物学上，人们了解最多的转动马达是**细菌鞭毛马达**(bacterial flagellar motor) 和**ATP 合酶**(ATP synthase)[715]。

细菌鞭毛马达嵌在细菌的细胞膜内，并连接一根丝状鞭毛。一个细菌细胞可以只有一根鞭毛，也可以拥有数根鞭毛分布于整个膜表面。马达转动时，鞭毛的旋转运动会推动细菌在高黏度区域游动。值得注意的是，细菌鞭毛马达利用离子浓度梯度 (而不是 ATP) 作为力学循环的基础。特别地，马达是由 H^+ 流驱动的，离子流又是由细胞内部与细菌膜间隙之间的离子浓度差引起的 (某些奇异的鞭毛马达利用的是 Na^+ 而不是 H^+) 。马达的转速可以超过 100rad/s，这类马达不需要改变离子流的方向就能实现反转 [750,751]。

ATP 合酶是活细胞的核心发电站之一，它们处在细菌细胞的内膜，也存在于真核细胞的线粒体膜。它是一个精巧的分子机器，由两个不同的转动马达共轴连结而成。这两种马达先后被发现。1960 年，奥地利生化学家 E. Racker 等成功地从线粒体膜上分离出 ATP 合酶的突出部分, 命名为 F1(factor1) [752,753]; 1965 年, Racker 与同事又分解出其嵌膜部分, 命名为 Fo(factor of oligomycin)[754]。因此 ATP 合酶这种复合马达被称为**FoF1-ATP 合酶**。

如图 7-7(a) 所示，FoF1-ATP 合酶是由 Fo 和 F1 两个旋转马达组成的复合型马达，其中 Fo 大部分镶嵌在线粒体膜上，F1 部分则暴露在膜外。F1 是水溶性的，可以独立水解 ATP 来旋转中心轴。镶嵌在膜上的部分由三个亚基构成离子通过线粒体膜的通道，当离子流经这样的通道时产生力矩，从而推动暴露在膜外亚基的旋转，成为线粒体重要的运输工。Fo 马达类似于鞭毛转动马达，是利用跨膜质子浓度梯度即储存在横跨膜的离子运动势的化学能来实现机械转动的。在膜外的 F1 马达则利用 ATP 的水解能来转动，且转动方向与 Fo 马达相反。在正常环境中，跨膜电化学梯度强，Fo 马达会比 F1 马达产生更大的扭矩，从而迫使 F1 马达逆转，进而将 ADP 和磷酸根合成 ATP。但如果跨膜的电化学梯度较弱，则 F1 产生的扭矩比 Fo 更大，此时耦合的马达利用 ATP 水解能往细胞外泵送离子 [715]。

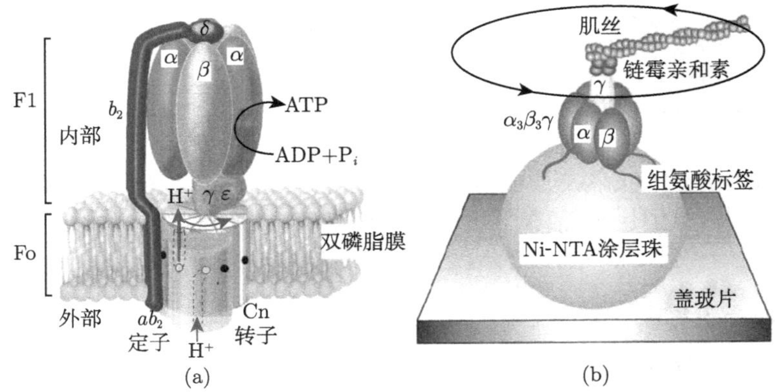

图 7-7　旋转式马达 FoF1-ATP 合酶的示意图及其实验观察

(a) Fo 与 F1-ATP 的复合型马达合酶示意图，Fo 和 F1 两个旋转马达分别在跨膜离子运动势和 ATP 水解下转动；(b) 旋转式马达 F1-ATP 酶的单分子观察实验示意图，图中是对单个 F1 马达转动的观察，将荧光标记的肌丝结合在转轴上，加入 ATP 后即可观察肌丝的转动并对其转速进行测量

3. 分子马达运动的实验探测

从 20 世纪 80 年代发展起来的单分子技术和实时观测技术使得人们对分子马达有了飞跃式的认识。实验发现的分子马达每步前进几到几十纳米，每移动一次是几到几十毫秒，速度是几微米/秒，轨道的空间周期大约是 10 纳米量级 [159,160]。

单分子技术是在分子水平上对生物大分子包括构象变化、相互作用、相互识别等行为进行的实时、动态的检测、操纵和调控等。常用的单分子实验技术有单分子荧光成像、荧光共振能量转移、光摄、磁摄、力钳和位钳、光阱、玻纤微管、全内反射荧光显微镜、原子力显微镜等，其中单分子荧光成像是单分子检测最常用的方法。将荧光基团标记在生物大分子上，可以通过其各种特性的变化来反映有关分子间的相互作用、酶活性、反应动力学、构象动力学、分子运动自由度及在化学和静电环境下活性改变等信息。在稀溶液中，吸光光度法检测单个分子吸光值的准确度较低，但荧光发射检测则因背景值较低，较为灵敏，信噪比较高 [715]。

一个观察单分子运动的重要方法是基于单分子荧光成像的荧光探针法，即用小的荧光标签对马达进行标记。标记上的荧光团对马达蛋白本身性质影响很小，因而荧光成像技术在分子马达研究中被广泛应用。这样，随着马达的定向运动，通过跟踪荧光探针就可以记录并观察精确步长的每次步进，以判定和验证基于分子马达理论的不同假设和机制。

转动马达行为的实验研究和深刻理解则得益于大量酶学、结构生物学和单分子的实验。相比于线动马达，在活体组织中对特别微小的单元或细丝转动效应的观察在技术上非常困难。实验上的一种方法是去除大部分鞭毛，将剩余鞭毛的根部固定在盖玻片上，鞭毛马达的转动将引发细胞自身绕盖玻片固定点旋转，这种大尺度的运动比鞭毛马达自身的转动在光学显微镜中更容易观察到。另一种方法是可以对鞭毛进行荧光标记使得可用光学显微镜观察。转动马达最著名的单分子实验之一是对单个 F1 马达转动的直接观察，如图 7-7(b) 所示。将荧光标记的肌丝结合在转轴上，加入 ATP 后即可观察肌丝的转动并对其转速进行测量。测量数据显示，马达的转动是以 120° 步进的，且与 ATP 水解是紧耦合的。固定角度的力学步进运动和 ATP 水解之间的紧耦合特征与线动马达类似。最近人们运用高速原子力显微镜，在纳米和毫秒的分辨率下得到了晶体结构，并通过研究细菌的 FoF1-ATP 合酶揭示了一些结构和动力学机制 [755]，包括 F1 的结构、F1 的扭矩产生机制、F1 的化学机械耦合方式、Fo 结构、Fo 质子运输的双通道模型和 Fo 的旋转机制等。相比于 F1 马达的研究，对单个 Fo 马达旋转机制的研究仍处于早期阶段。

7.3.2 分子马达的机械化学性质

近年来，人们通过大量实验对分子马达机械化学性质的了解有了长足进步，对分子马达的实验研究可为物理学深一步探索与构建模型提供有益的基础。下面分几个方面来介绍一下通过实验观察和测量结果获得的关于分子马达的一些有益的物理性质。

1. 能量来源 (energy resource)

分子马达可以主动地运动并运输物质，因此必然消耗能量。目前为止，已知的分子马达能量来源有两种：储存于 ATP 中的化学能和细胞中 H^+、Na^+、K^+ 等离子的浓度梯度。大部分分子马达的能量来自于 ATP 水解。ATP 的水解循环可以简化为 ATP $\rightleftharpoons$ ADP+Pi。由于要运载物质前进，因此马达要逆着外力 (负载) f_{ext} 运动。在此过程中，每单位时间要消耗 r 个 ATP，将其水解为二磷酸腺苷 ADP 和磷酸盐 Pi，从中获得能量。分子马达可高效率地将化学能转化为机械能，从而让自己获得前进的动力。分子马达的能量转换效率一般都很高，远超过人们制造的各种热力学机械，有的分子马达效率甚至接近 100% [751]。

2. 构型变化 (conformational changes)

不论是肌球蛋白还是驱动蛋白或者动力蛋白，ATP 水解都会导致球形马达区域 (motor domain) 构型的细小变化。这种构型变化在马达附属结构帮助下被放大转换为运动 [756]。以肌球马达沿肌动蛋白的运动为例，第一步，肌球马达头部结合到肌丝上，没有与 ATP 结合时，肌球蛋白和肌动蛋白丝紧密结合；第二步，肌球蛋白头部结合 ATP，同时产生裂口以减轻与肌动蛋白丝的相互作用并最终与肌丝去结合；第三步，ATP 产生水解，释放 ADP 和 Pi，引起头部与肌动蛋白弱结合而引起马达较大的构型变化，并沿细丝产生大约 5nm 的位移；第四步，磷酸盐 Pi 释放，头部与肌动蛋白强结合，头部向微丝的负端弯曲，引起细肌丝向微丝负端移动，为马达重新结合到肌丝上作准备；第五步，ADP 释放，马达重新回到初始状态。这种过程不断循环，并伴随持续的定向运动和 ATP 化学循环 [159,160]。

3. **运动轨道** (tracks)

生物体内的分子马达运动以细胞骨架为轨道进行。细胞骨架是真核细胞中由蛋白质聚合而成的三维纤维状网架体系，包括微丝、微管和中间纤维三大类。与微丝和微管不同，中间纤维由不同的中间纤维蛋白聚合而成，直径约为 10nm，不同种类的中间纤维有很强的组织特异性。实验发现分子马达都沿微丝或微管等特定轨道运动，如肌球蛋白沿微丝移动，驱动蛋白和动力蛋白则沿微管运动 [159,756]。因此，下面主要对微丝和微管加以介绍。

1) 微丝

微丝又称**肌动蛋白纤维**(actin filament)，是由两条线性排列的肌动蛋白链形成直径约 7nm 的螺旋，状如双线捻成的绳子，如图 7-8 所示。组成微丝的基本蛋白质单位是肌动蛋白，因此也将微丝称为丝状肌动蛋白 (filament actin, 简称 F-actin)，而将组成微丝的肌动蛋白单体称为球状肌动蛋白 (globular actin, 简称 G-actin)。在微丝中，肌动蛋白之间由非共价键结合，并沿微丝的长轴螺旋排列，每 37nm 形成一个螺旋，组成微丝结构。由于肌动蛋白自身结构上的非对称性，微丝也是具有极性的蛋白多聚体结构。当聚合形成微丝时，单体肌动蛋白可以从微丝的两端加入，从而使微丝延长，但两端的聚合速率有所不同，通常把聚合较快的一端称为正端 (plus end)，而把聚合较慢的一端称为负端 (minus end)，肌动蛋白单体加到正端的速度要比加到负端的速度快 5~10 倍。正端亦称为钩端，负端亦称为尖端。微丝和它的结合蛋白 (association protein) 以及肌球蛋白三者构成化学机械系统，利用化学能产生机械运动。

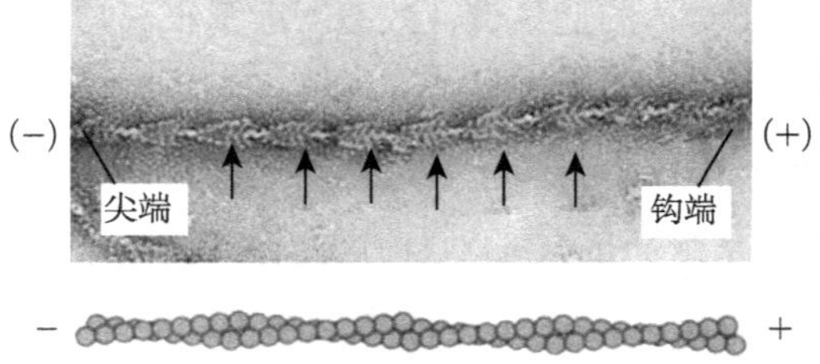

图 7-8 作为分子马达蛋白运动的骨架和轨道之一的微丝纤维

上图是负染电镜照片，下图是结构示意图。微丝纤维是由两条线性排列的肌动蛋白链形成的状如双线捻成的绳子的螺旋，具有极性，聚合较快的一端称为正端或钩端，聚合较慢的一端称为负端或尖端

2) 微管

微管是由 13 条原纤维 (protofilament) 构成的中空管状结构，直径 22~25nm。如图 7-9(a) 所示，每一条原纤维由微管蛋白二聚体线性排列而成。微管在细胞质中形成网络结构，作为运输轨道并起支撑作用。与微丝类似，微管具有极性，正端生长速度快，负端生长速度慢。如图 7-9(b) 所示，正端的最外端是 α 球蛋白，负端的最外端是 β 球蛋白。

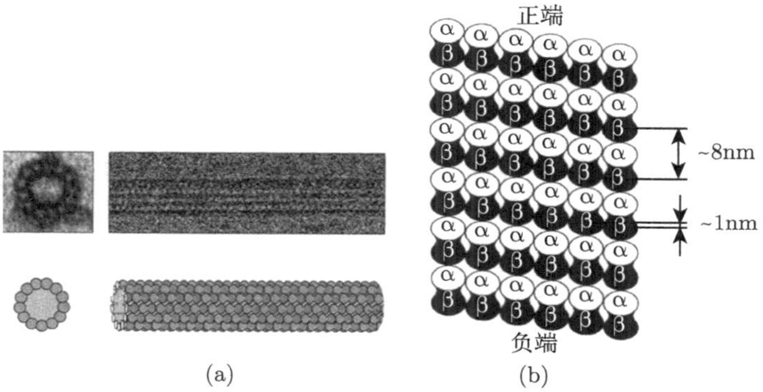

图 7-9 作为分子马达蛋白运动的骨架和轨道之一的微管纤维蛋白

(a) 微管纤维，上图是负染电镜照片，下图是结构模型，它是由 13 条原纤维构成的中空管状结构；(b) 微管蛋白二聚体结构，具有极性，正端生长速度快，负端生长速度慢，正端的最外端是 α 球蛋白，负端的最外端是 β 球蛋白

微丝、微管和中间纤维一起构成了细胞骨架，它们均由单体蛋白以较弱的非共价键结合在一起，构成纤维型多聚体。它们分别起着不同的作用，微丝确定细胞表面特征，使细胞能够运动和收缩，微管确定膜性细胞器的位置和作为膜泡运输的导轨，中间纤维则使细胞具有张力和抗剪切力。

4. **有向性** (directionality)

分子马达一个很重要的特性是运动的有向性。由于轨道具有极性，每一种分子马达运动时会沿着特定方向前进，前进方向取决于多种因素。人们曾认为同一个超家族的马达总是沿着同一方向运动，例如，一般情况下肌球蛋白趋于微丝的正端运动，驱动蛋白趋于微管的正端运动，动力蛋白则沿着微管向负端运动。但是近些年的研究也发现了沿微管向负端运动的类驱动蛋白及沿微丝向负端运动的肌球蛋白 [757,758]。另外，同一种驱动蛋白可能沿微管向正端运动，也可能沿微管向负端运动，或者随机地在两种运动方向之间转换 [759,760]。

5. **步进式运动** (stepping)

由于分子马达一般以水解 ATP 作为能量来源，每一个 ATP 水解的过程都会导致分子马达构型的微小变化，并进而使得分子马达前进，因此分子马达都是以步进而非连续滑行的方式运动的。分子马达步进有持续性 (processivity) 和非持续性 (non-processivity) 两种运动形式。持续性马达会沿轨道运动很长一段距离，其间马达总是会与轨道相连接，而非持续性马达则在一个 ATP 水解循环后就与轨道分离。持续性马达可以单独行动，而非持续性马达则需要像一个团队一样协作工作；持续性马达总是尽量地抓住轨道不放，而非持续性马达则是短暂、快速地和轨道进行相互作用 [761,762]。

非持续马达的典型代表是肌肉肌球蛋白 (myosin II)。和传统驱动蛋白一样，II 型驱动蛋白也是二聚体 (dimer)，但两个头并不像传统驱动蛋白那样合作而是独立行动，同一时刻最多有一个头与轨道相联系，而且每次和轨道相互作用的时间不超过 ATP 水解循环的时间的十分之一。因此，单个肌球蛋白分子并不能沿着轨道连续运动，是典型的非持续分子马达 [763]。

持续性马达的运动机制还不是十分清楚，但从已有的研究结果看，马达要沿着轨道持续运动，至少需要两个因素：一是和轨道相互作用 (与轨道结合)，二是沿轨道扩散 (寻找新的结合点)[764,765]。这正是建立分子马达模型的出发点。

6. 分子马达的力 (forces)

分子马达可以主动将细胞内的物质从一个地方运输到另一个地方。人们测量了分子马达产生的力，结果显示，肌球蛋白、驱动蛋白、动力蛋白等马达产生的力为 1~10 皮牛 (10^{-12} 牛)[159,160]。对于宏观世界而言，这样大小的力实在是太微不足道，一万亿 (10^{12}) 个马达也举不起 1 千克重的物体。但是，在细胞尺度内，这样的力已经是非常大的。单个的分子马达可以以最大的速度在黏稠细胞质中运输多倍于马达本身大小的物体。

7. 分子马达的协作性 (coordination)

细胞内单个分子马达独自完成某项工作的情形是非常罕见的，更普遍的情况是许多马达需要协调一致来完成较大规模的任务 [159,160,756]。一个最典型的例子是肌肉纤维, 遍布整个细胞的数百万个肌球马达分子已经进化到能协同运动，形成一个协同工作的小马达团队。10^{14} 个马达必须相互之间没有任何妨碍地同时协调发力，这些马达的合作运动产生了宏观尺度上的肌肉收缩。

对马达协同性的研究是近几年马达研究中激动人心的前沿课题之一 [59,766,767]。双头持续马达的两头之间如何通过其间的 “通信” 以协调彼此的 ATP 水解循环及与细丝的结合过程是一个重要问题。

7.3.3　分子马达的运动模式

对以上各个方面特征的研究可以看到，分子马达的结构及运动非常精巧。分子马达运动具有以下几个典型的特征：

(1) 分子马达比小分子大得多，但比宏观物体小得多，分子量在几万到几十万道尔顿 (1 道尔顿 $= 1.66054 \times 10^{-27}$ 千克)，几何尺度一般在 10 纳米左右。实验表明，马达蛋白与轨道之间的结合能具有 $k_{\mathrm{B}}T$ 量级，因而热运动影响不容忽略，分子马达的布朗运动特征非常明显，是一种有较大噪声的微小机器。

(2) 在生物体内的马达蛋白是一个高度非平衡的体系。ATP 的浓度远高于平衡态的浓度，ATP 水解反应的能量是单向进行的，因此马达蛋白处于高度非平衡的状态，ATP 水解反应所释放的能量为马达蛋白提供了定向运动的驱动力。

(3) 分子马达总是沿着微丝或微管做轨道运动，构成这些轨道的蛋白亚基顺序排列，形成非对称的周期性结构。马达蛋白与非对称周期结构轨道的耦合提供了棘轮势。

有关分子马达构型动力学最早的物理建模是肌肉收缩问题的研究，其中的重要原因是肌肉收缩本身就是实验最容易观察的大量马达蛋白协调运动，而肌动蛋白又是最早发现的分子马达蛋白之一，其最早物理建模可以追溯到 20 世纪 50 年代起 Huxley 等 [713,763] 与 Hill 等 [768] 的工作。为了解释构象变化如何产生力，Huxley 建立了**做功冲程模型**(powerstroke model)。该模型假设蛋白马达有弹性，像一根弹簧可以储存能量。弹簧拉紧的时候储存马达内部的能量，如 ATP 水解能等，收缩的时候则驱动马达运动。肌球蛋白和驱动蛋白在结构上都有类似弹簧的部分。对于肌球蛋白，轻杆区域可看作弹簧，或者转换区与水解耦合，引起杆的转动，这时就像钟表中的弹簧，驱动蛋白的颈部可以看作弹簧。Huxley 等早期的工作中很重要的一点是将马达工作过程分为几个不同的态，相比于态之间快速跃迁所需要的短暂时间，在每一个态上的长时间行为可认为是处于热力学局域平衡态，这样的工作原理就与热机密切联系起来。另外，在早期这些理论研究中，马达输运的非对称性归结为态之间跃迁率的非对称性。

近年来，随着生物测量技术特别是单分子技术的提高，人们可以对单分子尺度下的生命活动进行纳米尺度的观察与测量，对分子马达有了更仔细和确切的认识。随着对几种典型分子马达蛋白的结构与动态行为纳米级的观察，整个分子马达的研究也过渡到了纳米尺度，在新的技术条件下马达构型动力学建模又重新成为对生物分子马达理论研究有实际和理论研究价值的课题。

分子马达的运动机制是一个重要的基本问题，研究分子马达是如何沿着轨道运动、马达运动方向的确定以及运动与 ATP 水解过程的关联等都是该领域的前沿 [769]。典型的分子马达在结构上是二聚物，具有两个马达头、两条腿和一个共用杆，头部区域与肌动蛋白、微管或微丝结合向前运动。人们关心两个头之间是如何耦合协同并使马达沿着轨道前进的。一直以来，关于持续性马达步进的具体形式有 “**交臂**”(hand-over-hand)**行进**和 “**尺蠖**”(inchworm/clamp)**蠕动**之争 [770]。所谓

“交臂”，就如同人类走路一样，分子马达中两个头中的前一个固定在轨道上，后一个则在一个 ATP 水解过程中超过前一个，如图 7-10(a) 所示。所谓“尺蠖”，则如尺蠖 (一种爬行虫类) 和许多其他爬行虫类一样，头有“前”“后”之分，运动时后面的头始终不会越过前面的头，如图 7-10(b) 所示。

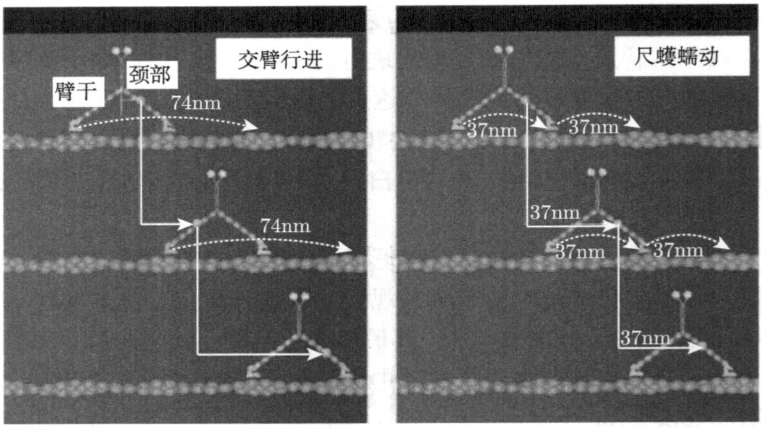

(a)　(b)

图 7-10　分子马达的两种不同行进方式示意图 (后附彩图)【改编自文献 [770]】

(a) 交臂方式；(b) 尺蠖方式

人们对已有马达蛋白运动模式的研究表明，交臂和尺蠖两种模式兼而有之，不同马达蛋白有不同的运动模式。理解马达蛋白的运动是理解细胞内输运过程的重要一步。从已有实验观察可以总结出马达蛋白运动物理模型构建需要考虑以下几个重要因素 [771,772]：

(1) **构型变化**：马达蛋白是具有细致结构的分子机器，特别是，多数马达蛋白都有双头结构，因此简单的单粒子图像或简单的粒子耦合方式都难以合理地描述分子马达定向输运的动态过程。

(2) **力学–化学耦合**：马达蛋白的运动过程必须考虑马达的力学运动与供能化学反应过程之间的合理耦合与转化，马达蛋白头部与轨道的结合和分离与 ATP 水解是密切配合的，因此将供能过程以简单的噪声描述无法给出与实际分子马达运动相符合的结果。这种耦合过程的处理一方面与不同马达蛋白具有不同的工作原理密切相关，另一方面可以通过多态的跃迁与转换来加以处理。

(3) **高维空间运动描述**：实际马达蛋白的运动需要考虑空间二维或高维的因素，而不是简单的一维描述，如交臂式运动明显涉及马达的两个头换序的过程，而这一过程在一维空间中是无法完成的。

7.4 耦合布朗马达与集体定向输运

从本节开始我们讨论有相互作用系统的集体定向输运问题。布朗马达集体输运问题的实验背景来自于不同学科。首先，在生物分子马达研究方面，人们发现各种分子马达本身有其复杂的内部结构，它们经常是由多个自由度构成的特殊结构(如双头和多头肌动蛋白马达)；另外，多个分子马达在输运过程中的相互作用反过来也会影响整体的定向输运 [749,757,773]。其次，在物理方面，对耦合 Josephson 结阵列和线型超导 Josephson 结的实验研究也成功实现了棘轮输运 [774,775]，这意味着它们在揭示耦合布朗马达运动及应用等方面可以发挥巨大作用；集体输运行为在微纳和小尺度材料方面也得到了研究和应用，如量子点体系、细小颗粒体系等 [719]。集体定向输运一个重要的课题是对生物分子马达的运动与合作机制进行有效的物理建模，这是一个迄今为止具有挑战性的领域，如何建立简洁的、可以清晰表达物理机制且又保留真正生化机制的分子马达模型是近年来物理学家和生物学家共同探讨的问题 [766,771,776-780]。本书不拟展开，有兴趣的读者可参考作者的另外一本专著 [59]。

集体定向输运研究从耦合的作用来看可分为两类：一类是单个马达系统耦合起来后的集体效应，另一类则纯粹是由于耦合与其他因素相结合而产生的定向输运。前者可以以前面的单个马达动力学为基础，讨论较多；后者则必须通过对系统整体的细致分析、综合考察才可以揭示其合作定向输运行为。

7.4.1 耦合链在棘轮势中的集体定向输运

先考虑相对简单的一维 Frenkel-Kontorova 系统。与第 6 章不同，这里考虑周期为 l 的棘轮势 $V(u)$。在外力 $y_i(t)$ 和随机力的驱动下，忽略惯性效应 [781]，系统的运动方程为

$$\gamma\dot{u}_i = K(u_{i+1}-2u_i+u_{i-1})-\frac{\partial V(u_i)}{\partial u_i}+y_i(t)+\sqrt{2D}\xi_i(t), \quad i=1,2,3,\cdots,N \tag{7.4.1}$$

其中 K 为耦合强度，D 为温度 (噪声强度)。设弹簧的自由长度为 a，它不显含于上面方程中。粒子密度 $\rho=a/l$，它表示一个势周期中粒子的平均数目。为方便，设阻尼系数 $\gamma=1$，并设 $V_{\max}-V_{\min}$ 为 $O(1)$ 的量级。耦合系统的平均运动速度 (定向流) 为

$$v=\lim_{T\to\infty}\frac{1}{NT}\int_0^T\sum_{i=1}^N\dot{u}_i(t)\mathrm{d}t \tag{7.4.2}$$

在下面的讨论中设周期势为式 (7.2.5) 的形式，并取 $d=0.5$。热噪声 $\xi_i(t)$ 设为时

空均无关联的白噪声：

$$\langle \xi_i(t) \rangle = 0, \quad \langle \xi_i(t)\xi_j(t') \rangle = \delta_{ij}\delta(t-t') \tag{7.4.3}$$

下面考虑两种满足无偏置条件的外力 $y_i(t)$，第一种是同相的对称周期力，

$$y(t) = A\cos\omega t \tag{7.4.4}$$

另一种是非同步的满足 Ornstein-Uhlenbeck 过程的色噪声：

$$\dot{y}_i = \tau^{-1}(\sqrt{2Q}\eta_i(t) - y_i) \tag{7.4.5}$$

其中 τ 为关联时间，Q 为色噪声强度，$\eta_i(t)$ 为高斯白噪声：

$$\langle \eta_i(t) \rangle = 0, \quad \langle \eta_i(t)\eta_j(t') \rangle = \delta_{ij}\delta(t-t') \tag{7.4.6}$$

色噪声 $y_i(t)$ 本身很容易验证其关联为

$$\langle y_i(t)y_j(t') \rangle = Q\tau^{-1}\delta_{ij}\mathrm{e}^{-|t-t'|/\tau} \tag{7.4.7}$$

当粒子间没有相互作用，即 $K=0$ 时，系统化为外力作用下的单粒子在棘轮势中的运动。当相互作用很强，即 $K\to\infty$ 时，所有粒子都被刚性束缚在一起，系统动力学相当于单个粒子在有效噪声强度下在有效势

$$V_{\text{eff}}(u) = \frac{1}{N}\sum_{i=1}^{N} V(u+ia) \tag{7.4.8}$$

中的运动。有效势与

$$\rho = a/l \tag{7.4.9}$$

有关。若 ρ 是有理数，则系统是空间公度的，否则系统是非公度的。系统的公度性以及作用于不同粒子外力的同步性对系统的集体输运有很大影响。在耦合链空间结构公度情况下，$V_{\text{eff}}(u)$ 仍是棘轮势，但幅度较小，

$$\Delta = \left|V_{\text{eff}}^{\max}(x) - V_{\text{eff}}^{\min}\right| \sim N^{-1} \tag{7.4.10}$$

当 N 有限时，可以得到有限的定向流；但当在热力学极限即 $N\to\infty$, 而 N/L 为有限值时，$v=0$。在非公度情况下，

$$V_{\text{eff}}(x) = \text{常数}, \quad \Delta = 0 \tag{7.4.11}$$

因而 $v=0$。对于有限的耦合强度 K，粒子间的相互作用可引起复杂的集体定向运动。

图 7-11(a) 给出了在同相外力 (7.4.4) 作用下非公度系统的定向流 v 与外力大小 A 的关系曲线，这里 $\omega=1, D=0.1, K=0,1,3,10$。可以看到 K=0 时，系统需要一定的临界周期力幅度才会产生定向运动，$v(A)$ 曲线在驱动强度很大时有一系列共振峰。当 $K\neq$0 时，增强耦合作用会将无耦合时的 $v(A)$ 振荡峰逐渐抹平。另外，耦合强度 K 会在越来越小的驱动幅度 A 区域观察到非零的定向流。图 7-11(b) 给出了 v 与 K 的关系，$A=1.9, \omega=1, D=0.1$。可以看到定向流的“共振”曲线，这说明耦合引发的集体定向输运在一定强度下可以达到最大。当耦合过大时，系统的定向运动反而会受到抑制。

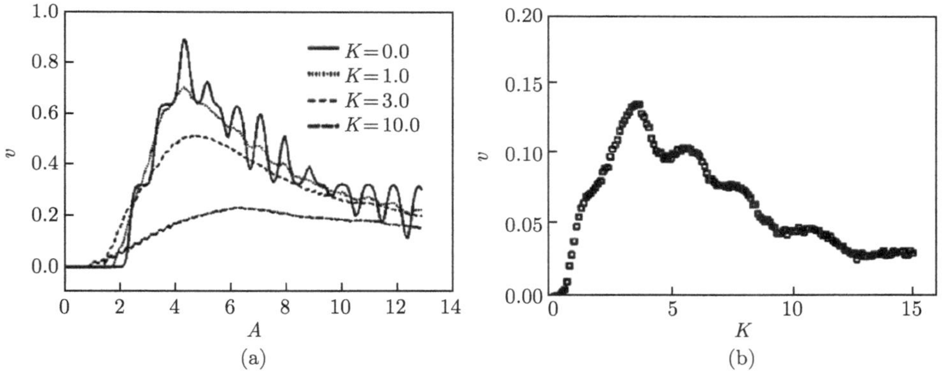

图 7-11 过阻尼情况下非公度FK系统的定向流与不同参量间的变化关系【改编自文献 [781]】

(a) 在周期力作用下在不同耦合强度 K 时定向流 v 与 A 的关系，其中参数 ω=1, D=0.1; (b) 定向流 v 与耦合强度 K 的关系，参数 A=1.9, ω=1, D=0.1

下面讨论色噪声驱动的情况。设 $\tau=1$，图 7-12(a) 给出了非公度情况下系统定向流 v 与耦合强度 K 的关系，图中不同曲线代表不同的色噪声强度。当 $K=0$ 时，大的噪声强度 Q 可引起大的定向流。在 K 较小时这个关系仍然保持，并且随着 K 的增加 v 减小。在 $K=2\sim5$ 时，可以看到 v 与 K 的共振峰。它是粒子间耦合作用的结果。图 7-12(b) 给出在不同耦合强度 K 情况下定向流 v 与色噪声强度 Q 的变化关系。可以看到，在无耦合 ($K=0.0$) 时，定向流随色噪声强度 Q 的增加而迅速增加，在较强的耦合强度 $K=5.0$ 时定向流随 Q 的增加很快饱和，在大 Q 情况下定向流不再随 Q 增大而增加。不同耦合情况下的显著差异表明了粒子间耦合与色噪声驱动之间的竞争会导致丰富的定向输运行为。

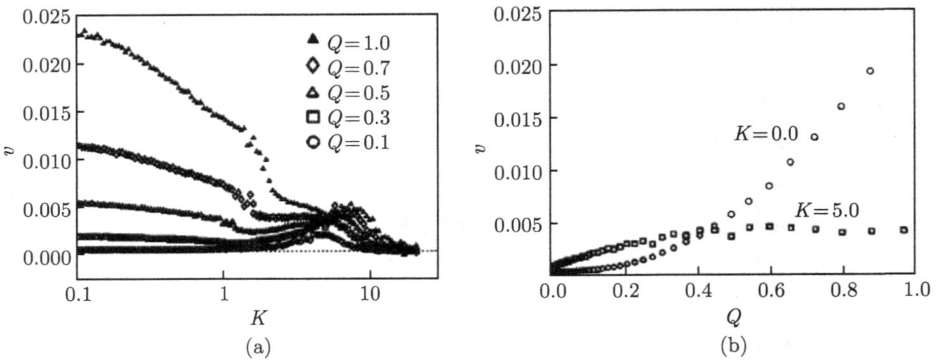

图 7-12 过阻尼情况下非公度 FK 系统的定向流与耦合强度和色噪声强度的关系 ($\tau = 1$)【改编自文献 [781]】

(a) 在不同强度色噪声驱动下的定向流 v 与耦合强度 K 的关系；(b) 不同耦合强度 K 时定向流 v 与色噪声强度 Q 的变化关系

粒子在高维棘轮势中的定向输运问题具有更为实际的意义 [782-785]，其定向输运的机制除了单粒子情况下的各种对称破缺外，还应考虑相互作用在高维空间中整体时空对称性破缺的各种可能。二维势场中产生定向运动存在一种机制，该机制通过不同维度之间动力学关联的对称性破缺可以将一个方向上的驱动能量转化为另一个方向上的定向运动。粒子间的相互作用和合作是能量转化并产生这种定向运动的基础。与前面的各种机制相比，二维空间系统在定向流的方向上并不受任何外力驱动，定向运动必须通过粒子间的相互作用来实现 [786,787]。

考虑 N 个最近邻耦合粒子的过阻尼运动。将粒子 i 的位置坐标写为 $\boldsymbol{r}_i(t) = (x_i(t), y_i(t))$，考虑外力只加在 y 方向上，则系统运动方程写为

$$\begin{aligned}\gamma\dot{x}_i &= -\partial V(\boldsymbol{r}_i)/\partial x_i - \sum_j \partial U(\boldsymbol{r}_i, \boldsymbol{r}_j)/\partial x_i \\ \gamma\dot{y}_i &= -\partial V(\boldsymbol{r}_i)/\partial y_i - \sum_j \partial U(\boldsymbol{r}_i, \boldsymbol{r}_j)/\partial y_i + F_i(t)\end{aligned} \tag{7.4.12}$$

其中 γ 为阻尼系数，不妨取 $\gamma = 1$。$F_i(t)$ 为在 y 方向作用于粒子 i 的外力，粒子间相互作用势设为二维简谐势

$$U(\boldsymbol{r}_i, \boldsymbol{r}_j) = K(\|\boldsymbol{r}_i - \boldsymbol{r}_j\| - a)^2/2 \tag{7.4.13}$$

其中 K 为弹性耦合系数，a 为粒子之间的自由距离。空间势场为如图 7-13(a) 所示的二维势，它包含两部分

$$V(\boldsymbol{r}) = V_1(x) + V_2(y) \tag{7.4.14}$$

其中 x 方向为棘轮势 $V_1(x)$，这里采用式 (7.2.4) 的分段线性势，y 方向是束缚粒子运动的势场 $V_2(y)$，如图 7-13(a) 所示，

$$V_2(y) = -\omega_y y^2/2 + \lambda y^4/4 \tag{7.4.15}$$

这里有两个参数 ω_y 和 λ。当 $(\omega_y, \lambda) = (0, 0)$ 时，势场 (7.4.15) 平坦无束缚；当 $\omega_y < 0, \lambda > 0$ 时，横向势场 $V_2(y)$ 为一个沿 x 方向的单势阱束缚势；当 $\omega_y > 0, \lambda > 0$ 时，横向势场 $V_2(y)$ 为双势阱束缚势。

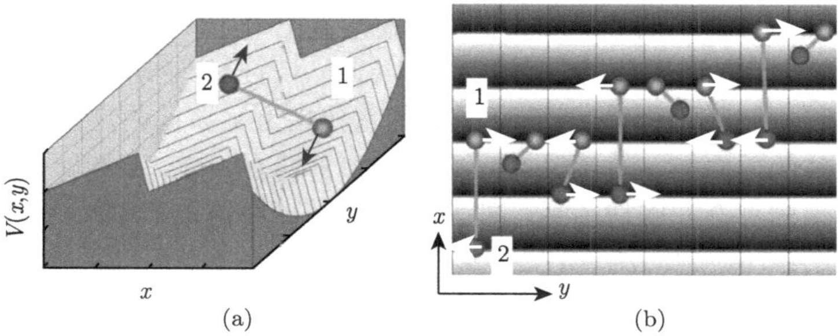

图 7-13 两个耦合粒子在二维棘轮势场中的定向运动【改编自文献 [786]】

(a) 耦合粒子在二维棘轮势场中的示意图，作用于两个粒子的外力沿 y 方向，且不相等；(b) 参数 $K = 100, a = 2, A = 5, \omega = 0.002\pi$ 时两个耦合粒子在不同时刻 $t = 0, 4.3, 250, 316, 500, 750, 816$ 和 1000 在 x 方向运动的频闪图，不同灰度代表势场高度，黑色区域为势阱，白色区域为势垒

由于 y 方向势场的约束，粒子虽然在 y 方向受到外力驱动，但是系统不可能沿该方向定向运动。在 x 方向，粒子系统不受外力作用，因此如果粒子之间无相互作用，系统就不会在 x 方向产生定向运动。要在 x 方向没有受力的情况下产生定向运动，就需要一定机制以使得 y 方向外力的能量输入转化为 x 方向的做功，而粒子之间通过相互作用就可以为定向输运提供可能的机制。由于这种机制需要将 y 方向的耦合作用力分配到 x 方向，因而在同一时刻作用于不同粒子上的力应不相同，否则粒子之间的相互作用力在 x 方向的分力会相互抵消，导致所有粒子沿 y 方向产生同步运动而无法使能量向 x 方向转化。

首先研究 N=2 个粒子在 y 方向无外势即 ω_y=0, λ=0 时的运动。先考虑周期外力驱动

$$F_{1,2}(t) = A\cos(\omega t + \phi_{1,2}) \tag{7.4.16}$$

按两个力不同步即 $F_1(t) \neq F_2(t)$ 的要求，可采用不同驱动力相位即 $\phi_1 \neq \phi_2 + 2\pi m$，$m$ 为整数。最典型的情形是两个力刚好反相，即 $F_1(t) = -F_2(t)$，如图 7-13(a) 所示。在实际中，当两个粒子构成偶极子即粒子带电性相反的电荷时，它们在同一交变电场中就可满足反相力的要求。

图 7-13(b) 给出了两个粒子运动过程中在不同时刻 t 的频闪图，可以看到粒子 1 和 2 通过协同完成了在 x 方向的单向运动。图中展示了典型的合作模式，首先是粒子 1 被钉扎于势阱中，粒子 2 在耦合 (拉力占主导) 和外力作用下向粒子 1 靠

近，同时与 x 方向夹角发生变化，然后粒子 2 被钉扎于新的势阱中，粒子 1 在耦合 (斥力占主导) 和外力作用下被推动前进一个周期。这种一拉一推的过程在周期力的作用下循环往复，两个粒子相互协同地被推动或拖曳前进。在这种协同前进的过程中可以看到两个粒子作为一个整体会发生在二维空间中的转动行为。当整体转动到倾斜状态时，y 方向的外力可以分解为沿耦合方向的投影和沿 x 方向的投影，其中在 x 方向产生的非零分力扮演着摇摆棘轮中的周期外力的作用，从而耦合系统发生定向运动。没有耦合，就不会具有将 y 方向的驱动力转化为 x 方向的驱动力的机制，也就无法将 y 方向的驱动能量转化为 x 方向的定向运动。

耦合系统的定向流 v 与系统各种参数特别是耦合强度、平衡距离以及驱动力大小和频率之间都存在密切关系。图 7-14 给出了硬杆连接 (强耦合)(图 (a)) 和小耦合强度下 (图 (b)) 定向流 v 在 A 和 a 参数平面的分布，可以看到，定向流在周期力的驱动下主要表现为各种共振台阶，这些台阶满足

$$v = 2mb/T \tag{7.4.17}$$

其中 m 为整数，T=2π/ω 为外力周期。流的共振行为反映了系统动力学的时间和空间变换不变性，因此可以由方程的变换不变性分析来得到。另一方面，也可以通过图 7-13(b) 的动力学演化来直观理解。例如，对于第 m 个共振区域，在周期力的前半个周期，粒子 1 会被束缚于势阱中，而粒子 2 由于耦合会被推动沿 x 方向向前跨越 m 个势垒，后半周期则在粒子 2 被束缚的情况下粒子 1 被推动 m 个势垒，因此在一个周期内整个系统前进 $2m$ 个空间周期，于是有 v =2mb/T。

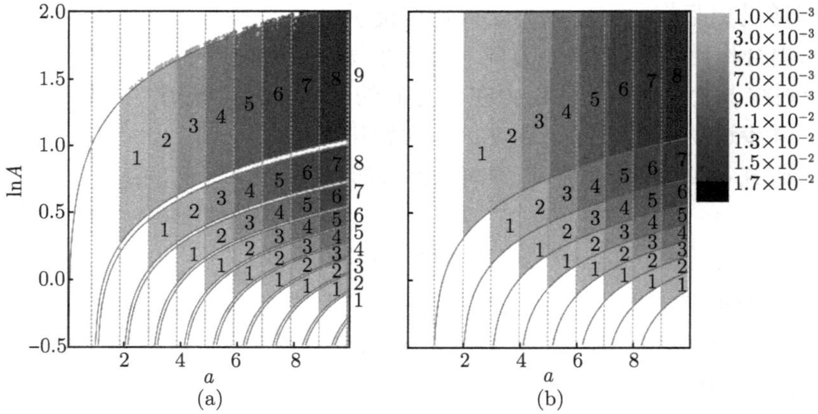

图 7-14　不同耦合强度下在驱动力强度 A 和耦合平衡距离 a 的参数平面上的定向流分布(后附彩图)【改编自文献 [788]】

颜色越深的地方流越大，白色区域定向流为零。(a) 强耦合 K=100；(b) 耦合强度 K=10。ω=2π×10^{-3}，d=1。共振台阶用整数 m 标记

从图 7-14 中还可以看到一些有趣的结果。例如，系统需要一定的外力阈值和自由长度阈值才会产生定向流。随着驱动强度和自由长度的增加，定向流也会增加。对于强耦合 ($K \gg 1$)，两个粒子间的弹簧接近于硬杆，可以从图 7-14(a) 看到在台阶之间会出现一些空白区域，在这些空白的间隙中系统的定向流为零，说明在这些间隙所对应参数下系统的定向输运是被禁止的。而当粒子间的耦合强度相对较小时，零定向流间隙会消失，即有限耦合强度可以消除强耦合情况下的零定向流，如图 7-14(b) 所示。图 7-14(a) 和 (b) 中还可以看到很多的实线，它们是理论上给出不同定向流共振的边界。下面来对这些现象进行理论分析。

上述行为可以在低频驱动情况下通过力学分析方法来确定各个共振区域的边界 [788]。外力驱动随时间的变化足够慢时，耦合系统可以有足够的弛豫时间对外力变化做出响应。力学分析对于上述的分段线性棘轮势来说是比较方便的，因为 x 方向由两段线性势 $V_1(x)$ 给出的作用力均为常数，

$$f_1 = -d/b_1, \quad f_2 = d/(b - b_1) \tag{7.4.18}$$

只要 $b_1 \neq b/2$，外势就是非对称的棘轮势，两段线性势的坡度 $f_1 \neq -f_2$。在作用于两个粒子的反相周期力 $F_{1,2}(t) = \pm A\cos\omega t$ 驱动下，即使初始两个粒子沿耦合方向与 x 方向平行，由于两个粒子在同一时刻所受的力不同，耦合系统整体就会在 x-y 平面发生空间转动。令 θ 为沿耦合方向与 x 方向的夹角。图 7-15 给出粒子处于临界状态 (即一个粒子在势阱底部，另一个粒子沿耦合夹角方向刚好处于势垒) 的受力分析图，其中两个粒子间的弹性相互作用为

$$F = K(l - a) \tag{7.4.19}$$

设此时粒子 1 在外力作用下处于势垒处，粒子 2 被束缚在势阱底部。图 7-15 画出了粒子 2 在 x 方向的力，对于足够大外力 A，当弹性相互作用在 x 方向的分量 $F\cos\theta$ 满足

$$F\cos\theta \geqslant |f_1| \tag{7.4 20}$$

时，粒子 1 可以沿缓坡越过势垒到达另一边的陡坡。另外在 y 方向上临界状态满足 $F\sin\theta = A$。因此可以得到

$$A \geqslant |f_1|\tan\theta \tag{7.4.21}$$

这样可以确定临界驱动强度为

$$A_c = |f_1|\tan\theta_c \tag{7.4.22}$$

其中 θ_c 为临界角度。在外力较小时，粒子在外力的一个周期 $T=2\pi/\omega$ 内每次只能越过一个势垒，但较大的外力也可能使得粒子在一个周期内越过两个以上甚至更

多个势垒，这样对应于每个周期内可以越过多个势垒的距离。如图 7-15 的几何关系可以得到

$$\tan\theta_c = \sqrt{l^2 - l_x^2}/l_x, \quad \cos\theta_c = l_x/l \tag{7.4.23}$$

利用式 (7.4.20)、式 (7.4.22) 和式 (7.4.23) 可以得到

$$\tan\theta_{c1} = \sqrt{[a/(l - f_1/K)]^2 - 1} \tag{7.4.24}$$

类似于上述讨论，可以同样得到粒子 2 从临界状态越过势垒的临界角度为

$$\tan\theta_{c2} = \sqrt{[a/(l + f_1/K)]^2 - 1} \tag{7.4.25}$$

因此，在周期力的一个周期内越过 n 个势垒的临界角度 $\theta_c^{(n)}$ 为

$$\tan\theta_{c1}^{(n)} = \sqrt{[a/(l_{2n-1} - f_1/K)]^2 - 1} \tag{7.4.26a}$$

$$\tan\theta_{c2}^{(n)} = \sqrt{[a/(l_{2n} + f_1/K)]^2 - 1} \tag{7.4.26b}$$

其中 n 为整数，l_{2n-1} 和 l_{2n} 为对应于两个线性势段的特征长度，分别满足

$$l_{2n-1} = nb - b_1, \quad l_{2n} = nb \tag{7.4.27}$$

相应临界驱动强度的上下两个边界分别为

$$A_{2n-1} = |f_1| \sqrt{[a/(l_{2n-1} - f_1/K)]^2 - 1} \tag{7.4.28a}$$

$$A_{2n} = |f_1| \sqrt{[a/(l_{2n} + f_1/K)]^2 - 1} \tag{7.4.28b}$$

平衡距离 a 也需要足够长，这样两个粒子才可以每次在外力作用下跨越至少棘轮势的一个周期。对于给定 a，当 $jb \leqslant a \leqslant jb + b_1$ 时，最多可以容许的共振定向流台阶为 $m = j$ 个，而当 $jb + b_1 \leqslant a \leqslant (j+1)b$ 时，最多可以容许 $m = j + 1$ 个共振台阶。因此在 $A_{2n} < A < A_{2n-1}$ 区间内的定向流为

$$v = 2Mb/T \tag{7.4.29}$$

其中 $M = m - n$。临界线 (7.4.28) 在图 7-14 中给出，可以看到与数值模拟的结果完全相符。

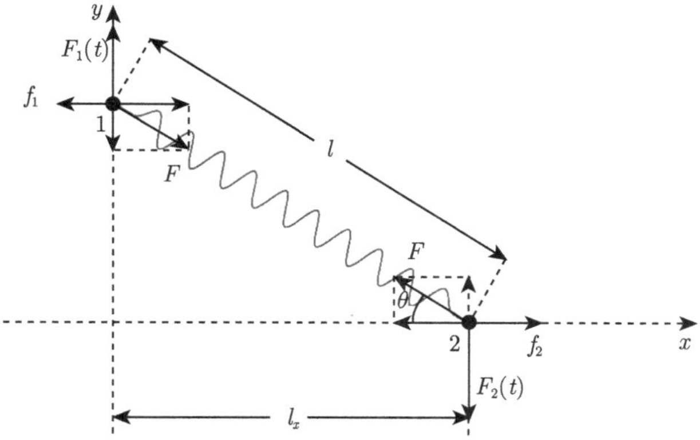

图 7-15 处于临界状态的两个耦合粒子的受力示意图

横轴和纵轴分别为 x 和 y 方向，粒子受到相互作用力 F，外驱动力 $F_{1,2}(t)$ 和棘轮势力 $f_{1,2}$。耦合方向与 x 方向的夹角为 θ，粒子间距离为 l，沿 x 方向的距离为 l_x

实现沿 x 方向的定向输运可以用随机力来代替确定性周期力驱动，其中随机力满足

$$\langle F_i(t)\rangle = 0,\quad \langle F_i(t)F_j(t')\rangle = D\delta_{ij}\delta(t-t') \tag{7.4 30}$$

其中 D 为噪声强度。由于作用于两个粒子上的随机力互不关联，它们自然不会同相。图 7-16 分别给出了定向流与噪声强度 D、耦合强度 K、自由长度 a 的关系。首先可以发现，定向流与噪声强度之间存在有趣的随机共振关系，中等匹配的噪声强度能导致优化的强定向运动；其次，定向流在不同噪声强度下与自由长度 a 并非简单的单调增加关系，可以发现一系列非单调的共振峰。在生物分子马达实验研究中人们曾观察到一种长腿效应，它是指具有更长臂的肌球蛋白每步能移动更大的距离，并因此移动得更快 [789]。定向流与自由长度的非单调依赖关系说明马达运动的这种长腿效应并非总是成立，人们也的确发现这种效应不是完全普遍的。

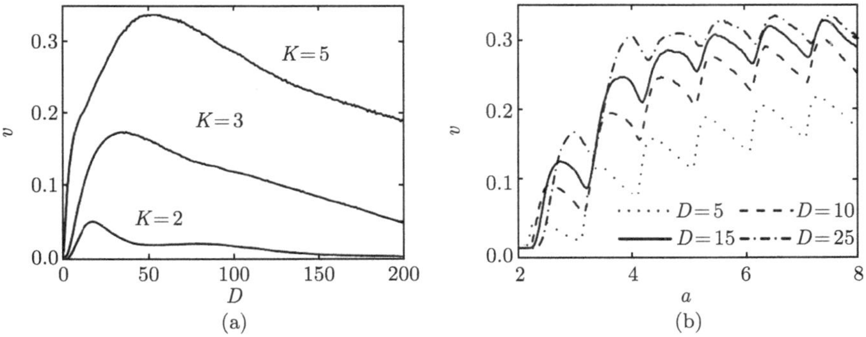

图 7-16 定向流与噪声强度 D、耦合强度 K、自由长度 a 的关系【改编自文献 [786]】

(a) 不同耦合强度的 v- D 曲线，其中 a=4.25，d=1，b_1=0.2；(b) 不同噪声强度下的 v-a 曲线，其中 K=5, d=1, b_1=0.2

上面讨论的是在 y 方向为无外势的情况。加上单势阱的外势就相当于给粒子运动在 y 方向加上了束缚，通常会引起沿 x 方向定向流的减小。另一方面，如果在 y 方向引入双阱势，则粒子可沿着两个通道运动，一条多粒子链可以在两个通道之一沿 x 方向运动，使得链的空间构型出现调制结构，此时 x 方向的定向流呈现非常有趣的行为。图 7-17 给出了当 $\omega_y > 0, \lambda > 0$ 时横向势场为双势阱束缚势情况下在 y 方向随机驱动时的定向流与参数的变化关系。图 7-17(a) 给出了不同双稳参数 ω_y 下定向流 v 与耦合自由长度 a 的曲线。可以看到，定向流与自由长度 a 呈现具有很多共振峰且总体为非单调的走势。另外，定向流 v 随双稳参数 ω_y 增加而增大。进一步对定向流与双稳参数 ω_y 的研究结果表明，二者的关系表现为非单调关系。如图 7-17(b) 所示，定向流随 ω_y 的增加先增大而后减小。一个很有意义的结果是 $\omega_y > 0$ 的双通道情形，可以看到定向流明显大于 $\omega_y < 0$ 的单通道定向流，且双通道定向流随 ω_y 的增加会出现远高于单通道的最优定向流。这说明，通过利用 y 方向的势场和外力对耦合系统空间构型的调制，合作定向输运可以进一步优化。

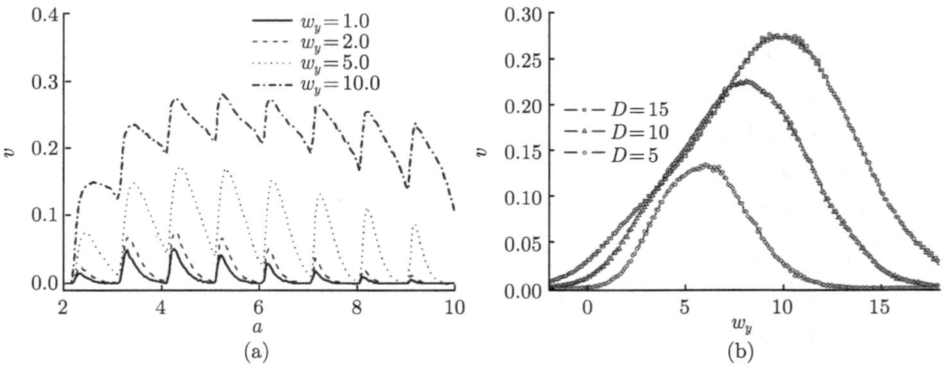

图 7-17　双稳通道中的定向流与自由长度 a 与双稳参数 ω_y 的关系【改编自文献 [786]】

(a) 不同双稳参数 ω_y 下的 v-a 曲线，其中 K=5,d=1, b_1=0.2, D=15; (b) 不同噪声强度下定向流与双稳参数 ω_y 的关系曲线，其中 K=5, d=1, b_1=0.2, a=4.25

7.4.2　耦合链在对称势中的集体定向输运

棘轮势中的定向输运由于周期势本身发生对称性破缺而产生，定向输运的机制本身较容易理解。这对于耦合时空系统也是如此。当周期势场仍保持空间反演对称时，对于单粒子系统我们可选择外力的时间对称破缺或摇摆周期势发生时间对称破缺 [790-792]。这些选择都会使系统发生定向输运。耦合系统同样也可以由这些对称破缺产生集体定向输运 [793,794]。另一方面，时空系统由于粒子间的相互耦合及其系统的大自由度而存在大量的对称性。对其中一些对称性的破坏也可能会产生集体定向输运。因此，时空非线性系统存在更多对称性破缺机制 [795]。本节主要基于这一点来研究空间对称势场中的集体定向输运行为 [796-799]，如耦合对称性破缺及时空对称破缺产生的定向运动，而这些行为都是在单个粒子系统中不会发生的。

下面讨论 N 个最近邻耦合的过阻尼单摆系统，其运动方程为

$$\dot{u}_i = -d\sin u_i + \frac{1}{2}(K+r)(u_{i+1} - u_i - a) - \frac{1}{2}(K-r)(u_i - u_{i-1} - a) \tag{7.4.31}$$

该系统是第 6 章 FK 系统的推广，方程描述非对称简谐耦合链在周期势中的过阻尼动力学。d 为势垒高度，$a = 2\pi\delta$ 为自由长度。$\delta \in [0,1]$ 称为阻挫，它描写外势周期 2π 与自由长度 a 间的失配。非对称耦合我们并不陌生，第 3 章的方程 (3.2.28) 与 (3.4.42) 都是非对称耦合系统。方程 (7.4.31) 的耦合项中，K 为扩散型耦合强度，r 为漂移型或梯度耦合强度。当 $r = 0$ 时，系统 (7.4.31) 即为 FK 模型的耗散运动方程。注意，在这里非对称耦合 FK 系统没有外力驱动。下面会看到，当 $r \neq 0$ 时，扩散耦合的对称性被打破，系统在没有外力驱动下也可以发生定向输运。这种定向输运是由扩散耦合对称性破缺引起的一种合作输运行为 [796]。

我们讨论耦合极端非对称的情况：$K = r = 1$，此时耦合即为纯粹的单向耦合。采用周期边界条件则有

$$\begin{aligned} \dot{u}_i &= -d\sin u_i + (u_{i+1} - u_i - a) \\ u_{i+N} &= u_i + Na \end{aligned} \tag{7.4.32}$$

定义集体定向流：

$$v = \lim_{T\to\infty} \frac{1}{N_T} \int_0^T \sum_{i=1}^{N} \dot{u}_i(t)\mathrm{d}t \tag{7.4.33}$$

在没有周期势 (d =0) 时，粒子间平均间距 $|u_{i+1}| = \alpha + ia$(α 为与初始条件有关的常数)，因而耦合项 $(u_{i+1} - u_i - a) = 0$，系统定向流 $v = 0$。如果 $d \gg 1$，过高的势垒无法实现粒子的阱间跃迁，$v = 0$。我们关心在有限 d 的情况下是否有定向输运。图 7-18(a) 给出了不同 δ 时平均定向流 v 与 d 的关系，首先可以看到：在有限 d 的区域，$v \neq 0$，说明系统的确存在定向输运。$v(d)$ 表现为有意思的“共振”曲线，即对几乎所有的 δ(除了 $\delta \neq 0, 1$ 等特殊情形，以下说明)，系统都存在一个最优的势垒高度使得定向流最大。其次，系统存在临界的势垒高度 d_c，当 $d > d_c$ 时，$v = 0$，系统发生脱钉–钉扎转变。在 d_c 附近 $(d < d_c)$ 有如下临界关系：

$$v \propto (d_c - d)^{1/2} \tag{7.4.34a}$$

而在小 d 区域，当 $d \ll 1$ 时，

$$v \propto d^2 \tag{7.4.34b}$$

参量 δ(或 a) 在系统定向运动中起着重要作用。从图中可以看到，当 δ 改变时，$v(d)$ 曲线也随之发生大的改变，包括形状、峰值和 d_c 的位置等。另外，对某些 δ，还可看到反向的定向流，即系统运动方向与单向耦合的方向相反。图 7-18(b) 给出了不同 d 时的 $v(\delta)$ 曲线。由于

$$v(1+\delta)=v(\delta) \tag{7.4.35a}$$

因此只需要画出 $\delta\in[0,1]$ 的情况，可以看到复杂的定向输运行为。所有的曲线都是关于 $\delta=1/2$ 反对称的：

$$v(\delta)=-v(1-\delta) \tag{7.4.35b}$$

通常可以在 $\delta\in[0,1/2]$ 区域观察到正向流，而在 $\delta\in[1/2,1]$ 看到反向流；但在中等大小的 d 下，在 $\delta=1/2$ 附近区域，会出现一个小的定向流反转区域，即在 $\delta<1/2(>1/2)$ 本是正向流 (负向流) 的区间产生负向流 (正向流)。这是一种非线性效应。当 d 较小时曲线是较为平滑的，而在大 d 时在 δ 的部分区域中会发生钉扎现象。与 $v(d)$ 关系类似，δ 也可作为一个优化参量使得 v 最大。对所有曲线，$\delta=0,\ 1/2,1$ 时均有 $J=0$。

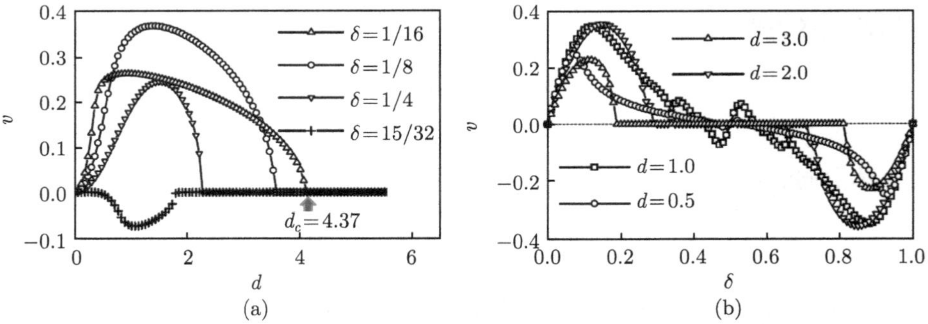

图 7-18　(a) 不同 δ 时平均定向流 v 与 d 的关系；(b) 不同 d 时的 $v(\delta)$ 曲线【改编自文献 [796]】

小 d 时的关系 (7.4.34b) 可以利用绝热近似解析推导得到[796]。当 d=0 时，v=0，粒子的空间位形为

$$u^0_{i+1}=u^0_i+a,\quad u^0_i-u^0_j=(i-j)a$$

当 $d\ll 1$ 时，耦合链以非常缓慢的速度均匀运动，在绝热近似下可认为

$$\dot{u}_i(t)\approx 0$$

因此小 d 时粒子间的空间关系近似为

$$u_{i+1}\approx u_i+a+d\sin u_i \tag{7.4.36}$$

对方程 (7.4.32) 两边求和可得到系统的定向流：

$$v = -\beta d \tag{7.4.37}$$

$$\beta = \frac{1}{N}\sum_{i=1}^{N}\sin u_i \tag{7.4.38}$$

可见要求出定向流 v，只需要把式 (7.4.37) 中 β 的求和解出即可。将递推关系 (7.4.36) 代入式 (7.4.38)，按 d 展开保留至一阶项有

$$\beta \approx \frac{1}{N}\sum_{i=1}^{N}\sin u_i^0 + \frac{d}{N}\sum_{i=1}^{N}\cos u_i^0 \,\mathrm{sin} u_{i-1} \tag{7.4.39}$$

进一步可以得到

$$\beta = \frac{1}{N}\sum_{i=1}^{N}\sin u_i^0 + \frac{d}{N}\sum_{i=1}^{N}\cos u_i^0\left(\sum_{j=1}^{N-1}\sin u_j^0\right) \tag{7.4.40}$$

此式第一项由于 $u_i^0 = ia+\alpha$ 而为零，第二项的二重求和利用积化和差公式可得到

$$\beta = \frac{d}{2N}\left[\sum_{i<j}\sin(u_i^0+u_j^0) - \sum_{i<j}\sin(i-j)a\right] \tag{7.4.41}$$

很容易验证，式 (7.4.41) 的第一项求和为零。因此

$$\beta = -\frac{d}{2N}\sum_{i=1}^{N}\sum_{j=1}^{i-1}\sin(i-j)a \tag{7.4.42}$$

当 $a = n\pi, n\in Z$ 时 $\beta = 0$，由式 (7.4.37) 有 $v = 0$。当 a 为其他值时，上面三角级数求和可很容易求出：

$$\beta \approx -\frac{d}{4}\left[\tan(a/2)\right]^{-1} \tag{7.4 43}$$

因此由式 (7.4.37) 可得 $d \ll 1$ 时系统定向流为

$$v(d,\delta) = C(d,\delta)d^2 \tag{7.4.44}$$

其中系数 $C(d,\delta)$ 在 $d\to 0$ 时为

$$C(\delta) = \lim_{d\to 0} C(d,\delta) = [4\tan(\pi\delta)]^{-1}, \quad \delta \neq 0,1 \tag{7.4.45}$$

图 7-19 画出了 $d = 0.01 \ll 1$ 时的系数 $C(\delta)$，可以看到数值模拟结果与理论虚线 (7.4.45) 完全一致。

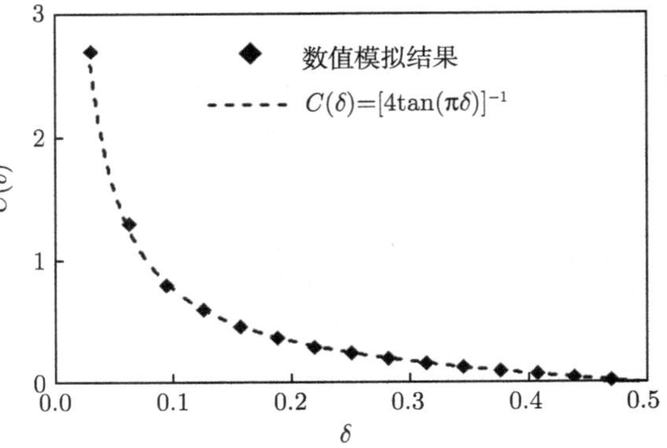

图 7-19　$d = 0.01 \ll 1$ 时的 $C(\delta)$【改编自文献 [796]】

其中 ◆是数值模拟结果，虚线是理论线

解析结果 (7.4.45) 也显示出 $v(d,\delta)$ 关于 $\delta = 1/2$ 反对称。实际上这种反对称流是系统动力学对称性的直接结果。动力学方程 (7.4.32) 在变换

$$\boldsymbol{S}: (\{u_i\}, t, a) \to (\{-u_i\}, t, -a) \tag{7.4.46}$$

下形式不变，这意味着 $v(1-\delta) = -v(\delta)$。

现在考虑钉扎点 $d = d_c$ 附近的行为。当 $d > d_c$ 时，$\dot{u}_i = 0$，由此可得到与式 (7.4.36) 完全相同的粒子位形排布

$$u_{i+1} = u_i + 2\pi\delta + d\sin u_i \tag{7.4.47}$$

不同的是，关系 (7.4.47) 是精确的，它恰好是在第 1 章所讨论的正弦圆映射 (1.4.12)。圆映射是研究低维非线性系统锁相、准周期和混沌动力学的经典模型。因而 $d > d_c$ 时系统 (7.4.32) 的位形分布即为圆映射的一条轨道。一个很有趣的问题是，在系统发生钉扎–脱钉转变的临界点 d_c 附近圆映射的轨道动力学是否也存在某种临界转变？图 7-20(a) 画出了圆映射系统在 $\delta = 1/32$ 时的分岔图。系统在 d 较小时是准周期运动 (伴随周期窗口)，然后分支出周期 1 轨道。随着 d 的增加，圆映射经历了倍周期分岔到混沌的道路。在 $d_{cr} = 4.37$ 处，可以看到混沌吸引子的尺寸发生有趣的**激变**(crisis)，局部混沌成为 $[0,2\pi]$ 的全局混沌。为方便对比，图中画出了相应的系统 (7.4.32) 在同样参数下定向流 v 与 d 的关系，如图中的菱形点线所示。可以

发现系统发生钉扎–脱钉转变点的位置 d_c 与圆映射发生吸引子激变的位置 d_{cr} 几乎一致：

$$d_{cr} \approx d_c \tag{7.4.48}$$

图 7-20(b) 给出了 d_{cr}, d_c 与 δ 的变化关系，可以看到二者基本相符。因此，耦合系统定向运动的钉扎–脱钉相变对应于圆映射中混沌吸引子的激变现象，它类似于标准 FK 模型的 Aubry 公度–非公度相变中，钉扎–脱钉相变对应于标准映射 (保守映射) 最后的 KAM 环面破裂 [81,658]。这里的圆映射恰好为标准映射的耗散极限。

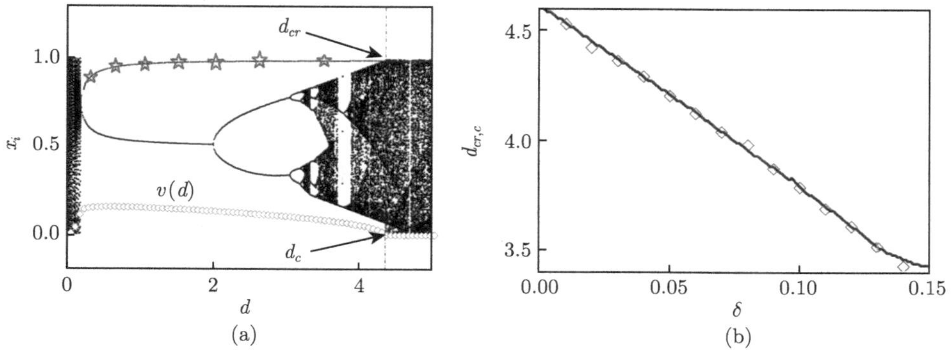

图 7-20 耦合系统定向输运钉扎转变与圆映射的动力学之间的关系【改编自文献 [796]】
(a) 圆映射系统在 δ=1/32 时的分岔图，图中标注☆的线为不稳定周期一轨道 UPO-1，它与混沌边界的交点对应的 d 值为 d_{cr}，◇线为定向流 J 与 d 的关系曲线，$J=0$ 的 d 值为 d_c；(b) 定向流 J=0 的转变点 d_c 和圆映射的激变点 d_{cr} 与 δ 的变化关系

下面探讨这种对应的动力学根源所在。混沌吸引子的激变行为发生于系统的一条不稳定周期轨道与混沌吸引子边界的碰撞。对圆映射而言，它有一条不稳定周期 1 轨道 (UPO-1)：

$$u^u = 2\pi - \arcsin(2\pi\delta/d) \tag{7.4.49}$$

在图 7-20(a) 中用标注☆的线画出了这条不稳定轨道。可以很清楚地看到，正是在 UPO-1 与混沌区边界相交的地方发生了激变行为。因此 UPO-1 在这个对应中起着至关重要的作用。那么它与耦合系统钉扎的位形分布有何关系呢？在图 7-21(a) 中，我们画出了 $d = 4.4 > d_c(d_{cr})$ 时的粒子位形分布。为方便对应，对 u_i 取 2π 的模。这个位形分布是圆映射的一个不稳定 N 周期态，它镶嵌于激变发生后的混沌吸引子中。图中的实线是 UPO-1。可以发现，这个钉扎态位形分布正是 UPO-1，二者完全相符，只是在个别空间点上有缺陷。而这些缺陷实际上是位形分布的扭结部分，如图 7-21(b) 的上面小图所示 (图 7-21(a) 中由于取了 2π 模而没有显示出来)。这些扭结的存在是非常必要的，它使得在圆映射中的 UPO-1 在实际位形分布中可以稳定存在。

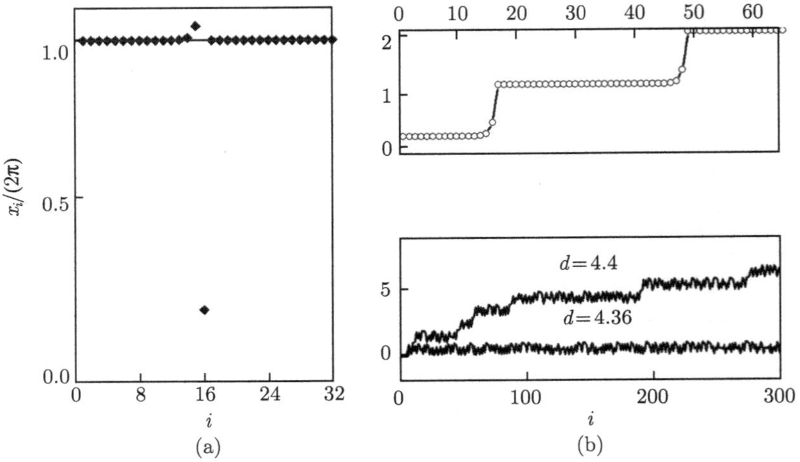

图 7-21　(a) $d > d_c$ 的粒子位形分布；(b) 上：位形分布的扭结，下：圆映射中的对应【改编自文献 [796]】

位形分布中的扭结在圆映射中是否有对应呢？我们可以计算圆映射的一条轨道，且不取 2π 模。可以发现当 $d < d_{cr}$ 时，即使不取 2π 模，u_i 仍是局域化的 (localized)；当 $d < d_{cr}$ 时，u_i 发生**非局域化**(delocalization)，非局域化导致了 u_i 出现 2π 相移。因此，位形分布中的扭结对应于 u_i 的非局域化现象。换言之，非局域化使得位形分布的扭结 ("缺陷") 存在，因而使位形分布稳定存在；相反，当 $d < d_{cr}$ 时，u_i 的局域化使得位形分布中的扭结结构无法稳定存在。扭结的不稳定性使得它必须沿着耦合链发生滑动，因而耦合系统发生脱钉转变。这说明，圆映射轨道的局域化–非局域化转变对应于耦合振子系统的定向运动脱钉–钉扎转变。这一结论比前面激变的结论更为普适且本质，可以解释更大 δ 区域的对应，这里不再讨论。

7.4.3　集体定向输运的调控：含时耦合

系统耦合的时间对称性破缺可以引起合作定向输运。Porto 等提出了一种对耦合进行时间调制来产生定向输运的方式 [800]。在小阻尼情况，如果没有外力的驱动，FK 系统的动力学方程为

$$m\ddot{u}_i + \eta\dot{u}_i + \frac{\partial V(u_i)}{\partial u_i} + \sum_{j=\pm1}\frac{\partial U(u_i - u_{i+j})}{\partial u_{i+j}} = 0 \tag{7.4.50}$$

其中 $V(u)$ 为周期势，它是粒子与表面的静态相互作用。为简便起见，这里仍采用余弦势：

$$V(u_i) = -d\cos(2\pi u_i/b) \tag{7.4.51}$$

其中 b 为势的周期，d 为势垒高度。m 为粒子质量，$-\eta\dot{u}_i$ 描述了粒子在表面上发生相对运动时的耗散相互作用，它正比于相对速度，η 为摩擦阻尼系数。$U(u)$ 为粒

子间相互作用，可以对它进行调控来实现集体定向输运。为方便讨论，考虑最近邻简谐作用：

$$U(u_i - u_{i\pm1}) = K\left\{|u_i - u_{i\pm1}| - a_{i,i\pm1}(t)\right\}^2/2 \tag{7.4.52}$$

其中 K 为相互作用强度，$a_{i,i\pm1}(t)$ 为粒子 i 与近邻粒子 $i\pm1$ 的自由平衡距离。注意，这里 a 是可调参量，它不仅与格点有关，且与时间有关。在调控系统时，我们着眼于调控粒子相互作用，其中用含时的调制自由长度代替静态的 a 就是一种选择方式 (当然还可以有其他调控方式)。如果考虑的粒子是分子或原子，则 a 就代表键长，可以通过用光、电、磁等作用来对 a 进行调制。因此利用自由长度的调制在实验上是可以实现的。当然在实际情况时，系统不可能简单地用 FK 模型来描述，但其原理与基本机制应该是一致的。

下面考虑对 a 作如下调制：

$$a_{i,i\pm1}(t) = a_0[1 + \alpha(qu_{i,i\pm1} + \omega t)] \tag{7.4.53}$$

其中 a_0 为无调制时的自由长度，$\alpha(s)$ 为调控函数 (注意上式 α 后面的括号内为 α 函数自变量 $s = qu_{i,i\pm1} + \omega t$)；$u_{i,i+1} = ib, u_{i,i-1} = u_{i-1,i}$ 是粒子 i 与 $i\pm1$ 作用键的相对位置；q 为波矢量，ω 为驱动频率。$\alpha(s)$ 是周期为 1 的函数：$\alpha(s+1) = \alpha(s)$。为方便，选取下面的形式：

$$\alpha(s) = \begin{cases} c\sin(\pi s/s_0), & 0 \leqslant s \leqslant s_0 \\ 0, & s_0 \leqslant s \leqslant 1 \end{cases} \tag{7.4.54}$$

在式 (7.4.54) 的调控函数作用下，我们可以有若干参数如 q, ω, s_0, c 等可以作为调控变量使系统实现定向运动。由于对平衡距离的调制方式不仅取决于外加非反馈式的调制频率和幅度本身，而且还取决于粒子的空间相对位置，因此粒子之间的距离调控会根据粒子之间的状况进行反馈式调控。系统的定向运动可以通过不同的调控使其运动、停止或改变运动方向。图 7-22(a) 给出了 $N = 3$ 个粒子系统中各个粒子位置在不同时刻的频闪图，可以看到 3 个粒子如何通过调制产生协作由一个势阱向另一个势阱跃迁。对于上面的调控方式，计算表明，只要调制力的频率

$$\omega \leqslant \omega_{\max} = \pi(d/m)^{1/2}/(25b) \tag{7.4.55}$$

系统就会发生定向运动。在某种优化耦合作用时，运动与调制频率发生 1:1 共振 $v/b = \omega$，粒子的定向运动速度可以达到最大，此时马达运动的最大运动速度为

$$v_{\max} = \pi(d/m)^{1/2}/25 \tag{7.4.56}$$

当调制频率 ω 过高时，系统运动会变得混沌而成为扩散性运动，此时系统定向运动的方向性难以控制，运动反而会受到抑制。

上面的耦合含时调控方法也可应用于高维系统 [800]。考虑周期势和相互作用势分别为

$$V(\boldsymbol{u}) = -d\cos[\pi(\boldsymbol{u}^{(1)} - \boldsymbol{u}^{(2)})/b]\cos[\pi(\boldsymbol{u}^{(1)} + \boldsymbol{u}^{(2)})/b] \tag{7.4.57a}$$

$$U(\boldsymbol{u}_i - \boldsymbol{u}_{i\pm1}) = K\left[|\boldsymbol{u}_i - \boldsymbol{u}_{i\pm1}| - a_{i,i\pm1}(t)\right]^2/2 \tag{7.4.57b}$$

利用式 (7.4.53) 及式 (7.4.54) 的调制方式可使系统在二维表面实现定向运动。图 7-22(b) 的频闪图给出了不同时刻 3×3 个粒子的位形图，可看到系统如何通过顺次迁徙实现定向马达运动。

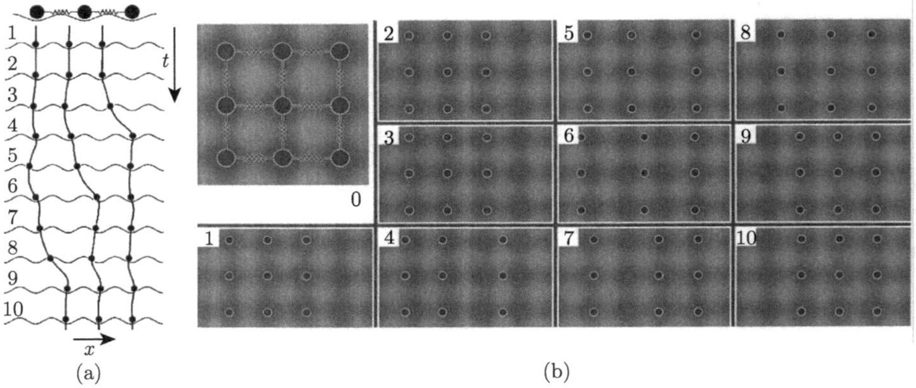

图 7-22　耦合调制情况下的集体定向输运示意图【改编自文献 [800]】

(a) 一维空间对称势场中 $N=3$ 个粒子时在不同时刻的频闪图，相关参数为 $a/b = 11/10, K = d(2\pi/b)^2, q = 1/(5b), c = 7/10, s_0 = 4/10, \eta = 16\pi(md)^{1/2}/(10b), \omega = \pi(d/m)^{1/2}/(25b)$，频闪的时间间隔为 $5b(m/d)^{1/2}/(2\pi)$，平衡距离 a 的调制时间周期为 $25b(d/m)^{1/2}/\pi$；(b) 二维表面 3×3 个粒子 (子图 0) 在调制耦合平衡距离时的合作马达运动示意图，其中子图 1~10 为按时间增加顺序的粒子空间位置，其他参数同一维情形 (a)

通过耦合的时间调制调控时空系统定向输运与实际物理系统背景有密切关系，调制方式可随不同的物理、生物系统而不同。这些调制往往比较复杂，导致的系统时空动力学也十分复杂。

7.4.4　集体定向输运的调控：行波驱动

前面对耦合对称性的破缺和耦合的时间调制都是耦合系统马达运动所独有的产生机制。本节中我们讨论一种新的机制，它是系统多种因素配合的结果。这些因

素中每一种因素本身都满足对称性，不足以产生对称破缺与定向输运，而当多种因素同时存在并适当匹配时，系统就会发生时空对称破缺而产生集体定向输运[80]。

仍以一维最近邻耦合振子系统作为基本模型，系统哈密顿量可写为

$$H=\sum_{j=1}^{N}[V(u_j)+U(u_j-u_{j-1})] \tag{7.4.58}$$

其中 $U(u)$ 描述振子间的相互作用，粒子的左右近邻作用是对称的。$V(u)$ 是空间对称的周期势，满足

$$V(u+b)=V(u)=V(-u) \tag{7.4.59}$$

其中 b 为外势周期。我们用一个平面波

$$W=A\mathrm{e}^{\mathrm{i}(\omega t+j\phi)} \tag{7.4.60}$$

作用于系统上，其中 A,ω,ϕ 分别是平面波的振幅、频率和空间波矢 (相移)。在耗散极限下，考虑系统受到外噪声的作用，运动方程可写为

$$\dot{u}_j=-V'(u_j)+\left[\frac{\partial U(u_{j+1}-u_j)}{\partial u_j}-\frac{\partial U(u_j-u_{j-1})}{\partial u_j}\right]+A\cos(\omega t+j\phi)+\xi_j(t) \tag{7.4.61}$$

噪声设为时间、空间无关联的高斯型:

$$\langle\xi_j(t)\rangle=0,\quad \langle\xi_j(t)\xi_{j'}(t')\rangle=2D\delta_{j,j'}\delta(t-t') \tag{7.4.62}$$

D 为噪声强度。下面仍用 Frenkel-Kontorova 模型进行具体计算。对 FK 模型，系统动力学方程为

$$\dot{u}_j=-d\sin u_j+K(u_{j+1}-2u_j+u_{j-1})+A\cos(\omega t+j\phi)+\xi_j(t) \tag{7.4.63}$$

方程 (7.4.63) 在 Josephson 结阵列、电荷密度波、微电子力学系统 (MEMS) 谐振腔阵列以及耦合锁相回路等许多实验中都可以实现。下面的讨论中，我们固定 $N=100,\omega/2\pi=0.1,K=1.0$(除非特殊说明)。系统在固定参数下的平均定向流 v 是唯一的，它可由前面 FK 模型讨论的 Middleton 禁跃规则保证。

在动力学方程中，可以看到系统的定向运动与周期势、耦合、周期力三因素均有关系。注意到这三个因素本身都满足对称性，其中周期势满足空间反演对称，耦合是格点对称的，周期力则满足时间反演对称。当 $d=0$(无外势) 时，系统所代表的仅是耦合周期振子，它不存在定向运动；当 $K=0$(单元之间无耦合) 时，系统也不可能产生定向运动。同样在没有外力 ($A=0$) 时，FK 系统始终处于钉扎状态。也就是说，上面任何单独一种因素都不可能导致定向运动，即使任何两种的组合也

不会产生。但下面的讨论表明，当三者都存在且满足一定条件时，系统就会发生定向输运。

在图 7-23(a) 中，我们给出了系统定向流 v 与振幅 (周期力振幅)A 的关系，这里 $\phi/(2\pi)=0.09, a/(2\pi)=0.09$。这些曲线有几个特点：① 对不同的外势垒高度 d，均发现 v 与 A 表现出复杂的振荡型依赖关系；② d 较小时，v 也较小，即增加外势的势垒高度反而会促进系统的马达输运；③ 当 A 很小时，v 也很小甚至为零 (d 钉扎)，当 A 很大时，v 也趋于零，对中等的 A，系统可有最佳的输运效率，但由于振荡行为，在一些 A 值附近，系统的定向输运反而受到抑制；④ 当 d 较大时，$v(A)$ 曲线会出现一系列的共振平台 $v=\omega$，说明定向流的大小要受到周期力频率的限制。

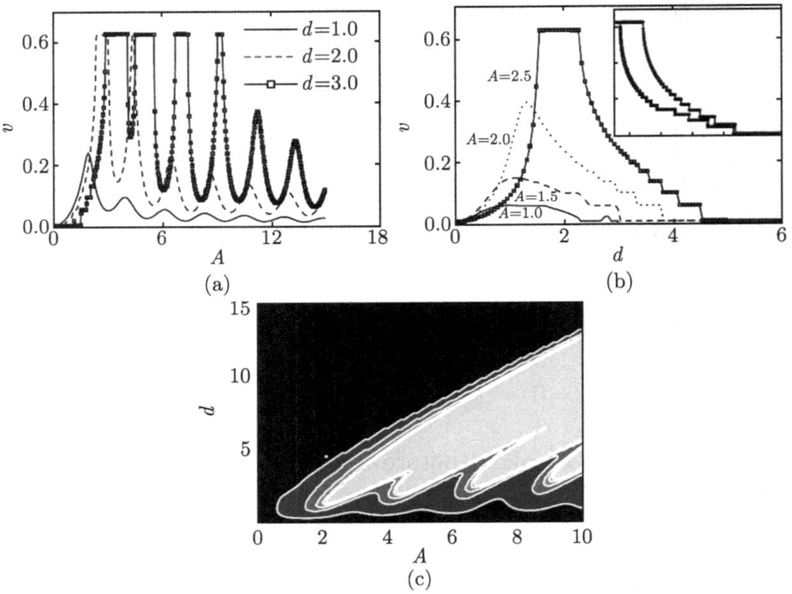

图 7-23 (a) v 与振幅 A 的关系；(b) 不同 A 下的 $v(d)$ 曲线，小图为 $K=0.5$ 时的 $v(d)$ 曲线；(c) 定向流 v 与 A 和 d 的三维分布【改编自文献 [801]】

定向流 v 与势垒高度 d 的关系也表现出非平庸的依赖性。在图 7-23(b) 中，我们计算了 $\phi/(2\pi)=0.09, a/(2\pi)=0.09$ 时不同 A 下的 $v(d)$ 曲线。对小 A，可以看到典型的“共振”曲线，这种关系在时间非对称周期力驱动的单粒子定向输运中也出现过，但系统 (7.4.63) 的马达运动是振子耦合与周期力协同的结果。当 $d\ll 1$ 时，我们有 $v\propto d^2$，这与前面的非对称耦合系统的结果一致。另外，也可以观察到一系列共振台阶，包括当 A 较大时出现的 $v=\omega$ 的台阶。这些台阶是周期力与耦合链发生锁相造成的。可通过对称性分析对这些共振平台进行讨论。给定系统的一

个定态解 $\{u_j(t)\}$，通过如下时空变换

$$T_{l,m,n}\{u_j(t)\} = \{u_{j+l}(t - 2\pi m/\omega) + 2\pi n\} \tag{7.4.64}$$

可以产生系统的一组新定态解 $\{u_j'(t)\}$，这里 $l, m, n \in Z$。如果耦合链与平面波发生锁定，则上述变换的解对于某一组 l, m, n 具有不变性：

$$T_{l,m,n}\{u_j(t)\} = \{u_j(t)\} \tag{7.4.65}$$

设在 τ 时间内耦合链在空间平移的距离以及周期力的相位变化分别为

$$u_\tau = la + 2\pi n \tag{7.4.66a}$$

$$\theta_\tau = l\phi + 2\pi m \tag{7.4.66b}$$

共振条件要求

$$\tau = u_\tau / v = \theta_\tau / \omega \tag{7.4.67}$$

因而系统可能产生的共振速度为

$$v = \frac{la + 2\pi n}{l\phi + 2\pi m}\omega, \quad l, m, n \in Z \tag{7.4.68}$$

这些速度台阶是完整的，各种整数 (l, m, n) 的组合给出不同的速度共振台阶。在实际系统和参数下，由于动力学的原因往往只能观察到一部分。系统的空间离散性越强 (K 越小)，则出现的共振 (l, m, n) 台阶越多。在图 7-23(b) 的小图中，我们画出了 $\phi/(2\pi) = 0.09, a/(2\pi) = 0.09$(圆点线) 和 0.07(方形点线)，$A = 4.0$ 和 $K = 0.5$ 时的 $v(d)$ 曲线，当 $d < d_c$ 时，随着 d 的减小可以观察到一系列台阶。对于圆点线，可以看到 $v/\omega = 1/12, 2/13, 3/14, \cdots \to 1$，而对于方形点线，$v/\omega$ 是以 $1/15, 2/16, 3/17, \cdots$ 的序列逼近 1 的，其中 $v/\omega = 1$ 代表最大共振。这两个序列可以写成

$$v = l\omega/(\text{int}\,[2\pi/a] + l), \quad l = 0, 1, 2, \cdots \tag{7.4.69}$$

其中 $\text{int}[\cdot]$ 代表取整运算，对 $a/(2\pi) = 0.09, \text{int}[2\pi/a] = 11$；对 $a/(2\pi) = 0.07, \text{int}[2\pi/a] = 14$。这与上面的数值结果一致。事实上，这个共振序列来自于式 (7.4.68)，其中 $n = 0$。

图 7-23(c) 给出了 $\phi/(2\pi) = 0.09, a/(2\pi) = 0.09$ 时定向流 v 与周期力幅度 A 和势垒高度 d 的三维分布。图中的白色区域为共振 $v = \omega$ 区域。可以看到一系列随 A 变化的共振舌头。这些舌头对应于图 7-23(a) 中的一系列平台。

定向流 v 与周期力频率 ω 有密切的关系。在图 7-24 中，我们画出了 $\phi/(2\pi) = 0.09, a/(2\pi) = 0.09, A = 3.0, K = 1.0$ 及 $d = 1.0, 2.0, 3.0$ 时的 $v(\omega)$ 曲线。这些曲线

的共同特点是在 ω 较小的区域内 v 与 ω 成正比。当 ω 较大时，这种线性关系中止，v 随 ω 的继续增加衰减：

$$v \propto \omega^{-\alpha} \tag{7.4.70}$$

α 在 $2 \sim 3$。在这个衰减区域中，我们还可以看到许多不连续的小片段，这些小片段中 v 随 ω 增加是上升的。为了进一步辨认，我们画出了 $v = \omega/12, 2\omega/13, 3\omega/14, 4\omega/15$ 和 ω(均为线性关系)，可以发现很多 $v(\omega)$ 的线性片段落在这些直线上，说明这些片段对应于前面分析的共振台阶。最显著的台阶就是 $v = \omega$，如图中的小 ω 时的线性片段。

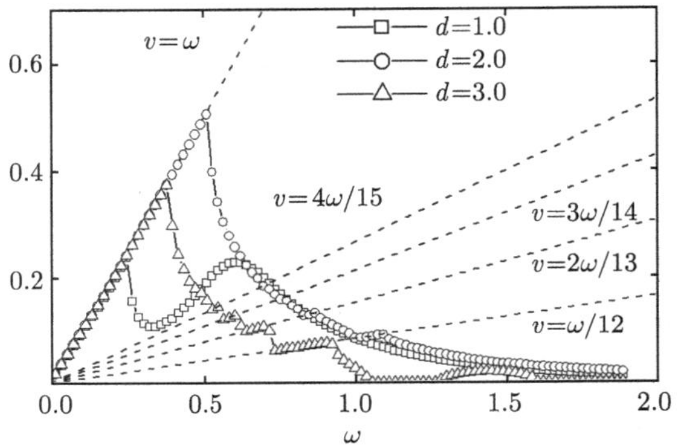

图 7-24　不同 d 情况下的 $v(\omega)$ 曲线【改编自文献 [801]】

虚线为标记的共振解

在系统 (7.4.63) 中很重要的参量是 a 和 ϕ，它们分别描述了耦合链的空间尺度和周期力的相位尺度。a 和 ϕ 之间必然存在尺度竞争。在图 7-25(a) 和 (b) 中，我们画出了系统定向流 v 与 a 和 ϕ 的关系 (等高图)。这里 (A, d) 分别为 $(1, 1.25)$ 和 $(4.0, 3)$。在图 7-25(a) 中，可以发现系统存在最佳的 (a_0, ϕ_0)，使得系统具有最大的定向流。在 $0 \leqslant a \leqslant \pi, 0 \leqslant \phi \leqslant \pi$ 的区域，$(a_0, \phi_0) = (0.816, 0.754)$。在图 7-25(b) 中，我们用了更大的 (A, d)。可以发现系统在更大的 (a, ϕ) 范围内定向运输大大加强。另外，图 7-25(a) 和 (b) 都具有反对称的特点。这种反对称性可以通过系统的对称性分析证实。首先，系统在变换

$$\phi \to \phi + 2\pi, \quad a \to a + 2\pi \tag{7.4.71}$$

下是不变的，因而有

$$v(a + 2\pi, \phi) = v(a, \phi + 2\pi) = v(a, \phi) \tag{7.4.72}$$

另外，方程 (7.4.63) 在空间反演时间平移及参数联合变换下具有不变性，即在变换

$$\boldsymbol{T}_s : (\{u_j\}, t, a) \to (\{-u_j\}, t + T/2, 2\pi - a) \tag{7.4.73}$$

下方程形式不变，这里 $T=2\pi/\omega$。注意这里的变换涉及参数的变换。因而有

$$v(a,\phi)=-v(2\pi-a,\phi) \tag{7.4.74}$$

在另一个时间反演与参数联合变换

$$\boldsymbol{T}_t:(\{u_j\},t,\phi)\to(\{u_j'\},-t,2\pi-a) \tag{7.4.75}$$

下，方程 (7.4.63) 变为

$$-\dot{u}_i'=-d\sin u_i'+K(u_{i+1}'-2u_i'+u_{i-1}')+A\cos(\omega t+i\phi) \tag{7.4.76}$$

即用 $\boldsymbol{T}_t$ 变换可以得到完全相反的定向流，因而有

$$v(a,\phi)=-v(a,2\pi-\phi) \tag{7.4.77}$$

这解释了图中 $v(a,\phi)$ 的反对称关系。由于这种反对称性，在 a 或 ϕ 等于 π 时，我们有

$$v(a,\pi)=v(\pi,\phi)=0 \tag{7.4.78}$$

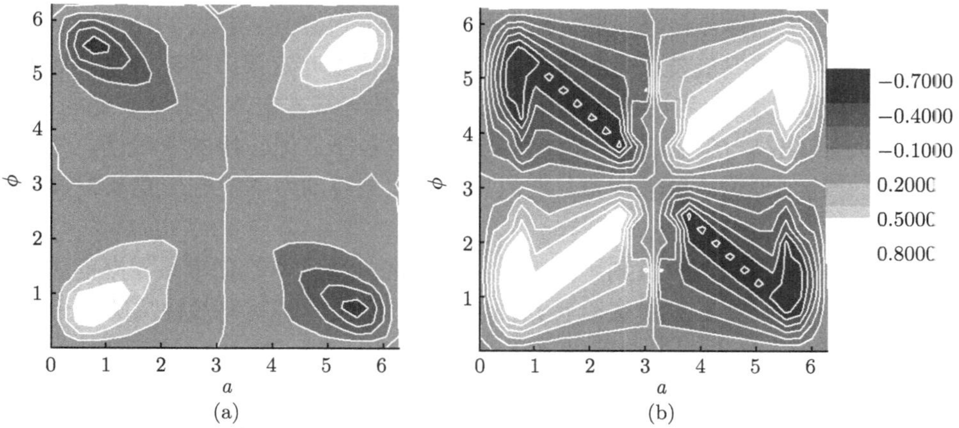

图 7-25 不同 A 和 d 下系统定向流 v 与 a 和 ϕ 的关系【改编自文献 [801]】

值得注意的是，上述理论结果由 Gonzalez 及其同事于 2006 年应用于通过外力扰动如激光来控制孤子和气泡的定向输运过程。他们用孤子运动理论进行了分析，并在气泡形成的定向输运控制实验中实现了上述合作定向输运机制 [802]。这种机制也可以在其他一些如电荷密度波、长 Josephson 结等实验中来实现。例如，日本科学家 Kawaguchi 在 2009 年和 2010 年分别发表两篇实验论文 [803,304]，在 Josephson 结网络中成功实现了上述的定向输运机制构想，观察到涡旋在其中的定向运动。

7.5　FK 系统与低维晶格系统的热传导研究

7.5.1　概述

热传导是自然界中最基本、最普遍的物理过程之一。热传导问题的研究是非平衡热力学系统输运理论的一个重要部分，它的早期研究主要是采用唯象理论。18 世纪末 19 世纪初，很多科学家从实验研究入手开展了对固体导热的探索。傅里叶 (Jean-Baptiste Joseph Fourier，1768—1830) 于 1822 年发表了《热的解析理论》，标志着热传导理论的建立。他在导热实验结果基础上得出热流量应该正比于系统中的温度梯度：

$$\boldsymbol{J} = -\kappa(T)\nabla T \tag{7.5.1}$$

其中 $\boldsymbol{J}$ 为热流矢量，$\kappa(T)$ 为热传导系数即**热导率**(thermal conductivity)，它通常与固体材料的性质和温度 T 有关。式 (7.5.1) 即**傅里叶热传导定律**。傅里叶定律表明，在热传导某一时刻 t 在位置 $\boldsymbol{r}$ 处的热流密度矢量大小 (单位时间内通过单位面积的热流量) 与该处的温度梯度值成正比，方向指向温度梯度的负方向。傅里叶定律是热传导的基本定律，通过它可将热流量与可观测量温度联系在一起。傅里叶定律不仅适用于固体热传导问题，也适用于液体和气体的热传导。

统计物理学的发展使得人们开始更深入思考傅里叶定律的微观机制。基于经典和量子微观动力学，利用统计物理方法导出热传导基本定律是非常重要的课题。然而，由于传统热力学系统的巨大微观自由度及粒子之间作用的非线性，对这一问题的统计物理理论研究较困难，宏观热传导的微观动力学机制一直缺乏深入的探究。

热传导的微观动力学机制研究中近年来非常关注所谓的正常热导率问题。人们对于三维导热材料的大量实验研究发现，热导率是反映材料热性质的一个重要物理量，它通常只与材料本身的性质有关，而与材料的尺寸无关，这些被认为是正常热传导的行为。但研究发现，低维体系的热导率不仅与材料性质有关，而且还可能是系统尺寸的函数。这种反常的热导率现象引起了人们的极大兴趣，成为近几十年热传导问题的理论研究热点。

早期关于热传导的微观理论研究是从气体的热传导开始的，固体热导的微观理论则是在晶格振动理论建立后才逐渐成形的。气体分子运动论历史上在从微观解释气体的热传导问题上取得了极大的成功，人们对固体中热传导过程的声子输运的基本图像理解最初也借助了气体分子运动论。在利用声子理论解释固体比热和热导率方面 [704,705]，A. Einstein 于 1907 年提出了独立振子模型，定性解释了固体比热随系统温度的降低而减小的行为。1912 年，P. Debye 在考虑系统中各原子之间相互作用的基础上提出了**Debye模型**，解释了低温下比热与温度的三次方依赖关系，并发现绝缘体晶格和理想气体热传导行为的类似之处。1929 年，R. Peierls 根据 Debye 的晶格振动模型导出了描述相互作用声子气体的**Boltzmann-Peierls 方程**，该方程从理论上揭示了粒子间非谐相互作用对于正确理解和认识固体热输运性质的重要性，并且成为研究晶格热传导率的基本方程之一 [805]。同年，M. Born 与 T. Von Karman 建立了晶格动力学的理论框架，并把量子化条件引入晶格振动经典理论中，为更全面处理固体中的热传导性质提供了新的理论依据 [704,767]。

低维晶格系统原本在理论上被用作简单的模型系统，人们希望能够从简单的微观模型就可以利用统计物理学方法解析得到与实验事实符合的结果。早期的低维简谐振子链研究和近年来越来越多纳米尺度下的热力学实验发现了大量反常热传导的结果。20 世纪下半叶，随着计算机技术的飞速发展，非线性系统动力学和混沌行为的研究促使人们从微观动力学的角度审视平衡态和非平衡态热力学系统的宏观性质 [706]，热传导作为非平衡热力学中重要的输运行为受到密切关注，从而在近年来形成了一个新的重要研究热点。

围绕正常热传导的不同动力学机制，人们从微观动力学不同角度开展了大量研究。1984 年，G. Casati 等对一维晶格模型热传导性质进行了数值模拟，并提出混沌性是能量扩散输运的本质条件，开启了热传导行为微观动力学机制研究的先河 [806]。S. Lepri 等研究发现，混沌性并不足以保证系统的正常热传导 [807]。胡斑比、李保文和赵鸿则从声子散射与模式激发的角度来对热传导机制加以解释，发现外势场的存在会使声子散射而导致系统的正常热导率 [808]。这些研究促进了大自由度系统的统计性质、集体模激发性质、非线性波等相关问题的研究 [704]。到目前为止，基于声子图像的热传导微观理论是走得最远的理论框架。C. Alabiso 和 M. Casartelli 等于 1995 年对于非线性晶格系统提出了声子的重整化理论 [809,810]，李念北等将其成功推广至一般非简谐且有外势的晶格系统，解释了热传导的微观机制，并成功应用于低维材料的热导性质参数的计算 [811]。

能量输运是一种宏观非平衡过程, 对热传导基本理论的研究不仅帮助人们更客观、更深入地理解各种能量输运现象及其背后的物理规律，而且也为实现能量输运与热传导过程的调控提供了必要的理论基础和潜在的应用价值。2002 年, M. Terraneo 等研究了一维非线性链热传导的控制问题, 通过引入缺陷的方式成功地控制热流的传导，开辟了热输运调控的新方向 [812]。通过这种控制, 系统可以从正常的热导体变化为绝缘体。这也为人们设计控制热能输运的热整流器提供了理论启示。2004 年，王雷、李保文等提出了热二极管模型，发现了类似于传统二极管的热单向传导效应 [813]。2006 年，胡斑比等提出了不同材料热二极管的界面耦合效应 [814]。2006 年，人们利用纳米材料实验实现了声子整流器 [815]，同年又进一步提出了热三极管效应 [816]，并于 2007 年提出了热逻辑门 [817]，从理论上提出了热

计算机的可能性 [818]。热传导行为的潜在实用性，近年来引发了人们的广泛关注和热烈讨论，包括最近人们将热二极管的概念推广到了声学二极管等 [819]。受布朗马达研究思想的启发，人们在理论上发现分子尺度内的热流棘轮效应，通过调制一个热源的温度实现了热流的定向流动，甚至可以使热流逆温度梯度方向流动 [820,821] 等。沿着热流调控的路线开展的研究已进入实验研究阶段，热二极管效应及其热流整流在实验研究方面近几年已取得了一些进展，但理论机制与实验条件之间的衔接及在实际中的应用仍然是研究的重点并面临着困难和挑战 [705]。

7.5.2 热传导基本模型与概念

为便于理论研究低维系统的热传导性质，人们采用了多种多样的模型系统。从已有模型来看，大致有格气模型和晶格模型两类。**格气**(lattice gas)**模型**为类气体的系统模型，主要用来描述气体在给定空间或通道中的非平衡能量输运行为，如 Lorentz 气体、Ehrenfest 气体、硬球系统等。**晶格**(lattice)**模型**为类固体的系统模型，主要用来模拟固体特别是晶格的热传导行为，如 ding-a-ling 模型、ding-dong 模型、FK 模型、FPU 模型、耦合转子模型等 [704]。本节主要讨论非线性晶格模型，其中一维系统如图 7-26 所示。系统的哈密顿量可写为

$$H=\sum_{n=1}^{N}\left[\frac{p_n^2}{2m_n}+V(x_{n+1},x_n)+U(x_n)\right] \tag{7.5.2}$$

其中 N 为系统所包含的总粒子数，m_n 和 x_n 分别为第 n 个粒子的质量和位置，p_n 为第 n 个粒子的动量，$U(x_n)$ 为外势，$V(x_{n+1},x_n)$ 为近邻粒子间的相互作用势，它通常是距离 $r_n=x_{n+1}-x_n$ 的函数。相互作用势 $V(r)$ 和外势 $U(x)$ 取不同形式便可得到不同类型并具有不同特征的晶格系统。研究中常用的相互作用势有**简谐势**

$$V(r)=K(r-a)^2/2 \tag{7.5.3}$$

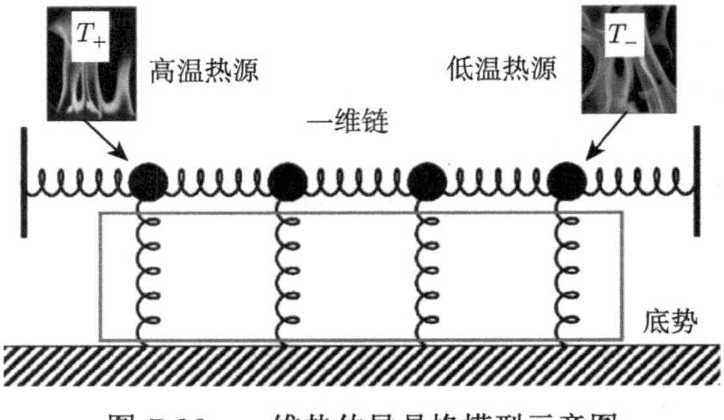

图 7-26 一维热传导晶格模型示意图

横向为具有相互作用的粒子组成的一条链，两端粒子分别与温度为 T_+ 和 T_- 的热源接触，方框内纵向的弹簧表示一维链与底势之间的相互作用

Lennard-Jones(LJ) 势

$$V(r)=[(a/r)^{12}-2(a/r)^{6}] \tag{7.5.4}$$

Fermi-Pasta-Ulam(FPU) 势

$$V(r)=Kr^{2}/2+\alpha r^{3}/3+\beta r^{4}/4 \tag{7.5.5}$$

转子相互作用势

$$V(r)=K\cos r \tag{7.5.6}$$

等，其中 a 为粒子间平衡间距即晶格常数，K 为耦合强度，α 和 β 为非线性耦合强度。外势场 $U(x)$ 则常用 ϕ^4 势

$$U(x)=x^{2}/2+x^{4}/4 \tag{7.5.7}$$

周期势

$$U(x)=-(2\pi)^{-2}V\cos(2\pi x/b) \tag{7.5.8}$$

(b 为空间周期，V 为势场强度) 等。

晶格系统不与热源接触时，由哈密顿量 (7.5.2) 可得到系统的运动方程

$$m_n\ddot{x}_n=-\frac{\mathrm{d}U(x_n)}{\mathrm{d}x_n}-\left(\frac{\partial V(x_n,x_{n-1})}{\partial x_n}+\frac{\partial V(x_{n+1},x_n)}{\partial x_n}\right),\quad n=1,2,\cdots,N \tag{7.5.9}$$

外势场 $U(x)$ 的存在与否对晶格系统动力学有着本质不同的影响。当 $U(x)=0$ 时，系统势能只有粒子间的相互作用势 $V(r)$，通常只与粒子间距离有关，因此系统的哈密顿量在位置坐标平移变换

$$\{x_n\}\to\{x_n+\delta x\} \tag{7.5.10a}$$

下具有不变性。空间平移不变意味着系统的总动量为系统的守恒量

$$P=\sum p_n \tag{7.5.10b}$$

没有外势情况下，晶格振动的典型形式为行波，由各种不同频率和波长的简谐波组成，频率和波数之间满足色散关系，并存在一个频率和波矢同时为零的 **Goldstone 模**，这是特有的声学模式。通常没有外势场情况下的晶格也称为**声学晶格**(acoustic lattices)**系统**。

在很多情况下晶格系统可能会存在外势场作用，$U(x)\neq 0$，外势的存在破坏了系统的空间平移对称性 (7.5.10a)，总动量守恒 (7.5.10b) 也不再成立。这种守恒律的破坏会给系统的能量输运行为带来本质不同的影响。另外，有外势存在时，原有

耦合链行波会在传播过程中受到外势的散射作用，使色散关系中对应于零波数的模的频率不再为零，从而产生频率间隙，Goldstone 模消失，此时的运动模式对应于光学模。有外势场存在时的晶格系统称为**光学晶格**(optical lattices)**系统**。

为了对热传导进行有效微观描述，需要对与系统接触的热源进行微观理论处理，这需要对热源有恰当的刻画。非平衡态下，理论上的热源处理目前主要有三种方案。

1. Maxwell 热源

热源可以用温度为 T 的 Maxwell 气体速度分布律给出：

$$f(v)=\frac{|v|}{T}\mathrm{e}^{-v^2/(2T)} \tag{7.5.11}$$

当粒子碰到热源时，它被热源吸收，然后又发射回系统，并赋予其一个速度，该速度由符合 $f(v)$ 概率分布的随机值给出。这种热源常用于格气模型系统中运动粒子热接触的数值模拟。

2. Langevin 热源

根据涨落耗散定理，可以同时引入随机力和耗散项来实现粒子与热源之间的相互作用。不与热源接触的粒子遵循方程 (7.5.9)，与热源相接触的端点处粒子的运动方程则改写为

$$\begin{aligned} m_n\ddot{x}_n=&-\frac{\mathrm{d}U(x_n)}{\mathrm{d}x_n}-\left(\frac{\partial V(x_n,x_{n-1})}{\partial x_n}+\frac{\partial V(x_{n+1},x_n)}{\partial x_n}\right)\\ &+(\xi_\pm-\eta_\pm(t)\dot{x}_n),\quad n\in S_\pm \end{aligned} \tag{7.5.12}$$

式中 $S_\pm$ 代表粒子链两端与温度为 $T_\pm$ 的热源相接触的 $N_\pm$ 个粒子的集合，$\xi_\pm$ 为高斯白噪声，满足涨落耗散关系

$$\langle\xi_\pm(t)\rangle=0,\quad \langle\xi_\pm(t)\xi_\pm(t')\rangle=2\eta_\pm k_{\mathrm{B}}T_\pm\delta(t-t') \tag{7.5.13}$$

其中 k_{B} 是 Boltzmann 常数，$\eta_\pm$ 为阻尼系数，代表系统与热源之间的耦合强度。

3. Nosé-Hoover 热源

一种便于利用动力学理论处理的方案是用确定性动力学方法描述热源。人们提出了多种对热源进行确定性描述的方法，其中代表性的方法是 Nosé-Hoover(NH) 热源 [822,823]，与热源相接触的粒子的运动方程为

$$\begin{aligned} m_n\ddot{x}_n=&-\frac{\mathrm{d}U(x_n)}{\mathrm{d}x_n}-\left(\frac{\partial V(x_n,x_{n-1})}{\partial x_n}+\frac{\partial V(x_{n+1},x_n)}{\partial x_n}\right)\\ &-\xi_\pm(t)\dot{x}_n,\quad n\in S_\pm \end{aligned} \tag{7.5.14}$$

式中 $S_\pm$ 代表粒子链两端与温度为 $T_\pm$ 的热源相接触的 $N_\pm$ 个粒子的集合，右边最后一项中 $\xi_\pm$ 为描述热源的两个辅助变量，它们满足如下演化方程：

$$\dot{\xi}_\pm = \frac{1}{\Theta_\pm^2}\left(\frac{1}{N_\pm k_\mathrm{B} T_\pm}\sum_{n\in S_\pm} m\dot{x}_n^2 - 1\right) \tag{7.5.15}$$

其中 $\Theta_\pm$ 为热源的热响应时间。当系统 $S_\pm$ 中粒子的温度 $T_n > T_\pm$ 时，式 (7.5.15) 右边的第一项大于 1，$\xi_\pm$ 会随时间增加到大于零，在式 (7.5.15) 右边的速度项 $\xi_\pm(t)\dot{x}_n$ 起着正阻尼的作用；而当动力学温度 $T_n < T_\pm$ 时，$\xi_\pm(t)$ 为 $\xi_\pm(t)\dot{x}_n$ 项又起着稳定负反馈的作用。由式 (7.5.15) 描述的 NH 热源所产生的时间序列为类随机序列，且满足正则统计分布。确定性热源给出的热源对系统作用是确定性的，其随机性与统计性质则需要由遍历性和动力学混沌性来保证。

热传导研究一个非常重要的课题是确定系统与热源接触后系统中温度的空间分布。在系统的热传导过程中，与热源直接接触的粒子会达到与热源相同的温度，而系统内部不与热源直接接触的粒子的温度分布、通过它们传输的热流及其温度和热流之间的相互联系等都需要在理论上给出合理的定义。对内部粒子的温度等基于动力学来进行定义需要一定的平均，第 n 个粒子处的局域温度定义为

$$T_n = \left\langle p_n^2/m \right\rangle_\mu \tag{7.5.16}$$

下标 μ 表示微正则系综平均。这样就可以计算空间各个格点位置处的局域温度，从而考察在不同情况下的温度分布。

系统内部热量的空间流动性质是热传导研究的重要组成部分。热量定义为热传递过程中转移的能量，所以从微观来看热流即为能量流，据此可以根据能量的连续性方程推导出热流的表达式。以最近邻相互作用的一维晶格系统为例，t 时刻局域热流的表达式为

$$j_n = \frac{1}{2}(x_{n+1} - x_n)(\dot{x}_{n+1} + \dot{x}_n)F(x_{n+1} - x_n) + \dot{x}_n h_n \tag{7.5.17}$$

在小振动极限情况下，上式第二项可忽略，且如果第一项中 $x_n - x_{n-1} \approx a$，则局域热流简化为

$$j_n = a\phi_n = \frac{1}{2}a(\dot{x}_{n+1} + \dot{x}_n)F(x_{n+1} - x_n) \tag{7.5.18}$$

热导率 $\boldsymbol{\kappa}$ 是表征材料热传导性质的物理量，它可用傅里叶定律来定义，即利用式 (7.5.1) 来计算，此时热导率就是材料的局域热流密度与对应的温度空间变化率之比：

$$\boldsymbol{\kappa} = -\boldsymbol{j}/\nabla T$$

由于热流与温度梯度均为空间矢量，因此对于三维体材料来说热导率是一个张量。如果材料具有各向异性或具有掺杂，$\boldsymbol{\kappa}$ 的非对角元通常不为零。对于三维体材料，人们实验中发现一般情况下，其热导率不依赖于系统的尺寸大小，从理论上来看，温度梯度会随材料尺度增加而减小，

$$\nabla T \sim N^{-1} \tag{7.5.19}$$

而热流密度 $\boldsymbol{j}$ 也会随材料尺度增加而以

$$\boldsymbol{j} \sim N^{-1} \tag{7.5.20}$$

方式减小，这导致在热力学极限 $N \to \infty$ 下可以得到有限的热导率。我们称热导率不依赖于系统尺寸的情况为**正常热传导**。

近年来人们在低维度的纳米线、纳米面和纳米管等纳米材料的热传导研究中发现了很多异于体材料的热传导现象，其中一个重要的行为就是热导率对系统尺寸大小的依赖性。低维系统的热流密度虽然随材料尺度增加而减小，但可能为异于式 (7.5.20) 的幂律

$$\boldsymbol{j} \sim N^{\alpha'}, \quad 0 < \alpha' < 1 \tag{7.5.21}$$

由式 (7.5.19) 和式 (7.5.21) 可得到材料的热导率

$$\kappa(N) \sim N^{\alpha}, \quad 0 < \alpha = 1 - \alpha' < 1 \tag{7.5.22}$$

在热力学极限 $N \to \infty$ 下，材料的热导率 κ 会发散。这种热导率依赖于系统尺寸的行为称为**反常热传导**，相应的热导率称为**反常热导率**。

我们在以下的讨论主要关注两个方面，一是对于低维晶格系统的反常热传导机制，二是在低维和纳米尺度下对热传导进行调控和热器件的设计理论分析。前者是基础理论问题，后者则侧重于实际应用。

7.5.3 一维 FK 链中的热传导问题：声子–晶格相互作用

我们在第 6 章对 FK 系统的动力学进行了详尽讨论。由于 FK 模型可以很好地描写晶格位错行为，因此它是用来研究晶格热导非常理想的系统。实际上，一维 FK 链的热传导问题研究在 1985 年就由 Gillan 和 Holloway 用数值方法讨论过 [824]，但由于不是关于机制性的研究而没有引起关注。1997 年，胡斑比、李保文和赵鸿又讨论了 FK 模型的热传导问题 [808]。为方便，我们写出系统的哈密顿量：

$$H = \sum_i \left[\frac{1}{2}m\dot{u}_i^2 + \frac{1}{2}(u_i - u_{i-1} - a)^2 - \frac{d}{2\pi}\cos(2\pi u_i)\right] \tag{7.5.23}$$

其中粒子的质量为 m，通常取为 1，a 为弹簧自由长度，d 衡量周期势的高度，周期势的周期为 1。下面研究 FK 系统的自由长度固定为 a= 0.3。如果考虑一般的情况，

可以将相互作用势记为 $V(u_{i-1}, u_i)$，周期势记为 $U(u_i)$。在模拟中采用 Nosé-Hocver 热源，即靠近热源粒子的运动方程为

$$m\ddot{u}_1 = -\xi_L \dot{u}_1 + f_1 - f_2, \quad \dot{\xi}_{\mathrm{L}} = m\dot{u}_1^2/T_+ - 1 \tag{7.5.24a}$$

$$m\ddot{u}_N = -\xi_R \dot{u}_N + f_N - f_{N+1}, \quad \dot{\xi}_{\mathrm{R}} = m\dot{u}_N^2/T_- - 1 \tag{7.5.24b}$$

而中间粒子的运动方程为

$$m\ddot{u}_i = f_i - f_{i+1}, \quad 1 < i < N \tag{7.5.24c}$$

其中

$$f_i = -V'(u_{i-1} - u_i) - U'(u_i) \tag{7.5.25}$$

模拟中采用固定边界条件 $u_0 = u_{N+1} = 0$。

图 7-27(a) 给出了 FK 系统的温度分布曲线，可以看到很好的温度梯度。FK 系统考虑了定点外势，即 $d \neq 0$。为考察有外势后系统的热传导是否正常 (即热传导系数在 N 无关)，还需考察系统热流随 N 的变化情况。这可由式 (7.5.17) 来计算。进一步可计算其长时间平均。当系统达到非平衡定态时，平均热流与格点无关。在图 7-27(b) 中给出的是不同情况下热流密度与粒子数的乘积 $J = Nj$ 随 N 的变化情况。为了对比，实心圆点●是 FPU 模型 (7.5.5) 的结果，可以看到 $J = Nj$ 随 N 的增加而以 $N^{1/2}$ 的规律增加，说明 FPU 系统的热传导是反常发散的；空心圆点 ○ 是 FK 模型当 $d = 5.0$ 的结果，实心方块 ■ 对应于 FK 外势为

$$U(u) = -\frac{d_1}{(2\pi)^2}\cos(2\pi u) - \frac{d_2}{(4\pi)^2}\cos(4\pi u) \tag{7.5.26}$$

时的结果，空心三角形 △ 为 FK 的相互作用势为式 (7.5.7) 的 ϕ^4 势且外势为式 (7.5.8) 的余弦势时参数取 $b = 0.9, d = 5$ 的结果。可以看到，对这三种 FK 不同的形式，只要外势存在，系统都表现出正常的热传导。

从上面的讨论可以发现，当外势 U 不存在时，晶格系统不管是对于简谐耦合还是非简谐耦合都不再有正常的热传导行为，热传导系数都会随 N 增加而发散。因此外势的存在是晶格系统具有正常热传导的关键条件。这可以从声子的弛豫动力学来理解。当晶格系统仅仅是简谐耦合而没有外势时，系统具有不同模式的声子，但这些模式是相互独立的，故而声子之间没有相互作用。这导致热传导以声速传播，热传导系数是无穷大的。当晶格的粒子耦合是非简谐时，如 FPU 系统，各种模式不再独立而是相互耦合的，对应于声子之间的相互作用。虽然温度可以有梯度存在，但热流以 $N^{1/2}$ 的速度而非 N^{-1} 的速度趋于 0，因而热传导系数是发散的。一旦加入外势场，声子除了相互之间的作用外，还将与外势发生作用，产生声

子散射，散射效应使得热流随 N 衰减的速度加快，当以 N^{-1} 速度衰减时，就可以看到热传导系数是有限的，体系遵守傅里叶定律。因此外势的加入带来了声子散射效应，因而使得热传导正常。上面的解释适用于有声子晶格相互作用的场合，特别是类固体的晶格系统。

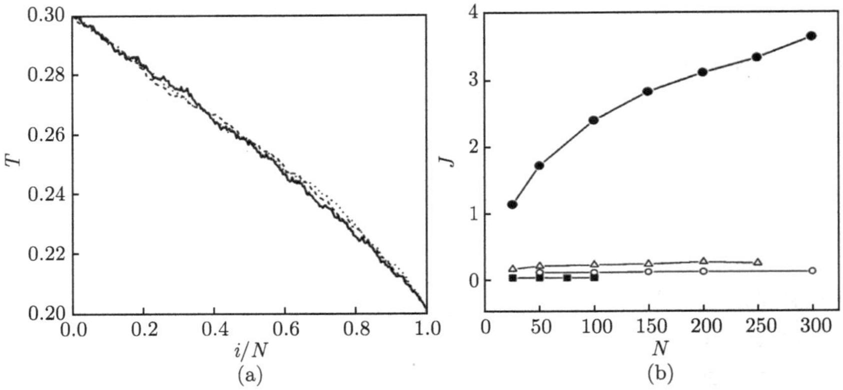

图 7-27 FK 系统的热传导计算结果【改编自文献 [808]】

(a) 温度分布曲线。(b) 不同情况下 J 随 N 的变化。参数为 m=1，d_1=5，a=0.3，b=1，T_+=0.3，T_-=0.2。空心圆点 ○ 是 FK 模型的结果，实心方块 ■ 是势场为式 (7.5.26) 的周期势当 d_2=15 时的结果，实心圆点●是 FPU 模型 (7.5.5) 的结果，空心三角形 △ 给出了相互作用势为 FPU 势在 $K=1, \alpha=0, b$=0.9，d=5 的结果

Tsironis 等用非线性晶格系统中的呼吸子来解释晶格系统的正常热传导 [825]。呼吸子是一种空间局部激发模式，它在晶格非传播的局部振动。呼吸子的出现阻止了能量以孤波的形式在晶格上传播。考虑如下的哈密顿系统:

$$H=\sum_n\left[\frac{1}{2}m\dot{u}_n^2+\frac{1}{2}(u_{n+1}-u_n)^2+\omega_0^2V(u_n)\right] \tag{7.5.27}$$

$V(u)$ 为外势，它满足 $V''(0)=1$。进一步考虑以下三种非线性外势:

(1) sinh-Gordon (SHG) 势

$$V(u)=\cosh u-1 \tag{7.5.28}$$

(2) 束缚单阱势

$$V(u)=(1-\mathrm{sech}^2u)/2 \tag{7.5.29}$$

(3) sine-Gordon(SG) 势，即 FK 系统

$$V(u)=1-\cos u \tag{7.5.30}$$

研究发现这三种势的系统都有收敛的热传导系数，且与 Green-Kubo 理论的结果值基本一致。进一步通过分析系统的集体动力学，可以理解正常热传导的物理机制。对上述三种外势，可以发现都存在空间局域的非线性大幅度振荡简谐模，即呼吸子解。图 7-28 给出了呼吸子的时空演化行为，可以看到在长时间后除简谐的小部分格点大幅度振荡外，其他格点的能量几乎为零。这是未加高低温热源的情况。当加上热源后，呼吸子解会被破坏，但其效应仍会使能量输运不以孤立子而以扩散形式进行，从而导致正常的热传导行为。

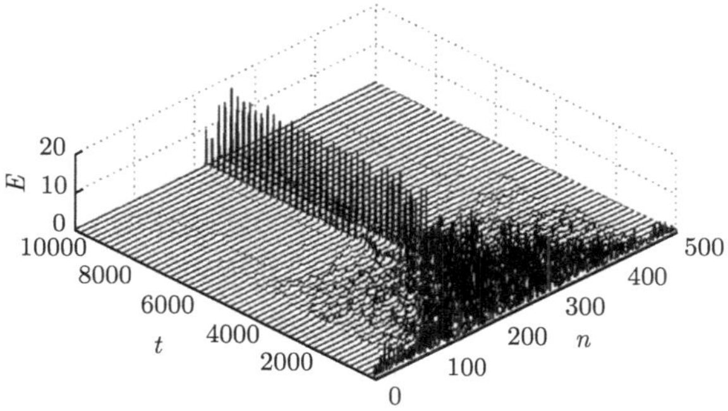

图 7-28 呼吸子的时空演化行为【改编自文献 [825]】

Prosen 与 Campbell 证明了一维晶格哈密顿系统如果总动量守恒，则出现反常热传导。与此同时，胡斑比的小组用 FPU 系统和离散 ϕ^4 模型数值验证了这一结论 [826]。研究发现，外势的作用会造成激发模式的多重散射，同时破坏动量守恒，因而会出现正常热传导。

7.6 热整流与热器件

7.6.1 热整流器

2002 年，Terraneo 等研究了一维非线性链上热传导的调控问题，通过调整非线性链的参数，可以使得系统从正常的傅里叶热导体逐渐转变为热绝缘体。这项研究为人们设计可以控制能量传输的热整流器提供了理论启示，**开辟了对热输运进行控制的新方向**[812]。

考虑如下简谐耦合的有势系统:

$$H=\sum_n\left[\frac{m}{2}\dot{u}_n^2+\frac{1}{2}K(u_{n+1}-u_n)^2+U_n(u_n)\right] \tag{7.6.1}$$

其中 K 为耦合强度，

$$U_n(u_n)=D_n[\exp(-\alpha_n u_n)-1]^2 \tag{7.6.2}$$

为 Morse 势。这一模型被用来研究 DNA 链的行为 (尽管这里用的是 Morse 势，但结果也适用于其他情况)。将其置于两个热源之间，计算中格点温度为 $T_n = m\langle \dot{u}_n^2 \rangle$，局域热流为 $J = K\langle \dot{u}_n(u_n - u_{n-1})\rangle$。当 $D_n = D$，$\alpha_n = \alpha, n = 1, 2, \cdots$ 时，系统可有正常的热传导，且可以建立很好的温度梯度，如图 7-29(a) 圆圈线所示。热流 $J \propto N^{-1}$，因此系统有有限的热传导系数。

为实现控制，可以将整个链分成三部分，每一段有不同的参数。对于与热源接触的左右两段粒子 $n = 1, 2, \cdots, (N-M)/2$ 及 $n = (N+M)/2, \cdots, N$，参数取 $D_n = D$, 而在中间一段的 M 个格点中参数取 $D_n = D_1 \neq D$。对所有粒子，参数 $\alpha_n = \alpha$。D_1 是可改变的参数，从 0.5 变到 1.2。参数的不均匀性造成格点链导热性能不均。

图 7-29(a) 给出了改变 D_1 时的温度分布。在 $D_1 = 0.8$ 时 (+ 字线)，可以看到温度分布在中间区域有很大的跳跃，变得不再连续；当 $D_1 = 1.2$ 时 (◇菱形)，温度分布在中间是两个热源温度 T_+, T_- 的平均，而在两边的温度分布均为两个热源的温度，此时系统像一个绝缘体，热量传递被中间的 “缺陷” 格点所阻碍。如果计算此时的热流，可以发现 $J \sim 10^{-5}$ 几乎为零。在图 7-29(b) 中的方块线即为 J 与 $D_1 - D$ 的变化曲线，可以发现 $D_1 - D$ 增大时 J 很快趋于 0。由此可见，三段链的中间一段对整个链的热传导调控起着关键的作用，热流可以通过调节参数差异实现热导体与绝缘体之间的转变。

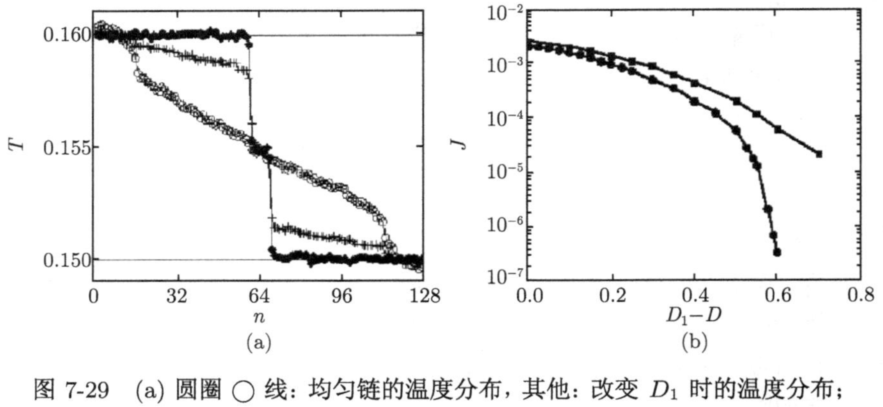

图 7-29 (a) 圆圈 ◯ 线：均匀链的温度分布，其他：改变 D_1 时的温度分布；(b) 改变 D_1 时 J 与 $D_1 - D$ 的变化曲线【改编自文献 [812]】

在实际模拟中，$N = 128, M = 8, \alpha = 1, K = 0.3, m = 1, T_+ = 0.16, T_- = 0.15, D = 0.5$

上述的调控机制可用简谐势模型来理解，设

$$H = \sum_n \left[\frac{m}{2}\dot{u}_n^2 + \frac{1}{2}K(u_{n+1} - u_n)^2 + \tilde{D}_n u_n^2\right] \tag{7.6.3}$$

其中 $\tilde{D}_n = D_n\alpha_n^2$。模拟的结果表明，类似于上面 Morse 势，此系统也存在由导体到绝缘体的转变，而且现象更明显，转变更陡。这从图 7-29(b) 的圆圈曲线中热流 J 下降更快可以看出来。

下面我们从声子谱角度来分析一下上述的热传导控制机制。当没有热源存在时，简谐势系统有平面波解：

$$u_n(t) = \mathrm{e}^{\mathrm{i}(kn-\omega t)} \tag{7.6.4}$$

将其代入由式 (7.6.3) 的哈密顿量得到的运动方程

$$m\ddot{u}_n = K(u_{n+1} - 2u_n + u_{n-1}) - \tilde{D}u_n \tag{7.6.5}$$

可得到 ω 与 k 之间的色散关系：

$$\omega^2 = 2(K + \tilde{D} - K\cos k)/m \tag{7.6.6}$$

由于 $|\cos k| \leqslant 1$，因此系统的频率 ω 范围为 $\omega^2 \in [2\tilde{D}/m, (2\tilde{D}+4K)/m]$ 的声子带。

对于非均匀的简谐势系统 $(\tilde{D}_1 \neq \tilde{D})$，系统如果要有热流流过，即有行波在整个链上传播，就必须使得几段材料的声子频率

$$\omega^2 = 2(K + \tilde{D} - K\cos k)/m$$

$$\omega^2 = 2(K + \tilde{D}_1 - K\cos k)/m$$

对应的声子带有共同的重叠部分。当 $\tilde{D}_1 = \tilde{D}$ 时，两条声子带完全重叠，声子带中各种频率的波都可以通过界面传播；当 $\tilde{D}_1 \neq \tilde{D}$ 时，则只有一部分 (两个声子带的交集) 频率的波可以几乎无衰减地通过界面传遍整个链。对于重叠区域的其他频率，声波会在界面处受阻，振幅沿格点传播指数衰减，

$$u_n \sim \mathrm{e}^{-\tilde{k}_1 n}$$

其中 $\tilde{k}_1$ 为实数。因此声波传播在通过中间区域时会指数衰减，因而无法传播。当 $\tilde{D}_1 - \tilde{D}$ 增大时，两个声子带的交集越来越小，能在整个系统传播的波的比例越来越小。当 $\tilde{D}_1 - \tilde{D} > 2K$ 时，两个声子带不再有重叠，此时所有波均被禁止传播至整个系统。来自一段格点链的波传到晶格中间区域界面会全部被反射回来，因而整体热流 J 几乎为零，系统成为一个热绝缘体。

当系统势为非简谐势时，上述的结论定性上是一样的，因此这就解释了热传导控制成功的原因。在这种控制方法中，中间的 “缺陷” 格点作为一个界面将系统分成两个部分。在实际控制中，通常这个界面是事先设计好的，因而可通过保持温差 $\Delta T = T_+ - T_-$ 固定、改变热源温度的方法达到控制热流的目的。

7.6.2　热二极管与 Kapitza 热阻

在分析热传导行为时，经常会将电流特征和热流行为联系在一起加以类比。我们知道，电学中的二极管能实现电流的单向导通。在晶格系统中，我们也可以通过某些适当的方式构造出热学上的二极管，不仅可对热流大小或导通截止进行调控，而且可能控制热流的方向。

1. 热二极管原理

热二极管的设计原理如图 7-30(a) 所示，将热二极管两端分别与温度不同的两个热源相接触，当左端热源温度高于右端热源温度时，系统中会有正向的热流通过，系统表现出良好的导热性。相反，若将两端热源对换，即左端与低温热源接触，右端与高温热源接触，则系统中通过的热流很小，甚至几乎为零，系统表现出良好的绝热性。通过这样的热学装置，可以实现对热流的单向导通，从而达到对传热的有效控制。

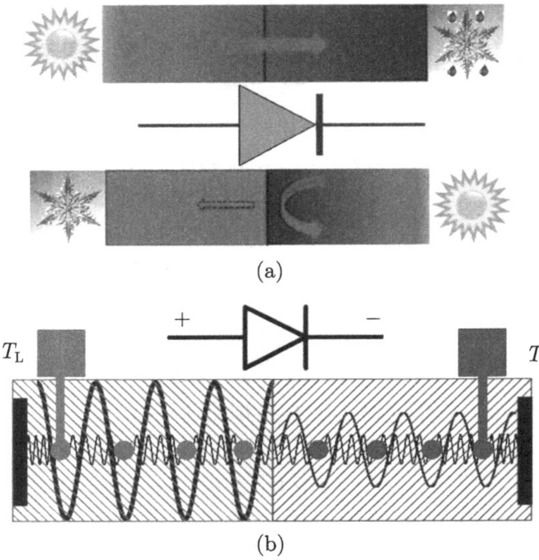

图 7-30　(a) 热二极管的设计原理示意图；(b) 两段 FK 材料的热二极管模型示意图 (后附彩图)【改编自文献 [705]】

上节中介绍的热流调控为热二极管设计提供了启示。热二极管的原理是导热系统存在对称性破缺，即在热流正反方向上具有结构的相异性。通过将两种具有不同热传导性质的材料耦合在一起，有可能实现这样的对称性破缺。1935 年，美国物理学家 Starr 通过金属铜和一氧化二铜的连接装置原则上实现了热整流效果。他的热整流器主要是基于两种不同材料界面上产生的不对称的电子–声子相互作用。有许多宏观的整流器，它们是通过在一定的温度偏差或者其他外加可控制的场下不同的材料响应实现整流功能的。

受到上述一系列结果的启发，2004 年，李保文等提出了一种由两段参数不同的晶格链拼接而成的热整流器模型 [813]。由于材料热导中的晶格 (声子) 热导起关键作用，因而在晶格振子与声子输运框架下设计具有单向整流的材料就显得非常重要。以两段简谐连接的 FK 链为例，如图 7-30(b) 所示，其哈密顿量如下：

$$H = H_{\mathrm{L}} + H_{\mathrm{R}} + V_{\mathrm{int}} \tag{7.6.7}$$

其中左右两段 FK 链的哈密顿量分别为

$$H_{\mathrm{L}} = \sum_{i=1}^{\frac{N}{2}} \left[\frac{p_i^2}{2m} - \frac{V_L}{(2\pi)^2} \cos\left(\frac{2\pi q_i}{a}\right) \right] + \sum_{i=0}^{\frac{N}{2}-1} \frac{K_L(q_{i+1}-q_i)^2}{2} \tag{7.6.8a}$$

$$H_{\mathrm{R}} = \sum_{i=\frac{N}{2}+1}^{N} \left[\frac{p_i^2}{2m} - \frac{V_R}{(2\pi)^2} \cos\left(\frac{2\pi q_i}{a}\right) \right] + \sum_{i=\frac{N}{2}+1}^{N} \frac{K_R(q_{i+1}-q_i)^2}{2} \tag{7.6.8b}$$

界面粒子间的相互作用能为

$$V_{\mathrm{int}} = K_{\mathrm{int}}(q_{N/2+1} - q_{N/2})^2/2 \tag{7.6.8c}$$

其中 m、a、N 分别代表粒子质量、FK 链的一维晶格常数和总粒子数，q_i 为第 i 个粒子偏离平衡位置的位移，且 $q_i = x_i - ia, k_{\mathrm{L/R}}$ 和 $V_{\mathrm{L/R}}$ 则分别为左 (L) 右 (R) 两段 FK 链的简谐耦合系数和 FK 外势强度。为简单起见，取参数 $N = 100$，$m = 1$，$a = 1$，$V_{\mathrm{L}} = 5.0$，$K_{\mathrm{L}} = 1.0$，且 $V_{\mathrm{L}} = \lambda V_{\mathrm{R}}$，$K_{\mathrm{L}} = \lambda K_{\mathrm{R}}$。两端的热源温度分别取为

$$T_{\mathrm{L}} = T_0(1+\varDelta)T_{\mathrm{R}} = T_0(1-\varDelta) \tag{7.6.9}$$

其中 T_0 代表系统的平均温度，$\varDelta$ 为热源温差指数，$\varDelta > 0$ 表示 $T_{\mathrm{L}} > T_{\mathrm{R}}$，$\varDelta < 0$ 则表示 $T_{\mathrm{L}} < T_{\mathrm{R}}$。给定参数 T_0 和 $\varDelta$ 后，两端热源的温差为 $2T_0\varDelta$。这样的话，可调参数共有四个：$\varDelta$，T_0，λ，K_{int}。

在实际的模拟中，边界条件采用固定边界条件，两端粒子分别与温度为 T_{L} 和 T_{R} 的 Nosé-Hoover 热源相连接，并且相应的结果都已在随机 Langevin 热源中得到验证。

在图 7-31(a) 中，画出了不同温度 T_0 下的热流值 $|J_{\pm}|$ 随温差指数 $\varDelta$ 的变化。由图中可以清楚地看到，当 $\varDelta > 0$ 时，热流随着 $\varDelta$ 的增加 (即温差的增加) 而增加。然而如果 $\varDelta < 0$，流过整个 FK 链的热流则几乎为零，即此时系统表现为热的绝缘体。该图表明，给定系统在一个较大温度范围内明显地表现出了单向热整流效应。该图像与电学二极管的电流–电压曲线非常一致，即在正向电压区为导通的正常大电流，而在反向电压则为零电流。

图 7-31(b) 给出了 $T_0 = 0.07$，$\Delta = 0.5$ 时的热流 J 随 K_{int} 的变化。系统的热整流效率用双向热流比 $|J_+/J_-|$ 来表征。我们可以看到，$|J_+/J_-|$ 明显地依赖于参数 K_{int}。当改变参数 K_{int} 时，整流效率可以从大于 100 倍 ($K_{\text{int}} < 0.01$ 时) 变到只有约 2 倍 ($K_{\text{int}} = 0.5$ 时)。不过，更重要的是，在 K_{int} 的很大一个变化范围内，其整流效率都很明显。在 K_{int} 较小时，有

$$J \propto K_{\text{int}}^2 \tag{7.6.10}$$

因而，比值 $|J_+/J_-|$ 几乎与 K_{int} 无关。当改变参数 λ 时，也可以在一个很大范围内保持很高的热整流效率。下面从声子能谱的角度来详细讨论出现上述热整流效应的机制。

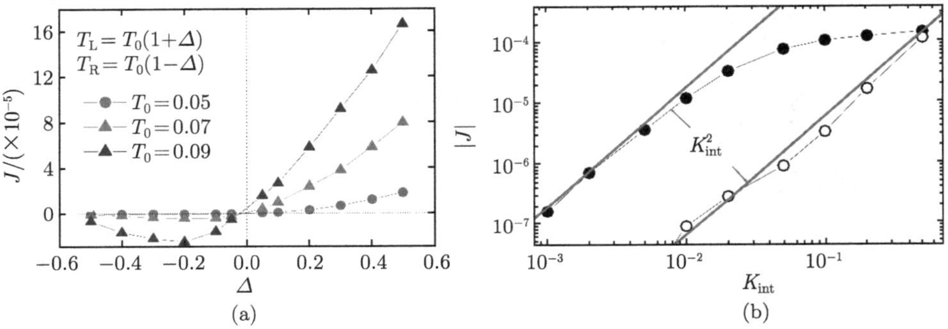

图 7-31 热整流效应【改编自文献 [813]】

(a) 热流 J 随温差指数 Δ 的变化 ($N = 100$，$K_{\text{int}} = 0.05$，$\lambda = 0.2$)；(b) $T_0 = 0.07$，$\Delta = 0.5$ 时的热流 J 随 K_{int} 的变化，实心圆点代表 J_+，空心圆点代表 J_-，$\lambda = 0.2$。$N = 100$

2. 单向整流的机制分析

在非对称的晶格体系中，不同段粒子链中的声子能带有所不同，因而对于不同段 (材料) 组成的整体复合材料而言，只有在各段材料中共同拥有的声子模才容许通过。所以声子能带的交叠情况最终控制着有多少格波 (声子) 能够在整个链中传播。两段材料声子能带交叠得越多，则能够传播的格波也越多，流过系统的热流也越大。声子反映的是一条粒子链上所有粒子都参与的整体运动，因而如果对同一段 (参数相同) 粒子链中各个粒子的运动轨迹做傅里叶分析，必然会得到相同的声子能谱结构。所以，只需要分析两段 FK 链界面处粒子的声子谱即可帮助我们理解出现上述热整流效应的原因。需要注意的是晶格链声子谱是与温度密切相关的，因此声子谱的交叠情况除了与材料特性有关以外，还与温度高低有关，它们最终影响着复合材料中的不同段声子谱的匹配。

图 7-32 给出了在无耦合 ($K_{\text{int}} = 0$) 情况下界面处粒子的声子能谱。此图表明，如果左端粒子与高温热源 T_L 接触，右端粒子与低温热源 $T_R(< T_L)$ 接触，那么两

端界面处粒子的声子能谱在很大的频率范围内都有交叠，因而热流较大。而当两端热源互换之后，左边的界面粒子声子谱主要分布在高频区域，而右边的界面粒子声子谱则在低频区域，两者不再有交叠，热流也不再能够流过整个粒子链，系统表现为热绝缘体。

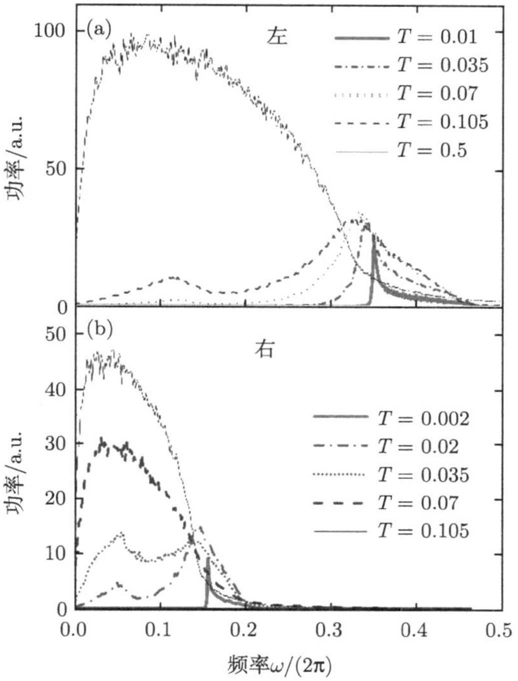

图 7-32 在无耦合 ($K_{\rm int}=0$) 情况下界面处粒子的声子能谱【改编自文献 [813]】

$N=100$，$d=0.2$

这里举例说明一下，如果取 $T_0=0.07$，$\varDelta=0.5$，则两端热源温度 $T_{\rm L}=0.105$，$T_{\rm R}=0.035$，可以看到在图 7-32(a) 中 $T=0.105$ 时的声子谱 (虚线) 与图 7-32(b) 中 $T=0.035$(点线) 时的声子谱交叠很多，热流很大；相反地，在 $\varDelta=-0.5$ 时，$T_{\rm L}=0.035$，$T_{\rm R}=0.105$，在图 7-32(a) 中 $T=0.035$(点划线) 时，声子能带在高频处，而图 7-32(b) 中 $T=0.105$ 时的声子谱 (细线) 则在低频处，且两者没有交叠部分，按照前面的分析，热流几乎为零。之所以会出现这种现象，主要是因为**声子能带的温度依赖性**。下面对其做一详细分析。

在低温时，粒子的动能较小，其活动范围主要被限制在了 FK 势的势阱中，利用声子谱分析可以得到其声子频率范围为

$$\sqrt{V}<\omega<\sqrt{V+4K} \tag{7.6.11a}$$

称之为本征声子能带。对于图 7-32 中的左右界面粒子，在低温极限下，由式 (7.6.11a) 分别可以得到 $0.36 < \omega/(2\pi) < 0.48$ 和 $0.16 < \omega/(2\pi) < 0.21$，这与图中的粗实线十分吻合。在高温时，粒子的动能较大，可以忽略 FK 外势垒的存在，系统近似于粒子间只有简谐耦合的粒子链。其本征声子能带为

$$0 < \omega < 2\sqrt{K} \tag{7.6.11b}$$

对于左右段粒子链，由上式分别得到 $0 < \omega/(2\pi) < 0.32$ 和 $0 < \omega/(2\pi) < 0.14$。

基于以上的分析，我们大致可以得到热二极管效应的基本设计原则。为能够得到更好的热整流效应，需要在热流一个方向上使得不同段声子带具有更多重叠，以得到较大的热流；而在相反方向上，应该尽可能地避免声子带的重叠，以此降低热流。这就需要不同参数 (比如温度 T_0、势垒 $V_L = R$、中间耦合系数 K_{int} 等) 之间的匹配，以同时满足这两条要求。不过，要达到这种好的配合并不十分困难。一般来说，只要 K_{int} 较小，在其他参数一定范围内，都能够得到较好的热整流效应。

3. 实验研究

上述的工作使得关于热整流器及热晶体管的研究得到了越来越多的关注，其中既有实验结果对理论模型的支持，也不乏对热整流效应脆弱性的质疑，更多的是对上述模型的补充扩展，包括准一维 (碳管) 和二维情形下的热整流模型 [705]。

碳纳米管近年来成为纳米实验与应用研究的热点，它在微纳尺度电子、力学和热器件的设计制造方面具有独特的优点和特性 [827]。碳纳米管在室温下具有很高的热导率和声子平均自由程，因此具备了非常理想的声子波导特性 [828]。最早实验上设计并观察到热二极管效应的是 Chang 等的工作 [815]。他们将一个非对称的纳米管置于两个电极之间 (作为热源)，如图 7-33(a) 和 (b) 所示。碳纳米管和氮化硼纳米管被依次放在重分子表面上，使得沿纳米管方向形成非对称质量分布。Chang 等观察到了热二极管效应，这是一个开创性的实验工作，之后的声子器件 (热器件) 实验研究成为近年来的热点。

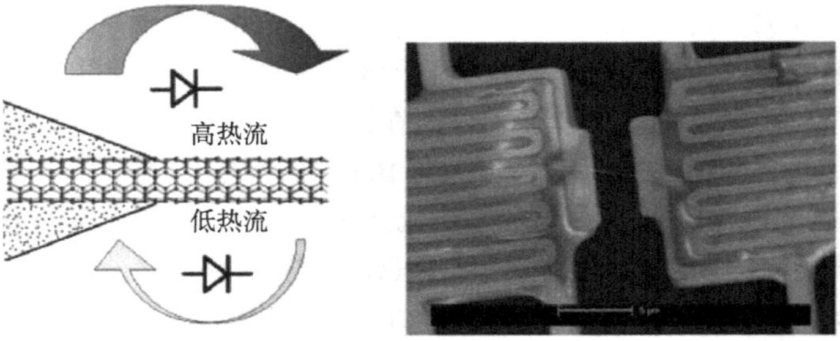

(a)　　　　(b)

图 7-33　纳米尺度下的热二极管设计原理图 (a) 与实验材料图 (b)【改编自文献 [815]】

上述两段材料结构的二极管与 7.6.1 节讨论的三段材料的热整流结构相比在整流效果上有了很大的提高。在具有热二极管效应的两段 FK 材料系统中, 格点上温度场的分布如图 7-34(a) 所示，横轴是将格点位置归一化后的坐标，纵轴为其相应的温度。可以看出，整条格点链上的温度梯度并不均匀，在两段材料界面处有一个较大的温度跳变，同时在左段格点链、右段格点链上各自有一个均匀的温度梯度，且这两段材料上的温度梯度并不相同。

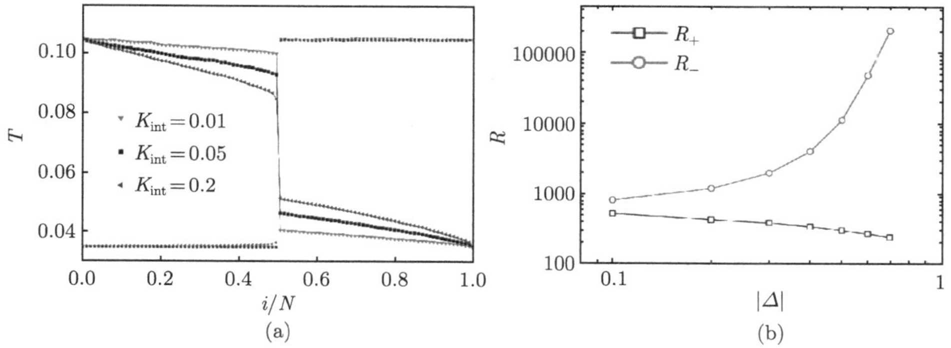

图 7-34 (a) 温度偏差 $\Delta = 0.5$ 时晶格链上的温度场；
(b)FK 模型界面处正向和负向热阻变化曲线【改编自文献 [832]】
(b) 中 $K_{\rm L} = 1.0, K_{\rm R} = 0.2, V_{\rm L} = 5.0, V_{\rm R} = 1.0, N = 100, K_{\rm int} = 0.05, T_0 = 0.09$

4. Kapitza 热阻

图 7-34 所示的材料界面处的温度跳变反映了界面对热流产生阻碍作用，这就是**界面热阻**(interface thermal resistance，ITR)，亦称为**Kapitza 热阻**[705]。类比电学中对电阻的定义，可以定义一个界面处的热阻抗来描述系统的热整流特性。晶格链中界面热阻为

$$R \equiv \Delta T/J \tag{7.6.12}$$

其中 ΔT 为两段材料界面处两个粒子间的温度差，$\Delta T = T_{N/2+1} - T_{N/2}$，$J$ 为系统的平均热流密度。界面热阻现象是 1941 年首先由 Kapitza 在 He II 的超流实验中发现的。Kapitza 热阻的根源来自于不同材料的不同电子或晶格振动特性，这会造成能量载流子在通过界面时在界面受到散射。能量的透过率取决于界面两边容许的能量态。

上述的高效率热二极管效应主要来自于界面热阻的非对称效应。界面热阻 R 随着温差的变化如图 7-34(b) 所示，其中 R_+ 为左端热源温度高于右端热源温度时的界面热阻，R_- 为右端热源温度高于左端热源温度时的界面热阻，横轴为晶格链

两端温差的绝对值 $|\varDelta|$。由图中曲线可以看出，R_+ 随着温度偏差 $|\varDelta|$ 的增大而迅速增大，而 $R-$ 随着偏置温差 $|\varDelta|$ 的增大而缓慢减小，在 $|\varDelta|=0.7$ 时，R_+/R_- 约为 1000，可以看出系统对热流有非常显著的非对称整流效应。

对于上述双段非线性链模型，其界面热阻依赖于温度偏置的方向。可以定义如下左右两段的功率谱重叠程度：

$$S=\frac{\int_0^{\infty}P_{\rm L}(\omega)P_{\rm R}(\omega){\rm d}\omega}{\int_0^{\infty}P_{\rm L}(\omega){\rm d}\omega\int_0^{\infty}P_{\rm R}(\omega){\rm d}\omega} \tag{7.6.13}$$

研究表明，双向热阻之比与双向功率谱重叠程度有如下关系：

$$R_-/R_+\sim(S_+/S_-)^{\delta_{\rm R}} \tag{7.6.14}$$

其中 $\delta_{\rm R}=1.68\pm0.08$。热流则与功率谱重叠有如下关系：

$$|J_+/J_-|\sim(S_+/S_-)^{\delta_{\rm J}} \tag{7.6.15}$$

其中 $\delta_{\rm J}=1.62\pm0.1$，正负号分别代表正向 $(\varDelta>0)$ 与反向 $(\varDelta<0)$ 偏置。幂律指数 $\delta_{\rm R}$，$\delta_{\rm J}$ 基本相同，说明热阻、热流与功率谱匹配性之间有同样的依赖趋势。由此可见，非对称界面热阻可由功率谱的匹配 (或失配) 来加以理解 [705]。

7.6.3　负微分热阻：从热三极管到热逻辑门与热存储器

热整流与热二极管的成功实现使人们找到了对声子作为载流子的有效调控之路。热二极管的实现使人们向声子设备迈出了重要的第一步。基于电学上对电流的控制而实现多种功能，在热传导上如何对热流进行有效操作也亟待提高。这启示着更多的热学器件如热三极管、热逻辑门和热记忆器的设计以更加有效地控制热流。真正需要向前进一步的话，热三极管的实现非常关键，这样我们就可以像利用场效应管 (field effect transistor，FET) 控制电荷流动一样来控制热流 (声子流动)。

1. 热三极管

类似于电三极管，热三极管也应由三个端极即漏极 (drain)D、源极 (source)S 和门极 (gate)G 构成。当漏极与源极之间加上恒定温度偏置时，从一端到另一端的热流应可被门极处的热源温度所控制。最重要的是，如果这样的三极管有放大作用，通过门极热流的变化应会引起由漏极向源极热流更大的变化 (即产生放大作用)。

图 7-35(a) 给出了一个可能实现三极管功能的示意图，它由两段一维格点系统构成，两端固定温度为 $T_{\rm D}$ 和 $T_{\rm S}(T_{\rm D}>T_{\rm S})$。在格点 O 处加上第三个热源 T_O 用来控制其温度与热流 $J_{\rm D}$，$J_{\rm S}=J_{\rm D}+J_O$。

可定义刻画热三极管放大能力的流放大因子 α:

$$\alpha = |\partial J_{\mathrm{D}}/\partial J_{O}| \tag{7.6.16}$$

写出 S 段的微分热阻

$$r_{\mathrm{S}} = (\partial J_{\mathrm{S}}/\partial T_{O})^{-1}_{T_{\mathrm{S}}=\mathrm{Const}} \tag{7.6.17}$$

与 D 段的微分热阻

$$r_{\mathrm{D}} = -(\partial J_{\mathrm{D}}/\partial T_{O})^{-1}_{T_{\mathrm{D}}=\mathrm{Const}} \tag{7.6.18}$$

则流放大因子可以写为

$$\alpha = |r_{\mathrm{S}}/(r_{\mathrm{S}}+r_{\mathrm{D}})| \tag{7.6.19}$$

如果 r_{S} 与 r_{D} 均大于 0，则必然有 $\alpha < 1$。这样的热三极管就无法达到放大效果。

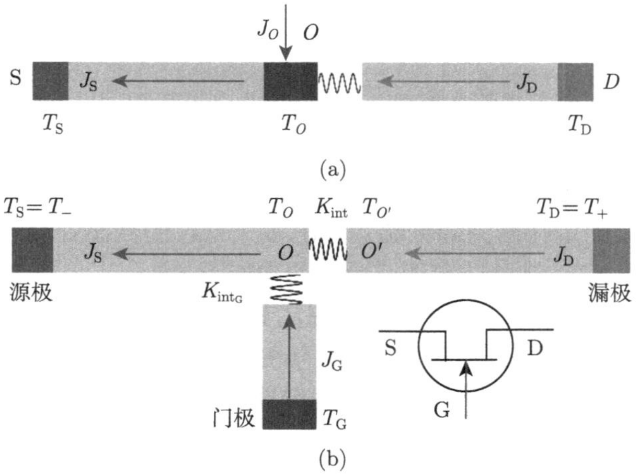

图 7-35 (a) 热三极管的设计示意图; (b) 考虑到实际情况的热三极管的示意图【改编自文献 [816]】

2. 负微分热阻

要使得放大系数 $\alpha > 1$，就需要 D 段的微分热阻 $r_D < 0$，即存在**负微分热阻**(negative differential thermal resistance，NDTR)[813,816]。负微分热阻意味着在一个参数区域热流随着温度偏置增大而减小，具有负微分热阻的材料就构成了可以实现流放大作用的热三极管主体。实际上，这样的负微分热阻行为在前面讨论的热二极管部分就可以观察到 (可见图 7-31(a) 中 Δ 的范围 $[-0.5, -0.2]$)。需要指出的是，该行为并不与物理定律矛盾，它指的是温度与热流的变化趋势 (微分) 相反，这是典型的非线性效应。

对于图 7-35(a) 的设计，当第三个热源的温度 T_O 升高时，两个敏感依赖于温度的晶格片段功率谱之间的匹配会变得更好，因此可以看到热流随温度 T_O 升高而增加，这种效应一方面可以抵消由温差 $T_D - T_O$ 降低所带来的热流降低趋势，还可能引起整体热流的上升，如图 7-36 所示。可以看到，上述的两种热流竞争效应使得热流随 T_O 的变化先上升后下降，表现出负微分热阻效应。

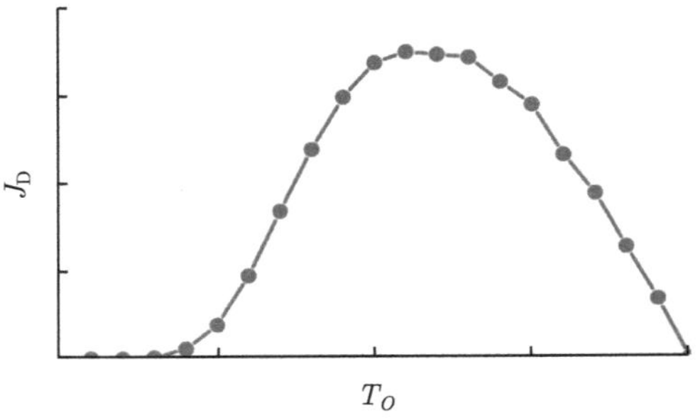

图 7-36　温度 T_O 与漏极热流的变化曲线【改编自文献 [816]】

可以看到非单调性变化

图 7-35(b) 给出了考虑到实际情况的热三极管示意图 [816]。类似于电子三极管，它由两段材料 (分别对应源极和漏极) 组成，为了在实验上实现，在 O(门极) 处加上了第三个晶格片段，这样会使得实际器件在调控节点 O 处的温度时更方便实现。温度值 T_D 和 T_S 固定在高温和低温端，在 O 与 O' 的界面处会产生负微分热阻。通过调节门极温度 T_G 就可以实现三极管的功能。

由于负微分热阻是实现热三极管和提高其性能的关键，因此对该效应的研究就有重要意义。人们研究了从负微分热阻存在到消失的转变 [829]。该效应很重要之处在于界面效应，所以很大的界面耦合强度或者很长的链长会使得链的热阻效应超过界面热阻效应，导致负微分热阻效应降低。

3. **热开关与调制器**

根据不同的参数取值范围，热三极管可作为热开关 (图 7-37(a)) 或热调制器 (图 7-37(b)) 工作 [816]。图 7-37(a) 给出了热开关的工作区间特点。图中有三个工作点 $T_G = 0.04, 0.09, 0.14$，在这三个地方 $J_D = J_S$, 从而 $J_G = J_S - J_D = 0$。它们分别对应于 off(关闭，稳定)，semi-on(半开启，不稳定) 和 on(开启，稳定) 状态。在这三个状态处 J_D 有很大差异，我们可以在这三个不同值之间通过门极温度 T_G 切换来禁止或容许热流通过。

图 7-37(b) 给出了热调制器的工作区间。可以看到在门极温度 T_G 很大一个范围内，门极热流 J_G 都会保持很小的值，而此时源极热流 J_S 和漏极热流 J_D 可以连续从小到大变化，因此可以通过变化 T_G 来对 J_S 和 J_D 进行调制。

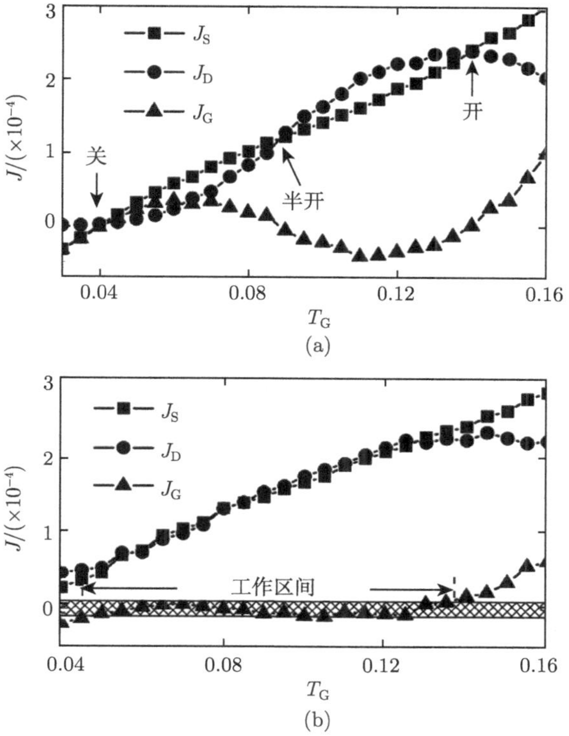

图 7-37 (a) 热开关控制示意图；(b) 热调制器工作示意图【改编自文献 [817]】

4. 热逻辑门与存储器

负微分热阻特征不仅提供了热开关和热调制器功能，还为实现热逻辑门和热存储器提供了理论依据。2007 年，人们在图 7-35 给出的路线图基础上给出了理论热逻辑门的设计思想。类似于数字电路中利用不同电压值来定义布尔 (Boolean) 逻辑的二进制态 0 和 1，可以利用不同的温度 T_{on} 和 T_{off} 来定义并实现热布尔态，并进一步实现与逻辑门 (AND)、非逻辑门 (NO) 和或逻辑门 (OR)[817]。

例如，对于最基本的逻辑门信号中继器 (repeater)，在利用热逻辑门实现时可以通过热开关来实现，即可利用图 7-38 的方案来实现；对于一个非逻辑门来说，它将输入产生反转，即它在接收 0 时会产生响应 1，反之亦然，这就要求输入的温度上升时，输出温度下降，反之亦然。此功能可通过从节点 G 注入信号及其从 O' 采集输出来实现。

图 7-37(a) 给出了满足这样要求的工作区域。此时节点 O 和 O' 之间的负微分热阻又起着关键的作用。同样，与逻辑门是一个三终端装置 (包括两个输入端和一个输出端)。两个输入端如果一个是 0 则输出 0。前面如果实现热中继器，则通过

将两个输入端置入同样的中继器即可，因此可实现热的与逻辑门。对于或门，也可以类似的方式实现。

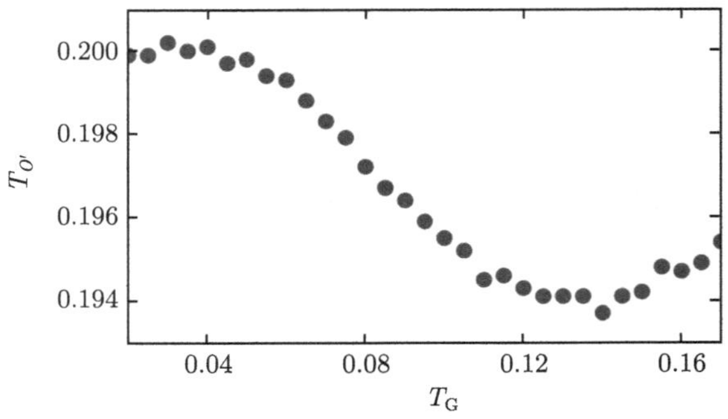

图 7-38　温度负响应及其非逻辑门的实现【改编自文献 [817]】

除了热逻辑门之外，实现全声子计算的另一个重要因素是热信息存储元件，它可以帮助我们利用热或温度实现信息存储和解码。人们提出了类似于热三极管的工作方案，有效利用图 7-37(a) 中的双稳温度态来实现，进一步可以实现信息的热读写操作 [818]。

值得一提的是，上述设想正一步步从理论走向应用，它不仅使得热计算机的实现成为可能，也推进了人们对于微纳材料应用的新研究方向。更为重要的是，通过对热传导微观机制的研究及其应用，一门古老而又具有新生命力的声子学正在形成，有关热应用的研究视野由热传导拓展到更为广阔的领域，电子学、光子学等学科中非常多的理论与应用在新兴的声子学中都可以找到新的位置和发展空间。感兴趣的读者可以参考最近的综述文章 [705]。

7.7　热流的棘轮效应

7.7.1　非对称晶格链的热流棘轮效应

上面讨论了热整流可以通过设计一系列非对称热器件来实现。它们都是通过事先设计好的结构，在静态的热偏置下实现相应的热整流功能。在电子器件中，经常还会通过动态地变化电压 (交流调制) 等手段来达到整流的目的。在第 6 章粒子的布朗运动研究中，一种被称为布朗马达 (棘轮) 的效应受到广泛的关注。在前面我们也看到，热器件可以表现出负微分热阻、单向热导通等效应，这启示我们可能可以利用动态调节热源和器件等方式来实现或加强对热流的调控。

2008 年，李念北等首先研究了几种非对称格点链在热源温度随时间调制情况下的热流，发现可以通过调节热源温度的变化来达到调控热流的目的 [820]。考虑如

图 7-39(a) 所示的一维 FK 链与简谐链组成的复合晶格体系，系统包括了由 $N/2$ 个粒子组成的 FK 链和由 $N/2$ 个粒子组成的简谐链，两段中间用弱耦合连接在一起，其哈密顿量为

$$H = H_{\mathrm{L}} + H_{\mathrm{R}} + V_{\mathrm{int}} \tag{7.7.1a}$$

$$H_{\mathrm{L}} = \sum_{i=1}^{\frac{N}{2}} \left[\frac{p_i^2}{2m} + \frac{K_{\mathrm{L}}(q_i - q_{i-1})^2}{2} - \frac{V_{\mathrm{L}}}{(2\pi)^2} \cos\left(\frac{2\pi q_i}{a}\right) \right] \tag{7.7.1b}$$

$$H_{\mathrm{R}} = \sum_{i=\frac{N}{2}+1}^{N} \left[\frac{p_i^2}{2m} + \frac{K_{\mathrm{R}}(q_{i+1} - q_i)^2}{2} \right] \tag{7.7.1c}$$

界面粒子间的相互作用能为

$$V_{\mathrm{int}} = K_{\mathrm{int}}(q_{N/2+1} - q_{N/2})^2/2 \tag{7.7.1d}$$

$K_{\mathrm{L,R}}$ 为左右两段内粒子间的耦合强度，K_{int} 为两块材料之间的耦合强度。材料两端与热源接触，热源的温度一端保持固定，而另一端则进行时间的周期调制：

$$T_{\mathrm{L}}(t) = T_0[1 + \varDelta + A\mathrm{sgn}(\sin \omega t)] \tag{7.7.2a}$$

$$T_{\mathrm{R}}(t) = T_0[1 - \varDelta] \tag{7.7.2b}$$

其中

$$T_0 = [\overline{T_{\mathrm{L}}(t)} + T_{\mathrm{R}}]/2 \tag{7.7.2c}$$

$$2\varDelta = [\overline{T_{\mathrm{L}}(t)} - T_{\mathrm{R}}]/T_0 \tag{7.7.2d}$$

分别为两端热源的平均参考温度和归一化的温差，符号函数 $\mathrm{sgn}(\sin\omega t)$ 则根据 $\sin\omega t$ 的正负给出了温度的时间双值调制及其调制频率，A 则为调制幅度。这里温度调控的时间尺度为 $\tau \sim \omega^{-1}$，其尺度与局域热平衡的弛豫时间相比要长得多，即 $\omega \ll \tau_{\mathrm{leq}}^{-1}$，其中 τ_{leq}^{-1} 为系统的局域弛豫时间。系统的局域热流为

$$J_i(t) = K_i \left\langle \dot{q}_i(q_i - q_{i-1}) \right\rangle \tag{7.7.3}$$

其中 K_i 对左边和右边的耦合强度分别为 K_{L} 和 K_{R}。可以预见，在热源温度慢调制的情况下，上述热流会受到温度变化的调制。因此，静态热流可以在一个周期内进行平均：

$$J = \frac{\omega}{2\pi} \int_0^{2\pi/\omega} J_i(t)\mathrm{d}t \tag{7.7.4}$$

如果满足遍历性，则上述平均热流在链上处处相等：

$$J = K_{\mathrm{L}}\overline{\dot{q}_2(q_2 - q_1)} = K_{\mathrm{R}}\overline{\dot{q}_N(q_N - q_{N-1})} \tag{7.7.5}$$

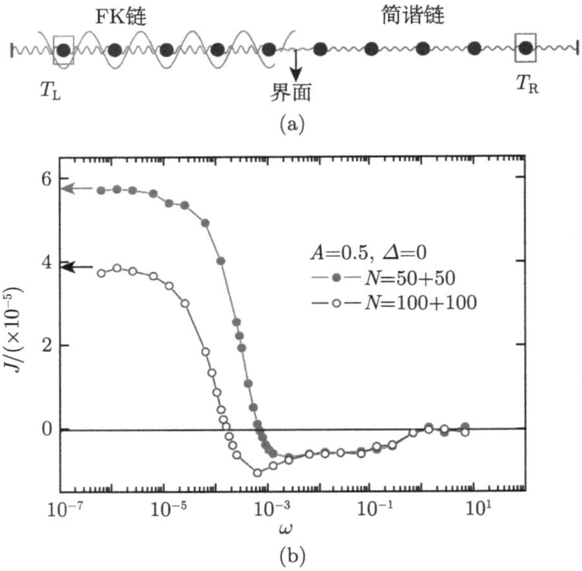

图 7-39　(a) 由一段 FK 和一段谐振子链构成的热流棘轮模型，链之间为弱耦合，链两端与热源相接触，左端热源做时间的周期调制；(b) 不同系统尺寸情况下热流随调制频率的变化关系，圆圈●为 $N=50+50$，空心圆圈 ○ 为 $N=100+100$，其中热流调制幅度 $A=0.5$，无自然温度偏置 $\Delta=0$，$K_L=1$，$V_L=5$，$K_R=0.2$，$K_{int}=0.05$，$T_0=0.09$【改编自文献 [820]】

下面先研究自然温差 Δ=0 的情况。虽然左边热源温度被周期调制，但其温度的平均变化为 0，即从平均意义上来看两边的温度是相等的，系统并不具有特定的热流方向。我们感兴趣的是，在这样的情况下对于上述的非对称材料是否会产生非零的单向净热流。这样的一种期望来自于前面对热二极管效应的启发。如果会产生定向热流，该行为就非常类似于前面讨论的棘轮和定向输运问题。

图 7-39(b) 给出了 N=50+50 和 N=100+100 情况下的热流随调制频率 ω 的变化关系。可以看到的确出现了非零的定向热流。这种有趣的定向热流现象表现出对调制频率强烈的依赖性。首先，在绝热极限 $\omega\to 0$ 下，在每个温度变化的半周期时间尺度内在链上的热流都会很快会弛豫形成静态热流，通过整个链的热流可以近似地看成是固定热源温度的半周期内正向热流与反向热流的平均值。因此图中可以看到热流在低频区域保持一个相对不变的值。其次，在高频极限 $\omega\to\infty$，左边粒子只会感受到一个平均不变的温度，系统两边的温度近似相等，因此热流 $J\approx 0$。最后，在中间频率范围内，我们可以看到热流随热源调制频率增加而减小，一个非常有趣的现象是在中等频率时，热流不是下降到 0 之后保持无热流，而是在一个频率范围内出现热流方向的逆转 (负热流)。

热流反转是典型的非线性效应，它显示出系统对热源调制的非线性响应效应。

在绝热极限下，系统的定向热流表现从热二极管效应可以预期，但热流的逆转效应则需要进一步理解。实际上，这可以借助于系统的热响应来分析。与温度恒定热源接触的 FK 材料满足正常热传导，遵守傅里叶定律，因此热源温度变化时温度在链上的变化满足扩散方程：

$$\frac{\partial T(x,t)}{\partial t}=\frac{\kappa}{c}\frac{\partial^2 T(x,t)}{\partial x^2} \tag{7.7.6}$$

其中 κ 为热导率，c 为比热。由此可以得到温度随时间扩散的高斯波包：

$$T(x,t)=\frac{1}{2}\sqrt{\frac{\pi\kappa t}{c}}\mathrm{e}^{-\frac{cx^2}{4\kappa t}} \tag{7.7.7}$$

因而系统的热响应时间可估计为能量在格点空间中传播所需的时间：

$$\tau\sim cN^2/(4\kappa) \tag{7.7.8}$$

相应的特征频率

$$\omega_c=2\pi/\tau\propto N^{-2} \tag{7.7.9}$$

这说明出现热流反转的特征频率随着材料尺寸的增加而减小，这种行为称为红移现象。该结果可以大致与图 7-39(b) 中的特征频率位置相符。

由于图 7-39(a) 所示的材料右边一段为简谐链，不具有正常热传导，无法形成温度梯度，因此我们下面研究两段均为 FK 链时的热流棘轮效应。图 7-40(a) 给出了类似于图 7-39 的热流随调制频率的变化关系，可以看到类似的变化趋势，也可以看到中等频率下的热流反转效应。在几个不同频率范围取四个典型频率，并计算其形成的温度空间分布，如图 7-40(b) 所示。在低频下，曲线 a(实线) 在材料的界面处出现不连续，而两边均形成很好的温度梯度；在热流由正变负处 b，可以看到界面处仍然不连续，但温度曲线不具有很好的梯度；当热流发生反转时，对应于 c 点的温度曲线变得更为复杂，在界面处出现上翘，而右边 FK 段的温度出现正梯度(对应于傅里叶定律则为负热流)。在高频情况下，总热流为零的 d 处，温度分布则呈现水平分布，无温度梯度。这里出现零热流的温度分布与 b 处显然有很大差别。

对温度的调制幅度 A 是一个重要的量，它对热流调控也起着重要作用。在图 7-40(c) 中给出了不同驱动幅度 A 情况下的热流–频率关系。可以看到增大调制幅度可以产生更大的定向热流，而产生热流反转的调制频率范围也大大拓宽。值得注意的是，不同调制幅度下热流反转的特征频率基本相同。

上面讨论的都是自然温度偏置 Δ=0 的情况，可以看到典型的棘轮效应。在图 7-40(d) 中，我们给出了热流与自然温度偏置 Δ 的关系，这里调制频率 $\omega=1.571\times10^{-5}$。为了对照，圆圈实线对应于无调制 $(A=0)$ 时的 J-Δ 曲线作为参考线，显然 $J(\Delta=0)=0$，这与热力学第二定律一致。圆圈点线和菱形虚线分别对应于 $A=0.2$ 和 $A=0.5$ 的情形。对这两种情形，均可以发现在 $\Delta=0$ 处热流不为零，$A = 0.5$ 对应的 $J(\Delta = 0)$ 更大一些。另外，$A = 0$ 时，在 $\Delta \in [-0.6, -0.2]$ 范围内表现出负微分热阻 (NDTR) 效应，$A = 0.2$ 时，NDTR 区域移动到 $\Delta \in [-0.7, -0.3]$，但当在 $A = 0.5$ 时，NDTR 效应区域基本消失。这种行为可以启发我们对热三极管效应进行动态调控。

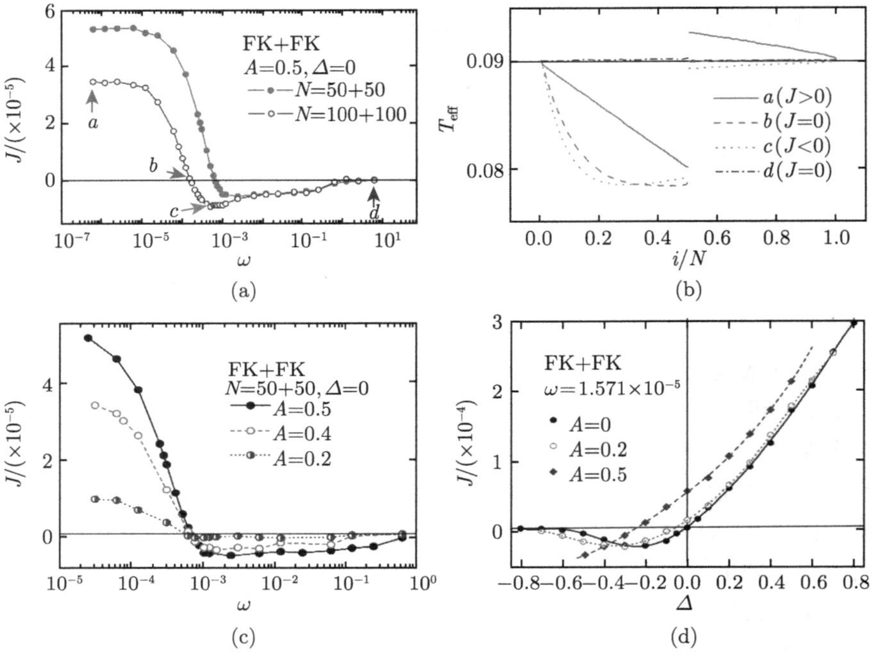

(a)　(b)　(c)　(d)

图 7-40　两段材料均为 FK 链时的热流调制效应【改编自文献 [820]】

$K_{\mathrm{L}} = 1$，$V_{\mathrm{L}} = 5$，$K_{\mathrm{R}} = 0.2$，$V_{\mathrm{R}} = 1$，$K_{\mathrm{int}} = 0.05$，$T_0 = 0.09$。(a) 不同系统尺寸情况下热流随调制频率的变化关系，实心圆圈●为 N=50+50，空心圆圈 ○ 为 $N = 100 + 100$，其中热流调制幅度 $A = 0.5$，无自然温度偏置 $\Delta = 0$；(b) 图 (a) 中四个频率 $a \sim d$ 处的温度分布曲线；(c) 不同驱动幅度 A 情况下的热流–频率关系；(d) 固定调制频率情况下不同调制幅度 A 的热流与自然温度偏置 Δ 之间的关系，$N = 50 + 50$

7.7.2　均匀格点链单端热源调制的热流棘轮效应

上面的研究结果与热二极管效应有密切的联系。实际上，我们最近的研究发现，即使材料是均匀的，只要对热源温度进行调制，都有可能产生热流棘轮效应。考虑均匀的 FK 体系，$K_{\mathrm{L}} = K_{\mathrm{R}} = K_{\mathrm{int}} = K$，$V_{\mathrm{L}} = V_{\mathrm{R}} = V$。左端热源温度进行周期调制，右端热源温度保持不变，左右两端热源温度分别为

$$T_{\mathrm{L}}(t)=T_0[1+\Delta+A\mathrm{sgn}(\sin\omega t)],\quad T_{\mathrm{R}}(t)=T_0 \tag{7.7.10}$$

其中 T_0 是平均环境参考温度，A 和 ω 分别是左端热源的调制强度和频率。从每时每刻来看，左右两端热源温度并不相等；但从周期平均或长时平均来看，左右两端热源温度相等。在这种随时间周期变化的非平衡温度场驱动下，系统中有可能有非零的净热流产生。首先讨论热源调制频率 ω 对系统平均热流的影响，如图 7-41(a) 所示。从图中可看出，当 ω 从低频开始逐渐增大时，热流 J 先保持一稳定值不变，随后逐渐减小，直到高频时减小为零。

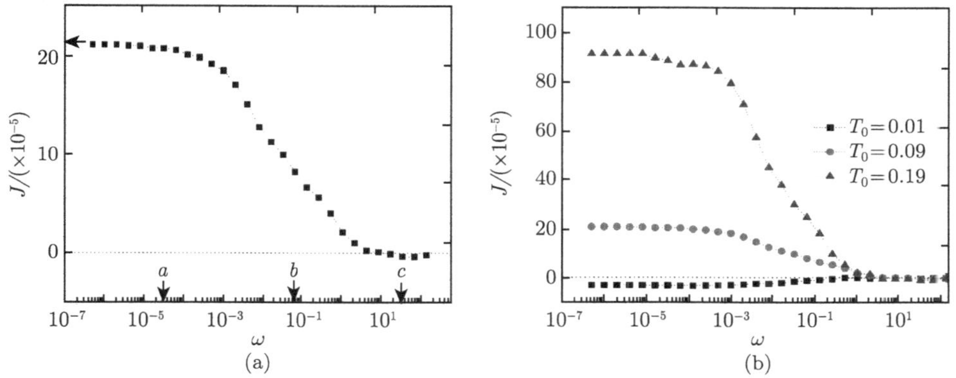

图 7-41 (a) 系统平均热流 J 随热源调制频率 ω 的变化曲线，其中 $K=0.6, V=1.0, A=0.5, T_0=0.09, N=100$；(b) 平均环境参考温度 T_0 取不同值的情况下 J 随热源调制频率 ω 的变化曲线【改编自文献 [832]】

上述定向热流的产生机制来自于晶格链热传导系数的温度依赖性。在绝热极限 $\omega\to 0$ 时，由于热源变化足够慢，调制温度 $T_{\mathrm{L}}(t)$ 在其变化的前后半周期内均有足够的弛豫时间使体系内建立起稳定的温度分布，由此导致在其变化的前后半周期内均能使系统中产生稳定的定向热流。在前半周期内，$T_{\mathrm{L}}>T_{\mathrm{R}}$，系统内形成稳定的负向温度梯度，从而系统内有稳定的正向热流 J_+ 产生。反之，在后半周期内，$T_{\mathrm{L}}<T_{\mathrm{R}}$，系统内形成稳定的正向温度梯度，从而系统内有稳定的负向热流 J_- 产生。若 $J_+>J_-$，则系统中产生正向净热流，反之则产生负向净热流。而 J_+ 和 J_- 的大小主要决定于 FK 晶格系统热导率对系统温度的依赖性。通过对一维均匀 FK 晶格体系热导率的温度依赖性讨论发现 [830]，一维 FK 体系的热导率依赖于体系温度，存在临界温度

$$T_c=2V/(2\pi)^2 \tag{7.7.11}$$

当 $T<T_c$ 时，体系热导率随温度升高而减小；当 $T>T_c$ 时，体系热导率随温度升高而增大。因此，对于这里所讨论的参数 ($K=0.6$，$V=1$)，可以得到

$T_c = 2V/(2\pi)^2 = 1/(2\pi^2) \approx 0.05$。作一对比可以发现，显然这里 T_+ 和 T_- 均大于临界温度 T_c，FK 体系的热导率随体系平均温度升高而增大。所以系统中有正向的净热流产生。

高频极限时，热源被驱动变化太快，以至于除左端粒子以外，系统中其余粒子都来不及随之响应而只能感受到平均环境参考温度 T_0，所以 $J = 0$。非绝热条件下，随着 ω 增大，热流 J 逐渐减小，直到高频极限时减小为零。

上述的调制行为导致的热流可以通过热波动力学分析加以理解 [831-833]。由于材料的低维性质，热在其中是以波的形式传播的，而热源温度调制会对波产生调制作用。当调制频率很小时，由于热源变化非常慢，系统中的每一个粒子都有足够的时间响应其变化。所以，除了非常临近热源前后半周期转换的极少数时刻点以外，在其变化前后半周期内的其余时刻点，系统内经极短的弛豫时间后，有足够时间建立起良好的温度梯度而达到稳定的分布状态，所以低频驱动下产生的绝热热流可近似为两个非调制静态热流 J_+ 和 J_- 的平均值。当热源调制频率增大时，除左端点处粒子外，链中其余粒子均没有足够的时间完全响应热源变化，并且离左端点越远的粒子响应越弱。因此在热源变化一个周期内的各个时刻点均不足以使体系内建立起良好的温度梯度，离左端调制热源较近的粒子温度随时间演化进行有规律的波动，而离它较远的粒子温度基本保持在略高于平均环境参考温度 T_0 的某一温度值不变，这将导致热流减小。

由于 FK 模型热导率温度依赖的非单调性，热源平均环境参考温度 T_0 对系统平均热流 J 会产生很大影响。在图 7-41(b) 中，我们给出了 T_0 取不同值时 J 随热源调制频率 ω 的变化曲线。非常明显，T_0 的大小不仅显著地影响系统净热流的大小，而且影响其方向。当 T_0=0.01 时，T_+ 和 T_- 均小于临界温度 T_c，热导率随体系平均温度升高而减小，因此系统有负向的净热流产生；当 T_0=0.19 时，T_+ 与 T_- 均远大于临界温度 T_c，体系热导率随体系平均温度升高而增大，导致系统中有正向的净热流产生。当选取的 T_0 值和调制幅度使得 T_+ 和 T_- 不在热导率的同一单调分支上时，对系统净热流的大小及方向的讨论将变得更为复杂。

由于 FK 热导率的非单调性，单调性转变温度与底势强度 V 密切相关，因此底势高度会对热流调制有很重要的影响。在图 7-42 中，我们给出了系统平均热流 J 随 V 的变化曲线。由图可见，当 $V = 0$ 即系统退化为简谐链时，链内几乎无净热流产生；当 V 逐渐增大时，链内产生正向热流并迅速增大到其正向最大值；当 V 进一步增大时，热流 J 单调减小并产生反转，变为负向热流；很大的 V 使得 J 逐渐趋于零。由此可见，选择适当的底势强度可以使体系内产生可观的定向热流，也可以调控热流的方向 [833,834]。

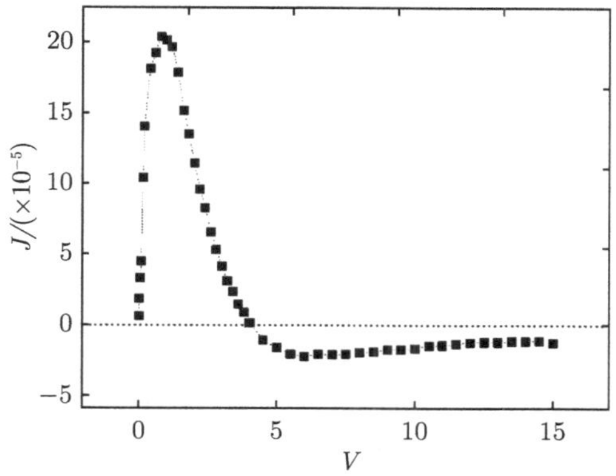

图 7-42 系统平均热流 J 随底势强度 V 的变化曲线【改编自文献 [832]】

其中 $K = 0.6, A = 0.5, T_0 = 0.09, \omega = 3.2 \times 10^{-5}, N = 100$

7.7.3 时时零温差热源调制下的热流棘轮效应

从上面的讨论可以看到，对于单端热源调制，只要在保持两端热源温度平均相等的情况下，利用非均匀材料的热二极管特性或者均匀材料热导率的温度特性，都可以有效实现热流的棘轮效应。这种效应的特点是平均意义上系统两端无温差，但仍然会有单向热流产生。很显然，当左右两端热源温度不仅相等而且保持不变的情况下，材料无论是否对称均匀，都不可能产生单向热流。但是我们可以大胆假设一下，如果保持两端热源温度严格相等，但同时进行周期性调制，使得系统处于非平衡态，是否可以产生定向热流？

这种情况下的工作首先由任捷等在 2010 年进行了研究 [821]，发现的确会产生热流棘轮效应。研究的模型如图 7-43(a) 所示，系统为 FK+FK 的双段系统。系统两端的热源温度时刻保持相等，但均被同步周期调制：

$$T_{\rm L}(t) = T_{\rm R}(t) = T_0 + \Delta T {\rm sgn}(\sin \omega t) \tag{7.7.12}$$

其中 T_0 为参考温度，ΔT 为温度调制幅度。我们可以考虑调制频率 ω、参考温度 T_0 及温度调制幅度 ΔT 对体系热流的影响。如图 7-43(b) 所示，这里给出了热流与调制频率之间的关系，可以看到非常有趣的频率共振现象，即当热源变化过快或过慢时，系统内均无净热流产生，而当热源调制频率适中时，体系内则有正向净热流产生且在某一最优频率下达到其最大值。

绝热极限时，由于两端热源变化足够慢，系统内所有粒子均有足够时间完全响应热源的变化，系统在调制温度变化的前后半周期内，可以很快分别达到热平衡态。这种情形相当于系统退化到了无温度梯度的平衡态，因此热流为 0。非绝热条件下 (中频调制)，由于两端热源变化加快，除两端点处粒子外，其余粒子没有足够的时间完全响应热源温度变化，系统无法达到平衡态。此时左右两段晶格中的粒子分别优先响应离其较近的热源变化，但是由于两段晶格的参数不同，它们对热源的响应不同，由此导致了系统中净热流的产生。而在高频极限下，类似于前面的分析可知 $J=0$。

图 7-43(c) 所示的是在最优频率取值下系统平均热流 J 随热源参考温度 T_0 变化的曲线。可以看到，当参考温度 T_0 较低时，系统中产生正向净热流，随着参考温度逐渐增大，J 逐渐减小并产生热流反转，变为负向热流；当 T_0 增至较高时，热流 J 趋于稳定。热流反转现象的原因在于 FK 体系热导率对体系温度的敏感依赖性，读者可以很容易对照前面的分析。

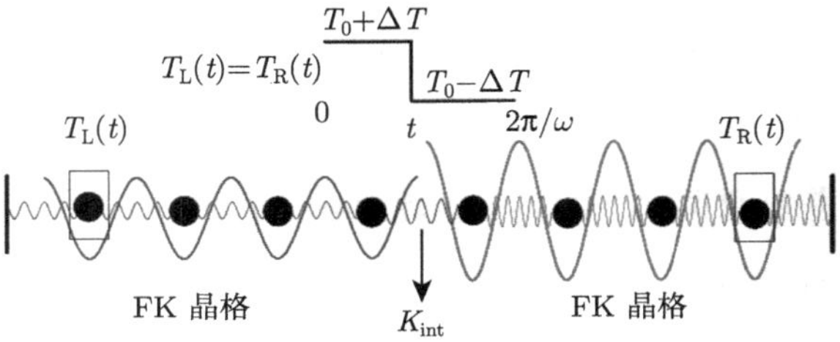

(a)

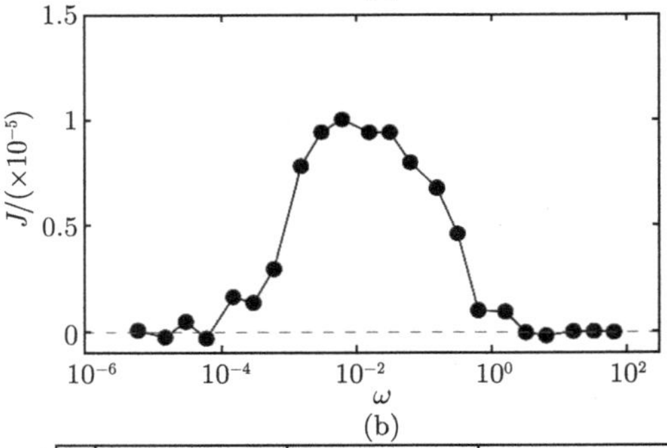

(b)

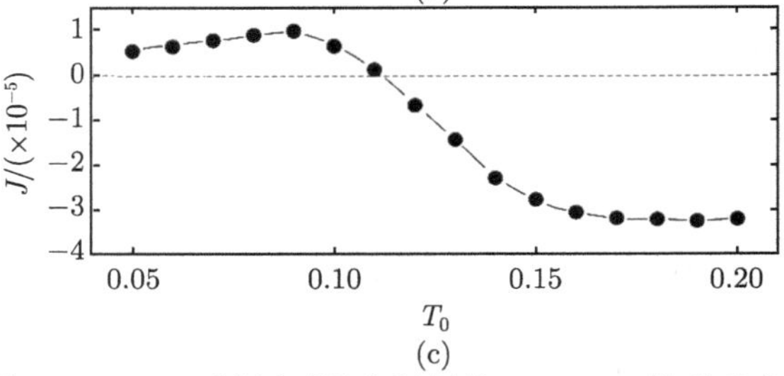

(c)

图 7-43　(a) 两边同时温度调制的 FK+FK 模型示意图；

(b) 热流与调制频率之间的关系, 参数如下:

$N=50, T_0=0.09, \Delta T=0.045, 20K_{\text{int}}=5K_{\text{L}}=K_{\text{R}}=1, 5V_{\text{L}}=V_{\text{R}}=5, \gamma=0.5$;

(c) 在最优频率取值下系统平均热流 J 随热源参考温度 T_0 变化的曲线,

$\omega=2\pi\times10^{-3}$, 其余参数除 T_0 为变量外同 (a)

图 7-44(a) 和 (b) 分别给出了参考温度取 T_0= 0.09 和 0.12 时系统总粒子数 N 取不同值情况下平均热流 J 随热源调制频率 ω 的变化曲线。从图中可看到，当 N 较小时，系统内产生负向净热流，当 N 较大时，系统内产生正向净热流。热流方向的这种尺度依赖性可以做如下理解。当系统尺度较小时，链中的能量输运遵循弹道扩散。由于此处所讨论的体系其右段材料较之左段材料耦合强度更大 ($K_{\rm R}$ =5$K_{\rm L}$)，因此右段材料中能量输运较快，能量从右端流向左端，系统内产生负向的净热流。当系统尺度逐渐增大时，能量输运方式由弹道扩散转变为正常扩散，由此导致系统净热流方向的改变。

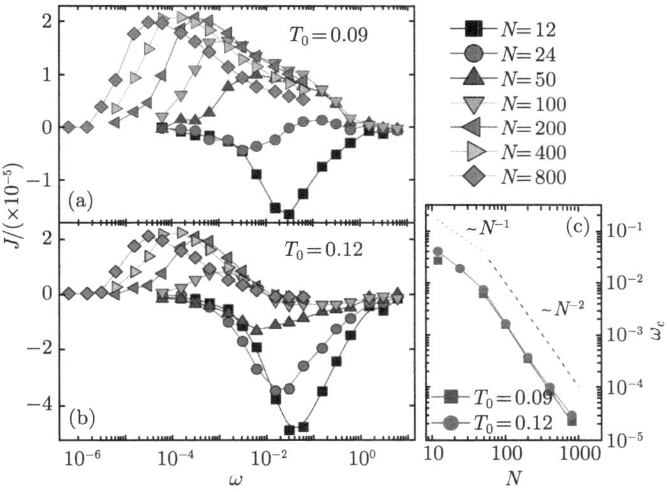

图 7-44 (a) T_0 = 0.09 时系统总粒子数 N 取不同值情况下平均热流 J 随热源调制频率 ω 的变化曲线；(b) T_0 = 0.12 时 N 取不同值情况下平均热流 J 随热源调制频率 ω 的变化曲线，$K_{\rm L} = 0.2$，$V_{\rm L} = 1.0$，$K_{\rm R} = 1$，$V_{\rm R} = 5.0$，$K_{\rm int} = 0.05$，$\Delta T = 0.045$；(c) 最优频率 ω_c 随 N 变化的趋势

另外，我们还可以看到，当系统总粒子数 N 增加时，正负向热流所对应的最优频率均逐渐减小，我们将其称为**红移现象**。这种现象的出现与系统的热响应时间密切相关。对于大尺度的 FK 体系，在非调制情形下其热传导遵守傅里叶定律，系统的热响应时间可以用能量在系统中的扩散时间来估计，

$$\tau \sim N^2 \tag{7.7.13a}$$

系统特征频率则可估算为

$$\omega_c \propto N^{-2} \tag{7.7.13b}$$

而对于小尺度的 FK 体系来说，体系的特征频率可估算为

$$\omega_c \propto N^{-1} \tag{7.7.13c}$$

如图 7-44(c) 所示，我们给出了系统的特征频率 ω_c 随体系总粒子数 N 变化的趋势。显而易见，当 N 由小变大时，ω_c 和 N 之间的依赖关系会发生明显的由 $\omega_c \sim N^{-1}$ 向 $\omega_c \sim N^{-2}$ 的转变，这也再次表征了随系统尺度的增大，系统中的能量输运由弹道扩散向正常扩散的转变。

几个重要因素如两段晶格间的耦合系数 K_{int}、左右两段材料参数的比值 $\lambda = V_{\text{L}}/V_{\text{R}} = K_{\text{L}}/K_{\text{R}}$ 及其左右两段材料的尺度对称性 (左右两段材料分别所包含的粒子数之比 M/N，M 为左段粒子数，N 为总粒子数) 等都会对进一步优化热流棘轮的效应起关键作用。

图 7-45(a) 给出了两段晶格间简谐耦合系数 K_{int} 取不同值时系统平均热流 J 随热源调制频率 ω 的变化曲线。由图可见，K_{int} 的取值大小不影响 J-ω 曲线的变化趋势及最优频率值，但对系统净热流的大小有显著的影响。为了更细致地讨论 K_{int} 对热流 J 的影响，图 7-45(b) 给出了最优频率取值下系统平均热流 J 随 K_{int} 的变化曲线。由图可见，当 K_{int} 很小时，两段晶格几乎相互独立并随各自邻近端的热源响应，所以体系内几乎无净热流产生；当 K_{int} 逐渐增大时，两段晶格间的相互作用逐渐增强，体系内产生正向热流并在某一最优 K_{int} 取值下达到其最大值；当 K_{int} 进一步增大时，体系内热流逐渐减小并趋于不随 K_{int} 发生改变的稳定值。

两段 FK 晶格参数的比值对热流棘轮的影响如图 7-45(c) 所示。这里给出的是最优频率取值下系统平均热流 J 随 λ 的变化曲线。可以看到热流 J 随 λ 变化的趋势较为复杂：当 $\lambda < 1$ 时，系统中的热流 J 随 λ 增大而先增大后减小，从而形成了一个较小的热流峰值；当 $\lambda = 1$，即左右两段晶格具有相同的参数时，系统中净热流为零，由此再次证明此种情形下热流的产生来源于两段晶格材料对热源的不同响应。当 $\lambda > 1$ 时，热流 J 随 λ 增大先快速增大到其最大值，随后逐渐减小并缓慢趋于零。

图 7-45(d) 给出了当系统的总尺度 N 保持不变时两段晶格相对尺度 M 发生改变时平均热流 J 随调制频率 ω 的变化曲线，可以看到尺度对称性对体系内净热流的大小和方向均有非常显著的影响。当左段晶格尺度大于右段晶格尺度时，系统中产生负向净热流；随着 M 的减小，左右两段晶格尺度对称性的增强，负向热流逐渐减小，且其所对应的最优频率发生红移。当左段晶格的尺度小于右段晶格的尺度时，系统中产生正向净热流；随着 M 的增大，左右两段晶格尺度对称性的增强，正向热流缓慢增大趋于稳定，并且其所对应的最优频率亦发生红移。

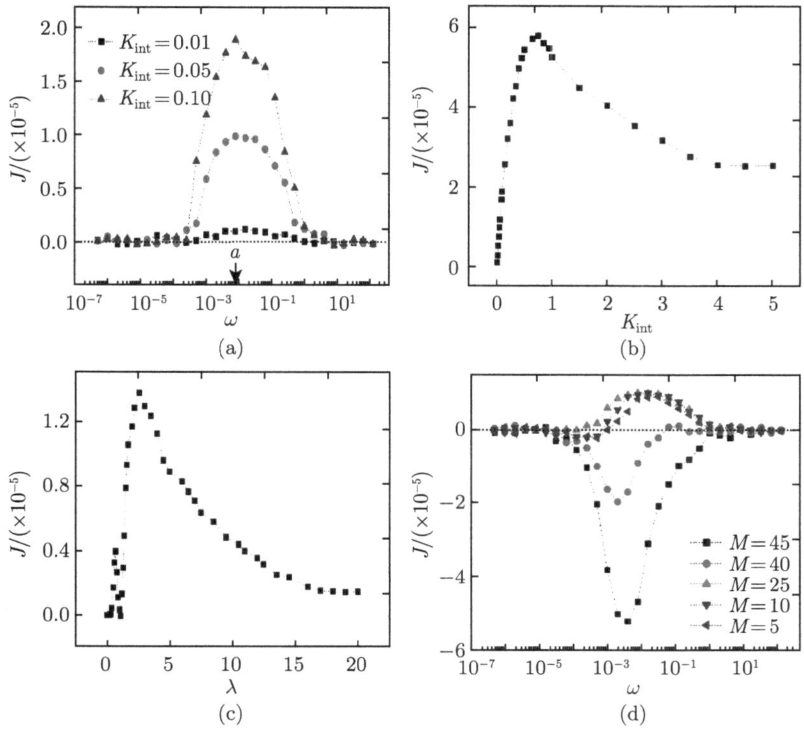

图 7-45 (a) 两段晶格间耦合系数 $K_{\rm int}$ 取不同值时平均热流 J 随调制频率 ω 的变化曲线，其中 $K_{\rm L}=0.2$，$V_{\rm L}=1.0$，$\lambda=5.0$，$\Delta T/T_0=0.5$，$T_0=0.09$，$M=25$，$N=50$；(b) 系统平均热流 J 随晶格间耦合系数 $K_{\rm int}$ 的变化曲线，$\omega=2\pi\times10^{-3}$，其他参数同 (a)；(c) 平均热流 J 随 λ 的变化曲线，其中 $K_{\rm int}=0.05$，其他参数同上；(d) 两段晶格相对尺度 M 发生改变时平均热流 J 随调制频率 ω 的变化曲线，其他参数同上

对于两边严格等温情况下在一维材料中观察到的定向热流，任捷等还研究了两边热源的关联情况所产生的效应。他们的研究发现只有对于小尺寸的材料，热源关联效应才会起作用，此时弹道输运发挥主要作用；系统尺寸增大时，空间长尺度使得关联效应衰减，能量扩散占上风。

另外，对于纯简谐链，可以发现在热源存在关联时仍然可以观察到定向热流效应。可以采用 Rieder-Lebowitz-Lieb 方法推出简谐系统的热传导效应。特别地，对于两简谐振子系统，可以得到热流的如下表达式：

$$J=\frac{K_{\rm int}[(K_{\rm L}-K_{\rm R})c+2\gamma(T_{\rm L}-T_{\rm R})K_{\rm int}]}{(K_{\rm L}-K_{\rm R})^2+2\gamma^2(K_{\rm L}+K_{\rm R})+4\gamma^2K_{\rm int}+4K_{\rm int}^2} \tag{7.7.14}$$

其中 $K_{\rm L},K_{\rm R}$ 分别为左边、右边振子链的弹性系数，$K_{\rm int}$ 为两个界面振子之间的耦合强度，$T_{\rm L},T_{\rm R}$ 为两边热源的温度，c、γ 则分别为振子在有热源情况下的关联系数和阻尼系数。可以看到，两边温度差和耦合强度差都会导致非零的热流，尤其在两边热源温度相等的情况下，关联 c 仍然在非对称系统中 $(K_{\mathrm{L}} \neq K_{\mathrm{R}})$ 可以导致定向热流。

对热传导的调控与整流研究具有其理论和实际意义，以及巨大的潜在应用价值，需要我们付诸努力。尤其是关于热传导的棘轮效应研究才刚刚开始，需要引起特别关注。热流的棘轮效应是一个非常有意思的课题，人们可以通过此效应，实现在等温条件下两个热源之间的热流单向流动，或者克服自然的温差方向而实现热流逆向流动。

参 考 文 献

[1] 钱学森. 创建系统学 (新世纪版). 上海: 上海交通大学出版社, 2017.

[2] Auyang S Y. Foundations of Complex-system Theories: In Economics, Evolutionary Biology, and Statistical Physics. Oxford: Oxford University Press, 1998.

[3] 郭雷. 系统科学进展//系统科学丛书. 北京: 科学出版社, 2017.

[4] Nicolis G, Prigogine I. Exploring Complexity: An Introduction. New York: W. H. Freeman, 1989.

[5] Meyers R A. Encyclopedia of Complexity and Systems Science. Berlin: Springer-Verlag, 2009.

[6] von Bertalanffy L. General System Theory: Foundations, Development, Applications. New York: George Braziller, 1968.

[7] Haken H. Synergetics: An Introduction. 3rd ed. Berlin: Springer-Verlag, 1983.

[8] 哈肯 H. 高等协同学. 郭治安, 译. 北京: 科学出版社, 1989.

[9] Prigogine I, Nicolis G. Self-Organization in Non-Equilibrium Systems. Wiley, 1977.

[10] 沈小峰，胡岗，姜璐. 耗散结构论. 上海: 上海人民出版社, 1987.

[11] Thom R. Structural Stability and Morphogenesis: An Outline of a General Theory of Models. Reading, Massachusetts: Addison-Wesley Publishing Co., 1972.

[12] 艾根 M, 舒斯特尔 P. 超循环论. 曾国平, 沈小峰, 译. 上海: 上海译文出版社, 1990.

[13] Wiener N. Cybernetics, Second Edition: or the Control and Communication in the Animal and the Machine. Cambridge: The MIT Press, 1965.

[14] Holland J H. Adaptation in Natural and Artificial Systems: An Introductory Analysis with Applications to Biology, Control, and Artificial Intelligence. Cambridge: The MIT Press, 1992.

[15] 郑志刚. 耦合非线性系统的时空动力学与合作行为. 北京: 高等教育出版社, 2004.

[16] Watts D J, Strogatz S H. Collective dynamics of small-world networks. Nature, 1998, 393(6684): 440-442.

[17] Barabási A L, Albert R. Emergence of scaling in random networks. Science, 1999, 286: 509-512.

[18] 方锦清，汪小帆，郑志刚，等. 一门崭新的交叉科学：网络科学 (上). 物理学进展, 2007, 27(3): 239-343.

[19] 方锦清，汪小帆，郑志刚，等. 一门崭新的交叉科学：复杂网络 (下). 物理学进展, 2007, 27(4): 361-448.

[20] 何大韧, 刘宗华, 汪秉宏. 复杂系统与复杂网络. 北京: 高等教育出版社, 2009.

[21] 汪小帆, 李翔, 陈关荣. 复杂网络理论及其应用. 北京: 清华大学出版社, 2006.

[22] 郭雷，许晓鸣. 复杂网络. 上海: 上海科技教育出版社, 2006.

[23] Stanley H E. Introduction to Phase Transitions and Critical Phenomena. Oxford: Oxford University Press, 1987.

[24] Anderson P W. More is different: Broken symmetry and the nature of the hierarchical structure of science. Science, 1972, 177(4047): 393-396.

[25] Ong N P, Bhatt R N. More is Different: Fifty Years of Condensed Matter Physics. (Princeton Series in Physics). Princeton: Princeton University Press, 2001.

[26] 陈式刚. 非平衡统计力学. 北京: 科学出版社, 2010.

[27] Huang K. Statistical Mechanics. 2nd ed. New York: John Wiley&Sons, 1987.

[28] Toda M, Kubo R, Hashisume N. Statistical Physics Ⅱ: Nonequilibrium Statistical Mechanics. Tokyo: Springer-Verlag, 1995.

[29] Guckenheimer J, Holmes P. Nonlinear Oscillations, Dynamical Systems, and Bifurcation of Vector Fields. New York: Springer-Verlag, 1983.

[30] Ott E. Chaos in Dynamical Systems. Cambridge: Cambridge University Press, 1993.

[31] Gutzwiller M C. Chaos in Classical and Quantum Mechanics. New York: Springer-Verlag, 1990.

[32] Reichl L E. The Transition to Chaos//Conservative Classical Systems: Quantum Manifestations. Berlin: Springer-Verlag, 1992.

[33] Eckmann J P, Ruelle D. Ergodic theory of chaos and strange attractors. Rev. Mod. Phys., 1985, 57: 617.

[34] Cross M, Hohenberg P. Pattern formation outside of equilibrium. Rev. Mod. Phys., 1993, 65: 851.

[35] Cross M, Greenside H. Pattern Formation and Dynamics in Nonequilibrium Systems. Cambridge: Cambridge University Press, 2009.

[36] 刘秉正，彭建华. 非线性动力学. 北京: 高等教育出版社, 2007.

[37] Lorenz E N. Deterministic nonperiodic flow. J. Atmos. Sci., 1963, 20: 130-141.

[38] Li T Y, Yorke J A. Period three implies chaos. Am. Math. Mon., 1975, 82: 985-992.

[39] Emanuel K. Edward N. Lorenz(1917-2008). Science, 2008, 320(5879): 1025.

[40] Gleick J. Chaos: Making a New Science. New York: Viking Penguin Inc., 1988.

[41] Lorenz E N. The Essence of Chaos. Washington: Univ. of Washington Press, 1993.

[42] Motter A E, Campbell D K. Chaos at fifty. Physics Today, 2013, 2013-5: 27-33.

[43] 郑志刚，胡岗. 混沌研究五十年. 物理, 2013, 42(5): 354-355.

[44] Benettin G, Froeshle C, Scheidecker J P. Kolmogorov entropy of a dynamical system with an increasing number of degrees of freedom. Phys. Rev. A, 1979, 19: 2454.

[45] Benettin G, Strelcyn J M. Numerical experiments on the free motion of a point mass moving in a plane convex region: Stochastic transition and entropy. Phys. Rev. A, 1978, 17: 773.

[46] Eckmann J P. Road to turbulence in dissipative dynamical systems. Rev. Mod. Phys., 1981, 53: 643.

[47] Smale S. Differentiable dynamical systems. Bulletin of the American Mathematical Society, 1967, 73(6): 747-817.

[48] Poincaré H. Les méthodes nouvelles de la mécanique celeste. vols. 1-3. Paris: Gauthier-Villars, 1899.

[49] Valtonen M, Karttunen H. The Three Body Problem. New York: Cambridge University Press, 2005.

[50] Kolmogorov A N. On the conservation of conditionally periodic motions for a small change in Hamilton's function. Dokl. Akad. Nauk. SSSR, 1954, 98: 527-530.

[51] Kolmogorov A N. On quasiperiodic motion under small perturbation of the Hamiltonian. Dokl. Akad. Nauk. SSSR, 1954, 98: 1-20.

[52] Arnold V I. Proof of A. N. Kolmogorov's theorem on the preservation of quasi-periodic motion under small perturbations of the Hamiltonian. Russ. Math. Surv., 1963, 18: 9-36.

[53] Arnold V I. Small divisor problems in classical and celestial mechanics. Russ. Math. Surv., 1963, 18: 85-192.

[54] Moser J. On invariant curves of area preserving mapping of an annulus. Nachr. Akad. Wiss. Gottingen Math. Phys. K., 1962, 1: 1-20.

[55] Diacu F, Holmes P. Celestial Encounter: The Origins of Chaos and Stability. Princeton: Princeton University Press, 1999.

[56] Birkhoff G D. Proof of the ergodic theorem. Proc. Nat. Acad. Sci. U. S. A., 1931, 17: 650-656.

[57] Sinai Y G. Introduction to Ergodic Theory. New York: Princeton University Press, 1977.

[58] 郑志刚. 从少体系统到多体系统：动力学与统计力学. 北京师范大学博士学位论文，1997.

[59] 郑志刚，胡岗. 从动力学到统计物理学. 北京: 北京大学出版社. 2016.

[60] Fermi E, Pasta J, Ulam S. Los Alamos Report No. LA1940, 1955.

[61] Arnold V I. Small denominators and problems of stability of motion in classical and celestial mechanics. Usp. Mat. Nauk., 1963, 18(6): 91-192.

[62] Chirikov B V. A universal instability of many-dimensional oscillator systems. Phys. Rep., 1979, 53: 265.

[63] Hénon M, Heiles C. The applicability of the third integral of motion: some numerical experiments. The Astrophysical Journal, 1964, 69: 73-79.

[64] 程崇庆. KAM 理论与 Arnold 扩散：哈密顿系统的动力学稳定性问题. 中国科学, 2004, 34(3): 257-267.

[65] 孙义燧. 非线性科学若干前沿问题. 合肥: 中国科学技术大学出版社, 2009.

[66] Grossman S, Thomae S. Invariant distributions and stationary correlation functions of the one-dimensional discrete processes. Z. Naturforsch, 1977, 32A: 1353.

[67] Feigenbaum M J. Universal behavior in nonlinear systems. Los Alamos Science, 1980, 1: 4.

[68] Feigenbaum M J. Quantitative universality for a class of nonlinear transformations. J. Stat. Phys., 1979, 21: 669.

[69] Tresser C, Coullet P. Itérations d'endomorphismes et groupe de renormalization. Journal de Physique Colloques., 1978, 39(C5): C5-25-C5-28.

[70] Coullet P, Eckmann J P, Koch H. Period doubling bifurcations for families of maps on R^n. J. Stat. Phys., 1981, 25: 1-14.

[71] 郝柏林. 从抛物线谈起. 上海: 上海科技教育出版社. 1993.

[72] Pomeau Y, Manneville P. Intermittent transition to turbulence in dissipative dynamical systems. Commun. Math. Phys., 1980, 74: 189.

[73] Hirsch J E, Nauenberg M, Scalapino D J. Intermittency in the presence of noise: a renormalization group formation. Phys. Lett. A, 1982, 87: 391.

[74] Hu B, Rudnick J. Exact solutions to the Feigenbaum renormalization group equations for intermittency. Phys. Rev. Lett., 1982, 48: 1645.

[75] Berge P, Pomeau Y, Vidal C. Order Within Chaos. New York: Wiley, 1984.

[76] Landau L D. On the problem of a turbulence. Akad. Nauk. Dok., 1944, 44: 339.

[77] Ruelle D, Takens F. On the nature of turbulence. Commun. Math. Phys., 1971, 20: 167.

[78] Newhouse S E, Ruelle D, Takens F. Experimental study of the velocity field in Rayleigh-Benard convection. Commun. Math. Phys., 1978, 64: 35.

[79] Dubois M, Berge P. Experimental study of the velocity field in Rayleigh-Benard convection. J. Fluid Mech., 1978, 85: 641.

[80] Gollub J P, Swinney H L. Onset of turbulence in a rotating fluid. Phys. Rev. Lett., 1975, 35: 927.

[81] 陈式刚. 圆映射. 上海: 上海科技教育出版社, 1998.

[82] Grebogi C, Ott E, Yorke J A. Attractors on an N-torus: Quasiperiodicity versus chaos. Physica D, 1985, 15: 354.

[83] Libchaber A, Laroche C, Fauve S. Period doubling cascade in mercury, a quantitative measurement. J. Phys. Lett., 1982, 43: L211.

[84] Palmer P G. Broken ergodicity, ergodicity ensembles irreversibility in Boltzmann and beyond. Adv. Phys., 1982, 31: 669.

[85] Krylov N S. Works on the Foundations of Statistical Physics. Princeton: Princeton University Press, 1979.

[86] Reichl L E. A Modern Course in Statistical Physics. Austin: University of Texas Press, 1980.

[87] Piesin Y, Sinai Y G. Characteristic Lyapunov exponents and smooth ergodic theory. Russ. Math. Surv., 1977, 32(4): 55-114.
[88] Anosov D V. Proceedings of the Steklov Institute of Mathematics. Providence, Rhode Island: American Mathematical Society, 1969.
[89] Risken H. The Fokker-Planck Equation: Methods of Solutions and Applications. Berlin: Springer-Verlag, 1984.
[90] 胡岗. 随机力与非线性系统. 上海: 上海科技教育出版社, 1994.
[91] 郝柏林. 布朗运动理论一百年. 物理, 2011, 40(1): 1-7.
[92] Brown R. A brief account of microscopical observations made in the months of June, July and August, 1827, on the particles contained in the pollen of plants; and on the general existence of active molecules in organic and inorganic bodies. Phil. Mag., 1828, 4: 161-173.
[93] Einstein A. Über die von der molekularkinetischen Theorie der Wärme geforderte Bewegung von in ruhenden Flüssigkeiten suspendierten Teilchen. Ann. Phys., 1905, 17: 549-560.
[94] Einstein A. Eine neue Bestimmung der Moleküldimensionen. Ann. Phys., 1906, 19: 289-306.
[95] Einstein A. Zur Theorie der Brownschen Bewegung. Ann. Phys., 1906, 19: 371-381.
[96] Perrin J B. Mouvement brownien et réalité moléculaire. Ann. de Chimie et de Physique (VIII), 1909, 18: 5-114.
[97] Fick A. Ueber diffusion. Annalen der Physik, 1855, 170: 59-86.
[98] Thiele T N. Sur la compensation de quelques erreurs quasi-systématiques par la méthode des moindres carrés. CA Reitzel, 1880.
[99] Bachelier L. Louis Bachelier's Theory of Speculation. Princeton: Princeton University Press, 2006.
[100] von Smoluchowski M. Zur kinetischen Theorie der Brownschen Molekularbewegung und der Suspensionen. Ann. Phys., 1906, 21: 757-779.
[101] Langevin P. On the theory of Brownian motion. C. R. Acad. Sci. (Paris), 1908, 146: 530-533.
[102] Fokker A D. Die mittlere Energie rotierender elektrischer Dipole im Strahlungsfeld. Ann. Phys., 1914, 348: 810-820.
[103] Planck M. Über einen Satz der statistischen Dynamik und seine Erweiterung in der Quantentheorie. Sitzungsberichte der Preussischen Akademie der Wissenschaften zu Berlin, 1917, 24: 324-341.
[104] Kolmogorov A N. On analytical methods in the theory of probability. Mathematische Annalen (in German)., 1931, 104(1): 415-458.
[105] Kramers H A. Brownian motion in a field of force and the diffusion model of chemical reactions. Physica, 1940, 7: 284.

[106] Wang M C, Uhlenbeck G E. On the theory of the Brownian motion Ⅱ. Rev. Mod. Phys., 1945, 17: 323.

[107] Kubo R, Yokota M, Nakajima S. Statistical-mechanical theory of irreversible processes. Ⅱ. Response to thermal disturbance. J. Phys. Soc. Japan, 1957, 12(11): 1203-1211.

[108] Hänggi P, Talkner P, Borkovec M. Reaction rate theory: fifty years after Kramers. Rev. Mod. Phys., 1990, 62: 251-342.

[109] Gammaitoni L, Hänggi P, Jung P, et al. Stochastic resonance. Rev. Mod. Phys., 1998, 70: 223-288.

[110] Hänggi P, Marchesoni F. Artificial Brownian motors: controlling transport on the nanoscale. Rev. Mod. Phys., 2009, 81: 387-442.

[111] Ito K, McKean H. Diffusion Processes and Their Sample Paths. Berlin: Springer-Verlag, 1974.

[112] Ito K. Foundations of Stochastic Differential Equations in Infinite Dimensional Spaces. Philadelphia: Society for Industrial and Applied Mathematics, 1984.

[113] Stratonovich R. On a method of calculating quantum distribution functions. Sov. Phys. Dokl., 1957, 2: 416.

[114] Stratonovich R. Nonlinear Nonequilibrium Thermodynamics, Vol. 1-2. Berlin: Springer Series in Synergetics, Springer-Verlag, 1992, 1994.

[115] Gardiner C W. Stochastic Methods: A Handbook for the Natural and Social Sciences. 4th ed. Berlin: Springer-Verlag, 2009.

[116] Zwanzig R. Memory effects in irreversible thermodynamics. Phys. Rev., 1961, 124: 983.

[117] Mori H. Transport, collective motion, and Brownian motion. Prog. Theor. Phys., 1965, 33: 423.

[118] Zheng Z G, Hu G. Systematic perturbation solution for Brownian motion in a biased periodic potential field. Phys. Rev. E, 1995, 52: 109.

[119] Benzi R, Sutera A, Vulpiani A. The mechanism of stochastic resonance. J. Phys. A, 1981, 14: L453-L457.

[120] Nicolis C, Nicolis G. Stochastic aspects of climatic transitions-additive fluctuations. Tellus, 1981, 33: 225.

[121] Fauve S, Heslot F. Stochastic resonance in a bistable system. Phys. Lett. A, 1983, 97: 5.

[122] McNamara B, Wiesenfeld K. Theory of stochastic resonance. Phys. Rev. A, 1989, 39(9): 4854-4869.

[123] Gammaitoni L, Marchesoni F, Menichella-Saetta E, et al. Stochastic resonance in bistable systems. Phys. Rev. Lett., 1989, 62: 349.

[124] Gammaitoni L, Marchesoni F, Santucci S. Stochastic resonance as a bona fide resonance. Phys. Rev. Lett., 1995, 74: 1052.

[125] Dykman M I, Mannella R, McClintock P V E, et al. Phase shifts in stochastic resonance. Phys. Rev. Lett., 1992, 68: 2985.

[126] Gong D, Hu G, Wen X, et al. Experimental study of the signal-to-noise ratio of stochastic resonance systems. Phys. Rev. A, 1992, 46: 3243.

[127] Iannelli J M, Yariv A, Chen T R, et al. Stochastic resonance in a semiconductor distributed feedback laser. Appl. Phys. Lett., 1994, 65: 1983.

[128] Jost B M, Sahleh B E A. Signal-to-noise ratio improvement by stochastic resonance in a unidirectional photorefractive ring resonantor. Opt. Lett., 1996, 21: 287.

[129] Gammaitoni L, Martinelli M, Pardi L, et al. Observation of stochastic resonance in bistable electron-paramagnetic-resonance system. Phys. Rev. Lett., 1991, 67: 1799.

[130] Lin I, Liu J M. Experimental observation of stochastic resonancelike behavior of autonomous motion in weakly ionized rf magnetoplasmas. Phys. Rev. Lett., 1995, 74: 3161.

[131] Reibold E, Just W, Becker J, et al. Stochastic resonance in chaotic spin-wave dynamics. Phys. Rev. Lett., 1997, 78: 3101.

[132] Hibbs A D, Singsaas A L, Jacobs E W, et al. Stochastic resonance in a superconducting loop with a Josephson junction. J. Appl. Phys., 1995, 77: 2582.

[133] Rouse R, Han S, Luckens J E. Flux amplification using stochastic superconducting quantum interference devices. Appl. Phys. Lett., 1995, 66: 108.

[134] Longtin A, Bulsara A, Moss F. Time-interval sequences in bistable system and the noise-induced transmission of information by sensory neurons. Phys. Rev. Lett., 1991, 67: 656.

[135] Douglass J K, Wilkens L, Pantazelou E, et al. Noise enhancement of information transfer in crayfish mechanoreceptors by stochastic resonance. Nature, 1993, 365: 337.

[136] Bezrukov S M, Vodyanoy I. Noise-induced enhancement of signal transduction across voltage-dependent ion channels. Nature, 1995, 378: 362.

[137] Levin J E, Miller J P. Broadband neural encoding in the cricket sensory system enhanced by stochastic resonance. Nature, 1996, 380: 165.

[138] Riani M, Simonotto E. Stochastic resonance in the perceptual interpretation of ambiguous figures: a neural network model. Phys. Rev. Lett., 1994, 72: 3120.

[139] Richardson L F. Atmosphere diffusion shown on a distance-neighbor graph. Proc. Roy. Soc. London Ser. A, 1926, 110(756): 709-737.

[140] Montroll E W, Weiss G H. Random walks on lattices Ⅱ. J. Math. Phys., 1965, 6: 167-181.

[141] Montroll E W, Scher H. Random walks on lattices Ⅳ: Continuous-time walks and influence of absorbing boundaries. J. Stat. Phys., 1973, 9: 101-135.

[142] Weiss G H. Aspects and Applications of Random Walks. Amsterdam: North-Holland, 1994.

[143] Klages R, Radons G, Sokolov I M. Anomalous Transport, Foundations and Applications. Amsterdam: WILEY-VCH Verlag GmbH & Co. KGaA, 2008.

[144] Metzler R, Klafter J. The random walk's guide to anomalous diffsion: A fractional dynamics approach. Phys. Rep., 2000, 339: 1-77.

[145] Klafter J, Lim S C, Metzler R. Fractional Dynamics: Recent Advances. Singapore: World Scientific, 2011.

[146] Tsallis C. Introduction to Nonextensive Statistical Mechanics, Approaching a Complex World. New York: Springer Science+Business Media, LLC, 2009.

[147] Abe S, Okamoto Y. Nonextensive Statistical Mechanics and its Applications. Berlin: Springer-Verlag, 2001.

[148] Glass L, Mackay M C. From Clocks to Chaos: The Rhythms of Life. Princeton: Princeton University Press, 1988.

[149] Mauro Z, Rodolfo C, Giuseppe M, et al. Circadian clocks: what makes them tick? Chronobiology International, 2000, 17(4): 433-451.

[150] 郑志刚. 打开生命时钟，重塑生命节律. 物理, 2017, 46(12): 802-808.

[151] Konopka R J, Benzer S. Clock mutants of Drosophila melanogaster. Proc. Natl. Acad. Sci. USA, 1971, 68: 2112-2116.

[152] Reddy P, Zehring W A, Wheeler D A, et al. Molecular analysis of the period locus in Drosophila melanogaster and identification of a transcript involved in biological rhythms. Cell, 1984, 38: 701-710.

[153] Bargiello T A, Young M W. Molecular genetics of a biological clock in Drosophila. Proc. Natl. Acad. Sci. USA, 1984, 81: 2142-2146.

[154] Bargiello T A, Jackson F R, Young M W. Restoration of circadian behavioural rhythms by gene transfer in Drosophila. Nature, 1984, 312: 752-754.

[155] Hardin P E, Hall J C, Rosbash M. Feedback of the Drosophila period gene product on circadian cycling of its messenger RNA levels. Nature, 1990, 343: 536-540.

[156] Vitaterna M H, King D P, Chang A M, et al. Mutagenesis and mapping of a mouse gene, Clock, essential for circadian behavior. Science, 1994, 264(5159): 719-725.

[157] Price J L, Blau J, Rothenfluh A, et al. Double-time is a novel Drosophila Clock gene that regulates PERIOD protein accumulation. Cell, 1998, 94: 83-95.

[158] Schrödinger E. What is life? The Physical Aspect of the Living Cell. Cambridge: Cambridge University Press, 1944.

[159] 菲利普・纳尔逊. 生物物理学：能量、信息、生命. 黎明, 戴陆如, 译. 上海: 上海科学技术出版社, 2006.

[160] 菲利普斯 R，康德夫 J，塞里奥特 J. 细胞的物理生物学. 涂展春, 王伯林, 等, 译. 北京: 科学出版社，2012.

[161] Edda K, Wolfram L, Christoph W, et al. Systems Biology: A Textbook. 2nd ed. Blackwell: Wiley, 2016.

[162] Palsson B O. Systems Biology: Properties of Reconstructed Networks. Cambridge: Cambridge University Press, 2006.
[163] Oltvai Z N, Barabási A L. Life's complexity pyramid. Science, 2002, 298: 763, 764
[164] Smith H M. Synchronous flashing of fireflies. Science, 1935, 82: 151.
[165] Buck J B. Synchronous rhythmic flashing of fireflies. Quart. Rev. Biol., 1938, 13(3): 301-314.
[166] Buck J B, Buck E. Biology of synchronous flashing of fireflies. Nature, 1966, 211: 562-564.
[167] Buck J B. Synchronous rhythmic flashing of fireflies. II. Quart. Rev. Biol., 1988, 63(3): 265-289.
[168] Milius S. U. S. fireflies flashing in unison. Science News, 1999, 155(11): 168.
[169] Peskin C S. Mathematical Aspects of Heart Physiology. New York: Courant Inst. Math. Sci., 1975.
[170] Mirollo R E, Strogatz S H. Synchronization of pulse-coupled biological oscillators. SIAM J. Appl. Math., 1990, 50(6): 1645-1662.
[171] Sumpter D J T. Collective Animal Behavior. Princeton and Oxford: Princeton University Press, 2010.
[172] Mikhailov A S, Calenbuhr V. From Cells to Societies: Models of Complex Coherent Action. Berlin: Springer-Verlag, 2002.
[173] Pikovsky A, Rosenblum M, Kurths J. Synchronization, A Universal Concept in Nonlinear Sciences. New York: Cambridge University Press, 2001.
[174] Strogatz S. SYNC: The Emerging Science of Spontaneous Order. New York: Hyperion, 2003.
[175] Huygens G. Horoloquim Oscilatorium. Paris: Parisiis, 1673.
[176] Rayleigh J. The Theory of Sound. New York: Dover Publishers, 1945.
[177] Winfree A T. Biological rhythms and the behavior of populations of coupled oscillators. J. Theo. Biol., 1967, 16: 15-42.
[178] Winfree A T. Geometry of Biological Time. New York: Springer-Verlag, 1990.
[179] Ermentrout G B, Kopell N. Frequency plateaus in a chain of weakly coupled oscillators. SIAM J. Math. Anal., 1984, 15(2): 215-237.
[180] Ermentrout G B, Rinzel J. Beyond a pacemaker's entrainment limit: Phase walk-through. Am. J. Physiol., 1984, 246: RI02-R106.
[181] Ermentrout G B. The behavior of rings of coupled oscillators. J. Math. Biol., 1985, 23: 55-74.
[182] Ermentrout G B. Synchronization in a pool of mutually coupled oscillators with random frequencies. J. Math. Biol., 1985, 22: 1-9.
[183] Kuramoto Y. Self-entrainment of a population of coupled non-linear oscillators//International Symposium on Mathematical Problems in Theoretical Physics. Berlin/Heidelberg:

Springer, 1975, NBR 6023.

[184] Kuramoto Y. Chemical Oscillations, Waves and Turbulence. Berlin: Springer-Verlag, 1984.

[185] Acebrón J A, Bonilla L L, Vicente C J P, et al. The Kuramoto model: a simple paradigm for synchronization phenomena. Rev. Mod. Phys., 2005, 77(1): 137.

[186] Bocaletti S, Kurths J, Osipov G, et al. The synchronization of chaotic systems. Phys. Rep., 2002, 336: 1.

[187] Arenas A, Díaz-Guilera A, Kurths J, et al. Synchronization in complex networks. Phys. Rep., 2008, 469(3): 93-153.

[188] Rodrigues F A, Peron T K D M, Ji P, et al. The Kuramoto model in complex networks. Phys. Rep., 2016, 610: 1-98.

[189] Osipov G V, Kurths J, Zhou C S. Synchronization in Oscillatory Networks. Berlin: Springer Series in Synergetics, Springer-Verlag, 2007.

[190] Balanov A, Janson N, Postnov D, et al. Synchronization: from Simple to Complex. Berlin: Springer-Verlag, 2009.

[191] Yao N, Zheng Z G. Chimera states in spatiotemporal systems: theory and applications. Int. J. Mod. Phys. B, 2016, 30(7): 1630002.

[192] Abrams D M, Strogatz S H. Chimera states for coupled oscillators. Phys. Rev. Lett., 2004, 93(17): 174102.

[193] Omel'chenko E, Maistrenko Y L, Tass P A. Chimera states: the natural link between coherence and incoherence. Phys. Rev. Lett., 2008, 100(4): 044105.

[194] Omel'chenko E, Maistrenko Y L, Tass P A. Chimera states induced by spatially modulated delayed feedback. Phys. Rev. E, 2010, 82(6): 066201.

[195] Bordyugov G, A. Pikovsky A, Rosenblum M. Self-emerging and turbulent chimeras in oscillator chains. Phys. Rev. E, 2010, 82(3): 035205.

[196] Kawamura Y. Chimera Ising walls in forced nonlocally coupled oscillators. Phys. Rev. E, 2007, 75(5): 056204.

[197] Sethia G C, Sen A, Johnston G L. Amplitude-mediated chimera states. Phys. Rev. E, 2013, 88(4): 042917.

[198] Sethia G C, Sen A. Chimera states: the existence criteria revisited. Phys. Rev. Lett., 2014, 112(14): 144101.

[199] Zakharova A, Kapeller M, Scholl E. Chimera death: symmetry breaking in dynamical networks. Phys. Rev. Lett., 2014, 112(15): 154101.

[200] Omelchenko I, Maistrenko Y, Hovel P, et al. Loss of coherence in dynamical networks: spatial chaos and chimera states. Phys. Rev. Lett., 2011, 106(23): 234102.

[201] Omelchenko I, Riemenschneider B, Hovel P, et al. Transition from spatial coherence to incoherence in coupled chaotic systems. Phys. Rev. E, 2012, 85(2): 026212.

[202] Gu C, St Yves G, Davidsen J. Spiral wave chimeras in complex oscillatory and chaotic systems. Phys. Rev. Lett., 2013, 111(13): 134101.

[203] Hagerstrom A M, Murphy T E, Roy R, et al. Experimental observation of chimeras in coupled-map lattices. Nature Physics, 2012, 8(9): 658-661.

[204] Tinsley M R, Nkomo S, Showalter K. Chimera and phase-cluster states in populations of coupled chemical oscillators. Nature Physics, 2012, 8(9): 662-665.

[205] O'Keeffe K P, Krapivsky P L, Strogatz S H. Synchronization as aggregation: cluster kinetics of pulse-coupled oscillators. Phys. Rev. Lett., 2015, 115(6): 064101.

[206] Bonilla L L, Perez Vicente C J, Rubi J M. Glassy synchronization in a population of coupled oscillators. J. Stat. Phys., 1993, 70(3): 921-937.

[207] Hong H, Strogatz S H. Kuramoto model of coupled oscillators with positive and negative coupling parameters: an example of conformist and contrarian oscillators. Phys. Rev. Lett., 2011, 106(5): 054102.

[208] Hong H, Strogatz S H. Mean-field behavior in coupled oscillators with attractive and repulsive interactions. Phys. Rev. E, 2012, 85(5): 056210.

[209] Tanaka H, A. J. Lichtenberg A J, Oishi S. First order phase transition resulting from finite inertia in coupled oscillator systems. Phys. Rev. Lett., 1997, 78(11): 2104.

[210] Omel'chenko E, Wolfrum M. Nonuniversal transitions to synchrony in the Sakaguchi-Kuramoto model. Phys. Rev. Lett., 2012, 109(16): 164101.

[211] Yeung M K S, Strogatz S H. Time delay in the Kuramoto model of coupled oscillators. Phys. Rev. Lett., 1999, 82(3): 648.

[212] Childs L M, Strogatz S H. Stability diagram for the forced Kuramoto model. Chaos, 2008, 18(4): 043128.

[213] Komarov M, PikovskyA. The Kuramoto model of coupled oscillators with a biharmonic coupling function. Physica D, 2014, 289: 18-31.

[214] Komarov M, Pikovsky A. Multiplicity of singular synchronous states in the Kuramoto model of coupled oscillators. Phys. Rev. Lett., 2013, 111(20): 204101.

[215] Petkoski S, Stefanovska A. Kuramoto model with time-varying parameters. Phys. Rev. E, 2012, 86(4): 046212.

[216] Sonnenschein B, Schimansky-Geier L. Approximate solution to the stochastic Kuramoto model. Phys. Rev. E, 2013, 88(5): 052111.

[217] Strogatz S H, Abrams D M, McRobie A, et al. Theoretical mechanics: crowd synchrony on the Millennium Bridge. Nature, 2005, 438(7064): 43, 44.

[218] Eckhardt B, Ott E, Strogatz S H, et al. Modeling walker synchronization on the Millennium Bridge. Phys. Rev. E, 2007, 75(2): 021110.

[219] Pecora L M, Carroll T L. Synchronization in chaotic systems. Phys. Rev. Lett., 1990, 64(8): 821.

[220] Fujisaka H, Yamada T. Stability theory of synchronized motion in coupled-oscillator systems. Prog. Theor. Phys., 1983, 69: 32-47.

[221] Yamada T, Fujisaka H. Stability theory of synchronized motion in coupled-oscillator systems 2: the mapping approach. Prog. Theor. Phys., 1983, 70: 1240-1248.

[222] Afraimovich V S, Verichev N N, Rabinovich M I. Stochastically synchronized oscillations in dissipative systems. Izv. Vyssh. Uchebn. Zaved. Radiofiz, 1986, 29: 1050-1060.

[223] Volkovskii A R, Rulkov N F. Experimental study of bifurcations on a stochastic synchronization threshold. Sov. Tech. Phys. Lett., 1989, 15: 249-250.

[224] Ott E, Grebogi C, Yorke J A. Controlling chaos. Phys. Rev. Lett., 1990, 64: 1196.

[225] Boccaletti S, Grebogi C, Lai Y C, et al. Control of chaos: theory and applications. Physics Reports, 2000, 329: 103-197.

[226] 胡岗，萧井华，郑志刚. 混沌控制. 上海: 上海科技教育出版社，2000.

[227] Zheng Z G, G. Hu G, Hu B. Phase slips and phase synchronization of coupled oscillators. Phys. Rev. Lett., 1998, 81: 5318-5321.

[228] Zheng Z G, Hu B, Hu G. Collective phase slips and phase synchronizations in coupled oscillator systems. Phys. Rev. E, 2000, 62: 402-408.

[229] Hu B, Zheng Z G. Phase synchronizations: Transitions from high- to low-dimensional tori through chaos. Inter. J. Bif. & Chaos, 2000, 10(10): 2399-2414.

[230] Zheng Z G, Hu G, Hu B. Phase synchronization in coupled oscillators: dynamical manifestations. Chin. Phys. Lett., 2001, 18(7): 874-877.

[231] Zheng Z G, Hu G, Zhou C S, et al. Phase synchronizations in coupled chaotic systems: From high-dimensional to low-dimensional chaos. Acta Physica Sinica, 2000, 49(12): 2320-2327.

[232] Zheng Z G. Synchronization of coupled phase oscillators, Chap. 9 "Brouwer T M. Advances in Electrical Engineering Research. Vol. 1". Nova Sci., 2011.

[233] Kaplan J K, Yorke J. Chaotic behavior of multidimensional difference equations//Peitgen H O, Walther H O. Functional Differential Equations and the Approximation of Fixed Points, Lecture Notes in Mathematics 730. Berlin: Springer, 1979: 204-227.

[234] Strogatz S H, Mirollo R E. Stability of incoherence of a population of coupled oscillators. J. Stat. Phys., 1991, 63: 613.

[235] Bonilla L L, Vicente C J P, Ritort F, et al. Exactly solvable phase oscillator models with synchronization dynamics. Phys. Rev. Lett., 1998, 81(17): 3643.

[236] Hansel D, Mato G, Meunier C. Clustering and slow switching in globally coupled phase oscillators. Phys. Rev. E, 1993, 48(5): 3470.

[237] Crawford J C. Amplitude expansions for instabilities in populations of globally-coupled oscillators. J. Stat. Phys., 1994, 74: 1047.

[238] Hong H, Choi M Y, Park K, et al. Synchronization and resonance in a driven system of coupled oscillators. Phys. Rev. E, 1999, 60(4): 4014.

[239] Reimann P, Van der Broeck C, Kawai P. Nonequilibrium noise in coupled phase oscillators. Phys. Rev. E, 1999, 60(6): 6402.

[240] Strogatz S H, Mirollo R E, Matthews P C. Coupled nonlinear oscillators below the synchronization threshold: relaxation be generalized Landau damping. Phys. Rev. Lett., 1992, 68(18): 2730.

[241] van Hemmen J L, Wreszinski W F. Lyapunov function for the Kuramoto model of nonlinearly coupled oscillators. J. Stat. Phys., 1993, 72: 145.

[242] Watanabe S, Strogatz S H. Integrability of globally coupled oscillator array. Phys. Rev. Lett., 1993, 70(16): 2391.

[243] Watanabe S, Strogatz S H. Constants of motion for superconducting Josephson arrays. Physica D, 1994, 74(3-4): 197-253.

[244] Daido H. A solvable model of coupled limit-cycle oscillators exhibiting partial perfect synchrony and moved frequency spectra. Physica D, 1993, 69: 394.

[245] Crawford J D. Scaling and singularities in the entrainment of globally coupled oscillators. Phys. Rev. Lett., 1995, 74(12): 4341.

[246] Crawford J D, Davies K T R. Synchronization of globally coupled phase oscillators: singularities and scaling for general couplings. Physica D, 1999, 125(1): 1-46.

[247] Strogatz S H. From Kuramoto to Crawford: Exploring the onset of synchronization in populations of coupled oscillators. Physica D, 2000, 143: 1.

[248] Balmforth N J, Sassi R. A shocking display of synchrony. Physica D, 2000, 143: 21.

[249] Tanaka H, Lichtenberg A J, Oishi S. Self-synchronization of coupled osicllators with hysteretic responses. Physica D, 1997, 100: 279.

[250] Hong H, Choi M Y, Yi J, et al. Inertia effects on periodic synchronization in a system of coupled oscillators. Phys. Rev. E, 1999, 59(1): 353.

[251] Ermentrout B. An adaptive model for synchrony in the firefly pteroptyx malaccae. J. Math. Biol., 1991, 29(6): 571-585.

[252] Strogatz S H. Nonlinear Dynamics and Chaos: With Applications to Physics, Biology, Chemistry, and Engineering. Boulder: Westview Press, 2014.

[253] Trees B R, Saranathan V, Stroud D. Synchronization in disordered Josephson junction arrays: Small-world connections and the Kuramoto model. Phys. Rev. E, 2005, 71(1): 016215.

[254] Filatrella G, Nielsen A H, Pedersen N F. Analysis of a power grid using a Kuramoto-like model. Eur. Phys. J. B, 2008, 61(4): 485-491.

[255] Dörfler F, Chertkov M, Bullo F. Synchronization in complex oscillator networks and smart grids. Proc. Natl. Acad. Sci., 2013, 110(6): 2005-2010.

[256] Machowski J, Bialek J, Bumby J R. Power System Dynamics and Stability. Chichester: John Wiley & Sons, 1997.

[257] Dörfler F, Chertkov M, Bullo F. Synchronization in complex oscillator networks and smart grids. Proc. Natl. Acad. Sci., 2013, 110(6): 2005-2010.

[258] MotterA E, Myers S A, Anghel M, et al. Spontaneous synchrony in power-grid networks. Nat. Phys., 2013, 9(3): 191-197.

[259] Kim H, Lee S H, Holme P. Community consistency determines the stability transition window of power-grid nodes. New J. Phys., 2015, 17(11): 113005.

[260] Acebron J A, Spigler R. Adaptive frequency model for phase-frequency synchronization in large populations of globally coupled nonlinear oscillators. Phys. Rev. Lett., 1998, 81(11): 2229.

[261] Sakaguchi H, Kuramoto Y. A soluble active rotater model showing phase transitions via mutual entertainment. Prog. Theor. Phys., 1986, 76: 576.

[262] Sakaguchi H, Shinomoto S, Kuramoto Y. Local and global self-entrainments in oscillator lattices. Prog. Theor. Phys., 1987, 77: 1005.

[263] Sakaguchi H, Shinomoto S, Kuramoto Y. Mutual entrainment in oscillator lattices with nonvariational type interaction. Prog. Theor. Phys., 1988, 79: 1069.

[264] Daido H. Quasientrainment and slow relaxation in a population of oscillators with random and frustrated interactions. Phys. Rev. Lett., 1992, 68(7): 1073.

[265] Park K, Rhee S W, Choi M Y. Glassy synchronization in the network of oscillators with random phase shifts. Phys. Rev. E, 1998, 57(5): 5030.

[266] Hoppensteadt F C, Izhikevich E M. Oscillatory neurocomputers with dynamic connectivity. Phys. Rev. Lett., 1999, 82(14): 2983.

[267] Zheng Z G. Frustration effect on synchronization and chaos in coupled oscillators. Chin. Phys., 2001, 10(08): 703-707.

[268] Kaneko K. Collapse of Tori and Genesis of Chaos in Dissipative Systems. Singapore: World Scientific, 1986.

[269] Niebur E, Schuster H G, Kammen D M. Collective frequencies and metastability in networks of limit-cycle oscillators with time delay. Phys. Rev. Lett., 1991, 67(20): 2753-2756.

[270] Gerstner W, van Hemmen J L. Coherence and incoherence in a globally coupled ensemble of pulse-emitting units. Phys. Rev. Lett., 1993, 71(3): 312.

[271] Bressloff P C, Coombes S, de Souza B. Dynamics of a ring of pulse-coupled oscillators: Group theoretic approach. Phys. Rev. Lett., 1997, 79(15): 2791.

[272] Kim S, Park S H, Ryu C S. Multistability in coupled oscillator systems with time delay. Phys. Rev. Lett., 1997, 79(15): 2911.

[273] Bressloff P C , Coombes S. Traveling waves in a chain of pulse-coupled oscillators. Phys. Rev. Lett., 1998, 80(21): 4815.

[274] Takamatsu A, Fujii T, Endo I. Time delay effect in a living coupled oscillator system

with the plasmodium of physarum polycephalum. Phys. Rev. Lett., 2000, 85(9): 2026-2029.

[275] Jeong S O, Ko T W, Moon H T. Time-delayed spatial patterns in a two-dimensional array of coupled oscillators. Phys. Rev. Lett., 2002, 89(15): 154104.

[276] Lee W S, Ott E, Antonsen T M. Large coupled oscillator systems with heterogeneous interaction delays. Phys. Rev. Lett., 2009, 103(4): 044101.

[277] Ares S, Morelli L G, Jörg D J, et al. Collective modes of coupled phase oscillators with delayed coupling. Phys. Rev. Lett., 2012, 108(20): 204101.

[278] Jörg D J, Morelli L G, Ares S, et al. Synchronization dynamics in the presence of coupling delays and phase shifts. Phys. Rev. Lett., 2014, 112(17): 174101.

[279] Yoon S, Sorbaro S M, Goltsev A V, et al. Critical behavior of the relaxation rate, the susceptibility, and a pair correlation function in the Kuramoto model on scale-free networks. Phys. Rev. E, 2015, 91(3): 032814.

[280] Coutinho B C, Goltsev A V, Dorogovtsev S N, et al. Kuramoto model with frequency-degree correlations on complex networks. Phys. Rev. E, 2012, 87(3): 032106.

[281] Dorfler F, Bullo F. Synchronization and transient stability in power networks and nonuniform Kuramoto oscillators. SIAM J. Control Optim., 2012, 50(3): 1616-1642.

[282] Xu C, Gao J, Xiang H, et al. Dynamics of phase oscillators in the Kuramoto model with generalized frequency-weighted coupling. Phys. Rev. E, 2016, 94: 062204.

[283] Ermentrout G B. Oscillator death in populations of "all to all" coupled nonlinear oscillators. Physica D, 1990, 41: 219.

[284] Mirollo R E, Strogatz S H. Amplitude death in an array of limit-cycle oscillators J. Stat. Phys., 1990, 60: 245.

[285] Matthews P C, Strogatz S H. Phase diagram for the Collective behavior of limit-cycle oscillators. Phys. Rev. Lett., 1990, 65(14): 1701.

[286] Reddy D V R, Sen A, Johnston G L. Time delay induced death in coupled limit cycle oscillators. Phys. Rev Lett., 1998, 80(23): 5109.

[287] 徐灿. 从无序到有序: 耦合非线性振子的集体动力学研究. 北京师范大学博士学位论文，2017.

[288] 高健. 两类简单耦合系统的动力学与统计性质研究. 北京师范大学硕士学位论文，2016.

[289] Ott E, Antonsen T M. Low dimensional behavior of large systems of globally coupled oscillators. Chaos, 2008, 18(3): 037113.

[290] Ott E, Antonsen T M. Long time evolution of phase oscillator systems. Chaos, 2009, 19(2): 023117.

[291] Pietras B, Daffertshofer A. Ott-Antonsen attractiveness for parameter-dependent oscillatory systems. Chaos, 2016, 26(10): 103101.

[292] Marvel S A, Strogatz S H. Invariant submanifold for series arrays of Josephson junctions. Chaos, 2009, 19(1): 013132.

[293] Marvel S A, Mirollo R E, Strogatz S H. Identical phase oscillators with global sinusoidal coupling evolve by Mobius group action. Chaos, 2009, 19(4): 043104.

[294] Tristan N. Visual Complex Analysis. Oxford: Clarendon Press, 1997.

[295] Gao J, Xu C, Sun Y, et al. Order parameter analysis for low-dimensional behaviors of coupled phase-oscillators. Sci. Rep., 2016, 6: 30184.

[296] Xu C, Xiang H, Gao J, et al. Collective dynamics of identical phase oscillators with high-order coupling. Sci. Rep., 2016, 6: 31133.

[297] Umberger D K, Grebogi C, Ott E, et al. Spatiotemporal dynamics in a dispersively coupled chain of nonlinear oscillators. Phys. Rev. A, 1989, 39(9): 4835.

[298] Kuramoto Y, Battogtokh D. Coexistence of coherence and incoherence in nonlocally coupled phase oscillators. Nonl. Phenom. Complex Syst., 2002, 5(4): 380-385.

[299] Abrams D M, Strogatz S H. Chimera states in a ring of nonlocally coupled oscillators. Int. J. Bif. & Chaos, 2006, 16(01): 21-37.

[300] Sieber J, Omel'chenko O E, Wolfrum M. Controlling unstable chaos: Stabilizing chimera states by feedback. Phys. Rev. Lett., 2014, 112: 054102.

[301] Laing C R. The dynamics of chimera states in heterogeneous Kuramoto networks. Physica D, 2009, 238(16): 1569-1588.

[302] Wang H, Li X. Synchronization and chimera states of frequency-weighted Kuramoto oscillator networks. Phys. Rev. E, 2011, 83(6): 066214.

[303] Shima S I, Kuramoto Y. Rotating spiral waves with phase-randomized core in nonlocally coupled oscillators. Phys. Rev. E, 2004, 69: 036213.

[304] Martens E A, Laing C R, Strogatz S H. Solvable model of spiral wave chimeras. Phys. Rev. Lett., 2010, 104: 044101.

[305] Omel'chenko O E, Wolfrum M, Yanchuk S, et al. Stationary patterns of coherence and incoherence in two-dimensional arrays of non-locally-coupled phase oscillators. Phys. Rev. E, 2012, 85(3): 036210.

[306] Panaggio M J, Abrams D M. Chimera states on a flat torus. Phys. Rev. Lett., 2013, 110: 094102.

[307] Panaggio M J, Abrams D M. Chimera states on the surface of a sphere. Phys. Rev. E, 2015, 91: 022909.

[308] Kuramoto Y, Shima S I, Battogtokh D, et al. Mean-field theory revives in self-oscillatory fields with non-local coupling. Prog. Thero. Phys. Supp., 2006, 161: 127-143.

[309] Sethia G C, Sen A, Atay F M. Clustered chimera states in delay-coupled oscillator systems. Phys. Rev. Lett., 2008, 100: 144102.

[310] Zhu Y, Zheng Z G, Yang J Z. Four-cluster chimera state in non-locally coupled phase oscillator systems with an external potential. Chin. Phys. B, 2013, 22(10): 100505.

[311] Zhu Y, Zheng Z G, Yang J Z. Reversed two-cluster chimera state in non-locally coupled oscillators with heterogeneous phase lags. Europhys. Lett., 2013, 103(1): 10007.

[312] Omelchenko I, Omelchenko O E, Hovel P, et al. When nonlocal coupling between oscillators becomes stronger: Patched synchrony or multichimera states. Phys. Rev. Lett., 2013, 110(22): 224101.

[313] Yeldesbay A, Pikovsky A, Rosenblum M. Chimeralike states in an ensemble of globally coupled oscillators. Phys. Rev. Lett., 2014, 112(14): 144103.

[314] Yao N, Huang Z, Lai Y, et al. Robustness of chimera states in complex dynamical systems. Sci. Rep., 2013, 3: 3522.

[315] Zhu Y, Zheng Z G, Yang J. Chimera states on complex networks. Phys. Rev. E, 2014, 89(2): 022914.

[316] Viktorov E A, Habruseva T, Hegarty S P, et al. Coherence and incoherence in an optical comb. Phys. Rev. Lett., 2014, 112(22): 224101.

[317] Nkomo S, Tinsley M R, Showalter K. Chimera states in populations of nonlocally coupled chemical oscillators. Phys. Rev. Lett., 2013, 110: 244102.

[318] Martens E A, Thutupalli S, Fourriere A, et al. Chimera states in mechanical oscillator networks. Proc. Nat. Acad. Sci.(U.S.A), 2013, 110(26): 10563-10567.

[319] Yang J Z, Hu G, Xiao J H. Chaos synchronization in coupled chaotic oscillators with multiple Lypaunov exponents. Phys. Rev. Lett., 1998, 80(3): 496.

[320] Hu G, Yang J Z, Liu W J. Instability and controllability of linearly coupled oscillators: eigenvalue analysis. Phys. Rev. E, 1998, 58(4): 4440.

[321] Pecora L M, Carroll T L. Master stability functions for synchronized coupled systems. Phys. Rev. Lett., 1998, 80(10): 2109-2112.

[322] Heagy J F, Pecora L M, Carroll T L. Short wavelength bifurcations and size instabilities in coupled oscillator systems. Phys. Rev. Lett., 1995, 74(21): 4185.

[323] Matias M A, Perez-Munuzuri V, Lorenzo M N, et al. Observation of a fast rotating wave in rings of coupled chaotic oscillators. Phys. Rev. Lett., 1997, 78(2): 219.

[324] Lorenzo M N, Marino I P, Perez-Munuzuri V, et al. Synchronization waves in arrays of driven chaotic systems. Phys. Rev. E, 1996, 54(4): R3094.

[325] Sachez E, Matias M A. Experimental observation of a periodic rotating wave in rings of unidirectionally coupled analog Lorenz oscillators. Phys. Rev. E, 1998, 57(5): 6184.

[326] Pecora L M. Synchronization conditions and desynchronizing patterns in coupled limit-cycle and chaotic systems. Phys. Rev. E, 1998, 58(1): 347.

[327] Zhan M, Hu G, Yang J. Synchronization of chaos in coupled systems. Phys. Rev. E, 2000, 62(2): 2963.

[328] Fink K S, Johnson G, Carroll T, et al. Three coupled oscillators as a universal probe of synchronization stability in coupled oscillator arrays. Phys. Rev. E, 2000, 61(5): 5080.

[329] Rulkov N F, Sushchik K M, Tsimring L S, et al. Generalized synchronization of chaos in directionally coupled chaotic systems. Phys. Rev. E, 1995, 51: 980.

[330] Kocarev L, Parlitz U. Generalized synchronization, predictability, and equivalence of unidirectionally coupled dynamical systems. Phys. Rev. Lett., 1996, 76: 1816.

[331] Abarbanel H D I, Rulkov N F, Sushchik M M. Generalized synchronization of chaos: The auxiliary system approach. Phys. Rev. E, 1996, 53: 4528.

[332] Hunt B R, Ott E, Yorke J. Differentiable generalized synchronization of chaos. Phys. Rev. E, 1997, 55: 4029.

[333] Pyragas K. Weak and strong synchronization of chaos. Phys. Rev. E, 1996, 54(5): R4508.

[334] Parmananda P. Generalized synchronization of spatiotemporal chemical chaos. Phys. Rev. E, 1997, 56(2): 1595.

[335] de Sousa Vieira M, Lichtenberg A J. Nonuniversality of weak synchronization in chaotic systems. Phys. Rev. E, 1997, 56(4): R3741.

[336] Tang D Y, Dykstra R, Hamilton M W, et al. Observation of generalized synchronization of chaos in a driven chaotic system. Phys. Rev. E, 1998, 57(5): 5247.

[337] Brown R. Approximating the mapping between systems exhibiting generalized synchronization. Phys. Rev. Lett., 1998, 81(22): 4835.

[338] Parlitz U, Junge L, Kocarev L. Subharmonic entrainment of unstable period orbits and generalized synchronization. Phys. Rev. Lett., 1997, 79(17): 3158.

[339] Rulkov N F, Lewis C T. Subharmonic destruction of generalized chaos synchronization. Phys. Rev. E, 2001, 63: 065204.

[340] Zheng Z G, Wang X G, Cross M C. Transitions from partial to complete generalized synchronizations in bidirectionally coupled chaotic oscillators. Phys. Rev. E, 2002, 65: 056211.

[341] He D H, Stone L, Zheng Z G. Analysis of generalized synchronization in directionally coupled chaotic phase oscillators by local minimal fluctuations. Phys. Rev. E, 2002, 66: 036208.

[342] He D H, Zheng Z G, Stone L. Detecting generalized synchrony: an improved approach. Phys. Rev. E, 2003, 67: 026223.

[343] Zhan M, Wang X G, Gong X, et al. Complete synchronization and generalized synchronization of one-way coupled time-delay systems. Phys. Rev. E, 2003, 68: 036208.

[344] Koronovskii A A, Moskalenko O I, Ponomarenko V I, et al. Binary generalized synchronization. Chaos Solitons & Fractals, 2016, 83: 133-139.

[345] Yalcinkaya T, Lai Y C. Phase characterization of chaos. Phys. Rev. Lett., 1997, 79(20): 3885.

[346] Hu G, Yang J, Ma W, et al. Hopf bifurcation from chaos and generalized winding numbers of critical modes. Phys. Rev. Lett., 1998, 81(24): 5314.

[347] 杨俊忠. 耦合系统中同步混沌的研究. 北京师范大学博士学位论文，1998.

[348] Huang N E, Shen Z, Long S R, et al. The empirical mode decomposition and the Hilbert spectrum for nonlinear and non-stationary time series analysis. Proc. R. Soc. Lond. A, 1998, 454: 903.

[349] Mandelbrot B B. Fractal Geometry of Nature. New York: Freeman, 1983.

[350] Pikovsky A S, Rosenblum M G, Osipov G, et al. Phase synchronization of chaotic oscillators by external driving. Physica D, 1997, 104: 219.

[351] Rosa E, Hayes S, Grebogi C. Noise filtering in communications with chaos. Phys. Rev. Lett., 1997, 78(7): 1247.

[352] Schäfer C, Rosenblum M G, Kurths J, et al. Heartbeat synchronized with ventilation. Nature, 1998, 392: 239.

[353] Zaks M A, Park E, Rosenblum M G, et al. Alternating locking ratios in imperfect phase synchronization. Phys. Rev. Lett., 1999, 82(21): 4228.

[354] Park E, Zaks M A, Kurths J. Phase synchronization in the forced Lorenz system. Phys. Rev. E, 1999, 60(6): 6627.

[355] Pikovsky A S, Osipov G V, Rosenblum M G, et al. Attractor-repellor collision and eyelet intermittency at the transition to phase synchronization. Phys. Rev. Lett., 1997, 79(1): 47.

[356] Rosenblum M G, Pikovsky A S, Kurths J. Phase synchronization of chaotic oscillators. Phys. Rev. Lett., 1996, 76(11): 1804.

[357] Funk G D, Valenzuela I J, Milsom W K. Energetic consequences of coordinating wingbeat and respiratory rhythms in birds. J. Exp. Biol., 1997, 200: 915.

[358] Tass P, Rosenblum M G, Weule J, et al. Detection of n:m phase locking from noisy data: Application to magnetoencephalography. Phys. Rev. Lett., 1998, 81(15): 3291.

[359] Lee K J, Kwak Y, Lim T K. Phase jumps near a phase synchronization transition in systems of two coupled chaotic oscllators. Phys. Rev. Lett., 1998, 81(2): 321.

[360] DeShazer D J, Breban R, Ott E, et al. Detecting phase synchronization of regular and chaotic systems. Phys. Rev. Lett., 2001, 87: 044101.

[361] Zheng Z G. Phase-locking dynamics in coupled circle-map lattices. Comm. Theor. Phys., 2002, 37: 557.

[362] Osipov G V, Pikovsky A S, Kurths J. Phase synchronization of chaotic rotators. Phys. Rev. Lett., 2002, 88: 054102.

[363] 郑志刚, 胡岗, 周昌松, 等. 耦合混沌系统的相同步：从部分同步到完全同步. 物理学报, 2000, 49: 2320.

[364] Zheng Z G, Zhou C S. Alternate phase synchronization in coupled chaotic oscillators. Comm. Theor. Phys., 2002, 37: 419.

[365] Zheng Z G, Hu G, Hu B. Phase desynchronization as a mechanism for transitions to high-dimensional chaos. Comm. Theor. Phys., 2001, 35: 682.

[366] Osipov G V, Pikovsky A S, Rosenblum M G, et al. Phase synchronization effects in a lattice of nonidentical Rossler oscillators. Phys. Rev. E, 1997, 55(3): 2353.

[367] Zhan M, Zheng Z G, Hu G, et al. Nonlocal chaotic phase synchronization. Phys. Rev. E, 2000, 62(3): 3552.

[368] Zheng Z G, Hu G, Hu B. Enhancement of phase synchronization through asymmetric couplings. Phys. Rev. E, 2000, 62(5): 7501.

[369] Goryachev A, Kapral R. Spiral waves in chaotic system. Phys. Rev. Lett., 1996, 76(10): 1619.

[370] Blasius B, A. Huppert A, Stone L. Complex dynamics and phase synchronization in spatially extended ecological systems. Nature, 1999, 399: 354.

[371] Zhan M, Hu G, Zhang Y, et al. Generalized splay state in coupled chaotic oscillators induced by weak mutual resonant interactions. Phys. Rev. Lett., 2001, 86(8): 1510.

[372] Hu G, Zhang Y, Cerdeira H A, et al. From low-dimensional synchronous chaos to high-dimensional desynchronous spatiotemporal chaos in coupled systems. Phys. Rev. Lett., 2000, 85(16): 3377.

[373] Parlitz U, Junge L, Lauterborn W, et al. Experimental observation of phase synchronization. Phys. Rev. E, 1996, 54(2): 2115.

[374] Zheng Z G, Hu G. Generalized synchronization versus phase synchronization. Phys. Rev. E, 2000, 62(6): 7883.

[375] Gao J, Zheng Z G, He D H. Transition to phase synchronization through generalized synchronization. Chin. Phys. Lett., 2003, 20(7): 999.

[376] Hramov A E, Koronovskii A A. Time scale synchronization of chaotic oscillators. Physica D, 2005, 206: 252-264.

[377] Guan S G, Wang X G, Gong X, et al. The development of generalized synchronization on complex networks. Chaos, 2009, 19: 013130.

[378] Guan S G, Gong X, Li K, et al. Characterizing generalized synchronization in complex networks. New J. Phys., 2010, 12: 073045.

[379] Rosenblum M G, Pikovsky A S, Kurths J. From phase to lag synchronization in coupled oscillators. Phys. Rev. Lett., 1997, 78(22): 4193.

[380] Taherion S, Lai Y C. Observability of lag synchronization in coupled chaotic oscillators. Phys. Rev. E, 1999, 59(6): R6247.

[381] Sosnovtseva O V, Balanov A G, Vadivasova T E, et al. Loss of lag synchronization in coupled chaotic system. Phys. Rev. E, 1999, 60(6): 6560.

[382] Boccaletti S, Valladares D L. Characterization of intermittent lag synchronization. Phys. Rev. E, 2000, 62(5): 7497.

[383] Zhan M, Wei G W, Lai C H. Transition from intermittency to periodicity in lag synchronization in coupled Rossler oscillators. Phys. Rev. E, 2002, 65: 036202.

[384] Hampton A, Zanette D H. Measure synchronization in coupled Hamiltonian systems. Phys. Rev. Lett., 1999, 83(11): 2179.

[385] Wang X G, Li H H, Hu K, et al. Partial measure synchronization in Hamiltonian systems. Int. J. Bif. &Chaos, 2002, 12: 1141.

[386] Ginzburg V L, Landau L D. On the theory of superconductivity. Zh. Eksp. Teor. Fiz., 1950, 20: 1064.

[387] 欧阳颀. 反应扩散系统中的斑图动力学. 上海: 上海科技教育出版社, 2000.

[388] Chate H, Hohenberg P. Phase diagram of the two-dimensional complex Ginzburg-Landau equation. Physica A, 1996, 224: 348.

[389] Aranson I S, Kramer L. The world of the complex Ginzburg-Landau equation. Rev. Mod. Phys., 2002, 74: 99-143.

[390] Amengual A, Hernández-García E, Montagne R, et al. Synchronization of spatiotemporal chaos: The regime of coupled spatiotemporal intermittency. Phys. Rev. Lett., 1997, 78(23): 4379-4392.

[391] Boccaletti S, Bragard J, Arecchi F T, et al. Synchronization in nonidentical extended systems. Phys. Rev. Lett., 1999, 83(3): 536.

[392] Chaté H, Pikovsky A, Rudzick O. Forcing oscillatory media: Phase kinks vs synchronization. Physica D, 1999, 131: 17.

[393] Junge L, Parlitz U. Phase synchronization of coupled Ginzburg-Landau equations. Phys. Rev. E, 2000, 62(1): 438.

[394] Kocarev L, Parlitz U. Synchronizing spatiotemporal chaos in coupled nonlinear oscillators. Phys. Rev. Lett., 1996, 77(11): 2206.

[395] Kocarev L, Tasev Z, Parlitz U. Synchronizing spatiotemporal chaos of partial differential equation. Phys. Rev. Lett., 1997, 79(1): 51.

[396] Albert R, Barabási A L. Statistical mechanics of complex networks. Rev. Mod. Phys., 2002, 74(1): 47.

[397] Watts D J. Six Degrees: The Science of a Connected Age. New York: W. W. Norton & Company, 2003.

[398] Barabási A L. The New Science of Networks. Cambridge: Prerseus, 2002.

[399] Buchanan N M. Small Worlds and the Groundbreaking Science of Networks. New York: W. W. Norton and Company, 2002.

[400] Dorogovtsev S N, Mendes J F F. Evolution of networks. Adv. Phys., 2002, 51: 1079-1181.

[401] Watts D J. Small Worlds: The Dynamics of Networks between Order and Randomness. Princeton : Princeton University Press, 1999.

[402] Boccalettia S, Latora V, Moreno Y, et al. Complex networks: structure and dynamics. Phys. Rep., 2006, 424: 175-308.

[403] Dorogovtsev S N, Mendes J F F. Evolution of Networks: From Biological Nets to the Internet and WWW. Oxford: Oxford University Press, 2003.

[404] Pastor-Satorras R, Vespignani A. Evolution and Stricture of the Internet: A Statistical Physics Approach. Cambridge: Cambridge University Press, 2004.

[405] Ben-Naim E, Frauenfelder H, Torozckai Z. Complex Networks, Lecture Notes in Physics, Vol. 650. Springer, Amazon, 2004.

[406] Newman M E J. The structure and function of complex networks. SIAM Review, 2003, 45: 167-256.

[407] Bollobas B. Modern Graph Theory. New York: Spring-Verlag, 1998.

[408] Bollobas B, Riordan O. Mathematical results on scale-free random graphs//Handbook of Graphs and Networks: From the Genome to the Interest. Berlin: Wiley-VCH, 2003.

[409] Milgram S. The small-world problem. Psychology Today, 1967, 1: 60; Travers J, Milgram S. An experimental study of the small world problem. Sociometry, 1969, 32(4): 425-443.

[410] Barrat A, Barthélemy M, Pastor-Satorras R, et al. The architecture of complex weighted networks. Proc. Natl. Acad. Sci. U. S. A., 2004, 101(11): 3747-3752.

[411] Newman M E J. Assortative mixing in networks. Phys. Rev. Lett., 2002, 89(20): 208701.

[412] Ravasz E, Barabási A L. Hierarchical organization in complex networks. Phys. Rev. E, 2003, 67: 026112.

[413] Wasserman S, Faust K. Social Network Analysis: Methods and Application. New York: Cambridge University Press, 1994.

[414] Friedkin N E. Theoretical foundations for centrality measures. Amer. J. Soc., 1991, 96: 1478-1504.

[415] Barthélemy M. Betweenness centrality in large complex networks. Eur. Phys. J. B, 2004, 38: 163-168.

[416] Freeman L C. A set of measures of centrality based on betweenness. Sociometry, 1997, 40: 35-41.

[417] Freeman L C, Borgatti S P, White D R. Centrality in valued graphs: A measure of betweenness based on network flow. Social Networks, 1991, 13: 141-154.

[418] Milo R, Itzkovitz S, Kashtan N, et al. Superfamilies of evolved and designed networks. Science, 2004, 303(5663): 1538-1542.

[419] Girvan M, Newman M E J. Community structure in social and biological networks. Proc. Natl. Acad. Sci. USA, 2002, 99(12): 7821-7826.

[420] Newman M E J. Detecting community structure in networks. Eur. Phys. J. B, 2004, 38: 321-330.

[421] Newman M E J. Fast algorithm for detecting community structure in networks. Phys. Rev. E, 2004, 69: 066133.

[422] Erdös P, Rényi A. On random graphs I. Publ. Math. Debrecen, 1959, 6: 290-297.

[423] Bollobas B. Random Graph. 2nd ed. Cambridge: Cambridge University Press, 2001.

[424] Durrett R. Random Graph Dynamics. Cambridge: Cambridge University Press, 2006.

[425] Newman M E J, Watts D J. Renormalization group analysis of the small-world network model. Phys. Lett. A, 1999, 263: 341-346.

[426] Newman M E J, Watts D J. Scaling and percolation in the small-world network model. Phys. Rev. E, 1999, 60: 7332-7342.

[427] Kasturirangan R. Multiple Scales in Small-World Graphs. Los Alamos arXiv cond-mat/9904055, 1999.

[428] Dorogovtsev S N, Mendes J F F. Exactly solvable small-world network. Europhys. Lett., 2000, 50: 1-7.

[429] Dorogovtsev S N, Mendes J F F, Samukhin A N. Size-dependent degree distribution of a scale-free growing network. Phys. Rev. E, 2001, 63(6): 062101.

[430] Chung F, Lu L Y, Dewey T G, et al. Duplication models for biological networks. J. of Comput. Biology, 2003, 10(5): 677-688.

[431] Krapivsky L P, Redner S. Organization of growing random networks, Phys. Rev. E, 2001, 63: 066123.

[432] Vázquez A. Disordered networks generated by recursive searches. Europhys. Lett., 2001, 54: 430-435.

[433] Albert R, Barabási A L. Topology of evolving networks: local events and universality. Phys. Rev. Lett., 2000, 85: 5234-5237.

[434] Chen Q H, Shi D H. The modeling of scale-free networks. Physica A, 2004, 335: 240-248.

[435] Amaral L A N, Scala A, Barthélémy M, et al. Classes of small-world networks. Proc. Natl. Acad. Sci. USA, 2000, 97(21): 11149-11152.

[436] Yook S H, Jeong H, Barabási A L, et al. Weighted evolving networks. Phys. Rev. Lett., 2001, 86: 5835-5838.

[437] Tieri P, Valensin S, Latora V, et al. Quantifying the relevance of different mediators in the human immune cell network. Bioinformatics, 2005, 21(8): 1639-1643.

[438] Barabási A L, Jeong H, Néda Z, et al. On the topology of the scientific collaboration networks. Physica A, 2002, 311: 590-614.

[439] Guimerà R, Mossa S, Turtschi A, et al. The worldwide air transportation network: Anomalous centrality, community structure, and cities' global roles. Proc. Nat. Acad. Sci. USA, 2005, 102: 7794-7799.

[440] Onnela J P, Saramäki J, Kertész J, et al. Intensity and coherence of motifs in weighted complex networks. Phys. Rev. E, 2005, 71: 065103.

[441] Holme P, Park S M, Kim B J. Korean university life in a network perspective: Dynamics of a large affiliation network. Physica A, 2007, 373: 821-830.

[442] Pastor S R, Vázquez A, Vespignani A. Dynamical and correlation properties of the Internet. Phys. Rev. Lett., 2001, 87: 258701.

[443] Dorogovtsev S N, Mendes J F F. Scaling behaviour of developing and decaying networks. Europhys. Lett., 2000, 52: 33-39.

[444] Barrat A, Barthélemy M, Vespignani A. Weighted evolving networks: Coupling topology and weight dynamics. Phys. Rev. Lett., 2004, 92: 228701.

[445] Wang W X, Wang B H, Hu B, et al. General dynamics of topology and traffic on weighted technological networks. Phys. Rev. Lett., 2005, 94: 188702.

[446] 陆君安，刘慧，陈娟. 复杂动态网络的同步//网络科学与工程丛书. 北京: 高等教育出版社，2016.

[447] Barahona M, Pecora L M. Synchronization in small-world systems. Phys. Rev. Lett., 2002, 89(5): 054101.

[448] Nishikawa T, Motter A E. Synchronization is optimal in nondiagonalizable networks. Phys. Rev. E, 2006, 73(6): 065106.

[449] Zhou C S, Kurths J. Dynamical weights and enhanced synchronization in adaptive complex networks. Phys. Rev. Lett., 2006, 96(16): 164102.

[450] Fan J, Li X, Wang X F. On synchronous preference of complex dynamical networks. Physica A, 2005, 355(5): 657-666.

[451] Wang X F, Chen G R. Synchronization in scale-free dynamical networks: Robustness and fragility. IEEE Trans. Circ. & Syst. I, 2002, 49(1): 54-62.

[452] Wang X F, Chen G R. Synchronization in small-world dynamical networks. Int. J. Bif. Chaos, 2002, 12: 187-192.

[453] Bollobas B, Riordan O. The diameter of a scale-free random graph. Combinatorica, 2004, 24(1): 5-34.

[454] Gray C M, König P, Engel A K, et al. Oscillatory responses in cat visual cortex exhibit inter-columnar synchronization which reflects global stimulus properties. Nature, 1998, 338: 334.

[455] Stewart I, Golubitsky M, Pivato M. Symmetry groupoids and patterns of synchrony in coupled cell networks. SIAM J. Appl. Dyn. Sys., 2003, 2(4): 609.

[456] Ao B, Zheng Z G. Partial synchronization on complex networks. Europhys. Lett., 2006, 74(2): 229-235.

[457] Zheng Z G, Feng X Q, Ao B, et al. Synchronization on coupled dynamical networks. Front. Phys. in China, 2006, 1(4): 458-467.

[458] Ao B, Ma X J, Li Y Y, et al. Non-local coupling and partial synchronization in chaotic systems. Chin. Phys. Lett., 2006, 23(4): 786-789.

[459] Ao B, Ma X J, Li X L, et al. Partial synchronization of coupled chaotic oscillators with blinking non-local couplings. Int. J. Mod. Phys., 2007, 21: 995-1003.

[460] 敖滨. 耦合非线性系统中的部分同步. 北京师范大学博士学位论文，2006.

[461] Golubitsky M, Stewart I. Recent advences in symmetric and network dynamics. Chaos, 2015, 25: 097612.

[462] Liu S, Zhan M. Clustering versus non-clustering phase synchronizations. Chaos, 2014, 24: 013104.

[463] Fu C, Lin W, Huang L, et al. Synchronization transition in networked chaotic oscillators: The viewpoint from partial synchronization. Phys. Rev. E, 2014, 89: 052908.

[464] Lin W, Li H, Ying H, et al. Inducing isolated-desynchronization states in complex network of coupled chaotic oscillators. Phys. Rev. E, 2016, 94: 062303.

[465] Pecora L M, Sorrentino F, Hagerstrom A M, et al. Cluster synchronization and isolated desynchronization in complex networks with symmetries. Nature Communications, 2014, 5: 4079.

[466] Ma Y H, Huang L, Sun C, et al. Experimental system of coupled map lattices. Front. Phys., 2015, 10: 100504.

[467] Zhang J, Yu Y, Wang X. Synchronization of coupled metronomes on two layers. Front. Phys., 2017, 12: 120508.

[468] 陆君安. 从单层网络到多层网络 —— 结构、动力学和功能. 现代物理知识, 2015, 27(4): 3-8.

[469] Lee K M, et al. Networks of Networks: The Last Frontier of Complexity. Berlin: Springer, 2014.

[470] Boccaletti S, Bianconi G, Criado R, et al. The structure and dynamics of multilayer networks. Phys. Rep., 2014, 544: 1-122.

[471] Gómez S, Díaz-Guilera A, Gómez-Gardeñes J, et al. Diffusion dynamics on multiplex networks. Phys. Rev. Lett., 2013, 110(2): 028701.

[472] Aguirre J, Sevillaescoboza R, Gutiérrez R, et al. Synchronization of interconnected networks: The role of connector nodes. Phys. Rev. Lett., 2014, 112: 248701.

[473] Li Y, Wu X, Lu J, et al. Synchronizability of duplex networks. IEEE Trans. Circ. Sys. II, 2016, 63(2): 206-210.

[474] Domenicol M D, Granell C, Porter M A, et al. The physics of spreading processes in multilayer networks. Nature Physics, 2016, 12(10): 3865.

[475] 郑志刚，冯晓琴. 群结构时空网络的同步. 复杂系统与复杂性科学, 2008, 5(4): 75.

[476] Zheng Z G, Feng X Q, Ao B, et al. Synchronization of groups of coupled oscillators with sparse connections. Europhys. Lett., 2009, 87: 50006.

[477] 冯晓琴. 耦合非线性时空网络中的同步和斑图研究. 北京师范大学博士学位论文，2007.

[478] Strogatz S H, Mirollo R E. Collective synchronisation in lattices of nonlinear oscillators with randomness. J. Phys. A, 1988, 21: L699.

[479] Strogatz S H, Mirollo R E. Phase-locking and critical phenomena in lattices of coupled nonlinear oscillators with random intrinsic frequencies. Physica D, 1988, 31: 143.

[480] Rogers J L, Wille L T. Phase transitions in nonlinear oscillator chains. Phys. Rev. E, 1996, 54: R2193.

[481] Lee D S. Synchronization transition in scale-free networks: clusters of synchrony. Phys. Rev. E, 2005, 72(2): 026208.

[482] Restrepo J G, Ott E, Hunt B R. Onset of synchronization in large networks of coupled oscillators. Phys. Rev. E, 2005, 71(3): 036151.

[483] Hong H, Chaté H, Park H, et al. Entrainment transition in populations of random frequency oscillators. Phys. Rev. Lett., 2007, 99: 184101.

[484] Choi C, Ha M, Kahng B. Extended finite-size scaling of synchronized coupled oscillators. Phys. Rev. E, 2013, 88(3): 032126.

[485] Lee M J, Yi S D, Kim B J. Finite-time and finite-size scaling of the Kuramoto oscillators. Phys. Rev. Lett., 2014, 112(7): 074102.

[486] Wu Y, Xiao J H, Hu G, et al. Synchronizing large number of nonidentical oscillators with small coupling. Europhys. Lett., 2012, 97(4): 40005.

[487] Huang X, Zhan M, Li F, et al. Single-clustering synchronization in a ring of Kuramoto oscillators. J. Phys. A, 2014, 47: 125101.

[488] Ichinomiya T. Frequency synchronization in a random oscillator network. Phys. Rev. E, 2004, 70(2): 026116.

[489] Hong H, Kim B J, Choi M Y, et al. Factors that predict better synchronizability on complex networks. Phys. Rev. E, 2004, 69: 067105.

[490] Hong H, Choi M Y, Kim B J. Synchronization on small-world networks. Phys. Rev. E, 2002, 65(2): 026139.

[491] Hong H, Ha M, Park H. Finite-size scaling in complex networks. Phys. Rev. Lett., 2007, 98(25): 258701.

[492] Moreno Y, Pacheco A F. Synchronization of Kuramoto oscillators in scale-free networks. Europhys. Lett., 2004, 68(4): 603.

[493] Gómez-Gardeñes J, Gómez S, Arenas A, et al. Explosive synchronization transitions in scale-free networks. Phys. Rev. Lett., 2011, 106(12): 128701.

[494] Gómez-Gardeñes J, Moreno Y. From scale-free to Erdos-Rényi networks. Phys. Rev. E, 2006, 73: 056124.

[495] Li M, Jiang X, Ma Y, et al. Effect of mixing parts of modular networks on explosive synchronization. Europhys. Lett., 2013, 104(5): 58002.

[496] Liu W Q, Wu Y, Xiao J H, et al. Effects of frequency-degree correlation on synchronization transition in scale-free networks. Europhys. Lett., 2013, 101(3): 38002.

[497] Li P, Zhang K, Xu X, et al. Reexamination of explosive synchronization in scale-free networks: The effect of disassortativity. Phys. Rev. E, 2013, 87(4): 042803.

[498] Zhang X, Boccaletti B, Guan S G, et al. Explosive synchronization in adaptive and multilayer networks. Phys. Rev. Lett., 2015, 114(3): 038701.

[499] Peron T K D, Rodrigues F A. Determination of the critical coupling of explosive synchronization transitions in scale-free networks by mean-field approximations. Phys. Rev. E, 2012, 86(5): 056108.

[500] Ji P, Peron T K D, Menck P J, et al. Cluster explosive synchronization in complex networks. Phys. Rev. Lett., 2013, 110(21): 218701.

[501] Su G, Ruan Z, Guan S G, et al. Explosive synchronization on co-evolving networks. Europhys. Lett., 2013, 103(4): 48004.

[502] Leyva I, Sevilla-Escoboza R, Buldú J, et al. Explosive first-order transition to synchrony in networked chaotic oscillators. Phys. Rev. Lett., 2012, 108(16): 168702.

[503] Chen H, He G, Huang F, et al. Explosive synchronization transitions in complex neural networks. Chaos, 2013, 23(3): 033124.

[504] Leyva I, Sendiña-Nadal I, Almendral J, et al. Explosive synchronization in weighted complex networks. Phys. Rev. E, 2013, 88(4): 042808.

[505] Zou Y, Pereira T, Small M, et al. Basin of attraction determines hysteresis in explosive synchronization. Phys. Rev. Lett., 2014, 112(11): 114102.

[506] Zhang X, Zou Y, Boccaletti S, et al. Explosive synchronization as a process of explosive percolation in dynamical phase space. Sci. Rep., 2014, 4: 5200.

[507] Boccaletti S, Almendral J A, Guan S G, et al. Explosive transitions in complex networks' structure and dynamics: percolation and synchronization. Phys. Rep., 2016, 660: 1-94.

[508] Gomez-Gardenes J, Moreno Y, Arenas A. Paths to synchronization on complex networks. Phys. Rev. Lett., 2007, 98: 034101.

[509] Bergner A, Frasca M, Sciuto G, et al. Remote synchronization in star networks. Phys. Rev. E, 2012, 85: 026208.

[510] Zhang T X, Zheng Z G. Synchronization transition of limit-cycle system with homogeneous phase shifts. Chin. Phys. B, 2009, 18: 1674.

[511] Xu C, Gao J, Sun Y T, et al. Explosive or continuous: incoherent state determines the route to synchronization. Sci. Rep., 2015, 5: 12039.

[512] Huang X, Gao J, Sun Y T, et al. The Frustration effect on the explosive synchronization. Frontiers of Physics, 11(6): 110504.

[513] Chen H B, Sun Y T, Gao J, et al. Order parameter analysis of synchronization on star networks. Front. Phys., 2017, 12(6): 120504.

[514] 孙玉庭. 星型网络耦合振子系统的同步动力学与相变研究. 北京师范大学硕士学位论文, 2016.

[515] Topaj D, Pikovsky A. Reversibility vs. synchronization in oscillator lattices. Physica D, 2002, 118: 170.

[516] Dorfler F, Bullo F. Exploring synchronization in complex oscillator networks. Proc. 51st IEEE Conf. Decision Control, 2012: 7157-7170.

[517] Kiss L, Gingl Z, Marton Z, et al. $1/f$ noise in systems showing stochastic resonance. J. Stat. Phys., 1993, 70: 451.

[518] Bulsara A, Maren A, Schmera G. Single effective neuron: dendritic coupling effects and stochastic resonance. Biol. Cyb., 1993, 70: 145-156.

[519] Lindner J, Meadows B, Ditto W, et al. Array enhanced stochastic resonance and spatiotemporal synchronization. Phys. Rev. Lett., 1995, 75(1): 3-6.

[520] Rappel W J, Karma A. Noise-induced coherence in neural networks. Phys. Rev. Lett., 1996, 77: 3256.

[521] Gluckman B J, Netoff T I, Neel E J, et al. Stochastic resonance in a neuronal network from mammalian brain. Phys. Rev. Lett., 1996, 77: 4098.

[522] von Haeften B, Deza R, Wio H S. Enhancement of stochastic resonance in distributed systems due to a selective coupling. Phys. Rev. Lett., 2000, 84: 404.

[523] Lindner J F, Meadows B K, Ditto W L, et al. Scaling laws for spatiotemporal synchronization and array enhanced stochastic resonance. Phys. Rev. E, 1996, 53: 2081.

[524] Lindner J F, Breen B J, Wills M E, et al. Monostable array-enhanced stochastic resonance. Phys. Rev. E, 2001, 63: 051107.

[525] Marchesoni F, Gammaitoni L, Bulsara A. Spatiotemporal stochastic resonance in a ϕ^4 model of kink-antikink nucleation. Phys. Rev. Lett., 1996, 76: 2609.

[526] Rajaraman R. Soliton and Instantons. Amsterdam: North-Holland, 1982.

[527] Marchesoni F. Internal friction by pinned dislocations: Theory of the Bordoni peak. Phys. Rev. Lett., 1995, 74: 2973.

[528] Löcher M, Johnson G A, Hunt E R. Spatiotemporal stochastic resonance in a system of coupled diode resonators. Phys. Rev. Lett., 1996, 77: 4698.

[529] Löcher M, Cigna D, Hunt E R, et al. Stochastic resonance in coupled nonlinear dynamic elements. Chaos, 1998, 8: 604.

[530] Johnson G A, Löcher M, Hunt E R. Stable states and kink dynamics in a system of coupled diode resonators. Physica D, 1996, 96: 367.

[531] Vilar J M G, Rubi J M. Spatiotemporal stochastic resonance in the Swift-Hohenberg equation. Phys. Rev. Lett., 1997, 78: 2886.

[532] Swift J B, Hohenberg P C. Hydrodynamic fluctuations at the convective instability. Phys. Rev. A, 1977, 15: 319.

[533] Hohenberg P C, Swift J B. Effects of additive noise at the onset of Rayleigh-Bénard convection. Phys. Rev. A, 1992, 46: 4773.

[534] Bruce A D. Static critical behavior. Adv. Phys., 1980, 29: 111.

[535] Shiino M. Dynamical behavior of stochastic systems of infinitely many coupled nonlinear oscillators exhibiting phase transitions of mean-field type: H theorem on asymptotic approach to equilibrium and critical slowing down of order-parameter fluctuations. Phys. Rev. A, 1987, 36: 2393.

[536] Wiesenfeld K. Amplification by globally coupled arrays: Coherence and symmetry. Phys. Rev. A, 1991, 44: 3543.

[537] Jung P, Behn U, Pantazelou E, et al. Collective response in globally coupled bistable systems. Phys. Rev. A, 1991, 46: R1709.

[538] Wiesenfeld K, Bracikowski C, James G, et al. Observation of antiphase states in a multimode laser. Phys. Rev. Lett., 1990, 65: 1749.

[539] Morillo M, Gomez-Ordonez J, Casado J M. Stochastic resonance in a mean-field model of cooperative behavior. Phys. Rev. E, 1995, 52: 316.

[540] Hu G, Haken H, Xie F G. Stochastic resonance with sensitive frequency dependence in globally coupled continuous systems. Phys. Rev. Lett., 1996, 77: 1925.

[541] Zaikin A A, Kurths J, Schimansky-Geier L. Doubly stochastic resonance. Phys. Rev. Lett., 2000, 85: 227.

[542] Van den Broeck C, Parrondo J M R, Toral R. Noise-induced nonequilibrium phase transition. Phys. Rev. Lett., 1994, 73: 3395.

[543] Mangioni S, Deza R, Wio H S, et al. Disordering effects of color in nonequilibrium phase transitions induced by multiplicative noise. Phys. Rev. Lett., 1997, 79: 2389.

[544] Gao Z, Hu B, Hu G. Stochastic resonance of small-world networks. Phys. Rev. E, 2001, 65: 016209.

[545] Kim S, Park S H, Pyo H B. Stochastic resonance in coupled oscillator systems with time delay. Phys. Rev. Lett., 1999, 82: 1620.

[546] Gammaitoni L, Löcher M, Bulsara A, et al. Controlling stochastic resonance. Phys. Rev. Lett., 1999, 82(23): 4574-4577.

[547] Nicolis C, Nicolis G. Coupling-enhanced stochastic resonance. Phys. Rev. E, 2017, 96: 042214.

[548] Sporns O. Networks of the Brain. Cambridge: The MIT Press, 2011.

[549] FitzHugh R. Impulses and physiological states in theoretical models of nerve membrane. Biophys. J., 1961, 1: 445.

[550] Nagumo J S, Arimoto S, Yoshizawa S. An active pulse transmission line simulating nerve axon. Proc. IRE, 1962, 50: 2061.

[551] Hodgkin A L, Huxley A F. Propagation of electrical signals along giant nerve fibres. J. Physiol. (London), 1952, 117: 500.

[552] Field R J, Koros E, Noyes R M. Oscillations in chemical systems. II. Thorough analysis of temporal oscillation in the bromate-cerium-malonic acid system. J. Am. Chem. Soc., 1972, 94: 8649.

[553] Field R J, Noyes R M. Oscillations in chemical systems. IV. Limit cycle behavior in a model of a real chemical reaction. J. Chem. Phys., 1974, 60: 1877.

[554] Belousov B P. Sbornik referatov po radiatsionnoi meditsine//Collections of Abstracts on Radiation Medicine. Moscow: Medgiz, 1959: 145.

[555] Zaikin A N, Zhabotinsky A M. Concentration wave propagation in two-dimensional liquid-phase self-oscillating system. Nature, 1970, 225: 535.

[556] Winfree A T. Spiral waves of chemical activity. Science, 1972, 175: 634.

[557] Tyson J J, Keener J P. Spiral waves in a model of myocardium. Physica D, 1987, 29: 215.

[558] Glass L, Josephson M E. Resetting and annihilation of reentrant abnormally rapid heartbeat. Phys. Rev. Lett., 1995, 75: 2059.

[559] Nagai Y, Gonzalez H, Shrier A, et al. Paroxysmal starting and stopping of circulating waves in excitable media. Phys. Rev. Lett., 2000, 84: 4248.

[560] Ouyang Q, Flesselles J M. Transition from spirals to defect turbulence driven by a convective instability. Nature, 1996, 379: 143.

[561] Petrov V, Ouyang Q, Swinney H L. Resonant pattern formation in a chemical system. Nature, 1997, 388: 655.

[562] Turing A M. The chemical basis of morphogenesis. Philos. Trans. R. Soc. B, 1952, 237: 37-72.

[563] Qu Z L, Hu G, Garfinkel A, et al. Nonlinear and stochastic dynamics in the heart. Phys. Rep., 2014, 543(2): 61.

[564] Zheng Z G, Cross M. Defect-induced propagation in excitable media. Int. J. Bif. & Chaos, 2003, 13(10): 3125-3134.

[565] Goldbeter A. Biochemical Oscillations and Cellular Rhythms. Cambridge: Cambridge University Press, 1996.

[566] 钱郁. 小世界网络中可激发节点的自持续振荡研究. 北京师范大学博士学位论文，2010.

[567] 廖旭红. 可激发复杂网络上的自持续振荡研究. 北京师范大学博士学位论文，2011.

[568] Liao X H, Qian Y, Mi Y Y, et al. Oscillation sources and wave propagation paths in complex networks of excitable nodes. Front. Phys., 2011, 6: 124-132.

[569] Othmer H G, Scriven L E. Instability and dynamic pattern in cellular networks. J. Theor. Biol., 1971, 32: 507-537.

[570] Othmer H G, Scriven L E. Non-linear aspects of dynamic pattern in cellular networks. J. Theor. Biol., 1974, 43: 83-112.

[571] Horsthemke W, Lam K, Moore P K. Network topology and Turing instabilities in small arrays of diffusively coupled reactors. Phys. Lett. A, 2004, 328: 444-451.

[572] Moore P K, Horsthemke W. Localized patterns in homogeneous networks of diffusively coupled reactors. Physica D, 2005, 206: 121-144.

[573] Nakao H, Mikhailov A S. Turing patterns in network-organized activator-inhibitor systems. Nature Physics, 2010, 6: 544.

[574] Pastor-Satorras R, Vespignani A. Epidemic spreading in scale-free networks. Phys. Rev. Lett., 2001, 86: 3200-3203.

[575] Colizza V, Pastor-Satorras R, Vespignani A. Reaction-diffusion processes and metapopulation models in heterogeneous networks. Nature Physics, 2007, 3: 276-282.

[576] Colizza V, Vespignani A. Epidemic modeling in metapopulation systems with heterogeneous coupling pattern: Theory and simulations. J. Theor. Biol., 2008, 251: 450-467.

[577] Tinsley M, Cui J, Chirila F V, et al. Spatiotemporal networks in addressable excitable media. Phys. Rev. Lett., 2005, 95: 038306.

[578] Qian Y, Huang X D, Hu G, et al. Structure and control of self-sustained target waves in excitable small-world networks. Phys. Rev. E, 2010, 82: 036101.

[579] Liao X H, Xia Q Z, Qian Y, et al. Pattern formation in oscillatory complex networks consisting of excitable nodes. Phys. Rev. E, 2011, 83: 056204.

[580] Qian Y, Liao X H, Huang X D, et al. Diverse self-sustained oscillatory patterns and their mechanisms in excitable small-world networks. Phys. Rev. E, 2010, 82: 026107.

[581] Bär M, Eiswirth M. Turbulence due to spiral breakup in a continuous excitable medium. Phys. Rev. E, 1993, 48: 1635(R); Bär M, Guil M M. Alternative scenarios of spiral breakup in a reaction-diffusion model with excitable and oscillatory dynamics. Phys. Rev. Lett., 1999, 82: 1160.

[582] Qian Y, Cui X H, Zheng Z G. Minimum Winfree loop determines self-sustained oscillations in excitable Erdos-Renyi random networks. Sci. Rep., 2017, 7: 5746.

[583] Zheng Z G, Qian Y. Dominant phase-advanced driving analysis of self-sustained oscillations in biological networks. Chin. Phys., 2018, 27(1): 018901.

[584] 弥元元. 可激发节点复杂网络上的结构与动力学. 北京师范大学博士学位论文，2012.

[585] Mi Y Y, Liao X H, Huang X H, et al. Long-period rhythmic synchronous firing in a scale-free network. Proc. Natl. Acad. Sci. USA, 2013, 110(50): E4931-E4936.

[586] Karlebach G, Shamir R. Modelling and analysis of gene regulatory networks. Nat. Rev. Mol. Cell Biol., 2008, 9(10): 770-780.

[587] Alon U. Introduction to Systems Biology: Design Principles of Biological Networks. Boca Raton: CRC Press, 2007.

[588] Kauffman S A. Metabolic stability and epigenesis in randomly constructed genetic nets. J. Theor. Biol., 1969, 22(3): 437-467; Glass L, Kauffman S A. The logical analysis of continuous, non-linear biochemical control networks. J. Theor. Biol., 1973, 39(1): 103-129.

[589] Sneppen K, Krishna S, Semsey S. Simplified models of biological networks. Annu. Rev. Biophys., 2010, 39(1): 43-59.

[590] 张朝阳. 动力学复杂网络中功能结构与拓扑结构的计算. 北京师范大学博士学位论文，2015.

[591] Zhang Z Y, Li Z Y, Qian Y, et al. Exploring cores and skeletons in oscillatory gene regulatory networks by a functional weight approach. Europhys. Lett., 2014, 105(1): 18003.

[592] 张朝阳, 黄旭辉, 郑志刚, 等. 由基因调控网络数据分析揭示振荡斑图的功能结构. 中国科学: 物理学力学天文学, 2014, 44: 1319-1333.

[593] Zhang Z Y, Zheng Z G, Niu H J, et al. Solving the inverse problem of noise-driven dynamic networks. Phys. Rev. E, 2015, 91: 012814.

[594] Zhang Z Y, Ye W M, Qian Y, et al. Chaotic motifs in gene regulatory networks. PLoS ONE, 2012, 7(7): e39355.

[595] Hu G, Ditzinger T, Ning C Z, et al. Stochastic resonance without external periodic force. Phys. Rev. Lett., 1993, 71: 807.

[596] Sigeti D, Horsthemke W. Pseudo-regular oscillations induced by external noise. J. Stat. Phys., 1989, 54: 1217.

[597] Pikovsky A S, Kurths J. Coherence resonance in a noise-driven excitable system. Phys. Rev. Lett., 1997, 78: 775.

[598] Ohira T, Sato Y. Resonance with noise and delay. Phys. Rev. Lett., 1999, 82: 2811.

[599] Makarov V A, Nekorkin V I, Velarde M G. Spiking behavior in a noise-driven system combining oscillatory and excitatory properties. Phys. Rev. Lett., 2001, 86: 3431.

[600] Longtin A, Chialvo D R. Stochastic and deterministic resonances for excitable systems. Phys. Rev. Lett., 1998, 81: 4012.

[601] Kádár, Wang J, Showalter K. Noise-supported travelling waves in sub-excitable media. Nature, 1998, 391: 770.

[602] Sendiña-Nadal I, Muñuzuri A P, Vives D, et al. Wave propagation in a medium with disordered excitability. Phys. Rev. Lett., 1998, 80: 5437.

[603] Zhou L Q, Jia X, Ouyang Q. Experimental and numerical studies of noise-induced coherent patterns in a subexcitable system. Phys. Rev. Lett., 2002, 88: 138301.

[604] Wang J, Kádár S, Jung P, et al. Noise driven avalanche behavior in subexcitable media. Phys. Rev. Lett., 1999, 82: 855.

[605] Bak P, Tang C, Wiesenfeld K. Self-organized criticality: An explanation of the $1/f$ noise. Phys. Rev. Lett., 1987, 59: 381.

[606] Bak P, Chen K, Creutz M. Self-organized criticality in the game of life. Nature, 1989, 342: 780.

[607] Jung P. Thermal waves, criticality, and self-organization in excitable media. Phys. Rev. Lett., 1997, 78: 1723.

[608] Jung P, Mayer-Kress G. Spatiotemporal stochastic resonance in excitable media. Phys. Rev. Lett., 1995, 74: 2130

[609] Jung P, Cornell-Bell A, Moss F, et al. Noise sustained waves in subexcitable media: from chemical waves to brain waves. Chaos, 1998, 8: 567.

[610] Hou Z H, Yang L, Zuo X, et al. Noise induced pattern transition and spatiotemporal stochastic resonance. Phys. Rev. Lett., 1998, 81: 2854.

[611] Alonso S, Sendiña-Nadal I, Pérez-Muñuzuri V, et al. Regular wave propagation out of noise in chemical active media. Phys. Rev. Lett., 2001, 87: 078302.

[612] Neiman A, Schimansky-Geier L, Cornell-Bell A, et al. Noise-enhanced phase synchronization in excitable media. Phys. Rev. Lett., 1999, 83: 4896.

[613] Zhou C S, Kurths J, Hu B. Array-enhanced coherence resonance: nontrivial effects of heterogeneity and spatial independence of noise. Phys. Rev. Lett., 2001, 87: 098101.

[614] 玻恩 M, 黄昆. 晶格动力学理论. 葛惟锟, 贾惟义, 译. 北京: 北京大学出版社，2011.

[615] 冯端, 金国钧. 凝聚态物理学新论. 上海: 上海科技出版社，1992.

[616] 冯端, 金国钧. 凝聚态物理学. 上卷. 北京: 高等教育出版社，2013.

[617] 冯端, 金国钧. 凝聚态物理学. 下卷. 北京: 高等教育出版社，2013.

[618] Ehrenreich H, Turnbull D. Solid State Physics. New York: Academic, 1988.

[619] Kivshar Y, Malomed B. Dynamics of solitons in nearly integrable systems. Rev. Mod. Phys., 1989, 61: 763.

[620] Remoissenet M. Waves Called Solitons: Concepts and Experiments. Berlin: Springer-Verlag, 1994.

[621] Frenkel J, Kontorova T. On the theory of plastic deformation and twinning. II. Zh. Eksp. Teor. Fiz., 1938, 8: 1340-1348.

[622] Aubry S. Trajectories of the twist map with minimal action and connection with incommensurate structures. Phys. Rep., 1984, 103: 12.

[623] Selke W. The ANNNI model—Theoretical analysis and experimental application. Phys. Rep., 1988, 170: 213.

[624] Floria L, Mazo J. Dissipative dynamics of the Frenkel-Kontorova model. Adv. Phys., 1996, 45: 505.

[625] Fisher D S. Threshold behavior of charge-density waves pinned by impurities. Phys. Rev. Lett., 1983, 50: 1486.

[626] Coppersmith S. Dynamics of an incommensurate harmonic chain. Phys. Rev. B, 1984, 30: 410.

[627] Coppersmith S, Fisher D. Threshold behavior of a driven incommensurate harmonic chain. Phys. Rev. A, 1988, 38: 6338.

[628] Sneddon L, Cox K. Oscillatory instability in the dynamics of incommensurate structures. Phys. Rev. Lett., 1987, 58: 1903.

[629] Sneddon L, Liu S. Renormalization-group theory of the incommensurate pinning transition and threshold dynamics. Phys. Rev. B, 1991, 43: 5798.

[630] Floria L, Falo F. Shapiro steps in the steady-state dynamics of incommensurate structures. Phys. Rev. Lett., 1992, 68: 2713.

[631] Falo F, Floria L, Martinez P, et al. Unlocking mechanism in the ac dynamics of the Frenkel-Kontorova model. Phys. Rev. B, 1993, 48: 7434.

[632] Mazo J, Falo F, Floria L. Stability of metastable structures in dissipative ac dynamics of the Frenkel-Kontorova model. Phys. Rev. B, 1995, 52: 6451.

[633] Zant H, Orlando T, Watanabe S, et al. Kink propagation in a highly discrete system: observation of phase locking to linear waves. Phys. Rev. Lett., 1995, 74: 174.

[634] Ustinov A, Cirillo M, Malomed B. Fluxon dynamics in one-dimensional Josephson-junction arrays. Phys. Rev. B, 1993, 47: 8357.

[635] Ustinov A, Cirillo M, Malomed B. Experimental and numerical study of dynamic regimes in a discrete sine-Gordon lattice. Phys. Rev. B, 1995, 51: 3081.

[636] Watanabe S, Zant H, Strogatz S, et al. Dynamics of circular arrays of Josephson junctions and the discrete sine-Gordon equation. Physica D, 1996, 97: 429.

[637] Watanabe S, Strogatz S, Zant H, et al. Whirling modes and parametric instabilities in the discrete sine-Gordon equation: Experimental tests in Josephson rings. Phys. Rev. Lett., 1995, 74: 379.

[638] Ryu S, Yu W, Stroud D. Dynamics of an underdamped Josephson-junction ladder. Phys. Rev. E, 1996, 53: 2190.

[639] Kim B, Kim S, Lee S. Defect motions and smearing of Shapiro steps in Josephson-junction ladders under magnetic frustration. Phys. Rev. B, 1995, 51: 8462.

[640] Kim J, Choe W, Kim S, et al. Dynamics of Josephson-junction ladders. Phys. Rev. B, 1994, 49: 459.

[641] Persson B N J. Theory and simulation of sliding friction. Phys. Rev. Lett., 1993, 71: 1212.

[642] Krupenkin T N, Taylor P L. Microscopic theory of chain pullout in polymeric liquid crystals. Phys. Rev. B, 1995, 52: 6400.

[643] Weiss M, Elmer F J. Dry friction in the Frenkel-Kontorova-Tomlinson model: Static properties. Phys. Rev. B, 1996, 53: 7539.

[644] Elmer F J. Avalanches in the weakly driven Frenkel-Kontorova model. Phys. Rev. E, 1994, 50: 4470.

[645] Persson B N J. Sliding Friction: Principles and Applications. Heidelberg: Springer-Verlag, 1998.

[646] Braun O M, Kivshar Y S. Nonlinear dynamics of the Frenkel-Kontorova model. Phys. Rep., 1998, 306: 1-108.

[647] Braun O M, Kivshar Y S. The Frenkel-Kontorova Model: Concepts, Methods, and Applications. Berlin: Springer-Verlag, 2004.

[648] Peyrard M, Aubry S. Critical behaviour at the transition by breaking of analyticity in the discrete Frenkel-Kontorova model. J. Phys. C, 1083, 16(16): 1593.

[649] Aubry S. The twist map, the extended Frenkel-Kontorova model and the devil's staircase. Physica D, 1983, (1): 240-258.

[650] Coppersmith S, Fisher D. Pinning transition of the discrete sine-Gordon equation. Phys. Rev. B, 1983, 28: 2566.

[651] Chou W, Griffiths R B. Ground states of one-dimensional systems using effective potentials. Phys. Rev. B, 1986, 34: 6219.

[652] Griffiths R B, Chou W. Effective potentials: A new approach and new results for one-dimensional systems with competing length scales. Phys. Rev. Lett., 1986, 56: 1929.

[653] Biham O, Mukamel D. Global universality in the Frenkel-Kontorova model. Phys. Rev. A, 1989, 39: 5326.

[654] de Seze L, Aubry S. Critical behaviour at the transition by breaking of analyticity and application to the devil's staircase. J. Phys. C, 1984, 17: 389.

[655] Meiss J D. Symplectic maps, variational principles, and transport. Rev. Mod. Phys., 1992, 64: 795-848.

[656] Peierls R. The size of a dislocation. Proc. Phys. Soc. London, 1940, 52: 34.

[657] Nabarro F R N. Dislocations in a simple cubic lattice. Proc. Phys. Soc. London, 1947, 59: 256.

[658] MacKay R S. Renormalization in Area-preserving Maps. Singapore: World Scientific, 1993.

[659] Baesens C, Mackay R S. Discommensuration theory and shadowing in Frenkel-Kontorova models. Physica D, 2006, 216(1): 179-185.

[660] Middleton A A, Fisher D. Critical behavior of pinned charge-density waves below the threshold for sliding. Phys. Rev. Lett., 1991, 66: 92.

[661] Middleton A A. Asymptotic uniqueness of the sliding state for charge-density waves. Phys. Rev. Lett., 1992, 68: 670.

[662] Middleton A A, Fisher D. Critical behavior of charge-density waves below threshold: Numerical and scaling analysis. Phys. Rev. B, 1993, 47: 3530.

[663] Sneddon L. Sliding dynamics of the incommensurate chain. Phys. Rev. Lett., 1984, 52: 65.

[664] Sneddon L. Dynamics of incommensurate structures: An exact solution. Phys. Rev. B, 1984, 30: 2974.

[665] Coppersmith S. Overdamped Frenkel-Kontorova model with randomness as a dynamical system: Mode locking and derivation of discrete maps. Phys. Rev. A, 1987, 36: 3375.

[666] Coppersmith S, Littlewood P. Interference phenomena and mode locking in the model of deformable sliding charge-density waves. Phys. Rev. Lett., 1986, 57: 1927.

[667] Coppersmith S, Littlewood P. Pulse-duration memory effect and deformable charge-density waves. Phys. Rev. B, 1987, 36: 311.

[668] Tang C, Wiesenfeld K, Bak P, et al. Phase organization. Phys. Rev. Lett., 1987, 58: 1161.

[669] Maginu K. Spatially homogeneous and inhomogeneous oscillations and chaotic motion in the active Josephson junction line. SIAM J. Appl. Math., 1983, 43(2): 225-243.

[670] Marcus P M, Imry Y. Steady oscillatory states of a finite Josephson junction. Sol. State Comm., 1080, 33: 345.

[671] Maginu K. Stability of travelling wave solutions of the active Josephson junction transmission line. J. Diff. Equat., 1980, 37: 238.

[672] Berkov S E, Lifsic A E. Stability of moving soliton lattices. Wave Motions, 1983, 5: 197.

[673] Berkov S E, Lifsic A E. Stability of travelling vortex lattices in long Josephson junctions. Phys. Lett. A, 1984, 106: 71.

[674] Currie J, Trullinger S, Bishop A, et al. Numerical simulation of sine-Gordon soliton dynamics in the presence of perturbations. Phys. Rev. B, 1977, 15: 5567.

[675] Peyrard M, Kruskal M. Kink dynamics in the highly discrete sine-Gordon system. Physica D, 1984, 14: 88.

[676] Boesch R, Willis C R, El-Batanouny M. Spontaneous emission of radiation from a discrete sine-Gordon kink. Phys. Rev. B, 1989, 40: 2284.

[677] Boesch R, Willis C R. Exact determination of the Peierls-Nabarro frequency. Phys. Rev. B, 1989, 39: 361.

[678] Zheng Z G, Hu B, Hu G. Resonant steps and spatiotemporal dynamics in the damped dc-driven Frenkel-Kontorova chain. Phys. Rev. B, 1998, 58: 5453.

[679] Zheng Z G, Hu B, Hu G. Resonant steps in the discrete sine-Gordon chain. Comm. Theor. Phys., 2000, 33: 191.

[680] Nayfeh A H, Mook D T. Nonlinear Oscillations. New York: Wiley, 1979.

[681] Zheng Z G, Hu B. Collective topological dynamics in the Frenkel-Kontorova chains. Phys. Rev. E, 2000, 62: 4294-4299.

[682] Braun O M, Bishop A R, Roder J. Hysteresis in the underdamped driven Frenkel-Kontorova model. Phys. Rev. Lett., 1997, 79: 3692.

[683] Munakata T. Kink dynamics and kink-pair nucleation in the discrete Frenkel-Kontorova model. Phys. Rev. A, 1992, 45: 1230.

[684] Strunz T, Elmer F J. Driven Frenkel-Kontorova model. Ⅰ. Uniform sliding states and dynamical domains of different particle densities. Phys. Rev. E, 1998, 58: 1601.

[685] Strunz T, Elmer F J. Driven Frenkel-Kontorova model. Ⅱ. Chaotic sliding and nonequilibrium melting and freezing. Phys. Rev. E, 1998, 58: 1612.

[686] Dmitriev S V, Miyauchi T, Abe K, et al. Kink-breather solution in the weakly discrete Frenkel-Kontorova model. Phys. Rev. E, 2000, 61: 5880.

[687] Braun O M, Hu B, Zeltser A. Driven kink in the Frenkel-Kontorova model. Phys. Rev. E, 2000, 62: 4235.

[688] Braun O M. Supersonic and multiple topological excitations in the driven Frenkel-Kontorova model with exponential interaction. Phys. Rev. E, 2000, 62: 7315.

[689] Consoli L, Knops H J F, Fasolino A. Onset of sliding friction in incommensurate systems. Phys. Rev. Lett., 2000, 85: 302.

[690] Braun O M, Paliy M V, Röder J, et al. Locked-to-running transition in the two-dimensional underdamped driven Frenkel-Kontorova model. Phys. Rev. E, 2001, 63: 036129.

[691] Zheng Z G. Multistable spatiotemporal dynamics in the driven Frenkel-Kontorova lattice. Comm. Theor. Phys., 2001, 36: 37-43.

[692] Takeno S, Homma S. Sine-lattice equation. II. Nearly integrable soliton properties of π-kinks and sonic π-kinks. J. Phys. Soc. Jpn., 1986, 55: 2547.

[693] Takeno S, Homma S. Self-localized anharmonic rotational modes of bases in DNA. J. Phys. Soc. Jpn., 1990, 59: 1890.

[694] Yokoi C, Tang L, Chou W. Ground state of the one-dimensional chiral XY model in a field. Phys. Rev. B, 1988, 37: 2173.

[695] Wang X Y, Taylor P L. Devil's staircase, critical thickness, and propagating fingers in antiferroelectric liquid crystals. Phys. Rev. Lett., 1996, 76: 640.

[696] Antoni M, Ruffo S. Clustering and relaxation in Hamiltonian long-range dynamics. Phys. Rev. E, 1995, 52: 2361.

[697] Zheng Z G, Hu B, Hu G. Spatiotemporal dynamics of discrete sine-Gordon lattices with sinusoidal couplings. Phys. Rev. E, 1998, 57: 1139-1144.

[698] Zheng Z G. Discrete breathers in lattices of coupled oscillators. Comm. Theor. Phys., 2001, 35: 137-142.

[699] MacKay R S, Aubry S. Proof of existence of breathers for time-reversible or Hamiltonian networks of weakly coupled oscillators. Nonlinearity, 1994, 7: 1623.

[700] Aubry S. Breathers in nonlinear lattices: Existence, linear stability and quantization. Physica D, 1997, 103: 201.

[701] Marín J L. Intrinsic Localized Modes in Nonlinear Lattices. University of Zaragoza, Spain, 1997.

[702] Flach S, Willis C R. Discrete breathers. Phys. Rep., 1998, 295: 181.

[703] Marín J L, Falo F, Martínez P J, et al. Discrete breathers in dissipative lattices. Phys. Rev. E, 2001, 63: 066603.

[704] Lepri S, Livi R, Politi A. Thermal conduction in classical low-dimensional lattices. Phys. Rep., 2003, 377(1): 1-80.

[705] Li N B, Ren J, Wang L, et al. Colloquium: phononics: Manipulating heat flow with electronic analogs and beyond. Rev. Mod. Phys., 2012, 84(3): 1045-1066.

[706] Klages R, Just W, Jarzynski C. Nonequilibrium Statistical Physics of Small Systems, Fluctuation Relations and Beyond. Weinheim: Wiley-VCH, 2013.

[707] Mazroui M, Boughaleb Y. Interacting Brownian particles in a two dimensional periodic potential. Physica A, 1996, 227: 93.

[708] Braun O M, Dauxios T, Paliy M V, et al. Dynamical transitions in correlated driven diffusion in a periodic potential. Phys. Rev. Lett., 1997, 78: 1295.

[709] Zheng Z G, Hu B, Hu G. Array-induced collective transport in the Brownian motion of coupled nonlinear oscillator systems. Phys. Rev. E, 1998, 58: 7085-7090.

[710] Besseling R, Niggebrugge R, Kes P H. Transport properties of vortices in easy flow channels: A Frenkel-Kontorova study. Phys. Rev. Lett., 1999, 82: 3144.

[711] Smoluchowski M V. Experimentell nachweisbare, der üblichen Thermodynamik widersprechende Molekularphänomene. Phys. Z., 1012, 13: 1069.

[712] Feynman R P, Leighton R B, Sands M. The Feynman Lectures on Physics Reading. Reading: Addison-Wesley, 1963.

[713] Huxley A F. Muscle structures and theories of contraction. Prog. Biophys., 1957, 7: 255-318.

[714] Westerhoff H V, Tsong T Y, Chock P B, et al. How enzymes can capture and transmit free energy from an oscillating electric field. Proc. Natl. Acad. Sci. USA, 1986, 83: 4734.

[715] Howard J. Mechanics of motor proteins and the cytoskeleton. Physics Today, 2002, 55(3): 63, 64

[716] de Waele A, de Bruin Ouboter B. Quantum-interference phenomena in point contacts between two superconductors. Physica (Utrecht), 1969, 41: 225.

[717] Jülicher F, Ajdari A, Prost J. Modeling molecular motors. Rev. Mod. Phys., 1997, 69(4): 1269-1281.

[718] Astumian R D. Thermodynamics and kinetics of a Brownian motor. Science, 1997, 276: 917.

[719] Reimann P. Brownian motors: noise transport far from equilibrium. Phys. Rep., 2002, 361(2-4): 57-265.

[720] Leff H S, Rex A F. Maxwell's Demon 2: Entropy, Classical and Quantum Information, Computing. Boca Raton: CRC Press, 2002.

[721] Kelly T R, Sestelo J P, Tellitu I. New molecular devices: In search of a molecular ratchet. J. Org. Chem., 1998, 63: 3655-3665.

[722] Davis A P. Tilting at windmills? The second law survives. Angew. Chem. Int. Ed. Engl., 1998, 37(7): 909, 910.

[723] Kay E R, Leigh D A, Zerbetto F. Synthetic molecular motors and mechanical machines. Angew. Chem. Int. Ed., 2007, 46: 72-191.

[724] 陆坤权，刘寄星. 软物质物理学导论. 北京: 北京大学出版社，2006.

[725] Eshuis P, van der Weele K, Lohse D, et al. Experimental realization of a rotational ratchet in a granular gas. Phys. Rev. Lett., 2010, 104: 248001.

[726] Magnasco M O, Stolovitzky G. Feynman's ratchet and pawl. J. Stat. Phys., 1998, 93: 615.

[727] Reimann P. Thermally driven escape with fluctuating potentials: A new type of resonant activation. Phys. Rev. Lett., 1995, 74: 4576.

[728] Talkner P. Stochastic resonance in the semiadiabatic limit. New J. Phys., 1999, 1: 4.

[729] Plata J. Rocked thermal ratchets: The high-frequency limit. Phys. Rev. E, 1998, 57: 5154.

[730] Astumian R D, Bier M. Fluctuation driven ratchets: Molecular motors. Phys. Rev. Lett., 1994, 72: 1766.

[731] Prost J, Chauwin J F, Peliti L, et al. Asymmetric pumping of particles. Phys. Rev. Lett., 1994, 72: 2652-2655.

[732] Tarlie M B, Astumian R D. Optimal modulation of a Brownian ratchet and enhanced sensitivity to a weak external force. Proc. Natl. Acad. Sci. USA, 1998, 95: 2039.

[733] Bug A L R, Berne B J. Shaking-induced transition to a nonequilibrium state. Phys. Rev. Lett., 1987, 59: 948.

[734] Yan B, Miura R M, Chen Y D. Direction reversal of fluctuation-induced biased Brownian motion on distorted ratchets. J. Theor. Biol., 2001, 210: 141.

[735] Rousselet J, Salome L, Ajdari A, et al. Directional motion of Brownian particles induced by a periodic asymmetric potential. Nature, 1994, 370: 446.

[736] Faucheux L P, Libchaber A. Selection of Brownian particles. J. Chem. Soc. Farady Trans., 1995, 91: 3163-3166.

[737] Faucheux L P, Bourdieu L S, Kaplan P D. Optical thermal ratchet. Phys. Rev. Lett., 1995, 74: 1504.

[738] Jansons K M, Lythe G D. Stochastic stokes drift. Phys. Rev. Lett., 1998, 81: 3136.

[739] Magnasco M O. Forced thermal ratchets. Phys. Rev. Lett., 1993, 71: 1477.

[740] Cecchi G, Magnasco M O. Negative resistance and rectification in Brownian transport. Phys. Rev. Lett., 1996, 76: 1968.

[741] Zapata I, Luczka J, Sols F, et al. Tunneling center as a source of voltage rectification in Josephson junctions. Phys. Rev. Lett., 1998, 80: 829.

[742] Bartussek R, Reimann P, Hänggi P. Precise numerics versus theory for correlation ratchets. Phys. Rev. Lett., 1996, 76: 1166.

[743] Zapata I, Bartussek R, Sols F, et al. Voltage rectification by a SQUID ratchet. Phys. Rev. Lett., 1996, 77: 2292.

[744] Landa P S, McClintock P V E. Changes in the dynamical behavior of nonlinear systems induced by noise. Phys. Rep., 2000, 323: 1.

[745] Yevtushenko O, Flach S, Zolotaryuk Y. Rectification of current in ac-driven nonlinear systems and symmetry properties of the Boltzmann equation. Europhys. Lett., 2001, 54: 141.

[746] Reimann P. Supersymmetric ratchets. Phys. Rev. Lett., 2001, 86: 4992.

[747] Gorre-Talini L, Jeanjean S, Silberzan P. Sorting of Brownian particles by pulsed application of an asymmetric potential. Phys. Rev. E, 1997, 56: 2025.

[748] Bader J S, Hammond R W, Henck S A, et al. DNA transport by a micromachined Brownian ratchet device. Proc. Natl. Acad. Sci. USA, 1999, 96(23): 13165-13169.

[749] Vale R D, Milligan R A. The way things move: Looking under the hood of molecular motor proteins. Science, 2000, 288: 88-95.

[750] Yasuda R, Noji H, Yoshida M, et al. Resolution of distinct rotational substeps by submillisecond kinetic analysis of F1-ATPase. Nature, 2001, 410: 898-904.

[751] Yasuda R, Noji H, Jr. Kinosita K, et al. F1-ATPase is a highly efficient molecular motor that rotates with discrete 120 degree steps. Cell, 1998, 93(7): 1117-1124.

[752] Pullman M E, Penefsky H S, Datta A, et al. Partial resolution of the enzymes catalyzing oxidative phosphorylation. Ⅰ. Purification and properties of soluble dinitrophenol-stimulated adenosine triphosphatase. J. Biol. Chem., 1960, 235: 3322-3329.

[753] Penefsky H S, Pullman M E, Datta A, et al. Partial resolution of the enzymes catalyzing oxidative phosphorylation. Ⅱ. Participation of a soluble adenosine triphosphatase in oxidative phosphorylation. J. Biol. Chem., 1960, 235: 3330-3336.

[754] Kagawa Y, Racker E. Partial resolution of the enzymes catalyzing oxidative phosphorylation. Ⅸ. Reconstruction of oligomycin-sensitive adenosine triphosphatase. J. Biol. Chem., 1966, 241: 2467-2474.

[755] Iino R, Noji H. Operation mechanism of FoF1-adenosine triphosphate synthase revealed by its structure and dynamics. IUBMB Life, 2013, 65(3): 238-246.

[756] Schliwa M. Molecular Motors. Weinheim: Wiley, 2003.

[757] Sablin E P, Case R B, Dai S C, et al. Direction determination in the minus-end-directed kinesin motor ncd. Nature, 1998, 395: 813-816.

[758] Endow S A. Determinants of molecular motor directionality. Nature Cell Biol., 1999, 1: E163-E167.

[759] Wells A L, Lin A W, Chen L Q, et al. Myosin Ⅵ is an actin-based motor that moves backwards. Nature, 1999, 401: 505.

[760] Homma K, Yoshimura M, Saito J, et al. The core of the motor domain determines the direction of myosin movement. Nature, 2001, 412: 831-834.

[761] Howard J, Hudspeth A J, Vale R D. Movement of microtubules by single kinesin molecules. Nature, 1989, 342: 154-158.

[762] Young E C, Mahtani H K, Gelles J. One-headed kinesin derivatives move by a non-processive, low-duty ratio mechanism unlike that of two-headed kinesin. Biochemistry, 1998, 37(10): 3467-3479.

[763] Rall J A. Mechanism of Muscular Contraction. New York: Springer, 2014.

[764] Okada Y, Hirokawa N A. A processive single-headed motor: Kinesin superfamily protein KIF1A. Science, 1999, 283: 1152-1157.

[765] Inoue A, Saito J, Ikebe R. Myosin IXb is a single-headed minus-end-directed processive motor. Nature Cell Biol., 2002, 4(4): 302-306.

[766] Klumpp S, Lipowsky R. Cooperative cargo transport by severalmolecular motors. Proc. Natl. Acad. Sci. USA, 2005, 102(48): 17284-17289.

[767] Brugues J, Casademunt J. Self-organization and cooperativity of weakly coupled molecular motors under unequal loading. Phys. Rev. Lett., 2009, 102: 118104.

[768] Hill T L, Simmons R M. Theoretical formalism for the sliding filament model of contraction of striated muscle, Part Ⅰ. Prog. Biophys. Mol. Biol., 1974, 28: 267-340.

[769] Vale R D. The molecular motor toolbox for intracellular transport. Cell, 2003, 112(4): 467-480.

[770] Yildiz A. How molecular motors move. Science, 2006, 311: 792, 793.

[771] Chowdhury D. Stochastic mechano-chemical kinetics of molecular motors: A multidisciplinary enterprise from a physicist's perspective. Phys. Rep., 2013, 529: 1-197.

[772] Shu Y G, Shi H L. Mechanochemical coupling of molecular motor. AAPPS Bulletin, 2006, 16(3): 8-10.

[773] Stryer L. Biochemstry. San Francisco: Freeman, 1995.

[774] Falo F, Martinez P J, Mazo J J, et al. Ratchet potential for fluxons in Josephson-junction arrays. Europhys. Lett., 1999, 45: 700.

[775] Olson C J, Reichhardt C, Janko B, et al. Collective interaction-driven ratchet for transporting flux quanta. Phys. Rev. Lett., 2001, 87: 177002.

[776] Jülicher F, Prost J. Cooperative molecular motors. Phys. Rev. Lett., 1995, 75: 2618.

[777] Jülicher F, Prost J. Spontaneous oscillations in collective molecular motors. Phys. Rev. Lett., 1997, 78: 4510.

[778] Qiao L Y, Li Y Y, Zheng Z G. Rotational effect in two-dimensional cooperative directed transport. Front. Phys., 2014, 10: 108701.

[779] Craig E M, Linke H. Mechanochemical model for myosin Ⅴ. Proc. Natl. Acad. Sci. USA, 2009, 106(43): 18261-18266.

[780] Berger F, Keller C, Klumpp S, et al. Distinct transport regimes for two elastically coupled molecular motors. Phys. Rev. Lett., 2012, 108: 208101.

[781] Csahok Z, Family F, Vicsek T. Transport of elastically coupled particles in an asymmetric periodic potential. Phys. Rev. E, 1997, 55: 5179.

[782] Ghosh A W, Khare S V. Rotation in an asymmetric multidimensional periodic potential due to colored noise. Phys. Rev. Lett., 2000, 84: 5243.

[783] Denisov S I, Denisov E S, Hänggi P. Ratchet transport for a chain of interacting charged particles. Phys. Rev. E, 2005, 71: 016104.

[784] Ai B Q. Transport of overdamped Brownian particles in a two-dimensional tube: Nonadiabatic regime. Phys. Rev. E, 2009, 80: 011113.

[785] Marchesoni F, Savelev S. Rectification currents in two-dimensional artificial channels. Phys. Rev. E, 2009, 80: 011120.

[786] Zheng Z G, Chen H B. Cooperative two-dimensional directed transport. Europhys. Lett., 2010, 92(3): 30004.

[787] 吴魏霞，郑志刚. 二维势场中弹性耦合粒子的定向输运研究. 物理学报, 2013, 62: 190511.

[788] 陈宏斌. 确定性马达的合作定向输运. 北京师范大学博士学位论文, 2006.

[789] Schott D H, Collins R N, Bretscher A. Secretory vesicle transport velocity in living cells depends on the myosin-Ⅴ lever arm length. J. Cell Biol., 2002, 156: 35.

[790] Zheng Z G. Collective directional transport and coupled Brownian ratchets. Int. J. Mod. Phys. B, 2004, 18(17-19): 2498-2504.

[791] Liu F Z, Li X W, Zheng Z G. Brownian ratchet driven by a rocking forcing with broken temporal symmetry. Comm. Theor. Phys., 2003, 39(2): 173-176.

[792] Zheng Z G, Li X W. Biased motion in a symmetric periodic potential by breaking temporal symmetry. Comm. Theor. Phys., 2001, 36(2): 151-156.

[793] Chen H B, Wang Q W, Zheng Z G. Deterministic directed transport of inertial particles in a flashing ratchet potential. Phys. Rev. E, 2005, 71: 031102.

[794] Chen H B, Zheng Z G. Deterministic collective directional transport in overdamped flashing ratchet potentials. Mod. Phys. Lett. B, 2011, 25(14): 1179.

[795] Zheng Z G. Directed transport of interacting particle systems: recent progress. Comm. Theor. Phys., 2005, 43(1): 107-112.

[796] Zheng Z G, G. Hu G, Hu B. Collective directional transport in coupled nonlinear oscillators without external bias. Phys. Rev. Lett., 2001, 86: 2273.

[797] Li X W, Zheng Z G. Collective directional transport in symmetric periodic potentials by breaking the coupling symmetry. Comm. Theor. Phys., 2003, 39(5): 549-554.

[798] Zheng Z G, Liu F Z, Gao J. Directed transport of coupled systems in symmetric periodic potentials. Chin. Phys. B, 2003, 12(8): 846.

[799] Zheng Z G, Gao J, Hu G. Collective directional transport of coupled oscillators in symmetric periodic potential. Int. J. Mod. Phys. B, 2003, 17(22-24): 4415-4422.

[800] Porto M, Urbakh M, Klafter J. Atomic scale engines: Cars and wheels. Phys. Rev. Lett., 2000, 84: 6058.

[801] Zheng Z G, Cross M, Hu G. Collective directed transport of symmetrically coupled lattices in symmetric periodic potentials. Phys. Rev. Lett., 2002, 89: 154102.

[802] Gonzalez J A, Marcano A, Mello B A, et al. Controlled transport of solitons and bubbles using external perturbations. Chaos, Solitons and Fractals, 2006, 28: 804-821.

[803] Kawaguchi T. Directed motion of vortices in a current-driven Josephson junction network. Physica C, 2009, 469: 1102-1105.

[804] Kawaguchi T. Directed transport and complex dynamics of vortices in a Josephson junction network driven by modulated currents. Physica C, 2010, 470: 1133-1136.

[805] Peierls R E. Quantum Theory of Solids. London: Oxford University Press, 1955.
[806] Casati G, Ford J, Vivaldi F, et al. One-dimensional classical many-body system having a normal thermal conductivity. Phys. Rev. Lett., 1984, 52: 1861.
[807] Lepri S, Livi R, Politi A. Heat conduction in chains of nonlinear oscillators. Phys. Rev. Lett., 1997, 78: 1896.
[808] Hu B, Li B W, Zhao H. Heat conduction in one-dimensional chains. Phys. Rev. E, 1997, 57: 2992.
[809] Alabiso C, Casartelli M, Marenzoni P. Nearly separable behavior of Fermi-Pasta-Ulam chains through the stochasticity threshold. J. Stat. Phys., 1995, 79(1-2): 451-471.
[810] Alabiso C, Casartelli M. Normal modes on average for purely stochastic systems. J. Phys. A, 2001, 34: 1223.
[811] Li N B, Tong P Q, Li B W. Effective phonons in anharmonic lattices: Anomalous vs normal heat conduction. Europhys. Lett., 1995, 75: 49.
[812] Terraneo M, Peyrard M, Casati G. Controlling the energy flow in nonlinear lattices: A model for a thermal rectifier. Phys. Rev. Lett., 2002, 88: 094302.
[813] Li B W, Wang L, Casati G. Thermal diode: Rectification of heat flux. Phys. Rev. Lett., 2004, 93: 084301.
[814] Hu B, He D H, Yang L, et al. Thermal rectifying effect in macroscopic size. Phys. Rev. E, 2006, 74: 060201.
[815] Chang C W, Okawa D, Majumdar A, et al. Solid-state thermal rectifier. Science, 2006, 314: 1121-1124.
[816] Li B W, Wang L, Casati G. Negative differential resistance and thermal transistor. Appl. Phys. Lett., 2006, 88: 143501.
[817] Wang L, Li B W. Thermal logic gates: Computation with phonons. Phys. Rev. Lett., 2007, 99: 177208.
[818] Wang L, Li B W. Thermal memory: A storage of phononic information. Phys. Rev. Lett., 2008, 101: 267203.
[819] Liang B, Guo X S, Tu J, et al. An acoustic rectifier. Nature Materials, 2010, 9: 989-992.
[820] Li N B, Hänggi P, Li B W. Ratcheting heat flux against a thermal bias. Europhys. Lett., 2008, 84: 40009.
[821] Ren J, Li B W. Emergence and control of heat current from strict zero thermal bias. Phys. Rev. E, 2010, 81: 021111.
[822] Nosé S. A molecular dynamics method for simulations in the canonical ensemble. Mol. Phys., 1984, 52(2): 255-268.
[823] Hoover W G. Canonical dynamics: equilibrium phase-space distributions. Phys. Rev. A, 1985, 31: 1695.
[824] Gillan M J, Holloway R W. Transport in the Frenkel-Kontorova model. III. Thermal conductivity. J. Phys. C, 1985, 18: 5705.

[825] Tsironis G P, Aubry S. Slow relaxation phenomena induced by breathers in nonlinear lattices. Phys. Rev. Lett., 1996, 77(26): 5225-5228.

[826] Prosen T, Campbell D K. Momentum conservation implies anomalous energy transport in 1D classical lattices. Phys. Rev. Lett., 2000, 84(13): 2857-2860.

[827] Kim P, Shi L, Majumdar A, et al. Thermal transport measurements of individual multiwalled nanotubes. Phys. Rev. Lett., 2001, 87: 215502.

[828] Chang C W, Okawa D, Garcia H, et al. Nanotube phonon waveguide. Phys. Rev. Lett., 2007, 99: 045901.

[829] He D H, Buyukdagli S, Hu B. Thermal conductivity of anharmonic lattices: Effective phonons and quantum corrections. Phys. Rev. E, 2008, 78: 061103.

[830] Li N B, Li B W. Temperature dependence of thermal conductivity in 1D nonlinear lattice. Europhys. Lett., 2007, 78: 34001.

[831] 王军. 若干周期晶格体系的非线性电热输运性质研究. 北京师范大学博士学位论文，2009.

[832] 高秀云. 非线性晶格体系的热流棘齿效应. 北京师范大学博士学位论文，2011.

[833] 高秀云，郑志刚. 一维均匀 Morse 晶格体系的热流棘齿效应. 物理学报, 2011, 60(4): 044401.

[834] Li N B, Zhan F, Hänggi P, et al. Shuttling heat across 1D homogenous nonlinear lattices with a Brownian heat motor. Phys. Rev. E, 2009, 80: 011125.

中英文对照索引

G

H

J

K

L

M

N

P

Q

R

S

Z

其他

彩　　图

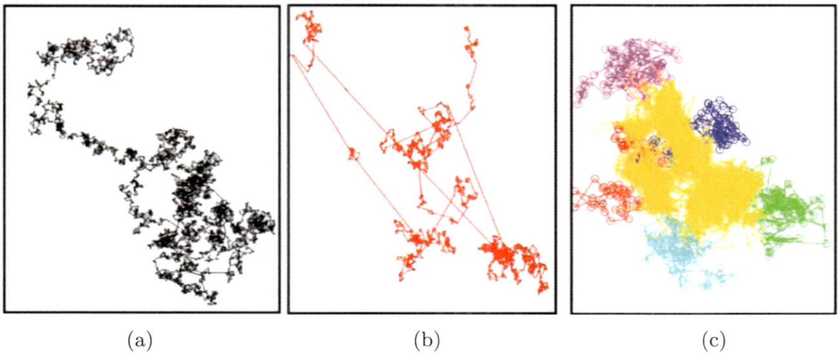

图 1-37　二维空间中的扩散行为

(a) 正常扩散; (b) 超扩散; (c) 亚扩散

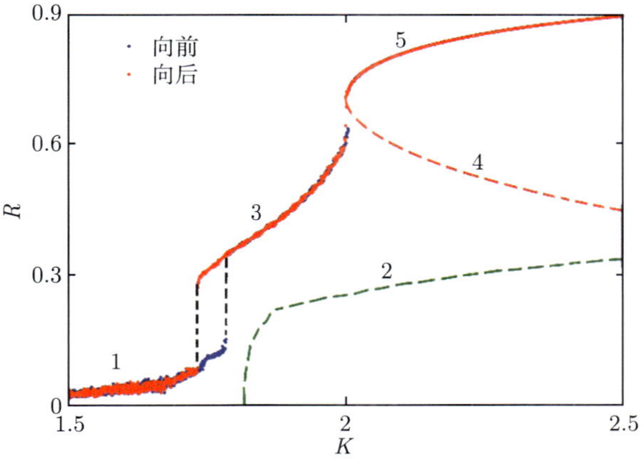

图 2-24　自然频率为均匀分布 $g(\omega)=1/2, \omega\in(-1,1)$ 时系统完整的分岔相图

其中纵轴为序参量 R 的长时间平均值，横轴为耦合强度 K。其中分支 1 是非相干态，2 为不稳定的行波解，由平均场方程计算得出，3 为驻波解，4 和 5 分别为不稳定和稳定的两集团同步态。图中的绿线和红线分别表示向前和向后的转变。在每一个方向上耦合强度 K 都是缓慢绝热增加的。同时观察到在耦合强度 $K=1.725{\sim}1.8$，驻波解存在一个磁滞区域。在整个数值模拟中振子数目为 N=50000

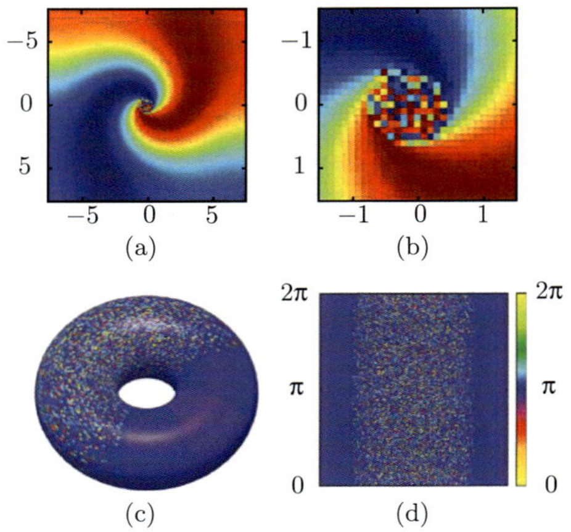

图 2-31　(a), (b) 二维晶格上的一种特殊螺旋波，其核由非相干振子态组成，而波核被相干振子形成的波臂所环绕，(b) 为螺旋波核心部分的放大；(c), (d) 在二维环面上的奇异态，其中 (c) 用环面展示，(d) 用平面展示，散点区域为无序态，而颜色均匀区域为有序态

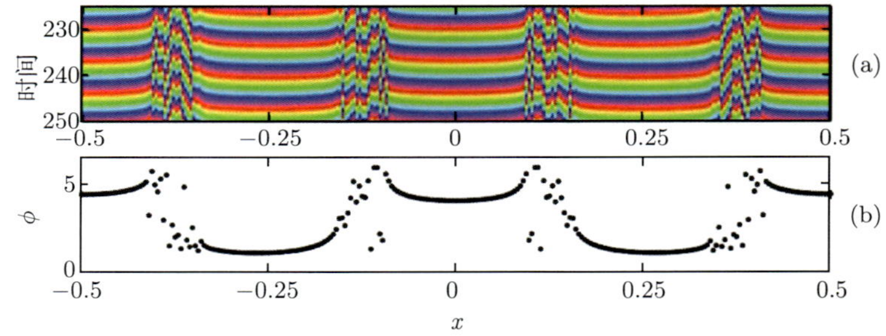

图 2-32　多团簇奇异态

(a) 振子相位的时间演化，横轴为空间位置，纵轴为时间，不同颜色表示不同值；

(b) 某一时刻振子相位的空间分布，可以看到多处地方相位的无序排布

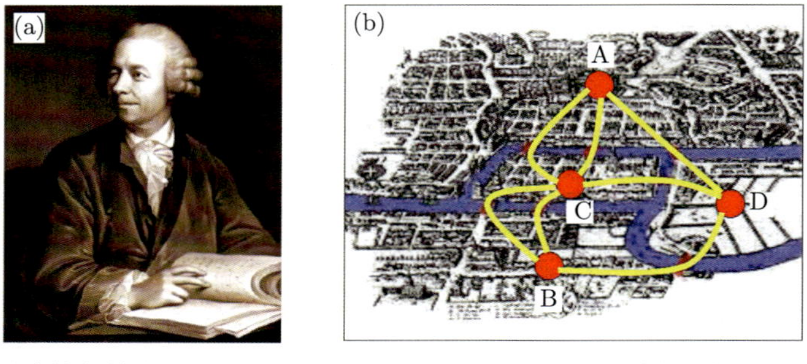

图 4-1　(a) 图论的创始人 Leonhard Euler(1707—1783)；(b) 七桥及其 Euler 图的构建，即图中的 A,B,C,D 及其连线

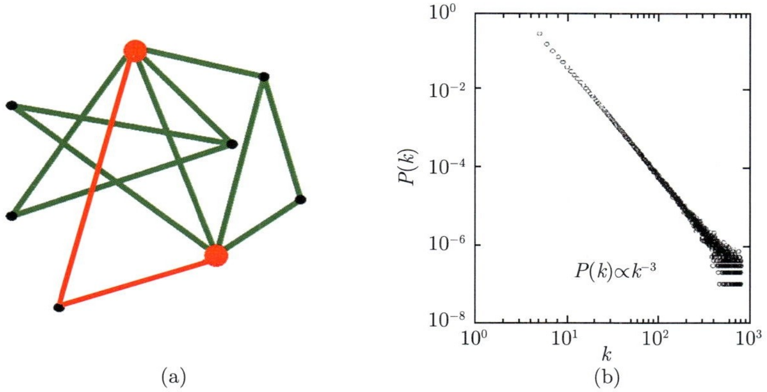

图 4-8　BA 模型的网络增长和择优连接形成无标度特性

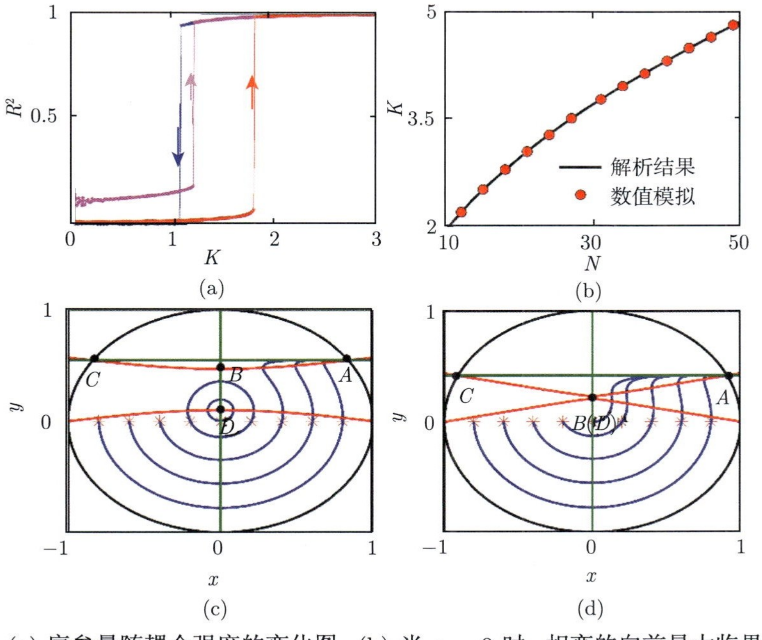

图 4-42　(a) 序参量随耦合强度的变化图；(b) 当 $\alpha = 0$ 时，相变的向前最大临界耦合强度 K_c^f 随系统尺寸 N 的关系；(c),(d) 由方程 (4.6.31) 所决定的序参量平面动力学轨迹, 其中(c) $K = 1.5$, (d) $K = 1.9$, 红线由 $\mathrm{d}x/\mathrm{d}t = 0$ 决定，绿线由 $\mathrm{d}y/\mathrm{d}t = 0$ 决定，它们的交点用A, B, C, D 表示，所有轨道的初始位置都用 $*$ 标注。所有情况参数 $\Delta\omega = 9$, $\alpha = 0$，$N = 10$

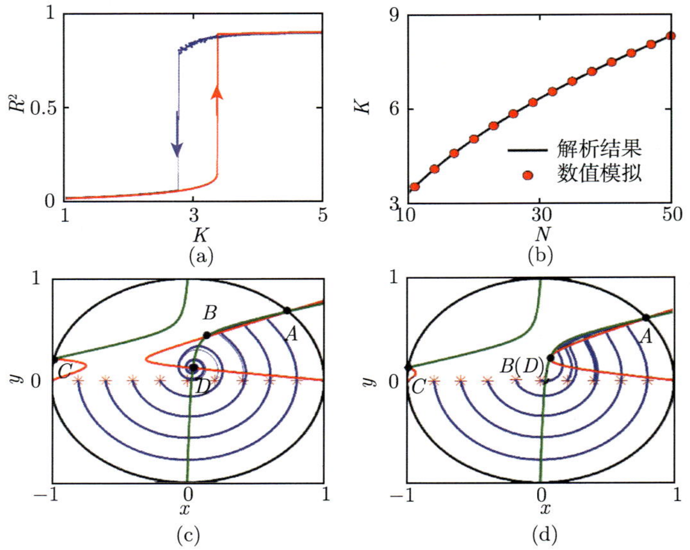

图 4-43 (a) 序参量随耦合强度的变化；(b) 相变向前的最大临界耦合强度 K_c^f 随系统尺寸的关系；(c),(d) 由方程 (4.6.31) 所决定的序参量平面动力学轨迹, 其中 (c)$K=1.8$, (d)$K=2.17$, 红线由 $\mathrm{d}x/\mathrm{d}t=0$ 决定，绿线由 $\mathrm{d}y/\mathrm{d}t=0$ 决定，它们的交点用 A,B,C,D 表示，所有轨道的初始位置都用 $*$ 标注。参数为 $\Delta\omega=9$, $\alpha=-0.2\pi$, $N=10$

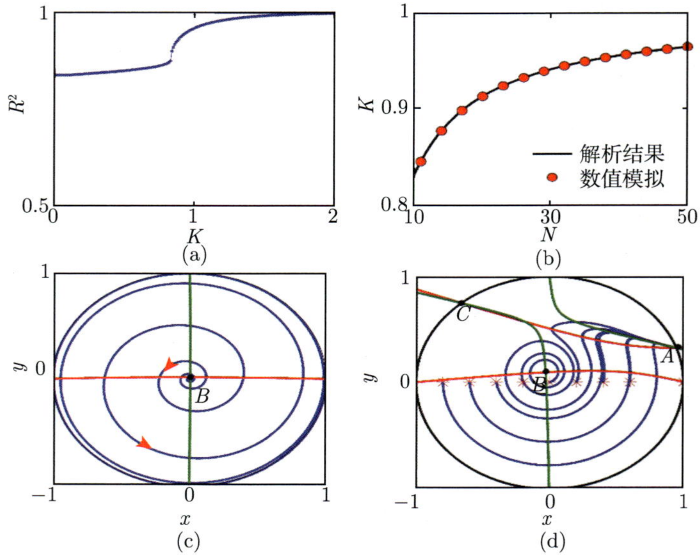

图 4-44 (a) 序参量随耦合强度的变化图；(b) 向前临界耦合强度 K_{ec} 随系统尺寸 N 的关系；(c),(d) 序参量平面的运动轨道, 其中 (c)$K=0.5$, (d)$K=1.5$。参数 $\Delta\omega=9, \alpha=0.3\pi, N=10$

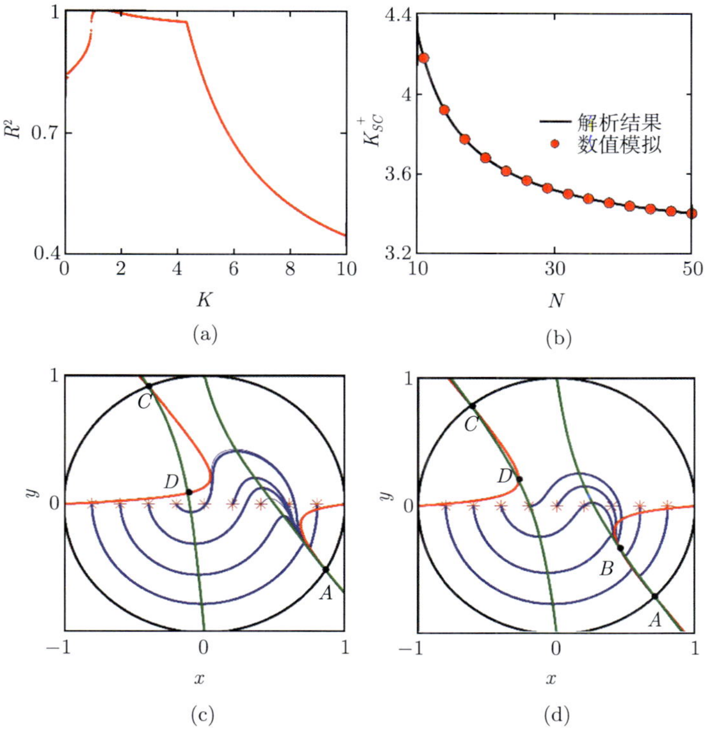

图 4-45 (a) 序参量随耦合强度 K 的变化；(b)$\alpha = 0.3\pi$ 时临界耦合强度 K_{SC}^+ 随系统尺寸 N 的依赖关系；(c),(d) 系统序参量的演化轨迹，其中 (c)$K = 3$, (d)$K = 5$。所有轨道的初始位置都用 $*$ 标注。参数为 $\Delta\omega = 9, \alpha = 0.3\pi, N = 10$

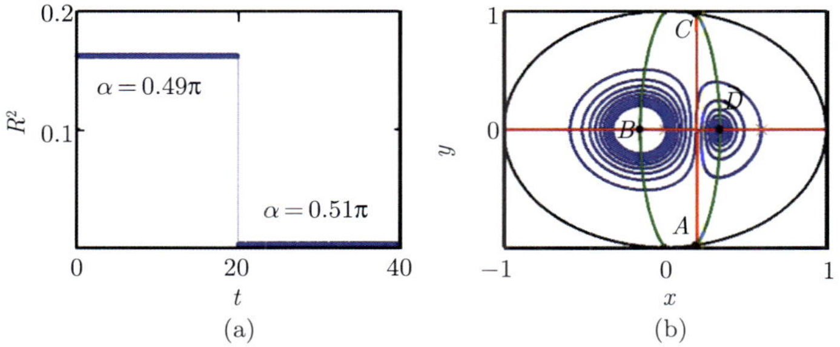

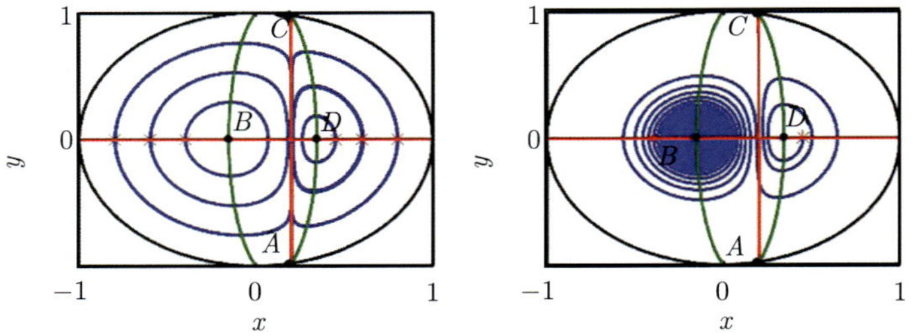

(c) (d)

图 4-46 (a) 系统序参量随阻挫大小的变化。(b)~(d) 方程 (4.6.31) 所决定的序参量平面，(b)$\alpha = 0.49\pi$, (c)$\alpha = 0.50\pi$, (d)$\alpha = 0.51\pi$，所有轨道的初始位置都用 $*$ 标注。参数为 $\Delta\omega = 9, K = 5, N = 10$

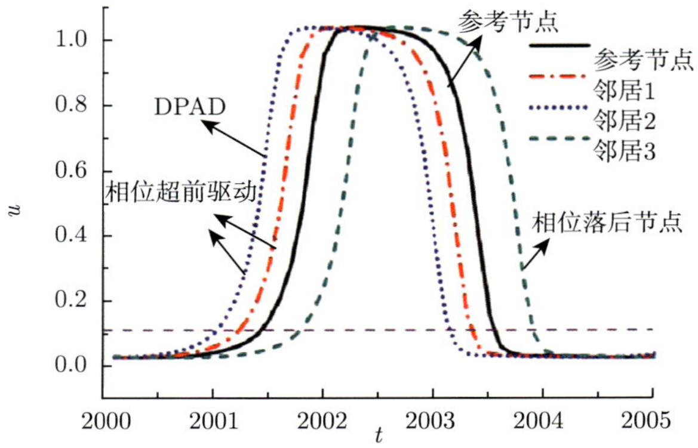

(a)

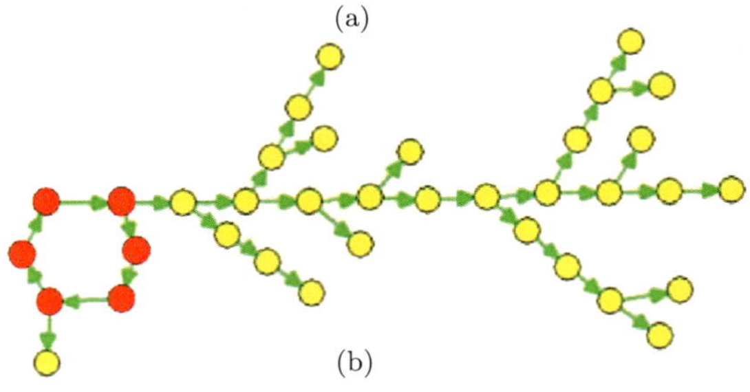

(b)

图 5-25 (a) 研究节点的时间序列与其最近邻节点相位关系示意图，包括滞后相位 (phase lag)、超前相位 (PAD)，两个 PAD 中离参考相位最靠近的为 DPAD；(b) 一个典型的 DPAD 得到的主超前相位驱动链图，其中红色节点组成一个闭合环

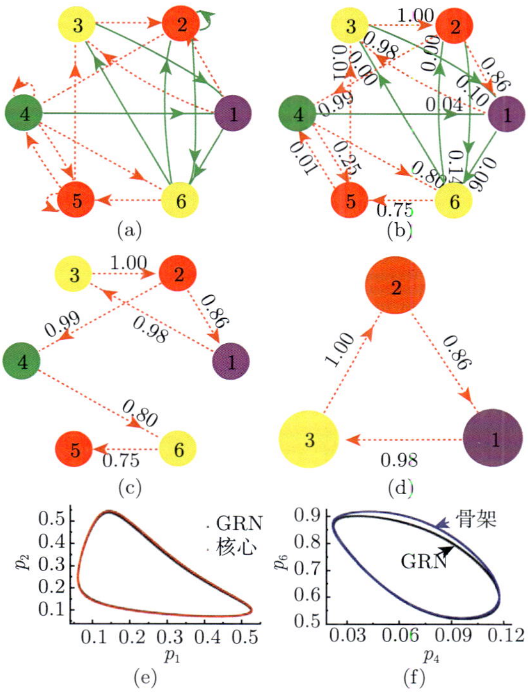

图 5-30　利用 FW 方法对一个振荡 GRN 计算的实例

(a) 一个 $N=6$ 个节点、$I=15$ 条边的可以产生自持续振荡的 GRN 网络；(b) GRN 图 (a) 计算权重的结果；(c) 剔除 (b) 较弱相互作用得到的振荡骨架子网络；(d) 剔除只有输入没有输出节点后得到不可约化的核心结构；(e) 在二维相平面中比较由核心子网络 (d) 和原网络 (a) 产生的轨道；(f) 在二维相平面中比较由骨架子网络 (c) 和原网络 (a) 产生的轨道

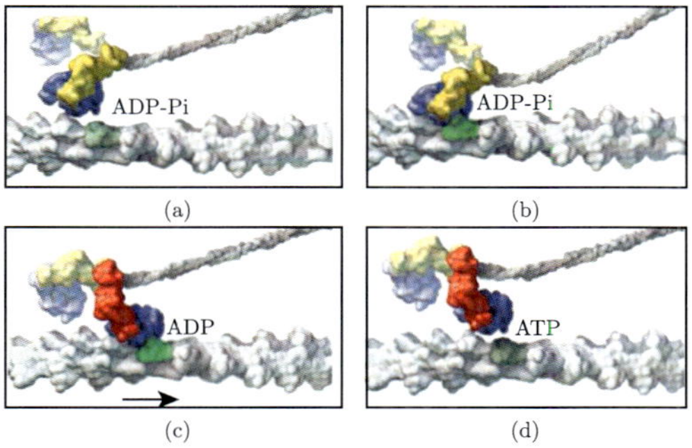

图 7-6　肌动马达蛋白的结构及沿周期极性微丝移动的示意图

马达沿着自身前进方向自左向右运动并搬运物质，同时消耗 ATP 分子，这些ATP 分子水解为 ADP 和磷酸盐 (P)

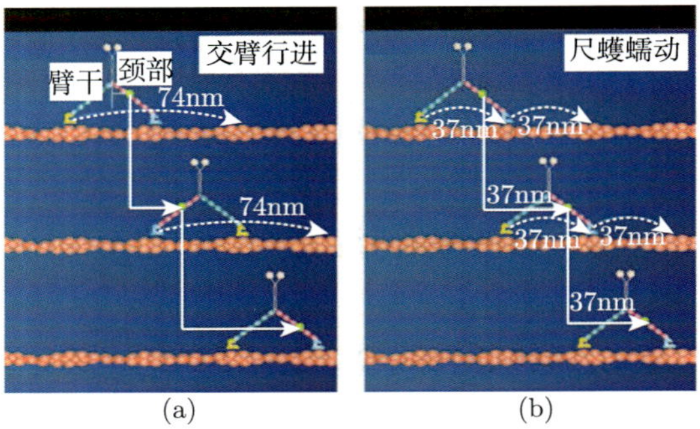

图 7-10　分子马达的两种不同行进方式示意图
(a) 交臂方式；(b) 尺蠖方式

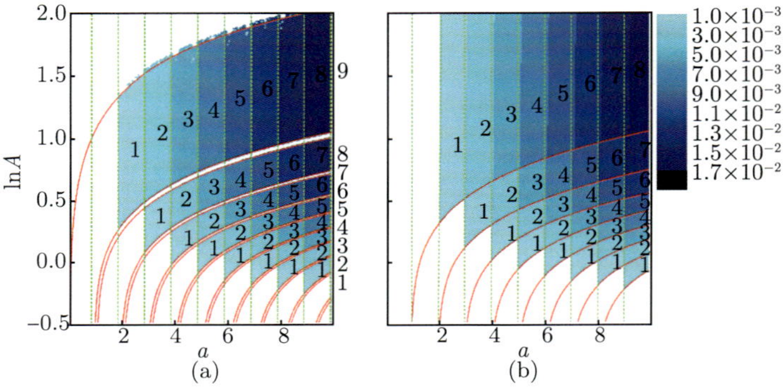

图 7-14　不同耦合强度下在驱动力强度 A 和耦合平衡距离 a 的参数平面上的定向流分布
颜色越深的地方流越大，白色区域定向流为零。(a) 强耦合 $K=100$；(b) 耦合强度 $K=10$。$\omega=2\pi\times10^{-3}$，$d=1$。共振台阶用整数 m 标记

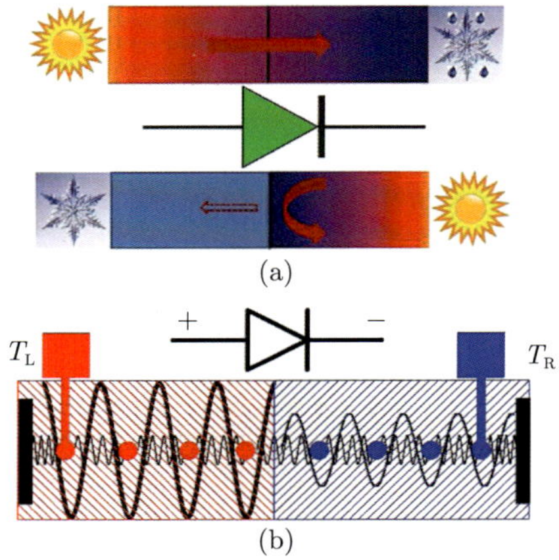

图 7-30　(a) 热二极管的设计原理示意图；(b) 两段 FK 材料的热二极管模型示意图